《“中国制造2025”出版工程》
编　委　会

“十三五”国家重点出版物
出版规划项目

“中国制造2025”
出版工程

物联网与智能制造

张晶 徐鼎 刘旭 等编

化学工业出版社
·北京·

本书共分为6章，从广义物联网体系架构的角度出发，阐述构建物联网的相关关键技术与未来发展趋势，进而探讨基于工业物联网实现智能制造的技术方法与应用案例。内容包括物联网的体系架构、感知技术、网络层技术，以及物联网的平台和基于工业物联网的智能制造系统，通过案例介绍工业物联网在智能制造中的应用模式与应用方法。

本书适合从事智能制造、物联网相关行业的科研、开发人员阅读，也适合大专院校相关专业师生使用。

图书在版编目（CIP）数据

物联网与智能制造/张晶等编.—北京：化学工业出版社，2019.1(2022.1重印)

“中国制造2025”出版工程

ISBN 978-7-122-33242-4

Ⅰ.①物… Ⅱ.①张… Ⅲ.①互联网络-应用②智能技术-应用③智能制造系统 Ⅳ.①TP393.4②TP18③TH166

中国版本图书馆CIP数据核字（2018）第249183号

责任编辑：刘 哲 宋 辉　　文字编辑：陈 喆
责任校对：王 静　　装帧设计：尹琳琳

出版发行：化学工业出版社（北京市东城区青年湖南街13号 邮政编码100011）
印 装：天津盛通数码科技有限公司
710mm×1000mm 1/16 印张21½ 字数403千字 2022年1月北京第1版第3次印刷

购书咨询：010-64518888　　售后服务：010-64518899
网 址：http://www.cip.com.cn
凡购买本书，如有缺损质量问题，本社销售中心负责调换。

定 价：89.00元

序

制造业是国民经济的主体，是立国之本、兴国之器、强国之基。近十年来，我国制造业持续快速发展，综合实力不断增强，国际地位得到大幅提升，已成为世界制造业规模最大的国家。但我国仍处于工业化进程中，大而不强的问题突出，与先进国家相比还有较大差距。为解决制造业大而不强、自主创新能力弱、关键核心技术与高端装备对外依存度高等制约我国发展的问题，国务院于 2015 年 5 月 8 日发布了“中国制造 2025”国家规划。随后，工信部发布了“中国制造 2025”规划，提出了我国制造业“三步走”的强国发展战略及 2025 年的奋斗目标、指导方针和战略路线，制定了九大战略任务、十大重点发展领域。2016 年 8 月 19 日，工信部、国家发展改革委、科技部、财政部四部委联合发布了“中国制造 2025”制造业创新中心、工业强基、绿色制造、智能制造和高端装备创新五大工程实施指南。

为了响应党中央、国务院做出的建设制造强国的重大战略部署，各地政府、企业、科研部门都在进行积极的探索和部署。加快推动新一代信息技术与制造技术融合发展，推动我国制造模式从“中国制造”向“中国智造”转变，加快实现我国制造业由大变强，正成为我们新的历史使命。当前，信息革命进程持续快速演进，物联网、云计算、大数据、人工智能等技术广泛渗透于经济社会各个领域，信息经济繁荣程度成为国家实力的重要标志。增材制造（3D 打印）、机器人与智能制造、控制和信息技术、人工智能等领域技术不断取得重大突破，推动传统工业体系分化变革，并将重塑制造业国际分工格局。制造技术与互联网等信息技术融合发展，成为新一轮科技革命和产业变革的重大趋势和主要特征。在这种中国制造业大发展、大变革背景之下，化学工业出版社主动顺应技术和产业发展趋势，组织出版《“中国制造 2025”出版工程》丛书可谓勇于引领、恰逢其时。

《“中国制造 2025”出版工程》丛书是紧紧围绕国务院发布的实施制造强国战略的第一个十年的行动纲领——“中国制造 2025”的一套高水平、原创性强的学术专著。丛书立足智能制造及装备、控制及信息技术两大领域，涵盖了物联网、大数据、3D 打印、机器人、智能装备、工业网络安全、知识自动化、人工智能等一系列的核心技术。 丛书的选题策划紧密结合“中国制造 2025”规划及 11 个配套实施指南、行动计划或专项规划，每个分册针对各个领域的一些核心技术组织内容，集中体现了国内制造业领域的技术发展成果，旨在加强先进技术的研发、推广和应用，为“中国制造 2025”行动纲领的落地生根提供了有针对性的方向引导和系统性的技术参考。

这套书集中体现以下几大特点：

首先，丛书内容都力求原创，以网络化、智能化技术为核心，汇集了许多前沿科技，反映了国内外最新的一些技术成果，尤其使国内的相关原创性科技成果得到了体现。 这些图书中，包含了获得国家与省部级诸多科技奖励的许多新技术，因此图书的出版对新技术的推广应用很有帮助！ 这些内容不仅为技术人员解决实际问题，也为研究提供新方向、拓展新思路。

其次，丛书各分册在介绍相应专业领域的新技术、新理论和新方法的同时，优先介绍有应用前景的新技术及其推广应用的范例，以促进优秀科研成果向产业的转化。

丛书由我国控制工程专家孙优贤院士牵头并担任编委会主任，吴澄、王天然、郑南宁等多位院士参与策划组织工作，众多长江学者、杰青、优青等中青年学者参与具体的编写工作，具有较高的学术水平与编写质量。

相信本套丛书的出版对推动“中国制造 2025”国家重要战略规划的实施具有积极的意义，可以有效促进我国智能制造技术的研发和创新，推动装备制造业的技术转型和升级，提高产品的设计能力和技术水平，从而多角度地提升中国制造业的核心竞争力。

中国工程院院士 潘云鹤

前言

随着无线通信技术和移动互联网的迅速发展以及无线终端设备的广泛应用，机器类通信业务呈现爆发式增长，面向人-机-物实时动态信息交互的网络——物联网应运而生。作为融合通信、计算、控制的新型信息通信技术，物联网被称为继计算机、互联网之后世界信息产业的第三次浪潮，受到各国政府、企业和学术界的高度重视，美国、欧盟、日本等已经将其纳入国家和区域信息化发展战略。我国从2009年开始将物联网列为重点发展的战略性新兴产业，并将其视为未来信息产业竞争的制高点和产业升级的核心驱动力。

物联网的颠覆性在于将包括人、机、物在内的所有事物通过网络自主互联，使得物理设备与系统具有计算、通信、控制、远程协调和自治五大功能，从而改变我们与物理世界的互动方式。物联网的理念和相关技术产品已经广泛渗透到社会经济与民生的各个领域，小到智能家庭网络，大到工业控制系统、智能交通系统等国家级甚至世界级的应用，物联网在越来越多的行业创新中发挥着关键作用。借助信息技术与传感、控制、计算等技术的深度集成和综合应用，物联网正在成为加速产业升级、提升政务服务、改善社会民生、促进增效节能等方面的推动力，在工业制造、交通等领域正带来真正的“智慧”应用。

如果说物联网是决定未来经济发展程度的引擎，那么智能制造就是实现强国之路的核心。从德国的工业4.0，到美国的CPS和工业互联网，再到我国提出的“智能制造”，全球各主要国家都在大力布局制造强国战略，以期抢占未来经济发展的制高点和下一代产业的领导权。智能制造的本质是将新一代信息网络技术与现代化的生产制造相融合，通过建设“智能工厂”，开展“智能生产”，实现生产要素的高效、低耗、协同以及个性化的批量定制生产。这一概念与物联网通过资源的高效、协同实现面向用户的智慧化服务内涵不谋而合。因此，物联网和智能制造两者具有天然的耦合关系，基于工业物联网实现智能制造是必然选择。

目前，围绕物联网和智能制造的学术研究、标准制定以及产业应用正在火热地展开中。尽管针对物联网的技术文献和报告很多，但绝大多数研究成果均是针对某一个技术领域或者某一个精细的技术点展开研究，有必要对当前物联网的最新研究成果进行全面梳理与系统归类，为相关领域的应用实践提供指导，这是撰写本书的第一个出发点。另一方面，作为物联网的一个重要应用领域，国内制造业的网络化与信息化水平仍然较低，如何整合现有资源构建新型工业物联网，实现生产要素的信息化与网络化问题，进而基于工业物联网实现智能制造，这是一个极具挑战性的问题，也是撰写本书的第二个出发点。

基于上述出发点，本书编者在广泛调研物联网与智能制造国内外研究成果的基础上，结合自身在相关技术领域的研究积累，尝试从广义物联网体系架构的角度出发，阐述构建物联网的相关关键技术与未来发展趋势，进而探讨基于工业物联网实现智能制造的技术方法与应用案例。全书共分为 6 个章节：第 1 章介绍物联网的概念、内涵与特点，概述物联网的发展现状与趋势，阐述智能制造的概念，并说明工业物联网对实现智能制造的重要意义；第 2 章从网络架构、技术与标准体系、资源与标识体系、服务与安全体系、产业与创新体系五个方面阐述广义物联网的构成要素以及要素关系；第 3 章介绍物联网的感知技术，包含传感技术、识别技术以及传感网；第 4 章介绍物联网的网络层技术，包括接入网、核心网以及网络资源管理相关技术；第 5 章介绍物联网的平台，包括云计算平台、应用平台以及工业物联网平台等；第 6 章通过案例介绍工业物联网在智能制造中的应用模式与应用方法。

本书由南京邮电大学通信与信息工程学院、通信技术研究所的多位教师共同编写完成，其中第 1、2 章由张晶编写，

第 3 章由徐鼎编写，第 4 章由邵汉钦编写，第 5 章由刘旭编写，第 6 章由朱霞编写。通信技术研究所的李文超、刘孝祥、杨杰、谢晨升、李恒民、程万里、王慧、尤莉、康晓燕等参与了前期资料调研与翻译、文档图表绘制等工作。研究所的其他同志对本书的撰写提出了修改意见和建议，在此向大家表示衷心的感谢。

特别要感谢的是本书编写者的家人们，正是他们的鼎力支持，本书才能按照计划如期完成。同时要感谢多位编写者的年幼宝宝们，为了尽早完成本书的撰写，爸爸妈妈只能牺牲部分陪伴宝宝的时间，有时甚至狠心置他们的哭闹索抱于不顾，尽管委屈，但他们最终还是默默配合了。谢谢各位亲爱的家人们！

此外，各位评审专家和编辑对本书的内容与格式也提出了宝贵意见与修改建议，在此向大家一并表示衷心的感谢。

物联网与智能制造两大领域的技术正处于重点发展时期，技术更新速度较快，书中疏漏之处在所难免，敬请广大读者批评指正。

编　者

目录

167 第 4 章　接入与传输网络

254 第 5 章　物联网综合服务平台

第1章

绪　论

1.1 物联网的概念

物联网（Internet of Things，IOT）是由美国麻省理工学院（MIT）的Kevin Ashton于1991年首次提出的[1,2]。1999年，MIT建立了自动识别中心（Auto-ID Labs），提出了网络射频识别（Radio Frequency Identification，RFID）的概念，指出“万物皆可通过网络互联”[3]。2001年，MIT的Sanjey Sarma和David Brock阐明了物联网的基本含义：把所有物品通过RFID等信息传感设备与互联网连接起来，实现智能化识别和管理[4,5]。2005年，国际电信联盟（ITU）发布了*ITU Internet reports* 2005：*the Internet of Things*报告，指出：信息与通信技术的目标已经从任何时间、任何地点连接任何人，发展到连接任何人与物品，由亿万件物品的信息连接、实时共同分享就形成了物联网[6]。

现代意义的物联网可以实现对物品的感知识别控制、网络化互联和智能处理的有机统一，从而形成高智能的决策。工业和信息化部电信研究院在其发布的《物联网白皮书（2011年）》上明确指出：物联网是通信网和互联网的拓展应用和网络延伸，它利用感知技术与智能装置对物理世界进行感知识别，通过网络传输互联，进行计算、处理和知识挖掘，实现人与物、物与物信息交互和无缝链接，达到对物理世界实时控制、精确管理和科学决策的目的[7]。另一种广为接受的物联网定义为：物联网是通过射频识别（RFID）、红外感应器、全球定位系统、激光扫描器等信息传感设备，按约定的协议，把物品与网络连接起来进行信息交换和通信，以实现智能化识别、定位、跟踪、监控和管理的一种网络[8]。中国科学院计算技术研究所的陈海明教授、南京理工大学的吴启辉教授等则分别从软件系统能力[9]、网络认知过程[10]的角度阐述了物联网的概念。

本书认为：物联网是由互联网与传感网有机融合形成的一种面向人、机、物泛在智慧互联的信息服务网络，它利用传感器、RFID等技术赋予事物（包括人）感知识别能力，基于融合的通信网络实现事物的泛在接入与信息交互，借助虚拟组网、智能计算、自动控制等技术实现事物的动态组网、功能重构与决策控制，最终面向用户个性化需求提供高效信息服务。物联网应具备四个特征：异构性、可扩展性、可软件定义、安全性，即对异构资源（包括终端、网络、服务器等）的协同融合，对异构网络的自由连接，可软件定义的服务能力，安全的信息处理与交互，如图 1-1 所示。

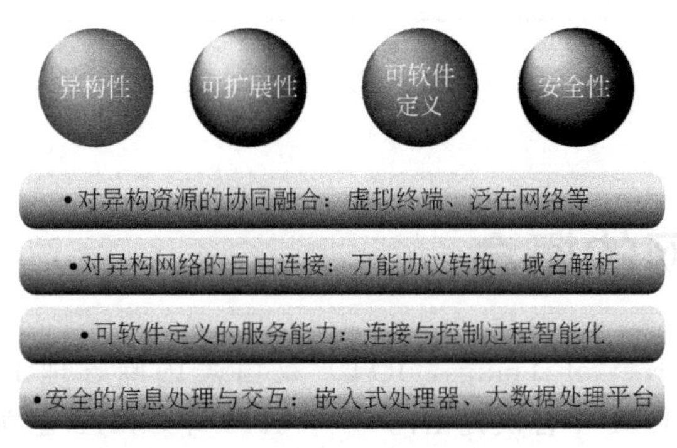

图 1-1 物联网的特征

需要说明的是，物联网有狭义和广义两种定义。狭义物联网，是指物品之间通过传感器连接起来的局域网，这个网络可以不接入互联网，但如果有需要的时候，随时能够接入互联网[8]。广义物联网，等同于“未来的互联网”或者“泛在网络”，能够实现人在任何时间、地点，使用任何网络与任何人与物的信息交换。本书所指物联网，是指广义物联网。

1.2 物联网的发展现状与趋势

1.2.1 政策环境

作为一场技术革命，物联网把我们带进一个泛在连接、计算和通信相融合的新时代。一方面，物联网的发展依赖于从无线传感器到纳米技术等众多领域的动态技术创新[11]。另一方面，物联网技术的拓展和创新极大地推动了各行各业的飞速发展与社会经济的快速增长。

当前，国内外都将发展物联网视为新的技术创新点和经济增长点。国际方面，美国政府全面推进物联网发展，重点支持物联网在能源、宽带和医疗三大领域的应用[12]，以建设智慧城市为契机，发展物联网应用服务平台，构建信息物理系统（Cyber Physical System，CPS），以推进物联网在各行业的应用[13]。欧盟于 2015 年成立了横跨欧盟及产业界的物联网产业创新联盟，以构建“四横七纵”物联网创新体系架构，协同推进欧盟物联网整体跨越式创新发展[11]。日本政府于2008年推出i-Japan战略，致力于构建一个智能的物联网服务体系，重点推进农业物联网发展[12]。韩国未来科学创造部和产业通商资源部，从2015年起投资370亿韩元，用于物联网核心技术以及微机电系统（Micro Electromechanical System，MEMS）传感器芯片、宽带传感设备的研发。新加坡等其他亚洲国家也在加紧部署物联网科技与经济发展战略。

国内方面，国务院和各部委持续推进物联网相关工作，从顶层设计、组织机制、智库支撑等多个方面持续完善政策环境[11]。继制定《物联网“十二五”发展规划》之后，国家建立了物联网发展部际联席会议制度和物联网发展专家咨询委员会，以加强统筹协调和决策支撑，国务院出台《关于推进物联网有序健康发展的指导意见》，进一步明确发展目标和发展思路，推出10个物联网发展专项行动计划，落实具体任务[11]。在国家其他有关信息产业和信息化的政策文件中，也提出推动物联网产业发展。国内多所高校、科研院所、通信运营商、以华为为代表的各大通信企业等都积极开展物联网关键技术研发，推进物联网的产业化应用，在智慧家居、智能电网、智慧健康等领域的研发初具规模。物联网在我国正处于加速发展阶段。

1.2.2 技术研究现状

在过去的十多年里，通过学术界、服务人员、网络运营商和标准开发组织的共同努力，众多突破性的创新技术从理念转变成实际产品或者应用。从技术上看，物联网研究主要集中在体系架构、感知技术、通信技术、服务平台等领域。

1.2.2.1 体系架构

针对物联网的体系架构研究一直是国际关注的重点。欧盟在第七框架计划（Framework Program 7，FP7）中设立了两个关于物联网体系架构的项目，其中SENSEI[13] 项目目标是通过互联网将分布在全球的传感器与执行器网络连接起来，IoT-A[14] 项目目标是建立物联网体系结构参考模型。韩国电子与通信技术研究所（ETRI）提出了泛在传感器网络（Ubiquitous Sensor Network，USN)[15] 体系架构并已形成国际电信联盟（ITU-T）标准，目前正在进一步推动基于Web的物联网架构的国际标准化工作。物联网标准化组织（oneM2M)[16] 自成立以来，在需求、架构、语义等方面积极开展研究，目前正在积极开展基于表征状态转移风格（RESTful）的体系[17]。

国内中国科学院上海微系统与信息技术研究所、南京邮电大学、无锡国家传感信息中心等科研院所及高校，对物联网体系架构及软硬件开发进行了相关的研究。文献《物联网的技术思想与应用策略研究》[18] 中阐述了一种物联网技术体系架构，它包括异构终端平台、泛在网络平台、融合信息系统、综合服务平台，分别对终端、网络、数据、服务进行统一管理与调度，以构成智慧服务系统（Smart Service System），实现对物联网环境的有效感知和服务提供。文献 *A Vision of IoT：Applications，Challenges，and Opportunities with China Perspective*[19] 中提出了一种物联网体系架构的功能分层框架。鉴于物联网架构是一个十分复杂的体系，目前尚没有作为全球信息基础设施的物联网体系架构。

除了硬件体系架构，能够实现物联网服务的软件体系和服务体系也亟待研究。文献 *Cognitive Internet of Things：A New Paradigm Beyond Connections*[10] 中将人类的认知过程引入物联网，提出了“认知物联网”的工作框架，阐述了认知服务理念及其关键技术。文献 *Cognitive Management for the Internet of Things：A Framework for Enabling Autonomous Applications*[20] 从管理的角度提出了物联网的认知管理方案。文献 *A Software Architecture Enabling the Web of Things*[21] 针对海量终端的寻址与混聚问题提出了一种物联网软件体系架构，它能够发现可用设备并在物理网络之外虚拟化它们，使物理设备能够以虚拟化形式与上层进行交互。文献 *A Survey of MAC Layer Issues and Protocols for Machine-to-Machine Communications*[22] 研究了支持 M2M 通信的介质访问控制（MAC）协议，同时讨论了 M2M 通信信道接入公平性、效率、可扩展性等问题。

1.2.2.2 感知技术

感知技术是从物理世界获取信息进而实现控制的首要环节。物联网感知技术包括传感和识别两个方面：传感技术将物理世界中的物理量、化学量、生物量转化成可供处理的数字信号；识别技术实现对物联网中物体标识和位置信息的获取[7]。

（1）传感技术

传感技术的核心是传感器设计。传感器是机器感知物质世界的“感觉器官”，可以感知热、力、光、电、声、位移等信号，为网络系统的处理、传输、分析和反馈提供最原始的信息。随着科技技术的不断发展，传感器正逐步实现微型化、智能化、信息化、网络化，正经历着一个从传统传感器（Dumb Sensor）⟶智能传感器（Smart Sensor）⟶嵌入式 Web 传感器（Embedded Web Sensor）的内涵不断丰富的发展过程[5]。微机电系统（Microelectro Mechanical Systems，MEMS）可实现对传感器、执行器、处理器、通信模块、电源系统等的高度集成，是支撑传感器节点微型化、智能化、多功能化的重要技术[7]。MEMS 传感器已经成为当前传感器领域发展的重点。

多个传感器按照一定的拓扑结构互连即形成了传感器网络，包括有线和无线两种类型。作为物联网的末梢，无线传感器网络（Wireless Sensor Network，WSN）是集分布式信息采集、信息传输和信息处理技术于一体的网络信息系统。从信息传输角度来看，末梢传感网应具备大规模自组织能力、低功耗特性、移动性、可靠性和稳健性；从信息处理角度来看，末梢传感网需要尽量可靠地、以较低的时延传输所采集的数据。ZigBee、WiFi、Bluetooth、UWB 等[23] 是 WSN 常用的节点通信与组网技术，其中 WiFi 和 ZigBee 应用最广泛，它们的部署、配置和维护成本很低，并且能够提供与有线连接相同的数据速率。D2D（Device-to-Device）[24] 通信、M2M（Machine-to-Machine）[25] 通信和异构网络组网（HetNet）[26] 等技术是近年来新出现的末梢传感网通信技术。

总的来说，末梢传感器网络具有网络规模巨大、节点能量和资源受限、以数据为中心等不同于现有自组织网络的特点。

（2）识别技术

对事物进行标识与识别是实现“物联”的基础。目前，面向物联网的标识种类繁多，包括条形码、二维码、智能传感器标识（IEEE 1451.2，1451.4）、手机标识（IMEI、ESN、MEID 等）、M2M 设备标识、射频识别（Radio Frequency Identification，RFID）等[7]。其中，RFID 是物联网的核心技术之一。RFID 集成了无线通信、芯片设计与制造、天线设计与制造、标签封装、系统集成、信息安全等技术，已步入成熟发展期。

RFID 设备包括阅读器和电子标签两部分，其电子标签是一种把天线和 IC 封装到塑料基片上的新型无源电子卡片，具有数据存储量大、无线无源、小巧轻便、使用寿命长、防水、防磁和安全防伪等特点[5]。作为一种非接触式的自动识别技术，RFID 阅读器通过接收电子标签发送的射频信号，自动识别目标对象并获取相关数据，识别过程无须人工干预，可工作于各种恶劣环境。RFID 技术可识别高速运动物体并可同时识别多个标签，操作快捷方便；与互联网、通信等技术相结合，可实现全球范围内物品跟踪与信息共享。目前 RFID 应用以低频和高频标签技术为主，超高频和微波技术具有可远距离识别和低成本的优势，有望成为未来主流。我国中高频 RFID 技术接近国际先进水平，在超高频（800/900MHz）和微波（2.45GHz）RFID 空中接口物理层和 MAC 层均有重要技术突破，例如提出了高效的防碰撞机制，可快速清点标签，稳定性高等[7]。

RFID 的技术难点包括：

① RFID 反碰撞、防冲突问题；

② RFID 天线研究；

③ 工作频率的选择；

④ 安全与隐私问题[5]。

1.2.2.3 通信技术

物联网通信技术根据传输距离可以分为两类：一类是短距离通信技术，典型的应用场景如智能家居、智能穿戴、智慧健康等；另一类是广域网通信技术，即低功耗广域网（Low-Power Wide-Area Network，LPWAN），典型的应用场景如智能抄表[27,28]。此外，物联网多元化的服务能力要求多个信息终端能够按需组网，因此，面向服务需求的信息终端短距离组网技术也是物联网的关键通信技术之一。

（1）短距离通信技术

物联网常用的短距离通信技术有 Bluetooth（蓝牙）、ZigBee、WiFi、Mesh、Z-wave、LiFi、NFC、UWB、华为 Hilink 等十多种[27]。主要技术特征概述如下。

① Bluetooth　蓝牙由 1.0 版本发展到最新的 4.2 版本，功能越来越强大。在 4.2 版本中，蓝牙加强了物联网应用特性，可实现 IP 连接及网关设置等诸多新特性。与 WiFi 相比，蓝牙的优势主要体现在功耗及安全性上，相对 WiFi 最大 50mW 的功耗，蓝牙最大 20mW 的功耗要小得多，但在传输速率与距离上的劣势也比较明显，其最大传输速率与最远传输距离分别为 1Mbps 及 100m。

优点：速率快，低功耗，安全性高。

缺点：传输距离近，网络节点少，不适合多点布控。

② WiFi　WiFi 是一种高频无线电信号，它拥有最为广泛的用户，其最大传输距离可达 300m，最大传输速率可达 300Mbps。

优点：覆盖范围广，数据传输速率快。

缺点：传输安全性不好，稳定性差，功耗略高，最大功耗为 50mW。

③ ZigBee　ZigBee 主要应用在智能家居领域，其优势体现在低复杂度、自组织、高安全性、低功耗，具备组网和路由特性，可以方便地嵌入到各种设备中。

优点：安全性高，功耗低，组网能力强，容量大，电池寿命长。

缺点：成本高，通信距离短，抗干扰性差，协议没有开源。

④ LiFi　可见光无线通信，又称光保真技术（Light Fidelity，LiFi），是一种利用可见光波谱（如灯泡发出的光）进行数据传输的全新无线传输技术。通过在灯泡上植入一个微小的芯片，形成类似于 AP 的设备，使终端随时能接入网络。

优点：高带宽，高速率，覆盖广，安全性高，组网能力强。

缺点：通信距离短，穿透性差。

⑤ NFC　NFC 由 RFID 及互联技术演变而来，通过卡-读卡器和点对点的业

务模式进行数据存取与交换，其传输速率和传输距离没有蓝牙快和远，但功耗和成本较低、保密性好，已应用于 Apple Pay、Samsung Pay 等移动支付领域以及蓝牙音箱。

（2）广域网通信技术

LPWAN 专为低带宽、低功耗、远距离、大量连接的物联网应用而设计。LPWAN 技术又可分为两类：一类是工作在非授权频段的技术，如 LoRa、Sigfox 等，这类技术大多是非标、自定义实现；另一类是工作于授权频段由 3GPP 或 3GPP2 支持的 2G/3G/4G 蜂窝通信技术，如 EC-GSM、LTE Cat-m、NB-IoT 等[27,28]。其中 NB-IoT 是 2015 年 9 月由 3GPP 立项提出的一种新的窄带蜂窝通信 LPWAN 技术。2016 年 6 月，3GPP 推出首个 NB-IoT 版本。中国电信广州研究院联手华为和深圳水务局在 2016 年完成了 NB-IoT 的试点商用[29]。NB-IoT 可以在现有电信网络基础上进行平滑升级，从而大幅提升物联网覆盖的广度和深度。目前，NB-IoT 和 LoRa 是两种主流的 LPWAN 方案，两者的技术性能比较如表 1-1 所示。

表 1-1 NB-IoT 和 LoRa 技术比较

LPWAN	工作频段	技术特点	应用情况	同类技术
LoRa	未授权频谱	长距离:1～20km 节点数:万级,甚至百万级 电池寿命:3～10 年 数据速率:0.3～50Kbps	数据透传和 LoRa-WAN 协议应用	Sigfox
NB-IoT	授权频谱	支持大规模设备连接,设备复杂性小、功耗低、时延小,通信模块成本低于 GSM 和 NB-LTE 模块	NB-IoT 尚未出现商用部署,与现有 LTE 兼容,容易部署,通信模块成本可以降到 5 美元以下	3GPP 的三种标准:LTE-M、EC-GSM 和 NB-IoT，分别基于 LTE 演进、GSM 演进和 Clean Slate 技术

（3）短距离组网技术

末梢短距离组网涉及到多方面的技术，如网络架构、编址寻址机制、能量约束下的网络部署等。针对网络架构中的网络连接方式、拓扑结构、协议层次等问题的研究，包括 WINS、Pico Radio、μAMPS、Smart Dust、SCADDS 等[30]。针对网络寻址和路由机制的研究文献，包括 SAR、Directed Diffusion、GEM、LEACH、Tree Cast、PEGASIS、AODV 等基于不同网络拓扑结构的算法[31]；GLB-DMECR、GPSR、GRID、GEAR、GEDIR、DREAM、PALR、CR、LBM、LAR、Geo GRID 等基于地理位置信息的算法[30]；以及以数据为中心的寻址方式，如 CAWSN、Directed Diffusion、CBP。在传感器部署方面的研究，包括针对普通传感节点的增量式节点部署算法[32]、网格划分算法[33]、人工势场算法[34] 和概率检测模型算法[35] 等；针对异构节点的 GEP-MSN 算法[36]、启发式算法[37] 等。

LTEUnlicensed（LTE-U）[38] 作为一种短距离组网的解决方案，目前正受到研究人员、运营商、设备制造商的关注。LTE-U 将 4G LTE 的无线通信技术用于 5GHz 频段（WiFi 工作频段）进行小范围覆盖，它保留有控制信道，因此有别于自组织网络。由于控制信道的存在，LTE-U 可能提供更加可靠的工业级别的传输服务，这为物联网环境中的短距离组网技术提供了新思路。

在物联网环境下，末梢传感网络采集和传输信息的最终目标，是提高群体用户的有效体验，即所谓的“效用容量”[39]。因此在未来的末梢组网研究中，应该以优化效用容量为目标，针对网络中各类传感器在性能、能量等诸多不同方面的限制，充分利用传感器廉价、网络部署灵活等特性。要实现这些目标，需要将信息处理和信息传递深度融合，研究如何在网络中高效地传输函数流，从而实现超量信息的传输。

（4）异构网络协同技术

当今，不同制式的无线接入网络共存，如无线局域网、全球微波互联接入网络（Worldwide Interoperability for Microwave Access，WiMAX）、3G 网络、4G 网络、WSN 等，这些网络在接入技术、覆盖范围、网络容量、传输速率等方面存在明显差异。任何单一的网络难以满足移动用户的泛在接入需求，如何将异构的无线网络协同起来，为用户提供无缝信息服务，是物联网面临的一个重要课题。

关于异构网络的研究，可以追溯到 1995 年美国加州大学伯克利分校发起的 BARWAN（Bay Area Research Wireless Access Network）项目，该项目负责人 R. H. Katz 在文献［40］中首次将相互重叠的不同类型网络融合起来以构成异构网络，从而满足未来终端的业务多样性需求。此后，国际上各大标准化组织对异构网络的协同与融合展开了积极的研究，相继提出了不同的网络融合标准，其中 IEEE 的 1900.4 标准为异构网络制定了资源管理的框架，并定义了资源融合管理的接口和协议[41]；3GPP 则提出了异构蜂窝网的概念，其通过部署低功耗、小覆盖的异构小区，为用户提供高数据速率服务[42]。

到目前为止，国内外学者针对异构网络的协同与融合开展了丰富的研究，如异构网络选择[43～46]、网络切换[47～50]、网络架构[51～53]、干扰协调和管理[54～57]、无线资源分配[58～62]、负载均衡[63～67]、网络自组织[68～70] 等。现有成果从不同角度研究了异构无线网络的融合机理，在一定程度上推动了泛在融合网络的实现，但仍然存在两个主要问题：

① 异构网络间的干扰协调问题难以解决，这限制了网络效用的提升；

② 现有的异构网络架构是静态的，这导致了网络资源不能灵活利用。

解决这两个问题的瓶颈在于协同的网络管控体系。基于计算通信融合的思想，可以建立异构融合网络控制平台，优化计算资源和通信资源，达到降低异构网络间干扰和优化网络资源利用的目的。

1.2.2.4 服务平台

物联网服务平台通常由科研机构、产业联盟或者骨干企业承建，面向产业提供标识管理、设备管理、共性技术研发等公共服务。从功能框架来看，物联网服务平台从底层到上层分别提供设备管理、连接管理、应用使能和业务分析等主要功能[71]。平台服务商大多面向单层功能构建平台，例如，智能硬件厂商专注设备管理平台，网络运营商专注连接管理平台，IT 服务商和各行业领域服务商等专注应用使能平台和业务分析平台。作为布局物联网业务的重要抓手，我国三大电信运营商均大力推进 M2M 平台建设，在交通、医疗等垂直领域推出了一系列物联网产品[71]。oneM2M 国际组织正积极推进 M2M 平台的标准化工作，已经于 2016 年年底发布 R2 版本。IBM 等 IT 巨头将物联网大数据平台作为构建生态的重点，互联网企业则依托其平台优势和数据处理能力，将服务拓展到物联网。

除了硬件架构，软件也是构建物联网服务平台的要素。为支撑构建端到端的解决方案，Predix、AWS IoT、IBM Watson 等大型平台不断丰富平台功能，呈现多功能一体化发展趋势。操作系统方面，谷歌推出基于 Android 内核的物联网底层操作系统 Brillo，同时发布了一个跨平台、支持开发者 API 的通信协议 Weave，能够让不同的智能家居设备、手机和云端设备实现数据交换；微软推出物联网版操作系统 Win10 IoT Core 和物联网套件，以协助企业简化 IoT 在云端的应用部署及管理。华为公司发布轻量级物联网操作系统 LiteOS，百度推出物联网操作系统、车联网平台和可穿戴智能手表系统 DuWear[71]。

作为一种物联网创新载体，公共服务平台已经开始发挥支撑作用。由国内四家单位联合建设的物联网标识管理公共服务平台，已经为交通、家居、食品溯源、农业、林业等多个重点行业的上百家企业提供了服务。上海物联网中心初步建成一批物联网共性技术研发公共服务平台，包括 MEMS 集成制造、短距离无线通信关键技术测试、无线通信节点极低功耗共性技术开发等。中国移动自主开发了物联网设备云（OneNet）和业务管理平台，提供设备管理和客户卡管理等能力并开放接口。AT&T 向合作伙伴提供 M2X、Flow、Connection Kite 等平台服务，提供包括网络、存储、测试、认证等能力[71]。美国另一电信运营商 Verizon 推出 ThingSpace 平台，为开发人员创建、推出、管理物联网服务提供工具。

随着物联网在行业领域的应用不断深化，平台连接设备量巨大、环境复杂、用户多元等问题将更为突出，不断提升连接灵活、规模扩展、数据安全、应用开发简易、操作友好等平台能力，也成为未来平台的主要发展方向。

1.2.3 产业发展现状

经过近几年的培育和探索，全球物联网正从碎片化、孤立化应用为主的起步阶段迈入“重点聚焦、跨界融合、集成创新”的新阶段。受各国战略引领和市场推动，全球物联网应用呈现加速发展态势，物联网所带动的新型信息化与传统领域走向深度融合。就我国而言，已经形成北京—天津、上海—无锡、深圳—广州、重庆—成都四大核心产业集聚区，交通、安全、医疗健康、车联网、节能等领域涌现一批龙头企业，物联网第三方运营服务平台崛起，产业发展模式逐渐清晰[11]。

M2M是率先形成完整产业链和内在驱动力的应用[72]。代表物联网行业应用风向标的M2M连接数增长迅猛。2014年年底全球M2M连接数达到2.43亿，同比增长29%，而基于智能终端的移动连接数同比增长率只有4.7%，2015年底全球M2M连接数已达到3.2亿[11]。电信运营商是M2M的主要推动者，全球已有400多家移动运营商提供M2M服务。AT&T通过与云服务和软件提供商Axeda公司合作，向企业提供M2M应用开发平台（ADPs），帮助企业解决开发中的共性问题[72]。

① 物联网与移动互联网加速融合，智能可穿戴设备出现爆发式增长。物联网与移动互联网形成了从芯片到终端、操作系统的全方位融合，并基于开源软件和开源硬件，开启了全球性智能硬件创新浪潮。可穿戴设备成为其中发展和创新最快的领域。2015年第3季度可穿戴设备全球共交付了2100万只，预计到2019年设备年出货量将飙升到1.26亿只[11]。以可穿戴设备为中心，集成医疗、健康、家居等APP应用，形成了“云＋APP”的移动互联网应用与商业服务模式[11]。

② 工业物联网成为新一轮部署焦点。物联网成为实现制造业智能化变革和重塑国家竞争优势的关键技术基础，围绕物联网的产业布局正加速展开。政府层面，美、德将信息物理系统（CPS）建设提升到国家战略高度，通过完善基础设施、设立研发机构等方式，大力推进行业相关标准、共性技术与产品的研发以及应用。企业层面，工业和ICT领域的龙头企业正围绕工业物联网应用实施，加快工业数据云平台、工业数据连接和管理、工业网络、新型工业软件等方面的技术、标准、测试床和解决方案的研发部署，并扩展到能源、医疗、交通等多个领域[11]。

③ 智慧城市成为物联网集成应用的综合平台。物联网成为各国智慧城市发展的核心基础要素，在城市管理、节能减排、能源管理、智能交通等领域进行广

泛应用，“前端设备智能化＋后端服务平台化＋大数据分析”成为通用模式[11]。通过物联网应用汇集海量感知数据，依托城市综合管理运营平台和大数据分析，实现对城市运行状态的精确把握和智能管理，通过移动APP提供城市管理和生活服务，促进城市绿色、低碳发展。

总体来看，目前全球的物联网应用大多是在特定行业或企业内部的闭环应用，信息的管理和互联局限在较为有限的行业或企业内，不同地域之间的互通也存在问题，没有形成真正的物-物互联[7]。这些闭环应用有着自己的协议、标准和平台，彼此无法兼容，信息难以共享，物联网的优势也无法充分体现出来。只有闭环应用形成规模并进行互联互通，才能形成完整的物联网应用体系，实现不同领域、行业或企业之间的开环应用，充分发挥物联网的优势。

1.2.4 标准研究现状

全球开展物联网相关标准研究的标准化组织众多，其中以ITU-T、oneM2M、国际标准化组织/国际电工委员会（ISO/IEC）为三大主要推进机构。各标准化组织的研究侧重点虽不同，但有一些共同关注的领域，如业务需求、网络需求、网络架构、业务平台、标识与寻址、安全、终端管理等[71]。其中，在感知层，短距离通信技术、IP化传感器网络、适配能力受限网络的应用协议受重视程度较高；在网络传送层，网关、移动通信网络增强和优化受到高度重视；在应用支撑层，各标准化组织普遍重视业务平台、接口协议、语义的标准化；另外，标识与寻址、服务质量、安全需求、物联网终端管理等也是各标准化组织的关注重点[71]。在行业应用领域，面向行业应用领域的特定无线通信技术、应用需求、系统架构研究成为重点。

在oneM2M标准化组织的推动下，已经基本形成了总体性标准、基础共性标准和行业应用类标准等物联网标准。总体性标准侧重物联网总体性场景、需求、体系框架、标识以及安全（包括隐私）等标准制定。作为全球负责总体性标准制定的标准组织之一，ITU-T SG20研究组推动物联网和智慧城市相关标准的制定；ISO/IEC JTC1分技术委员会SC41重点对物联网架构展开相关研究。基础共性标准包括感知标准、通信标准、平台及共性技术标准。2016年平台及共性技术标准进展明显，oneM2M发布了R2版本标准并启动了R3版本标准的制定；W3C的WoT（Web of Things）兴趣组工作基本完成，2017年成立工作组。行业应用类标准包括面向消费类的公众物联网应用标准和行业物联网应用类标准。2016年，发展迅速的工业互联网联盟（IIC）主要定义工业领域对物联网的需求，并与其他标准化组织对接完成标准化。我国重点对物联网体系架构和共性技术开展了标准研究工作，相继发布了GB/T 33474—2016《物联网参考体系结构》、GB/T 33745—2017《物联网术语》等标准[71,73]。

尽管物联网标准化工作一直在逐步推进，物联网国家标准、行业标准数量也在迅速增加，但统一的规划、推进、部署和协作仍然不足，造成物联网标准化组织重复立项，标准化职责不明确，标准化范围不清晰，物联网标准的重叠和缺失现象严重，难以充分发挥各个标准组织的优势形成发展合力。此外，物联网应用种类繁多，需求差异较大，现有信息、通信、信息通信融合、应用等标准还不能满足产业快速发展和规模化应用的需求。目前，物联网标准主要集中在垂直领域，面向未来的水平化跨领域、开放互联的基础共性标准基础较差，缺乏重点布局[11]。

1.2.5 未来发展趋势

作为新一代信息通信技术的重点领域，物联网正在加速发展之中，具体发展趋势如下。

① 技术进步和产业扩展推动物联网进入新的发展阶段，终端、网络、服务分别走向智能化、泛在化与平台化。

物联网发展在经历概念驱动、示范应用引领之后，技术的显著进步和产业的逐步成熟推动物联网发展进入新的阶段。

a. 终端智能化。一方面，传感器等底层设备自身向着智能化的方向发展；另一方面，引入物联网操作系统等软件，降低底层面向异构硬件开发的难度，支持不同设备之间的本地化协同，并实现面向多应用场景的灵活配置。

b. 连接泛在化。广域网和短距离通信技术的不断应用，推动更多的传感器设备接入网络，为物联网提供大范围、大规模的连接能力，实现物联网数据实时传输与动态处理。

c. 服务平台化。利用物联网平台打破垂直行业的“应用孤岛”，促进大规模开环应用的发展，形成新的业态，实现服务的增值。同时利用平台对数据的汇聚，在平台上挖掘物联网的数据价值，衍生新的应用类型和应用模式[72]。

② 物联网与移动互联网等新一代信息通信技术深度融合，为传统产业和服务行业带来真正的“智慧”应用。

近年来，物联网与移动互联网在硬件、操作系统、管理平台等领域全面融合，技术水平显著提高，在工业、农业、交通运输、智能电网、民生服务等行业的应用规模日益扩展。物联网推动了传统工业的转型升级，加速了智能制造与智能工厂的建设步伐。物联网应用在农业生产领域，大大激发了农业生产力，降低了生产损耗。物联网应用于交通运输领域，实现了运力客流优化匹配，有效缓解了交通拥堵。物联网应用于智能电网领域，通过对各类输变电设备运行状态进行实时感知、监视预警、分析诊断和评估预测，实现了对电力资源的“按需配置”以及对能源环境的“节能减排”。物联网应用于智能家居领域，实现了集安防、电源控制、家庭娱乐、亲情关怀、远程信息服务等于一体的物联网综合应用，大大提升了家庭的舒适程度和安全节能水平。物联网应用于医疗卫生领域，优化了医疗资源的配置，提升了医疗服务体验[72]。物联网应用于智慧城市建设，实现了社会生活的安全高效、和谐有序、绿色低碳、舒适便捷。

③ 传统产业的智能化升级和消费市场的规模化兴起，推动物联网的突破创新和加速推广。

当前全球物联网进入了由传统行业升级和规模化消费市场推动的新一轮发展浪潮。一是工业/制造业等传统产业的智能化升级，成为推动物联网突破创新的重要契机。物联网技术是工业/制造业转型升级的基础，工业/制造业转型升级将推动在产品、设备、流程、服务中物联网感知技术的应用、网络连接的部署和基于物联网平台的业务分析和数据处理，加速推动物联网突破创新。二是规模化消费市场的兴起，加速了物联网的推广。具有人口级市场规模的物联网应用，包括车联网、智慧城市、智能家居、智能硬件等，成为当前物联网发展的热点领域，其主要原因有三个方面：

a. 规模效益显著，提供了广阔的市场空间；

b. 业务分布范围广，利于释放物联网广域连接的潜力；

c. 面向消费市场，具有清晰的商业模式并具有高附加值。

简言之，未来物联网将朝着规模化、协同化、智能化方向发展，以物联网应用带动物联网产业，将是全球各国的主要发展方向。物联网与其他ICT技术以及制造、新能源、新材料等技术加速融合，将成为产业变革的核心驱动和社会绿色、智能、可持续发展的关键基础与重要引擎。

1.3 基于工业物联网的智能制造

1.3.1 智能制造的概念与内涵

1.3.1.1 智能制造的概念

智能制造（Intelligent Manufacturing，IM）是指将物联网、大数据、云计算等新一代信息通信技术与先进制造技术深度融合，贯穿于设计、生产、管理、服务等制造活动的各个环节，具有信息深度自感知、智慧优化自决策、精准控制自执行等功能的先进制造过程、系统与模式的总称[73,74]。

作为一种新型生产方式，智能制造以智能工厂为载体，以关键制造环节智能化为核心，以端到端数据流为基础，以全面深度互联为支撑，通过人、机器、原材料的智能协作，形成生产过程的自感知、自学习、自决策、自执行、自适应等能力，从而有效地缩短产品研制周期，提高生产效率，提升产品质量，降低资源能源消耗，这对推动制造业转型升级具有重要意义。

智能制造的概念起源于日本在1990年4月所倡导的“智能制造系统IMS”国际合作研究计划，包括美国、欧洲共同体、加拿大、澳大利亚等在内的许多发达国家参加了该项计划。所谓智能制造系统，是一种由智能机器和人类专家共同组成的人机一体化智能系统，它在制造过程中能进行智能活动，诸如分析、推理、判断、构思和决策等[75]，通过人与智能机器的合作共事，去扩大、延伸和部分地取代人类专家在制造过程中的脑力劳动。它把制造自动化的概念更新、扩展到柔性化、智能化和高度集成化。

近年来，全球多个国家陆续把智能制造上升到国家发展层面，智能制造正在成为各国经济发展和国家竞争力的新引擎。从全球产业发展大趋势来看，发达国家正在利用信息技术领域的领先优势，加快制造业智能化的进程。德国提出的“工业4.0”[76]、美国提出的工业互联网[77]、我国提出的“中国制造2025”[78]等计划，均是剑指智能制造的产业升级战略计划。

（1）美国工业互联网

美国“总统创新伙伴计划（PIF）”提出，政府和行业合作创造新一代的可互操作、动态、高效的“智能系统”——工业互联网（Industrial Internet）[77]，其内涵是基于物联网、工业云计算和大数据应用，架构在宽带网络基础之上，实现人、数据与机器的高度融合，从而促进更完善的服务和更先进的应用。美国工业互联网的愿景是：在产品生命周期的整个价值链中将人、数据和机器连接起来，形成开放的全球化工业网络。实施的方式是通过通信、控制和计算技术的交叉应用，建造一个信息物理系统，促进物理系统和数字系统的融合。

美国国家标准与技术研究院（NIST）组织其工业界和ICT产业界的龙头企业，共同推动工业互联网相关标准框架的制定。通用电气公司联合亚马逊、埃森哲、思科等企业，共同打造支持“工业互联网”战略的物联网与大数据分析平台。美国智能制造领导联盟（Smart Manufacturing Leadership Coalition，SMLC）进一步提出了实施“智能过程制造”的技术框架和路线，拟通过融合知识的生产过程优化，实现工业的升级转型，即集成知识和大量模型，采用主动响应和预防策略，进行优化决策和生产制造。

（2）德国“工业4.0”

德国针对离散制造业提出了以智能制造为主导的第四次工业革命发展战略，

即“工业4.0”计划[76]。该计划旨在通过充分利用信息通信技术和网络空间虚拟系统——信息物理系统（Cyber Physical System，CPS）相结合的手段，将制造业向智能化转型。其目标是实现个性定制的自动化与高效化，将CPS与离散制造技术深度融合，实现产品、设备、人和组织之间的无缝集成及合作，使生产资源形成一个循环网络，生产资源将具有自主性、可调节性、可配置等特点；使产品具有独特的可识别性，根据整个价值链，自组织集成化生产设施；根据当前生产条件，灵活制定生产工艺；通过价值链及CPS，实现企业间的横向集成，支持新的商业策略和模式的发展；贯穿价值链的端对端集成，实现从产品开发到制造过程、产品生产和服务的全生命周期管理；根据个性化需求，自动构建资源配置（机器、生产和物流等），实现纵向集成、灵活且可重新组合的网络化制造。“智慧工厂”和“智能生产”是“工业4.0”的两大主题。

（3）中国制造2025

2015年3月，我国工业和信息化部印发了《2015年智能制造试点示范专项行动实施方案》，启动了智能制造试点示范专项行动。2015年5月，国务院进一步出台了“中国制造2025”规划，要求将网络技术与先进制造技术深度融合，推动产业效率的提升，加快从制造大国向智造强国的转变。“中国制造2025”提出，坚持“创新驱动、质量为先、绿色发展、结构优化、人才为本”的基本方针，遵循“市场主导、政府引导，立足当前、着眼长远，整体推进、重点突破，自主发展、开放合作”的基本原则，通过“三步走”实现制造强国的战略目标[78]。

第一步，到2025年迈入世界制造强国行列。

制造业整体素质大幅提升，创新能力显著增强，全员劳动生产率明显提高，两化（工业化和信息化）融合迈上新台阶。

第二步，到2035年中国制造业整体达到世界制造强国阵营中等水平。

创新能力大幅提升，重点领域发展取得重大突破，整体竞争力明显增强，优势行业形成全球创新引领能力，全面实现工业化。

第三步，到新中国成立一百年时，综合实力进入世界制造强国前列。

制造业主要领域具有创新引领能力和明显竞争优势，建成全球领先的技术体系和产业体系。

“中国制造2025”与德国“工业4.0”两大战略的实施时间、发展阶段、面临难点、发展重点等比较如表1-2[79]所示。

表1-2 “中国制造2025”与德国“工业4.0”比较

比较条目	德国“工业4.0”	“中国制造2025”
提出时间	2013年发布	2015年5月由国务院发布

续表

比较条目	德国"工业 4.0"	"中国制造 2025"
发展历程	用 10 年时间实现"工业 4.0"	制造强国"三步走"。第一步，用 10 年左右时间实现制造强国
发展战略	利用 CPS 将生产中的供应、制造、销售信息数据化、智慧化，达到快速、有效、个性化的产品供应	坚持创新驱动、智能转型、强化基础、绿色发展，加快从制造大国向制造强国的转变
发展现状	德国已经完成工业 3.0	中国仍处于工业 2.0 阶段，部分达到工业 3.0 水平
面临难点	通信基础设施建设、复杂信息系统的管理、网络安全保障、技术标准的制定等	关键技术研发、知识自动化的实现、通信基础设施建设、生产资源的协同、安全保障措施、技术标准的制定等
发展目标	在实现个性化定制的同时，保持生产制造的高效率	充分利用通信、计算、控制技术，提升中国制造业的技术水平、产品质量和商业模式

(4) 其他相关战略

其他与智能制造相关的发展计划，包括美国提出的"先进制造业国家战略计划"，英国提出的"工业 2050 战略"，日本提出的"i-Japan 战略"，韩国提出的"制造业创新 3.0 战略"等。德国、日本和韩国等国家注重离散工业的智能制造，美国因为拥有强大的石化与化工制造工业，其提出的智能流程制造（Smart Process Manufacturing，SPM）计划重点对以石油和化工为代表的流程工业的智能制造进行了规划。

1.3.1.2 智能制造的内涵

智能制造需要充分利用通信、计算、控制技术和信息物理系统（CPS）创新制造方式，提升生产效率，实现制造业生产模式、管理模式、商业模式发生革命性变化[73,74]：

① 建立面向用户需求的个性化和数字化相结合的定制式生产模式；

② 推进管理模式由集中控制模式转变为分散增强型控制模式；

③ 优化售后服务，挖掘产品附加价值，走软性制造+个性化定制商业模式。

智能制造包括两大主题：智能工厂和智能生产。智能工厂重点研究智能化生产系统及过程，以及网络化分布式生产设施的实现；智能生产主要涉及整个企业的生产物流管理、人机互动以及 3D 技术在工业生产过程中的应用等。

智能工厂——在数字化工厂的基础上，利用物联网技术和监控技术加强信息管理和服务，提高生产过程可控性，减少生产线人工干预，合理安排生产计划，集人工智能、大数据、云计算等新兴技术和智能系统于一体，构建高效、节能、绿色、环保、舒适的人性化工厂。

智能生产——基于 CPS 融合虚拟生产环境与现实生产环境，将网络空间的高级计算能力有效地运用于现实生产中，通过人与智能机器的合作，部分取代专家的脑力劳动，在制造过程中进行分析、推理、判断、构思和决策等智能活动，提高生产效率，缩短产品创新周期，实现个性化定制的批量生产。

将无处不在的传感器、嵌入式终端系统、智能控制系统、通信设施，通过 CPS 形成一个智能网络，使人与人、人与机器、机器与机器以及服务与服务之间能够互联，从而实现横向、纵向和端对端的高度集成，是实现智能制造的重点和难点。

1.3.2 实现智能制造的基础——工业物联网

工业物联网是面向工业生产环境构建的一种信息服务网络，是新一代网络信息技术与工业系统全方位深度融合所形成的产业和应用形态。工业物联网充分融合传感器、通信网络、大数据等现代化技术，通过将具有环境感知能力的各种智能终端、分布式的移动计算模式、泛在的移动网络通信方式等应用到工业生产的各个环节，以提高制造效率，改善产品质量，并降低成本，减少资源消耗和环境污染。其本质是以机器、原材料、控制系统、信息系统、产品以及人之间的网络互联为基础，通过对工业数据的全面深度感知、实时传输交换、快速计算处理和高级建模分析，实现智能控制、运营优化和生产组织方式变革[77]。

工业物联网具有智能感知、泛在连通、精准控制、数字建模、实时分析和迭代优化六大典型特征[80]，如图 1-3 所示。

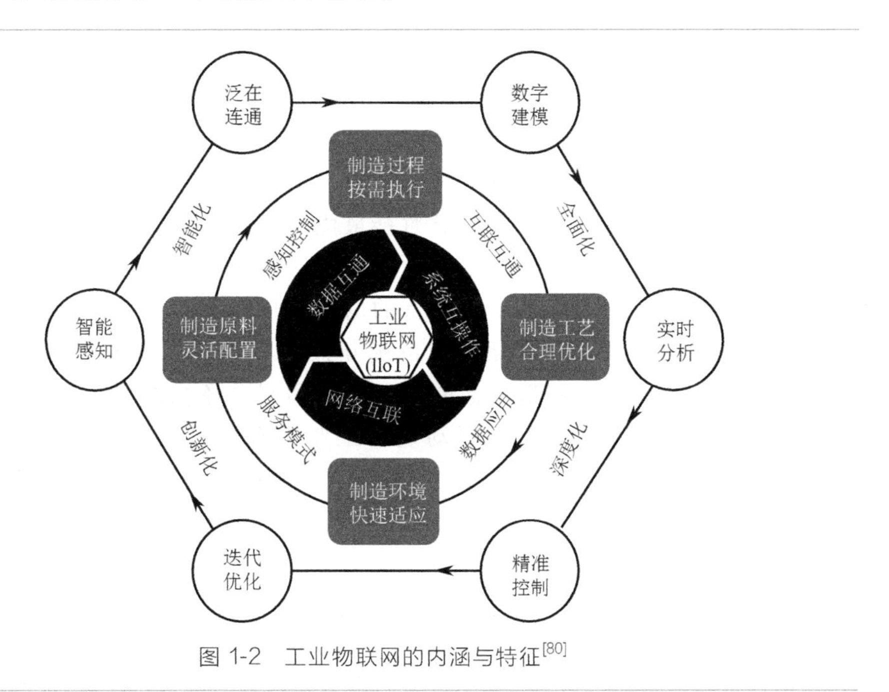

图 1-2 工业物联网的内涵与特征[80]

① 智能感知是工业物联网的基础　利用传感器、RFID等手段获取包括生产、物流、销售等环节在内的工业全生命周期内的不同维度的信息数据，例如人员、机器、原料、工艺流程和环境等工业资源状态信息，为后续生产过程建模与优化控制提供数据基础。

② 泛在连接是工业物联网的前提　通过有线或无线的方式将机器、原材料、控制系统、信息系统、产品以及人员等工业资源彼此互联互通，形成便捷、高效的工业信息通道，拓展工业资源之间以及资源与环境之间的信息交互广度与深度。

③ 数字建模是工业物联网的方法　通过将工业资源虚拟化后映射到数字空间中，在虚拟的世界里模拟工业生产流程，借助数字空间强大的信息处理能力，实现对工业生产过程全要素的抽象建模，为工业物联网实体产业链运行提供有效决策。

④ 实时分析是工业物联网的手段　针对所感知的工业资源数据，通过技术分析手段，在数字空间中进行实时处理，获取工业资源状态在虚拟空间和现实空间的内在联系，将抽象的数据进一步直观化和可视化，完成对外部物理实体的实时响应。

⑤ 精准控制是工业物联网的目的　基于工业资源的状态感知、信息互联、数字建模和实时分析等操作提供的知识，在虚拟空间形成工业运行决策并解析成实体资源可以理解的控制命令，据此进行实际操作，实现工业资源精准的信息交互和无间隙协作。

⑥ 迭代优化是工业物联网的效果　工业物联网具有自我学习与提升能力，通过对工业资源与生产流程数据进行处理、分析和存储，形成有效的、可继承的知识库、模型库和资源库，据此对制造原料、制造过程、制造工艺和制造环境进行反馈优化，通过多次迭代达到生产性能最优的目标。

尽管工业物联网是物联网面向工业领域的特殊形式，但不是简单等同于“工业＋物联网”，而是具有更为丰富的内涵：以工业控制系统为基础，通过工业资源的网络互联、数据互通和系统互操作，实现制造原料的灵活配置、制造过程的按需执行、制造工艺的合理优化和制造环境的快速适应，达到资源的高效利用，从而构建服务驱动型新工业生态体系[80]。因此，工业物联网是支撑智能制造的一套使能技术体系，是加速工业产业优化升级的重要力量。

1.3.3 工业物联网对实现智能制造的意义

智能制造的实现需要依托两方面基础能力：一是工业制造技术，包括先进装备、先进材料和先进工艺等，是决定制造边界与制造能力的根本；二是新型工业网络，包括工业物联网、工业互联网、智能传感控制软硬件、工业大数据平台等综合信息技术要素，是充分发挥工业装备、工艺和材料潜能，提高生产效率、优化资源配置效率、创造差异化产品和实现服务增值的关键[74,75]。很显然，智能制造对工业物联网具有天然的依赖性，而工业物联网也契合了智能制造的发展愿景。

在制造业智能化进程中，工业物联网将体现出四个关键价值：提升价值、优化资源、升级服务和激发创新[80]。

① 提升价值　工业物联网使丰富的生产、机器、人、流程、产品数据进行互联，数据达到前所未有的深度和广度的集成，建立世界与信息世界的映射关系，使数据的价值得以挖掘利用，提升数据的价值。

② 优化资源　工业物联网通过泛在网络技术将工业资源全面互联，通过智能分析与决策技术对工业运行过程进行科学决策，反馈至物理世界并对资源进行调度重组，使工业资源的利用达到前所未有的高效。

③ 升级服务　工业物联网使制造企业改变原有的产品短期交易的状态，向以数据为核心的制造服务转变，打破传统的产业界限，升级服务，重构企业与用户的商业关系，帮助企业形成以数据价值为特征的新资产。

④ 激发创新　工业物联网在工业领域架起一座物理世界和信息世界连通的桥梁，并且提供接口供应用访问物理世界和信息世界，为资源高效灵活地利用提供无限可能，营造创新环境。

工业物联网对实现智能制造具有重要意义。从技术角度来看，工业物联网为制造业变革提供了信息网络基础设施和智能化能力，是实现智能制造的基石。

① 工业物联网可以实现对制造过程全流程的“泛在感知”，特别是利用传感器等感知终端，无缝、不间断地获取和准确、可靠地发送实时信息流，可与现有的制造信息系统如MES、ERP、PCS等相结合，建立更为强大的信息链，以便在确定的时间传送准确的数据，从而实现数字化制造资源的实时跟踪和自动化生产线的智能化管理，以及基于实时信息的生产过程监控、分析、预测和优化控制，增强了生产力，提高资产利用率，实现更高层次的质量控制。

② 工业物联网可以改变传统工业中被动的信息收集方式，实现对生产过程参数的自动、准确、及时收集。传统的工业生产采用M2M的通信模式，实现了机器与机器间的通信；工业物联网通过Things to Things的通信方式，实现了人、机器和系统三者之间的智能化、交互式无缝连接，使得企业与客户、市场的联系更为紧密，企业可以感知到市场的瞬息万变，大幅提高制造效率，

改善产品质量，降低产品成本和资源消耗，将传统工业提升到智能工业的新阶段。

从管理角度来看，工业物联网的应用，加速了制造企业服务模式、运作模式等发生重大变革，具体表现如下。

① 实现制造企业服务化转型　一是创新企业营销模式，二是创新服务模式。

② 实现组织模式的分散化　物联网变革了企业的组织关系网络，生产组织模式由集中控制向分散/边缘控制转变。一是基于互联网模式的众包设计，全球用户、工程设计者、企业通过互联网开放平台，实现研发力量的虚拟集中；二是通过物联网实现远程设计、异地下单、分布式制造的远程定制创新。

③ 实现制造的个性化定制　物联网实现了柔性制造与个性化需求的有机结合。依靠柔性化生产组织和技术，在产品设计与生产过程中融入消费者的个性化需求，将个性化定制从奢侈品扩展到普通商品，从少数人扩展到社会公众，极大地扩展了生产的灵活性。

④ 实现物流和制造的协同　物联网实现了物流和制造信息的透明化。一方面，基于物联网技术实现了精益供应链服务，第三方物流企业利用互联网，为制造企业提供精益供应链外包服务，实现供应链运营实时可视化、流程同步化和各环节的无缝衔接。例如，A 企业根据 B 企业当天制定的生产计划来确定配送的汽车零部件，并在半小时内将数千零部件送到不同车间，使 B 企业内部物流费用从每年的 300 万元下降到 10 万元。另一方面，依托互联网，实现食品、药品行业的全流程透明化，可以大大提高用户对产品的信任度。如 C 企业正在搭建可视化的线下食品溯源体系，便于消费者逆向“参与”产品生产全过程，以提升消费者对食品安全的信心。

⑤ 实现多元融合的互联网生态体系创新　物联网与工业融合的不断深入，催生了多种技术、多种业态融合的生态服务系统。

简言之，物联网推动了信息化和工业化融合，是实现智能制造的基础和解决方案，对推动“制造强国”之路具有重要意义。在企业制造系统向着精益化、智能化和服务化方向发展的大背景下，对制造执行过程多源信息的采集，以及基于实时信息的生产过程监控、分析、预测和优化控制，产生了迫切的需求。工业物联网为解决这一问题，提供了一种新的模式和实现途径，能够推动制造过程由部分定量、部分经验、定性化的信息跟踪和优化，朝着实时精确信息驱动的定量分析与优化决策的方向快速发展。因此，研究兼容各种网络和系统的工业物联网，是实现智能制造的关键。

参考文献

[1] Ashton K.That 'Internet of Things' thing in the real world, things matter more than ideas[J].RFID Journal, Jun. 2009[Online].Available: http: //www.rfid-journal.com/article/print/4986.

[2] 朱洪波，杨龙祥，朱琦.物联网技术进展与应用[J].南京邮电大学学报（自然科学版），2011，31（01）：1-9.

[3] Auto-Id Labs[EB/OL].http: //www.autoid-labs.org/

[4] 孙其博，刘杰，黎羴，范春晓，孙娟娟.物联网：概念、架构与关键技术研究综述[J].北京邮电大学学报，2010，33（03）：1-9.

[5] 王保云.物联网技术研究综述[J].电子测量与仪器学报，2009，23（12）：1-7.

[6] ITU.ITU Internet Reports 2005: The Intern et of Things[R].Tunis，2005.

[7] 工业与信息化部电信研究院.物联网白皮书（2011）[R].2011.

[8] 孔晓波.物联网概念和演进路径[J].电信工程技术与标准化，2009，22（12）：12-14.

[9] 陈海明，崔莉.面向服务的物联网软件体系结构设计与模型检测[J].计算机学报，2016，39（05）：853-871.

[10] Wu Qihui，Ding Guoru，Xu Yuhua，Feng Shuo，Du Zhiyong，Jinlong Wang and Long Keping. Cognitive Internet of Things: A New Paradigm beyond Connection[J].IEEE Internet of Things Journal，2014，1（2）：129-143.

[11] 工业与信息化部电信研究院.物联网白皮书（2015）[R].2015.

[12] 钱志鸿，王义君.物联网技术与应用研究[J].电子学报，2012，40（05）：1023-1029.

[13] Presser M，Barnaghi P M，Eurich M，Villalonga C.The SENSEI project: Integrating the physical world with the digital world of the network of the future [J]. Global Communications Newsletter，2009，47（4）：1-4.

[14] Walewski J W.Initial architectural reference model for IoT[R].EU FP7 Project，Deliverable Report: D1.2，2011.

[15] Electronics and Telecommunication Research Institute（ETRI）of the Republic of Korea. Requirements for support of USN applications and services in NGN environment[C\ ] //Proceedings of the ITU NGN Global Standards Initiative（NUN-GSI）Rapporteur Group Meeting.Geneva，Switzerland，2007: 11-21.

[16] ETSI.Machine-to-Machine（M2M）communications: Functional architecture [R]，ETSI，Technical Specification: 102 690.

[17] 陈海明，崔莉，谢开斌.物联网体系结构与实现方法的比较研究[J].计算机学报，2013，36（01）：168-188.

[18] 朱洪波，杨龙祥，于全.物联网的技术思想与应用策略研究[J].通信学报，2010，31（11）：2-9.

[19] Chen Shanzhi，Xu Hui，Liu Dake，Hu Bo，and Wang Hucheng. A Vision of IoT: Applications，Challenges，and

Opportunities with China Perspective [J]. IEEE INTERNET OF THINGS JOURNAL, 2014, 1(4): 349-359.

[20] Foteinos V, Kelaidonis D, Poulios G, et al.Cognitive Management for the Internet of Things: A Framework for Enabling Autonomous Applications [J]. IEEE Vehicular Technology Magazine, 2013, 8(4): 90-99.

[21] Luca Mainetti, Vincenzo Mighali, and Luigi Patrono. A Software Architecture Enabling the Web of Things [J].IEEE Internet of Things Journal, 2015, 2(6): 445-454.

[22] Rajandekar A, Sikdar B.A Survey of MAC Layer Issues and Protocols for Machine-to-Machine Communications [J]. IEEE Internet of Things Journal, 2015, 2(2): 175-186.

[23] Ometov A.Short-range communications within emerging wireless networks and architectures: A survey[C]//Open Innovations Association (FRUCT), 2013 14th Conference of. IEEE, 2013: 83-89.

[24] Pyattaev A, Johnsson K, Andreev S, et al.3GPP LTE traffic offloading onto WiFi Direct [C]//Wireless Communications and Networking Conference Workshops (WCNCW), 2013 IEEE. IEEE, 2013: 135-140.

[25] Wu G, Talwar S, Johnsson K, et al. M2M: From mobile to embedded internet [J]. Communications Magazine, IEEE, 2011, 49(4): 36-43.

[26] Himayat N, Yeh S, Panah A Y, et al. Multi-radio heterogeneous networks: Architectures and performance [C]// Computing, Networking and Communications (ICNC), 2014 International Conference on.IEEE, 2014: 252-258.

[27] 戴国华，余骏华.NB-IoT 的产生背景、标准发展以及特性和业务研究[J].移动通信，2016，40(07)：31-36.

[28] 陈博，甘志辉.NB-IoT 网络商业价值及组网方案研究[J].移动通信，2016，40(13)：42-46，52.

[29] 黄悦，汤远方.NB-IoT 物联网组网及覆盖能力探讨[J].移动通信，2017，41(18)：11-15，23.

[30] Akyildiz I F, Su W, Sankarasubramaniam Y, et al. Wireless sensor networks: a survey [J]. Computer networks, 2002, 38(4): 393-422.

[31] Pantazis N, Nikolidakis S A, Vergados D D. Energy-efficient routing protocols in wireless sensor networks: A survey [J]. Communications Surveys & Tutorials, IEEE, 2013, 15(2): 551-591.

[32] Howard A, Matarić M J, Sukhatme G S.An incremental self-deployment algorithm for mobile sensor networks[J].Autonomous Robots, 2002, 13(2): 113-126.

[33] Dhillon S S, Chakrabarty K, Iyengar S S.Sensor placement for grid coverage under imprecise detections[C]//Information Fusion, 2002. Proceedings of the Fifth International Conference on. IEEE, 2002, 2: 1581-1587.

[34] Howard A, Matarić M J, Sukhatme G S. Mobile sensor network deployment using potential fields: A distributed, scalable solution to the area coverage problem [M]//Distributed Autonomous Robotic Systems 5. Springer Japan, 2002: 299-308.

[35] Zhang J, Yan T, Son S H.Deployment strategies for differentiated detection in wireless sensor networks [M]. Proc. of the 3rd Annual IEEE International Conference on Sensor Mesh and Ad Hoc

Communications and Networks, 2006.
[36] Dai S, Tang C, Qiao S, et al.Optimal multiple sink nodes deployment in wireless sensor networks based on gene expression programming[C]//Communication Software and Networks, 2010. ICCSN'10.Second International Conference on.IEEE, 2010: 355-359.
[37] Patel M, Chandrasekaran R, Venkatesan S.Energy efficient sensor, relay and base station placements for coverage, connectivity and routing[C]// Performance, Computing, and Communications Conference, 2005.IPCCC 2005. 24th IEEE International. IEEE, 2005: 581-586.
[38] Cavalcante A M, Almeida E, Vieira R D, et al.Performance evaluation of LTE and Wi-Fi coexistence in unlicensed bands[C]//Vehicular Technology Conference (VTC Spring), 2013 IEEE 77th.IEEE, 2013: 1-6.
[39] 王新兵，陶梅霞，刘辉.计算通信：超量信息无线传输的深度探索.中兴通讯技术，2013，19(2)：40-43.
[40] Katz R H, Brewer E A.The case for wireless overlay networks.New York: Springer US, 1996.
[41] IEEE 1900.4.Architectural Building Blocks Enabling Network-Device Distributed Decision Making for Optimized Radio Resource Usage in Heterogeneous Wireless Access Networks.2009.
[42] 3GPP, TR 36.814.Further Advancements for E-UTRA, Physical Layer Aspects, 2010.
[43] Bari F, Leung V C M.Automated network selection in a heterogeneous wireless network environment. IEEE Network, 2007, 21: 34-40
[44] Song Q, Jamalipour A.Network selection in an integrated wireless LAN and UMTS environment using mathematical modeling and computing techniques. IEEE Wireless Commun, 2005, 12: 42-48.
[45] Niyato D, Hossain E.Dynamics of network selection in heterogeneous wireless networks: an evolutionary game approach. IEEE Trans Veh Technol, 2009, 58: 2008-2017.
[46] Gelabert X, Perez-Romero J, Sallent O, Agusti R.A Markovian approach to radio access technology selection in heterogeneous multiaccess/multiservice wireless networks.IEEE Trans Mobile Computing, 2008, 7: 1257-1270.
[47] Zhang W.Handover decision using fuzzy MADM in heterogeneous wireless networks. In: Proc IEEE Wireless Commun.and Netw Conf, Atlanta, 2004: 653-658.
[48] Wang Y, Yuan J, Zhou Y, Li G., Zhang P.Vertical handover decision in an enhanced media independent handover framework. In: Proc IEEE Wireless Commun.and Netw Conf, Las Vegas, 2008: 2693-2698.
[49] Chang B J, Chen J F, Hsieh C H, Liang Y H. Markov decision process-based adaptive vertical handoff with rss prediction in heterogeneous wireless networks.In Proc IEEE Wireless Commun.and Netw Conf, Budapest, 2009. 1-6.
[50] Zahran A H, Liang B, Saleh A.Signal threshold adaptation for vertical handoff in heterogeneous wireless networks.Mob Netw Appl, 2006, 11: 625-640.
[51] Ferrus R, Sallent O, Agusti R.Interworking in heterogeneous wireless net-

works: Comprehensive framework and future trends.IEEE Wireless Commun, 2010, 17: 22-31.

[52] Song W, Jiang H, Zhuang W.Performance analysis of the WLAN-first scheme in Cellular/WLAN interworking. IEEE Trans Wireless Commun, 2007, 6: 1932-1952.

[53] Munasinghe K S, Jamalipour A.Interworking of WLAN-UMTS networks: An IMS-based platform for session mobility. IEEE Commun Mag, 2008, 46: 184-191.

[54] Xia P, Liu C, Andrews J.Downlink coordinated multipoint with overhead modeling in heterogeneous cellular networks.IEEE Trans Wireless Commun, 2013, 12: 4025-4037.

[55] Zhao J, Quek T, Lei Z.Coordinated multipoint transmission with limited backhaul data transfer. IEEE Trans Wireless Commun, 2013, 12: 2762-2775.

[56] Ayach O, Heath R.Interference alignment with analog channel state feedback.IEEE Trans Wireless Commun, 2012, 11: 626-636.

[57] Rao X, Ruan L, Lau V.CSI feedback reduction for MIMO interference alignment. IEEE Trans Signal Process, 2013, 61: 4428-4437.

[58] Madan R, Borran J, Sampath A, Bhushan N, Khandekar A, Ji T.Cell association and interference coordination in heterogeneous LTE-A cellular networks.IEEE J Sel Areas Commun, 2010, 28: 1479-1489.

[59] Fooladivanda D, Rosenberg C.Joint resource allocation and user association for heterogeneous wireless cellular networks. IEEE Trans Wireless Commun, 2013, 12: 248-257.

[60] Xie R, Yu F R, Li Y.Energy-efficient resource allocation for heterogeneous cognitive radio networks with femtocells.IEEE Trans Wireless Commun, 2012, 11: 3910-3920.

[61] Bu S, Yu F R, Yanikomeroglu H.Interference-aware energy-efficient resource allocation for heterogeneous networks with incomplete channel state information.IEEE Trans Veh Technol, 2015, 64: 1036-1050.

[62] Novlan T, Ganti R, Ghosh A, Andrews J.Analytical evaluation of fractional frequency reuse for heterogeneous cellular networks.IEEE Trans Wireless Commun, 2012, 60: 2029-2039.

[63] Singh S, Dhillon H, Andrews J.Offloading in heterogeneous networks: Modeling, analysis, and design insights. IEEE Trans Wireless Commun, 2013, 12: 2484-2497.

[64] Tonguz O, Yanmaz E.The mathematical theory of dynamic load balancing in cellular networks. IEEE Trans Mobile Comput, 2008, 7: 1504-1518.

[65] Wang H, Ding L, Wu P, Pan Z, Liu N, You X.QoS-aware load balancing in 3GPP long term evolution multi-cell networks. In: Proc IEEE Int Conf Commun, Kyoto, 2011: 1-5.

[66] Hossain M, Munasinghe K, Jamalipour A.Distributed inter-BS cooperation aided energy efficient load balancing for cellular networks.IEEE Trans Wireless Commun, 2013, 12: 5929-5939.

[67] Ye Q, Rong B, Chen Y, Al-Shalash M, Caramanis C, Andrews J G.User association for load balancing in heterogeneous cellular networks.IEEE Trans Wireless Commun, 2013, 12: 2706-

2716.
[68] Razavi R, Lopez-Perez D, Claussen H. Neighbour cell list management in wireless heterogeneous networks. In: Proc IEEE Wireless Commun Networking Conf., Shanghai, 2013.1220-1225.
[69] Lee K, Lee H, Jang Y, Cho D.CoBRA: Cooperative beamforming-based resource allocation for self-healing in SON-based indoor mobile communication system.IEEE Trans Wireless Commun, 2013, 12: 5520-5528.
[70] Wang W, Zhang Q.Local cooperation architecture for self-healing femtocell networks. IEEE Trans Wireless Commun, 2014, 21: 44-49.
[71] 工业与信息化部电信研究院.物联网白皮书（2016）[R].2016.
[72] 工业与信息化部电信研究院.物联网白皮书（2014）[R].2014.
[73] 中国电子技术标准化研究院，国家物联网基础标准工作组.物联网标准化白皮书（2016）[R].2016.
[74] 工业与信息化部国家标准化委员会.国家智能制造标准体系建设指南（2015年版）（征求意见稿）[R].2015.10.
[75] 工业与信息化部国家标准化委员会.国家智能制造标准体系建设指南（2018年版）（征求意见稿）[R].2018.3.
[76] Industry 4.0.https: //en.wikipedia.org/wiki/Industry_4.0.
[77] 工业互联网产业联盟.工业互联网体系架构（版本1.0）[R].2016.08.
[78] 中国制造2025.https: //baike.baidu. com/item/中国制造 2025/16432644? fr=aladdin.
[79] 李金华.德国“工业4.0”与“中国制造2025”的比较及启示[J].中国地质大学学报（社会科学版），2015，15（05）：71-79.
[80] 中国电子技术标准化研究院.工业物联网白皮书（2017版）[R].2017，09.

第2章

物联网的体系架构

2.1 概述

体系架构（Architecture）的本意是指“统一的或一致的形式或结构”，即“说明系统组成部件及其内在关系，指导系统的设计与实现的一系列原则的抽象”[1]。体系架构用来定义系统的组成部件及其关系，指导开发者遵循一致的原则实现系统，以保证最终建立的系统符合预期的需求。

广义来看，物联网发展的关键要素包括由感知层、网络层和应用层组成的网络架构，资源体系，核心技术和标准，相关产业，隐私和安全，促进和规范物联网发展的法律、政策和国际治理体系等[2]。简言之，物联网的发展要素涵盖了技术、资源、网络、应用、服务、安全、产业等诸多方面，因此，物联网的体系架构应包括如下内涵：网络体系架构、技术与标准体系、资源与标识体系、产业与应用体系、服务与安全体系等，如图 2-1 所示。

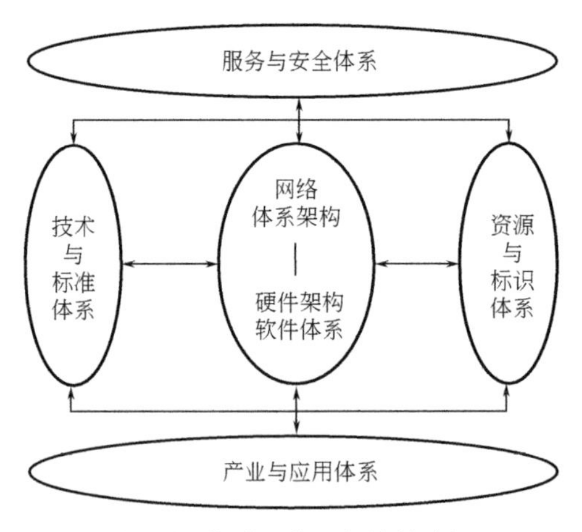

图 2-1 物联网体系架构的内涵

物联网体系架构是设计与实现物联网的首要基础。近年来国内外的研究人员对物联网体系架构展开了广泛研究，提出了多种不同的模型。

国外方面，欧盟第七框架计划（Framework Program 7，FP7）专门设立了两个关于物联网体系架构的项目：一个是 SENSEI[3]，其目标是借助于 Internet 将分布在全球的传感器与执行器网络连接起来，并定义开放的服务访问接口与相应的语义规范来提供统一的网络与信息管理服务；另一个是 IoT-A[4]，其目标是建立物联网体系结构参考模型，并定义物联网系统组成模块，探索不同体系结构对物联网实现技术的影响。美国麻省理工学院和英国剑桥大学等 7 所高校组成的 Auto-ID 实验室提出了网络化自动标识系统（Networked Auto-ID）体系结构[5]，日本东京大学发起成立的 uID 中心提出了基于 uID 的物联网体系结构（uID IoT）[6]，韩国电子与通信技术研究所（ETRI）提出了泛在传感器网络（Ubiquitous Sensor Network，USN）体系结构[7]，美国弗吉尼亚大学提出了 Physical-net[8] 体系结构，法国巴黎第六大学提出了自主体系结构（Autonomic Oriented Architecture，AOA）[9]，欧洲电信标准组织（ETSI）正在制定 M2M 体系架构[10] 等。

国内方面，北京航空航天大学和苏州大学联合提出了基于类人体神经网络（Manlike Neutral Network，MNN）和社会组织框架（Social Organization Framework，SOF）的物联网体系结构（MNN & SOF）[11]；无锡物联网产业研究院和工信部电子工业标准化研究院等联合提出了物联网“六域”模型[12]，从业务功能和产业应用的角度对物联网系统进行分解，提出了一致性的系统分解模式和开放性的标准设计框架；中国电子科技集团公司提出了基于 Web 的物联网开放体系架构，为物联网应用系统提供共性技术支撑，实现对物体统一描述与接入、统一标识与寻址、统一服务封装与调用等功能；中国信息通信研究院提出的《物联网功能框架与能力》已于 2015 年 3 月正式发布，《中欧物联网语义白皮书》的合作编制和物联网架构新趋势的合作研究也已完成。

除了上述通用的体系架构，针对某些特定的应用领域亦提出了一些建立物联网系统的参考架构，比如为实现基于电子产品编码（EPC）的物品跟踪而提出的 EPglobal[13]，为实现电气化设备的互联提出的 DPWS[14]，为实现嵌入式设备的互联提出的 CoRE[15]，为实现传感器节点连接而提出的 WGSN 功能架构，以及面向物体标识解析的 e-things 架构等。上述参考架构所包含的体系结构均可以归类到前面提出的物联网体系架构中。但是，与体系架构相比，参考架构更加具体，它们不仅指出了系统的组成部件及其之间的关系，还指出了系统的实现方法。因此，参考架构既可以被看作是体系结构，又可以被看作是实现方法。

总体来看，目前提出的体系架构大都属于狭义的体系架构，即以网络架构为主，无法涵盖技术、标准、安全、产业等各个要素。而且，尽管已经有各式各样功能各异的物联网络体系架构被提出，但迄今为止尚没有一种体系架构成为普适规范，更没有一套标准的物联网系统实现方法。因此，目前世界各国的研发人员大都从各自的需求出发来设计不同的物联网体系架构，并在该体系架构的指导下，采用不同的通信协议和软件技术实现不同的服务机制，从而使建立的物联网系统仅适用某个或者某些场景，不具备通用性和可复制性。

为探索一种普适的物联网体系架构，下面将分别从网络体系架构、技术与标准体系、资源与标识体系、产业与应用体系、服务与安全体系五个方面对现有的方案或者协议进行概述与分析。

2.2 物联网网络体系架构

2.2.1 系统总体架构

建立物联网系统体系架构的主要过程，是从各种应用需求中抽取组成系统的部件以及部件之间的组织关系。可以从诸如功能、模型和服务等不同角度抽取系统的组成部件及其之间的关系[1]。对于物联网系统而言，常用的抽取角度有三种。

① 功能角度　将组成系统的模块按照功能分解成若干层次，一般由下层为上层提供服务，上层对下层进行控制；或者由外层对内层提供服务，内层对外层进行控制。Networked Auto-ID、uID IoT、USN、Physical-net、M2M、SENSEI、IoT-A、AOA 等都是从功能角度建立的物联网体系架构[1]。

② 模型角度　按照一定的建模方法，将系统分解为用某一领域的模型描述的组成部件，部件之间的连接关系用模型编排来表示。例如，MNN&SOF 就是从信息模型的角度建立的物联网体系架构。

③ 应用角度　从业务生成与服务提供的角度提取物联网系统应用要素，据此将物联网系统划分为不同的“域”，同时解析不同“域”之间的关系。例如，物联网“六域”模型就是从应用角度建立的物联网体系架构。

下面分别从功能角度、模型角度、应用角度介绍现有的网络体系架构。

2.2.1.1 从功能角度建立的物联网体系架构

从功能来看，物联网是一个具有感知（含标识）、互联、计算和控制能力的网络化智能计算系统[16]，因此，从功能角度抽取的物联网体系结构，一般包含感知、传输、处理和执行等部件。下面对已经提出的从功能角度建立的物联网体系架构进行概述。

(1) Networked Auto-ID

Networked Auto-ID[5] 体系结构于1999年由美国麻省理工学院Auto-ID实验室提出，其思路是“把所有物品通过射频识别（RFID）和条码等信息传感设备与互联网连接起来，实现智能化识别和管理”。该体系由标识标签（如磁条、条码、二维码、射频标识等）、阅读终端（磁条读卡器、红外扫描器、光学识别器、射频读写器等）、信息传输网络（Intranet、Internet等）、标识解析服务器和信息服务器组成，如图2-2所示。其中序号表示信息处理的次序：

① 阅读终端采用接触或非接触方式读取存储在标识标签中的物品标识（ID）；

② 通过标识解析服务获得与该标识相应的信息服务器的地址（Address of IS）；

③ 阅读终端根据该地址访问信息服务器（IS）；

④ 信息服务器为终端提供相应的信息服务，实现对物品的智能识别、定位、跟踪和管理。这一体系结构最先在物流系统中得到实现，并成为物联网发展的雏形。

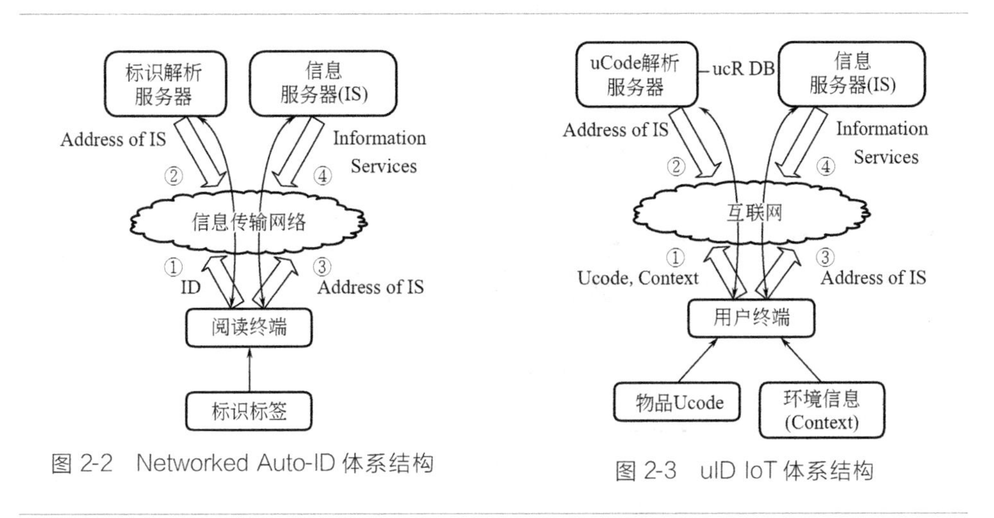

图2-2 Networked Auto-ID体系结构

图2-3 uID IoT体系结构

(2) uID IoT

uID IoT[6] 是由日本东京大学发起的非盈利标准化组织uID中心制定的物联网体系结构，如图2-3所示。该体系结构由Ucode、Context、用户终端、互联网、Ucode解析服务器和应用信息服务器组成，其目标为：通过RFID和二维码标识物体，由网络化传感器采集周围环境上下文信息（Context），根据采集的环境信息调整信息服务。与Networked Auto-ID不同的是，uID IoT不仅包括物体标识，还包括环境信息。不同于Networked Auto-ID中的标识解析器，Ucode解析服务器不仅可以根据物品的Ucode查询，获得相关信息服务器的地址，而且可以通过Context

和 ucR（Ucode Relation）操作符查询 ucR 数据库（ucR DB），获得相关的多个信息服务器的地址。比如，基于物品的位置信息，应用 ucR 操作“adjacent”，可以获得邻近物品的 Ucode，以及与本物品及所有邻近物品相关的信息服务器的地址。因此，uID IoT 比 Networked Auto-ID 具有更好的环境感知性。

（3）USN

USN 体系架构[7] 是由韩国电子与通信技术研究所（ETRI），在 2007 年 9 月瑞士日内瓦召开的 ITU 下一代网络全球标准化会议（NUN-USI）上提出的。如图 2-4 所示，该体系架构将物联网自底向上分为五层，依次为感知网、接入网、网络基础设施、中间件和应用平台，各层功能如下：

① 感知网用于采集与传输环境信息；

② 接入网由网关或汇聚节点组成，为感知网与外部网络或控制中心之间的通信提供基础设施；

③ 网络基础设施是指基于后 IP 技术的下一代互联网（NGN）；

④ 中间件由负责大规模数据采集与处理的软件组成；

⑤ 应用平台负责 USN 在各个行业的具体应用。

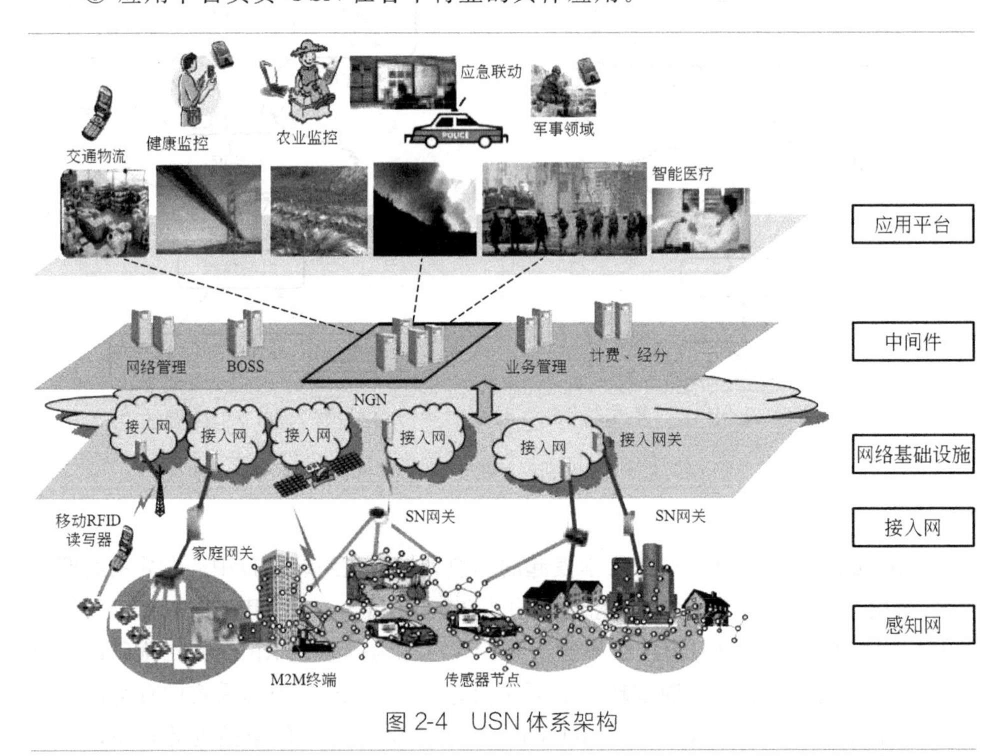

图 2-4 USN 体系架构

由于 USN 体系架构按照功能层次比较清楚地定义了物联网的组成，目前被我国工业与学术界广泛接受。

基于USN体系架构衍生出很多改进方案，文献［17］将业务概念引入到中间件层，并将该层定义为业务层（Business Layer），提出了物联网的五层体系架构，其中业务层统一管理各种物联网应用所涉及的业务模型和用户隐私。文献［18，19］提出的四层物联网体系架构（图2-5右边），包含感知层、传输层、处理层和应用层，其中感知层、处理层、应用层分别对应USN架构的感知网、中间件、应用平台，而传输层融合了USN架构中的网络基础设施和接入网。沈苏彬等人[20] 从信息物品、自主网络、智能应用三个维度提出了一种物联网体系结构，其本质还是由感知、传输和处理这三个物联网核心模块组成的。孙利民等人[20] 提出了一种包含感知、传输、决策和控制四个模块的开放式循环物联网体系结构，也是在USN体系架构的基础上引入闭环控制概念而建立的。

工业与信息化部电信研究院在其出版的《物联网白皮书（2011年）》中阐述了一种基于USN的简化分层物联网网络架构，包括感知层、网络层和应用层三层，如图2-6所示。其中感知层实现对物理世界的智能感知识别、信息采集处理和自动控制，并通过通信模块将物理实体连接到网络层和应用层；网络层主要实现信息的传递、路由和控制，包括延伸网、接入网和核心网，网络层可依托公众电信网和互联网，也可以依托行业专用通信网络；应用层包括应用基础设施/中间件和各种物联网应用，应用基础设施/中间件为物联网应用提供信息处理、计算等通用基础服务设施、能力及资源调用接口，以此为基础实现物联网在众多领域的各种应用[2]。

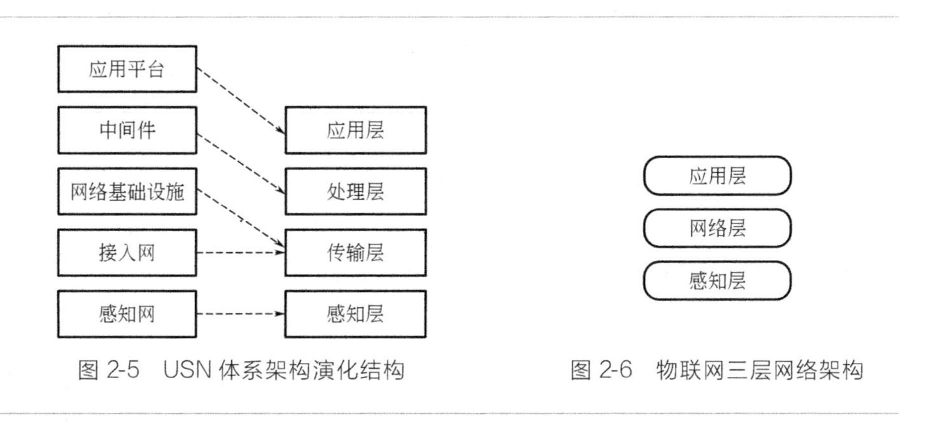

图2-5 USN体系架构演化结构　　图2-6 物联网三层网络架构

遗憾的是，作为一种广泛应用的物联网体系结构，USN架构并没有对各层之间的接口，如感知层与接入层之间的通信接口、中间件与应用平台之间的数据接口等，做出统一的规范定义。因此，USN架构还有待进一步完善。

（4）Physical-net

Physical-net[8] 是由美国弗吉尼亚大学Vicaire等人提出的一种分层物联网

体系结构，如图 2-7 所示。该体系结构针对多用户多环境下管理与规划异构传感和执行资源的问题而提出，自底向上分别为服务提供层、网关层、协调层和应用层。与 Networked Auto-ID、uID 和 USN 相比，Physical-net 架构具有如下不同特点[1]：

① 将应用需求与资源分配分离开来，由底层感知设备直接提供服务，由网关层进行服务的收集和分发，从而支持动态移动管理和实时应用配置；

② 通过协调层实现多个应用程序在同一资源上或跨网络和管理域并发运行；

③ 提出一种细粒度访问控制和冲突解析机制，以保护资源的共享，支持在线权限分配；

④ 采用通用的编程抽象模型 Bundle 来屏蔽底层细节，以便于编程实现。

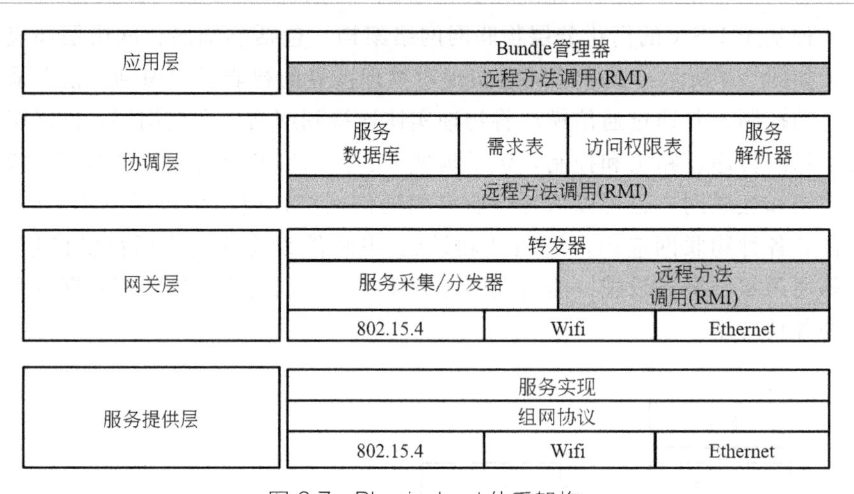

图 2-7 Physical-net 体系架构

值得注意的是，Physical-net 定义了各层之间进行服务调用的统一接口，即远程方法调用（RMI），因此对设计与实现物联网具有很好的指导意义。

（5）M2M

M2M[10] 是欧洲电信标准组织（ETSI）制定的一个关于机器与机器之间进行通信的标准体系结构，尤其是非智能终端设备通过移动通信网络与其他智能终端设备或系统进行通信，包括服务需求、功能架构和协议定义三个部分。M2M 的功能架构如图 2-8 所示，包括设备/网关模块（左侧）和网络域模块（右侧）两个部分，两个模块中分别部署 M2M 服务能力层（Service Capacity Layer，SCL），其中设备/网关中的应用程序通过 dIa 接口访问 SCL，网络域中的应用程序通过 mIa 接口访问 SCL，而设备/网关与网络域中的 SCL 通过 mId 接口进行交互。

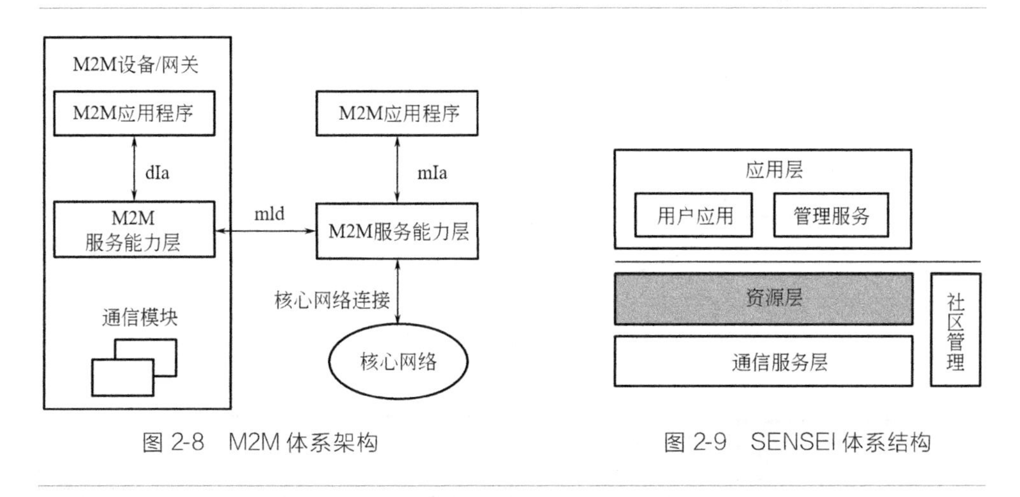

图 2-8　M2M 体系架构

图 2-9　SENSEI 体系结构

（6）SENSEI

SENSEI[3] 是欧盟 FP7 计划支持下建立的一个物联网体系结构。SENSEI 自底向上分为三层：通信服务层、资源层和应用层，如图 2-9 所示，各层的功能定义如下：

① 通信服务层实现现有网络基础设施的服务映射，即将诸如地址解析、流量模型、数据传输模式与移动管理等现有网络基础设施的服务映射为一个统一的接口，为资源层提供统一的网络通信服务；

② 资源层是 SENSEI 体系结构参考模型的核心，包括真实物理世界的资源模型、基于语义的资源查询与解析、资源发现、资源聚合、资源创建和执行管理等模块，为应用层与物理世界资源之间的交互提供统一的接口；

③ 应用层为用户及第三方服务提供者提供统一的调度接口。

简言之，SENSEI 架构通过定义服务访问接口和语义规范，提供了一套统一的网络与信息服务[21]。

需要指出的是，Physical-net、M2M 与 SENSEI 都将底层感知网络抽象为服务或资源，这样降低了后端信息服务器的计算需求，因此比 Networked、Auto-ID、uID IoT 和 USN 具有更好的可扩展性[1]。

（7）IoT-A

作为欧盟 FP7 计划支持的另一个项目，IoT-A[4] 架构是 SENSEI 架构的增强版，尤其在互操作性方面做了重点提升。该架构为解决大规模异构物联网环境中无线与移动通信带来的问题而提出，通过将不同的无线通信协议栈统一为一个物物通信接口（M2M API），同时结合 IP 协议支持大规模、异构设备之间的互

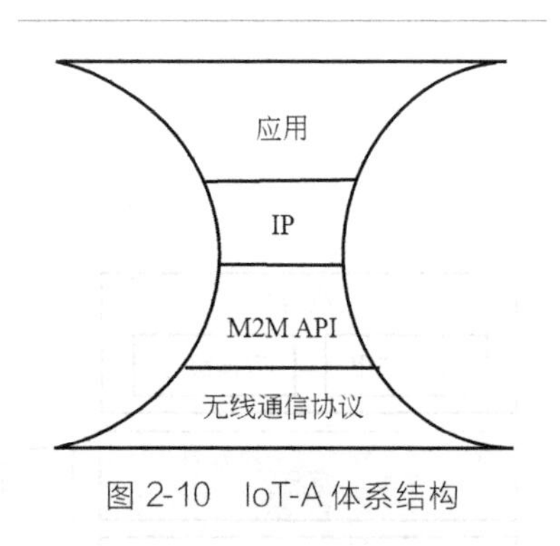

图 2-10 IoT-A 体系结构

联，实现对海量物联网应用的有效支持。

IoT-A 体系架构共分为四层，如图 2-10 所示，从下至上依次为无线通信协议层、M2M API 层、IP 层和应用层。其中，M2M API 层定义了各类物联网资源交互的接口，是实现不同无线通信协议转换为统一物物通信接口的桥梁；IP 层则提供实现广域范围内资源共享的互联技术。IoT-A 架构提供了一套较为完备的物联网体系结构参考模型，其中功能参考模型如图 2-11 所示。

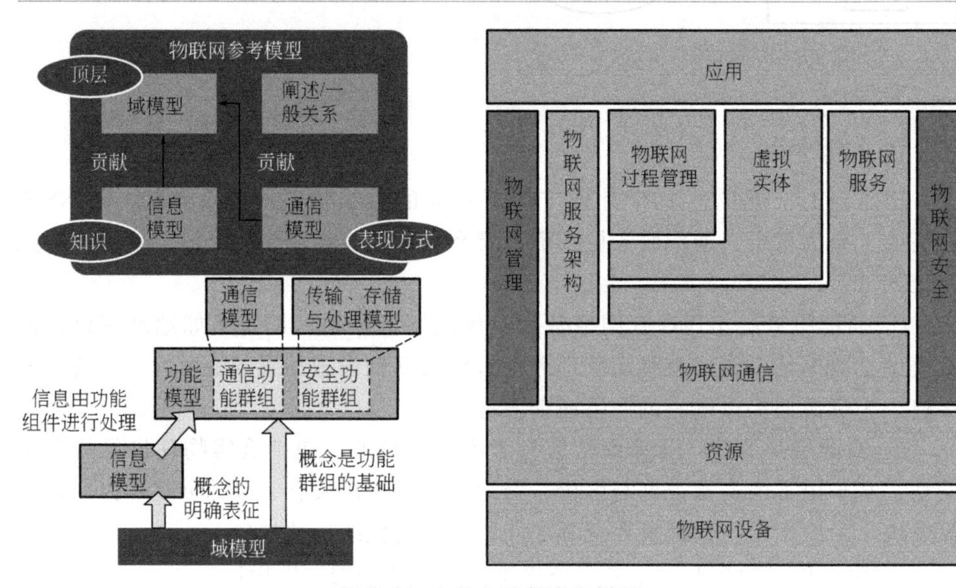

图 2-11 IoT-A 功能参考模型

(8) AOA

AOA[9] 是由法国巴黎第六大学的 Pujolle 提出的物联网自主体系架构，旨在解决基于 TCP/IP 协议的物联网数据传输在能耗、可靠性与服务质量保障方面存在的问题。AOA 体系架构如图 2-12 所示，包括知识层、控制层、数据层和管理层。这些层都基于自主件的构建原理与技术组合而成。具体来讲，以知识层为指导，由控制层确定数据层中的通信协议，如 STP/SP（Smart Transport Protocol/Smart Protocol）协议，执行已知的或者新出现的任务，并保证整个系统的自组织、自管理和可进化特性。

以上几个物联网体系结构都是从功能角度抽取出来的，因此具有很好的层次性，易于理解与实现。

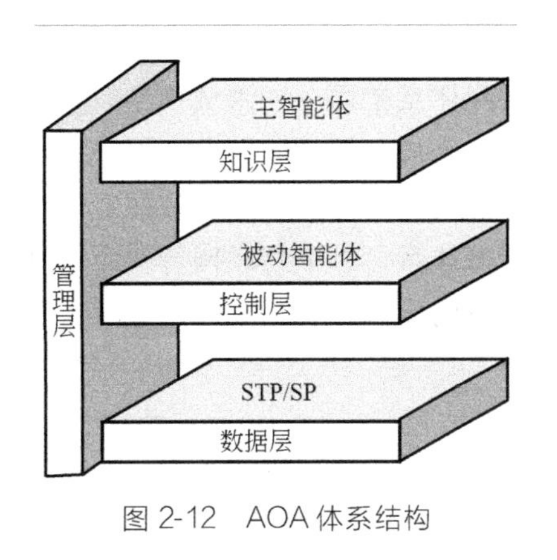

图 2-12 AOA 体系结构

2.2.1.2 从模型角度建立的物联网体系架构

从模型角度建立的物联网体系架构不多，而且大都是参考人体信息处理模型建立的，MNN&SOF[11] 即为该类物联网体系架构。

MNN & SOF 体系架构分为两级：一级是基于类人体神经网络模型（Manlike Neutral Network，MNN），如图 2-13 左边所示，将物联网的组成部件抽象为分布式控制与数据节点（Distributed Control-Data Nodes）和管理与数据中心（Manager & Data Center，M&DC）两层，并由 M&DC 代表每一个本地物联网；另一级是基于社会组织架构（Social Organization Framework，SOF），将多个本地物联网集成为更高层次的物联网。本地物联网包括两类，一是行业管理与数据中心（iM&DC）为代表的行业物联网，二是国家管理与数据中心（nM&DC）为代表的国家物联网，如图 2-13 右边所示。

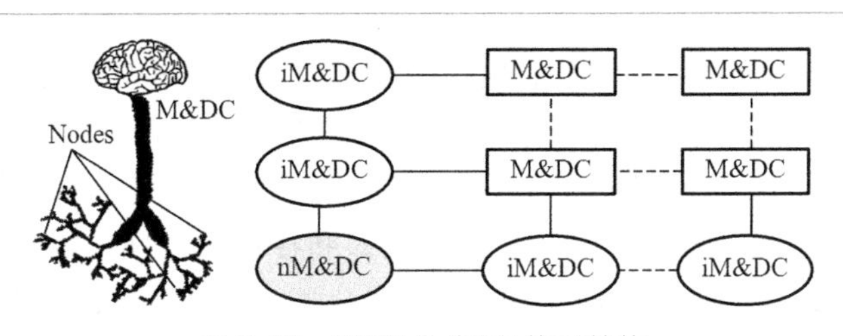

图 2-13 MNN & SOF 体系结构

MNN & SOF 架构将物联网中的感知节点看作人体的感知器官，将信息网络看作是神经网络，将信息服务器看作是中枢系统；将物联网采集、传输和处理信息的过程看作是人体处理信息的过程，即环境中的各种信息由感知器官感知后，通过神经网络传递到中枢进行整合，再经神经网络控制和调节机体各器官的活动，以维持机体与内、外界环境的相对平衡[1]。该体系架构虽然也给出了物联网的感知、传输和处理三级组成模块，但是对于各级模块的具体组成、模块之间的信息交互方式与接口都非常抽象，因此不易实现。

2.2.1.3 从应用角度建立的物联网体系架构

随着物联网行业应用的迅速扩展，物联网的分层体系架构已经很难适应不同行业所面临的物联网构建问题以及业务逻辑关联问题。为此，通过系统化梳理物联网行业应用关联要素，无锡物联网产业研究院联合多家单位提出了一种新的物联网体系架构——六域模型，如图 2-14 所示，按系统级业务功能将物联网划分为六个域：用户域、目标对象域、感知控制域、服务提供域、运维管控域以及资源交换域，域和域之间按照业务逻辑建立网络化连接，从而形成单个物联网行业生态体系，单个物联网行业生态体系再通过各自的资源交换域形成跨行业跨领域的协同体系。

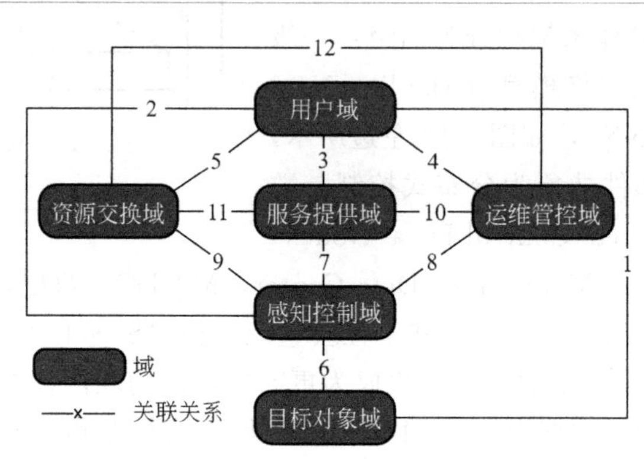

图 2-14 物联网“六域模型”参考架构

物联网“六域模型”更为全面地刻画了物联网，通过对不同的物联网系统进行抽象，明确了应用系统、网络通信和信息交换等层面的功能实体和接口关系。“六域模型”各个域功能划分如下：用户域定义用户和需求；目标对象域明确“物”及关联属性；感知控制域设定所需感知和控制的方案，即“物”的关联方式；服务提供域将原始或半成品数据加工成对应的用户服务；运维管控域在技术和制度两个层面保障系统安全、可靠、稳定和精确地运行；资源交换域实现单个物联网应用系统与外部系统之间的信息和市场等资源的共享与交换，以建立物联网闭环商业模式。其中，用户域、目标对象域、感知控制域、服务提供域分别从逻辑上重新定义了物联网的四个基本要素（用户、感知、网络与应用）之间的关系，弥补了层级架构存在的覆盖不全面、分层逻辑不清晰的缺点[12]。

与物联网的三层体系架构相比，用户域是感知层的前端延伸，将需求纳入了物联网范畴，明确了物联网的用户及其感知和控制的内容；目标对象域是原有感知层中感知的“物”，将感知层中的“物”与“设备”实现分离；感知控制域既包含了三层结构中感知层的“设备”，也包含了网络层的相关“设备”，因为网络是物联网发展的基础而非重心，弱化网络层的概念有助于区分物联网与互联网；服务提供域对应原有的应用层，但更侧重于专业信息的处理，既完善了数据处理这一核心功能，也避免了“应用包含应用”的逻辑混乱[21]。独立界定的物联网运维管控域，可以顺应无人操作和管理设备广泛应用的大趋势，从技术层面保证系统的稳定性，从法律法规监管物联网的运行。新提出的资源交换域，则为物联网服务能力的扩展与跨行业业务融合提供了接口，以实现按需的服务能力配置。

2.2.1.4 物联网体系架构分类与比较

前面已经将现有的物联网体系架构按照功能、模型与应用分成了三类，大多数的分层体系架构都可以归为第一类，如图 2-15 所示。事实上，对于从功能角度抽象建立的物联网体系架构，又可分为“后端集中式”与“前端分布式”两种类型，其中“后端集中式”体系架构，是指物联网中的大部分信息处理任务和用户服务请求，由后端信息服务器或服务支撑平台完成，如 Networked Auto-ID、uID IoT、USN 等；“前端分布式”体系架构是指物联网中的大部分信息处理任务和用户服务请求，由前端感知设备或网关设备完成，如 Physical-net、M2M、SENSEI、IoT-A 和 AOA。而从模型角度提出的 MNN & SOF 体系架构，模拟了人体神经网络和社会组织架构，因此兼有集中式和分布式处理的特点，但就单个行业的物联网来看，它仍然属于集中控制系统。从应用要素角度提出的物联网“六域模型”，将物联网系统的服务能力分解到六个域中，由六个域协同完成服务提供，其信息处理较倾向于基于后端大数据平台完成，本质上也是一种集中控制式体系架构。

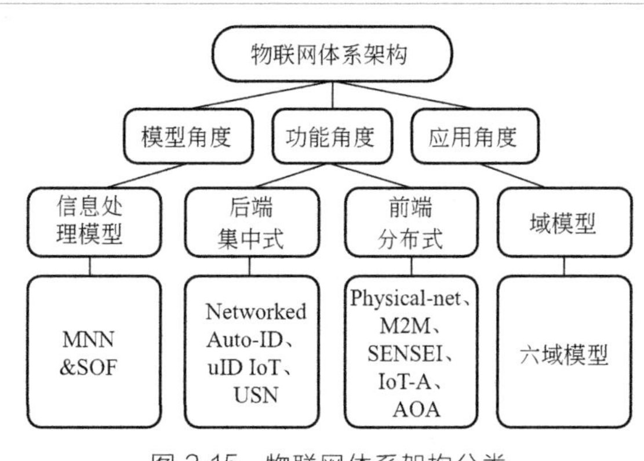

图 2-15 物联网体系架构分类

不同的信息处理方式决定了不同的系统性能。“后端集中式”体系架构更方便对异构终端、网络、业务等物联网资源进行全局优化调度，但信息处理的灵活性与时效性稍差；而“前端分布式”体系架构更易于对边缘用户的服务请求进行灵活快速的响应，但仅能实现物联网资源的局部优化配置。然而，现有的体系架构基本都无法兼容两种信息处理模式，因此，有必要研究具有混合式信息处理能力的新型物联网体系架构，以实现物联网资源的全局优化配置以及用户服务的高效灵活提供。

进一步地，从水平兼容性、可扩展性、环境感知性、环境交互性、环境自适应性、安全保障性、稳健性、互操作性等方面对上述 10 种物联网体系架构的模型进行分析比较，结果如表 2-1 所示。由于 MNN&SOF 侧重行业物联网内部的信息处理方式以及不同行业物联网之间的级联，难以用上述指标（针对单个物联网系统）进行性能评价，因此表 2-1 中不予评价。

表 2-1 不同物联网体系架构的性能比较

体系架构	水平兼容性	可扩展性	环境感知性	环境交互性	环境自适应性	安全保障性	稳健性	互操作性
Networked Auto-ID	差 仅支持基于标识的信息网络	较差 扩展性受限于后端信息服务器的处理能力	不具备 仅支持物品标识信息的采集与处理	不具备 仅通过标识获取物品信息，不产生操作指令	不具备 无法根据环境信息调节系统参数和功能	不具备 无系统安全保障规则	较差 集中式信息处理，对后端平台强依赖，抗毁性差	较差 未阐述层次间和系统间数据与服务互访规则
uID IoT	差 支持不同类型的标识、感知网络、通信协议	较差 扩展性受限于后端信息服务器的处理能力	具备 基于上下文和 ucR 操作获取所需物品信息	不具备 仅通过标识获取物品信息，不产生操作指令	不具备 无法根据环境信息调节系统参数和功能	不具备 无系统安全保障规则	较差 集中式信息处理，对后端平台强依赖，抗毁性差	较差 未阐述层次间和系统间数据与服务互访规则
USN	好 支持不同类型的标识、感知网络、通信协议	较差 扩展性受限于后端信息服务器的处理能力	具备 通过中间件对感知信息进行处理	具备 后端服务器分析、处理感知信息，输出决策与控制指令	具备 中间件层可以根据环境信息调节系统参数	不具备 无系统安全保障规则	较差 集中式信息处理，对后端平台强依赖，抗毁性差	较差 未阐述层次间和系统间数据与服务互访规则
Physical-net	好 支持不同类型的标识、感知网络、通信协议	好 前端分布式信息处理易于系统扩展	具备 可将环境信息作为资源进行分发处理	具备 前端感知设备分析、处理感知信息，输出决策与控制指令	具备 服务提供层可以根据环境信息调节系统参数	不具备 无系统安全保障规则	好 分布式信息处理，系统抗毁能力强	好 明确定义了 RMI 作为服务互访接口

续表

体系架构	水平兼容性	可扩展性	环境感知性	环境交互性	环境自适应性	安全保障性	稳健性	互操作性
M2M	好 支持不同类型的标识、感知网络、通信协议	好 前端分布式信息处理易于系统扩展	具备 可将环境信息作为资源进行分发处理	不具备 仅考虑设备之间的资源互联	具备 能力服务层可以根据环境信息调节系统参数	不具备 无系统安全保障规则	好 分布式信息处理，系统抗毁能力强	好 M2M API作为资源互访接口
SENSEI	好 支持不同类型的标识、感知网络、通信协议	好 前端分布式信息处理易于系统扩展	具备 支持基于语义的资源查询与解析	具备 前端感知设备分析、处理感知信息，输出决策与控制指令	具备 支持基于语义的资源发现与资源聚合	具备 制定了系统安全保障规则	好 分布式信息处理，系统抗毁能力强	较差 未阐述层次间和系统间数据与服务互访规则
IoT-A	好 支持不同类型的标识、感知网络、通信协议	好 前端分布式信息处理易于系统扩展	具备 支持基于语义的资源查询与解析	具备 前端感知设备分析、处理感知信息，输出决策与控制指令	具备 支持基于语义的资源发现与资源聚合	具备 制定了系统安全保障规则	好 分布式信息处理，系统抗毁能力强	好 M2M API作为资源互访接口
AOA	差 仅支持基于自组件的网络	好 前端分布式信息处理易于系统扩展	不具备 只定义了数据传输层的功能	不具备 仅对数据层的通信协议进行控制	具备 控制层基于本地与邻居状态信息调节数据层的协议参数	不具备 无系统安全保障规则	好 分布式信息处理，系统抗毁能力强	较差 未阐述层次间和系统间数据与服务互访规则
MNN&SOF	—	—	—	—	—	—	—	—
六域模型	好 支持不同类型的标识、感知网络、通信协议	较差 系统扩展需要六个域协同完成，可扩展性稍差	具备 感知控制域设定感知方案	具备 感知控制域设定控制方案	具备 根据不同用户需求定义不同的感知与控制方案	具备 运维管控域定义系统安全保障规则	较好 运维管控域负责系统的安全、可靠、稳定运行	好 资源交换域协调系统内与系统间的资源共享与交换

可以看出，在3个“后端集中式”分层体系架构（Networked Auto-ID、uID IoT、USN）中，USN模型更具性能优势；而在5个“前端分布式”分层体系架构（Physical-net、M2M、SENSEI、IoT-A和AOA）中，IoT-A模型性能更好，更符合未来物联网的发展要求。相比分层体系架构，物联网“六域模型”性能优于USN模型，略逊于IoT-A模型；但从资源与服务的动态适配的角度来看，“六域模型”更为灵活，它通过专门的“服务提供域”实现物联网资源的按需配置，并通过“资源交换域”协调异构资源在不同的物联网系统间共享与交互。

2.2.2 软件体系架构

所谓软件体系架构，是从不同视角对软件系统的组成进行抽象，同时将系统资源提供的能力抽象为软件构件，用具有精确语义的标记符号或形式语言，对软件系统中的构件、连接件以及期望属性和行为进行精确规格说明的图形化或形式化模型[22]。物联网的软件体系架构用于定义物联网应用系统的构件模型和交互拓扑，是构建支持水平互联、异构集成、资源共享和动态维护的物联网应用系统的基础[1]。

近年来，基于面向服务的设计方法，国内外科研人员提出了多种物联网软件体系架构的参考模型。从采用的软件构件类型来看，这些物联网软件系统架构可以分为三种类型。

① 基于可远程调用的分布式对象的物联网软件体系架构参考模型。

② 基于具有自主环境交互能力的智能体（Agent）的物联网软件体系架构参考模型。

③ 基于Web服务的物联网软件体系架构参考模型，包括两个子类：一是基于简单对象访问协议（Simple Object Access Protocol，SOAP）风格的Web服务的物联网软件体系结构参考模型；二是基于表述性状态转移（Representational State Transfer，REST）风格的Web服务的物联网软件体系结构参考模型[1]。

2.2.2.1 基于分布式对象的物联网软件体系架构参考模型

（1）Physical-net

Physical-net[8] 属于一种基于轻量级分布式对象的物联网软件体系架构，由美国弗吉尼亚大学提出，其参考模型如图2-16所示。物端（前端）包括“感知服务”和“网关服务”两个构件，分别代表由感知设备直接提供的服务和由网关节点采集转发的服务。云端（后端）包括“服务解析”“服务仓库”“访问权限表”“需求表”和“编程抽象模型管理”五个构件，其中前四个构件负责管理感知设备和网关提供的服务，实现多个应用程序在同一资源上的运行，或者多个应用程序跨网络和管理域的并发运行[1]。顶层的“编程抽象模型管理”构件提供编程抽象管理服务以屏蔽底层细节，便于物联网应用系统的软件开发者编程。

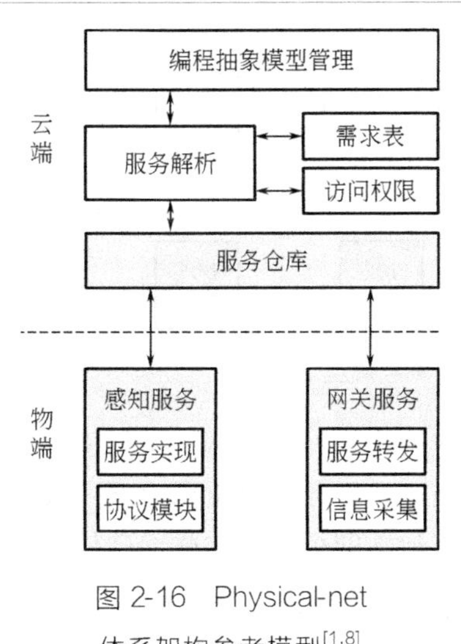

图 2-16 Physical-net 体系架构参考模型[1,8]

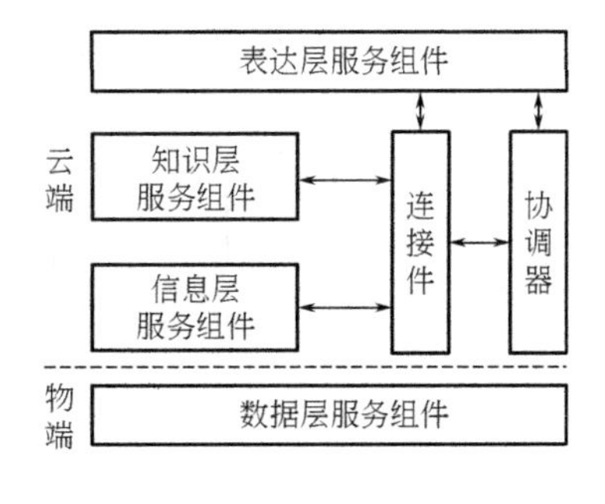

图 2-17 3CoFramework 体系架构参考模型[1,23]

（2）3CoFramework

3CoFramework[23] 是一种基于分层组件的物联网软件体系架构，由美国内布拉斯加大学林肯分校提出，其参考模型如图 2-17 所示。它将构建物联网系统的软件组件，按照服务提供过程自下而上分为四层：数据层、信息层、知识层和表达层，其中位于物端的数据层组件提供分布式关系数据和空间数据，而位于云端的信息层组件、知识层组件和表达层组件分别提供专业领域信息、数据分析和风险估计等服务以及数据显示和用户操作界等服务。以上四个组件在协调器（Coordinator）的管理下，通过连接件（Connector）连接起来，从而构成物联网的应用系统。

（3）3Tiers

3Tiers[24] 是一种基于信息物理融合系统的物联网软件体系架构，它结合了后端的云服务与前端的物理实体服务，将物联网软件系统分为环境层、服务层和控制层三个层次，参考模型如图 2-18 所示。其中，环境层中的物理组件表示由感知器和执行器提供的服务；服务层中的云服务组件表示由传统的云计算等平台提供的服务；控制层中的组件实现以下功能：监视环境层和服务层提供的服务、组件动态查找和服务组合、组件接口适配与变异和服务失效自主管理。

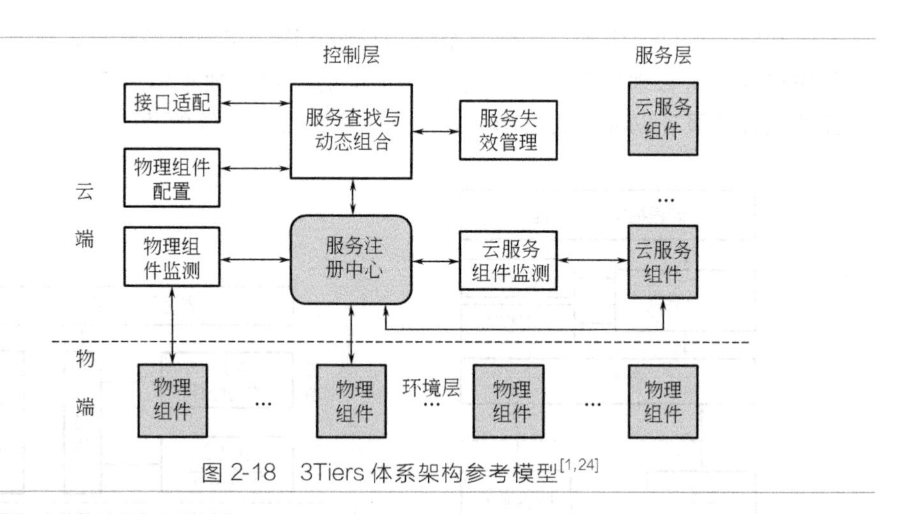

图 2-18 3Tiers 体系架构参考模型[1,24]

需要说明的是，上述基于分布式对象建立的物联网软件体系架构中，位于物端的服务组件提供了数据采集与交互服务，但这些服务需要由用户调用或与云服务结合起来才能完成相关任务的执行，不构成独立的可执行物联网软件系统。

2.2.2.2 基于智能体的物联网软件体系架构参考模型

鉴于物联网系统可以由多个具有自主环境交互能力的智能子系统或者智能物品互联组成，而智能子系统和智能物品具有类似智能体的特征，即具有自主性（Autonomous）、互动性（Interactive）、反应性（Reactive）、主动性（Proactive）等，研究人员提出了几种以智能体为物端构件的物联网软件体系架构，它们将物理实体的服务定义为具有环境交互与任务执行能力的软件实体，通过网络实现智能体的连接与交互，实现物联网的分布式计算模型。

（1）CSO（Cooperating Smart Object）

CSO[25] 是一种以智能体为物端构件的物联网软件体系架构，由意大利卡拉布里亚大学的研究人员提出，其参考模型如图 2-19 所示。物端的无线感知与执行网络（Wireless Sensor and Actuator Network，WSAN）被抽象为智能体，WSAN 节点成为智能体的感知和执行部件，汇聚节点或网关作为智能体的协调部件，提供与其他智能体、用户和环境进行交互的接口。每个 WSAN 智能体可以自主执行一定的任务，也能够根据用户的任务请求，与系统内其他 WSAN 智能体进行互联与协作，从而构建完整的物联网系统[1]。

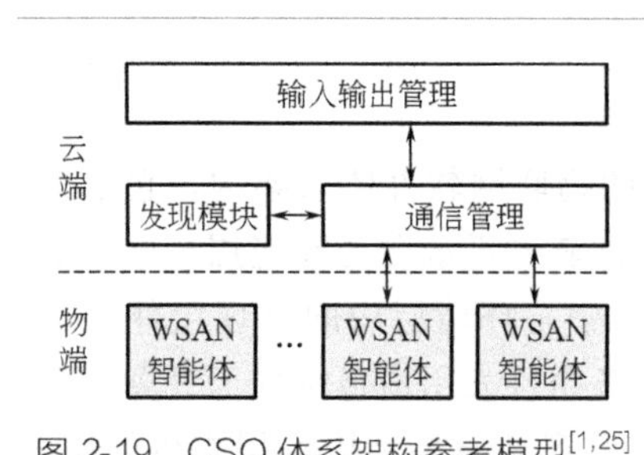

图 2-19 CSO 体系架构参考模型[1,25]

（2）SmartProducts

SmartProducts[26] 是将具有异构信息源的智能产品抽象为智能体，这与CSO 中将 WSAN 抽象为智能体有所不同。每个智能体包含两个部件：先验知识模块（Proactive Knowledge Module）和推理模块（Reasoner Module），前者是智能体的数据模块，后者是智能体的核心模块。先验知识模块为推理模块提供各种实现本体推理的数据及其模型，包含元数据模型（Meta Model）、时间模型（Time Model）、用户模型（User Model）、情境模型（Context Model）和领域模型（Domain Model）；推理模块基于先验知识模块进行本体推理，实现基于情境感知的自主服务。SmartProducts 以发布/订阅（Publish/Subscribe）的模式提供服务接口。采用与 CSO 类似的体系结构将 SmartProducts 集成起来，即可形成基于智能体的物联网软件系统。

（3）PMDA

PMDA[27] 也是一种基于智能体的物联网软件体系架构，其参考模型如图 2-20 所示。与 CSO 和 SmartProducts 架构不同，PMDA 所定义的智能体包含三个模块：物理模型（Physical Model）、感执模型（Sensor Execution Model）和应用模型（Application）。其中，物理模型是数据来源与动作执行单元；感执模型实现数据处理、知识推理和决策执行功能；应用模型提供解析应用需求的接口。PMDA 的云端也包含三个主要构件：需求规划、模型发现和模型组合。其中，需求规划提供应用需求的总体规划描述和解析接口；模型发现用于查找满足应用需求的智能体；模型组合负责将发现的物端智能体和云端智能体组合起来，以构建满足需求的物联网系统[1]。

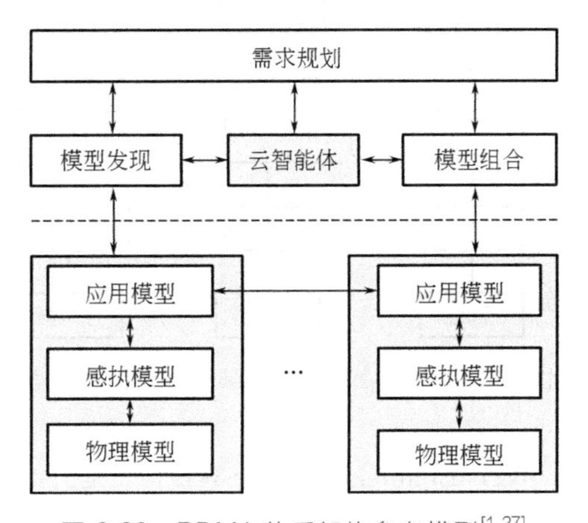

图 2-20　PDMA 体系架构参考模型[1,27]

2.2.2.3 基于 Web 服务的物联网软件体系架构参考模型

随着互联网技术的发展，感知和执行设备可以被嵌入 Web 服务，通过 HTTP 等协议为用户提供实时数据服务，并与互联网环境中现有的其他 Web 服务组合起来，构成基于 Web 服务的物联网系统——Web of Things（WoT）[28]。鉴于目前实现 Web 服务有 SOAP 和 REST 两种架构风格，基于 Web 服务的物联网软件体系架构又可以分为两种：一种是基于 SOAP 风格的 Web 服务物联网软件体系架构，另一种是基于 REST 风格的 Web 服务物联网软件体系架构。

（1）基于 SOAP 风格的 Web 服务物联网软件体系架构

① SenseWeb　SenseWeb[29] 由微软研究院提出，它是针对传感器网络的演进式部署模式而设计的一种基于 SOAP 风格的 Web 服务的物联网软件体系架构，其参考模型如图 2-21 所示。在 SenseWeb 架构中，物端包括感知器、感知网关（Sense Gateway）/移动代理（Mobile Proxy）两个构件；云端包括协调器（Coordinator）、转换器（Transformer）和应用三个构件，其中协调器包含感知数据库（SenseDB）和任务调度模块（Tasking Module）两个部件。感知网关或移动代理将不同种类、不同接入方式、不同数据公开性和安全性的异构感知器，抽象为具有统一的 Web 服务访问接口（WS-API）的感知服务。云端协调器选择应用所需的感知服务，并通过转换器对感知数据进行处理和显示，最终提供结构化数据给不同应用使用。

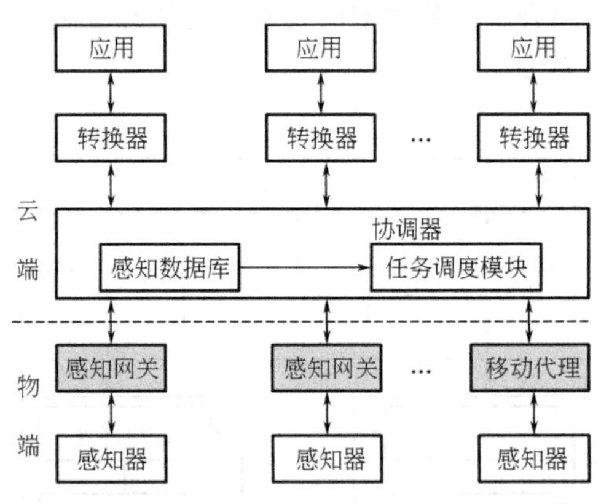

图 2-21　SenseWeb 体系架构参考模型[1,29]

② SWE（Sensor Web Enablement）　SWE[30] 是开放地理空间信息联盟（OGC）为建立地理空间网（Geospatial Web）而设计的一种基于 Web 服务的软件体系架构。它的参考模型与 SenseWeb 类似，将物端的传感器和传感器网络抽

象为提供统一访问接口的 Web 服务，并将服务划分为观察服务、警告服务、规划服务和提醒服务 4 类；在服务模块之上，定义了类似于 SenseWeb 中的协调器和转换器模块，以实现快速发现传感器与感知服务的机制、访问感知服务的标准方法、订阅感知任务和发送警告的机制以及配置传感器参数的方法。

③ DPWS（Device Profile for Web Service） DPWS[31] 是由德国 WS4D 项目组为使资源受限的设备间提供安全的 Web 服务而提出的软件体系结构，其参考模型结构与基于 SOAP 风格的 Web 服务基本一致，但在数据表示、服务描述、服务发现、消息传输等方面根据嵌入式设备的资源受限性进行了修改，其中最显著的一个修改是 DPWS 可以直接用 UDP 协议传输消息。

④ SOCRADES SOCRADES[32] 是以 DPWS 为基础提出的一种将提供 Web 服务的设备与企业应用平台（如 ERP）集成的软件体系结构。该体系架构参考模型中的物端构件即设备层服务，主要是通过 DPWS 提供的服务，云端构件包括设备管理与监测、服务发现、服务生命周期管理、跨层服务目录和安全支持等与设备管理相关的服务模块，还有业务逻辑处理监测、业务连接、虚拟化等与跨应用集成相关的服务模块，这些云端构件组成了系统的中间件服务层，在此之上建立企业应用层，实现设备与企业应用平台集成的应用系统。

(2) 基于 REST 风格的 Web 服务物联网软件体系架构

基于 SOAP 风格的 Web 服务物联网软件体系结构，允许开发者定义个性化的服务接口，这使得系统开发更为自由，但服务描述、服务发现与服务集成的难度将会增加。鉴于前端感知设备的资源受限性，近年来研究者更多地采用 REST 风格[33] 来设计实现物联网的物理实体服务。REST 风格的 Web 服务采用 HTTP 协议进行标准化操作，而且结合了 URI、HTML、XML 等其他互联网标准，在降低物联网服务实现难度的同时，提高了服务的互操作能力。目前，已有研究人员在嵌入式感知设备上实现了 REST 风格的 Web 服务，如 TinyREST[34] 和 pREST[35]。为了在资源受限的设备上实现 REST 风格的 Web 服务，IETF CORE 工作组正在制定统一的轻量级数据传输协议标准，包括 CoAP[36] 和 EBHTTP[37]。基于 REST 风格的 Web 服务将位于云端和物端的资源互联起来，成为目前最广泛采用的方法。

① Physical Mashups Physical Mashups[38] 是由瑞士苏黎世联邦理工大学的研究人员提出的一种以 REST 风格的 Web 服务为基础的物联网软件体系结构，它的参考模型如图 2-22 所示。该模型中，物端构件是在智能网关上建立的轻量级 Web 服务，即将各类感知器提供的数据进行缓存和格式转换后，以 PULL/PUSH 形式提供的 Web 服务；云端构件主要包括事件中心（Event Hub）和物理聚合（Physical Mashups）两个模块，其中事件中心将汇聚由网关 Web 服务触发的事件，并分发给对应的应用，物理聚合模块将智能网关的 Web 服务与云

端的 Web 服务聚合起来，以快速建立用户自定义的应用[1]。此外，各应用也可以直接访问由智能网关提供的 Web 服务。

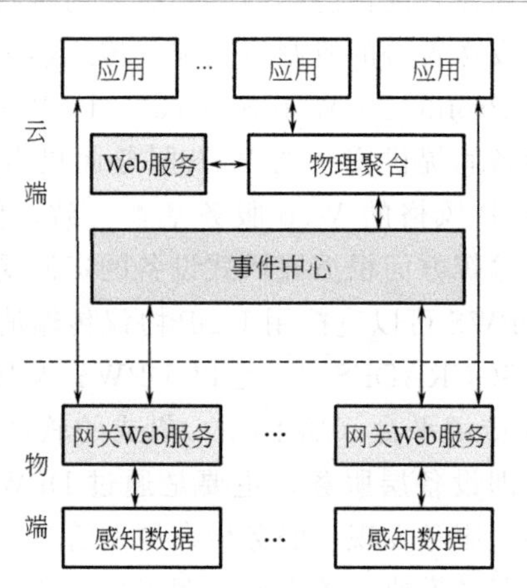

图 2-22 Physical Mashups 体系架构参考模型[1,38]

② M2M M2M[10] 是欧洲电信标准组织（ETSI）正在制定的一个物-物通信标准体系结构，用以实现非智能终端设备通过移动通信网络与其他智能终端设备或系统进行通信。基于 M2M 建立的物联网系统软件体系结构如图 2-23 所示，它在具有存储模块的设备、网关、网络域中部署 M2M 服务能力层（Service Capacity Layer，SCL），并将 M2M SCL 的应用程序扩展为软件构件。设备和网关中的应用程序通过 dIa 接口访问 SCL，网络域中的应用程序通过 mIa 接口访问 SCL，设备/网关与网络域中的 SCL 交互由 mId 接口实现。这些接口的定义基于 REST 风格，因此可以将扩展了 SCL 的应用程序看作是 REST 风格的 Web 服务（资源），它们通过 URI 来命名与访问，基于资源属性进行资源发现。

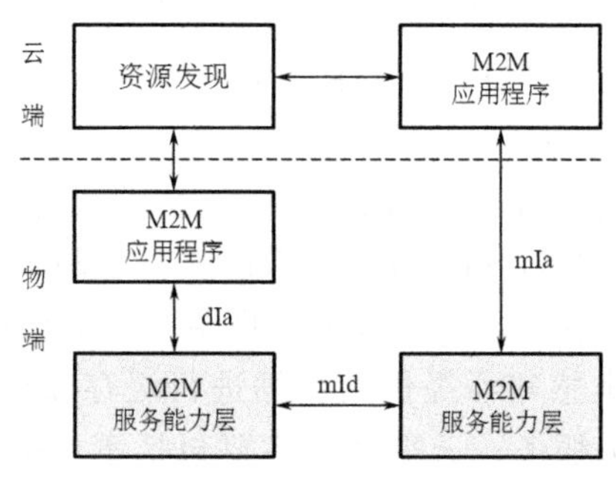

图 2-23 M2M 体系架构参考模型[1,10]

③ SENSEI SENSEI[3] 是欧盟 FP7 支持建立的一种物联网软件体系结构，目的是将分布在全球的传感器与执行器网络（WS&AN）连接起来，其参考模型如图 2-24 所示。它使 WS&AN 通过开放的服务访问接口与相应的语义规范来提供统一的服务，以获取环境信息以及与物理世界进行交互。SENSEI 中的构件按照它们的角色、功能粒度和抽象层次可分为三层：通信服务层、资源层与应用层。通信服务层中的构件将现有网络基础设施的服务，如地址解析、流量模型、数据传输模式与移动管理等，映射为一个统一的接口，为资源层提供统一的网络通信服务。资源层中的构件包括真实物理世界的资源模型、资源目录、基于语义的资源查询与解析、资源发现、资源聚合、资源创建和执行管理等模块，为应用层与物理世界资源之间的交互提供统一的接口。应用层中的构件为用户及第三方服务提供者提供统一的接口[1,3]。

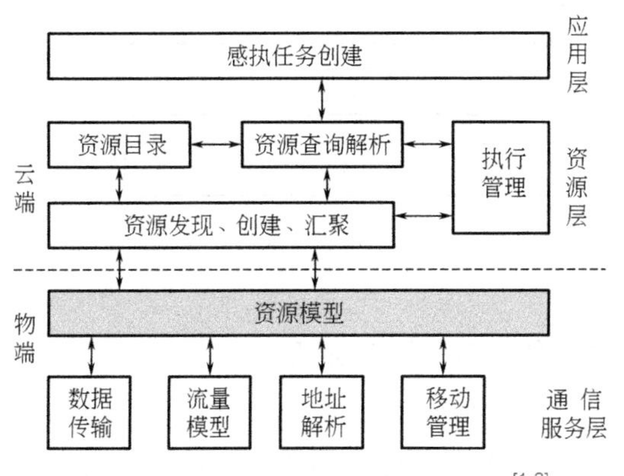

图 2-24 SENSEI 体系架构参考模型[1,3]

④ IoT-A IoT-A[4] 是欧盟 FP7 支持建立的另一种物联网软件体系架构，用于实现局域物联系统（Intranet of Things）之间的水平互联和互操作。需要指出的是，文献［4］中给出的 IoT-A 体系结构参考模型包括 4 个视图，即功能视图、信息视图、部署视图和操作视图，图 2-25 给出的是 IoT-A 的功能视图。与 SENSEI 一样，IoT-A 将采用不同感知和通信技术的局域物联系统抽象为提供统一服务的物联网资源模型，并将构件按照它们的角色、功能粒度和抽象层次分为若干层，包括设备连接与通信层、资源层、虚拟实体层、流程执行与服务组合层，以及应用层。与 SENSEI 不一样的是：

① IoT-A 不是将资源模型作为构建物联网系统的基本组件，而是在资源模型之上建立虚拟实体服务，并且通过服务解析、动态映射和服务组合等模块，为物联网系统的构建提供更加高层的抽象接口；

② IoT-A 是以业务流程（Business Process）的形式规划应用需求，而

SENSEI是以指定需求资源和处理树（Processing Tree）的方式创建应用[1,4]。

这些不同使得IoT-A比SENSEI具有更高的灵活性和更广泛的适用性。

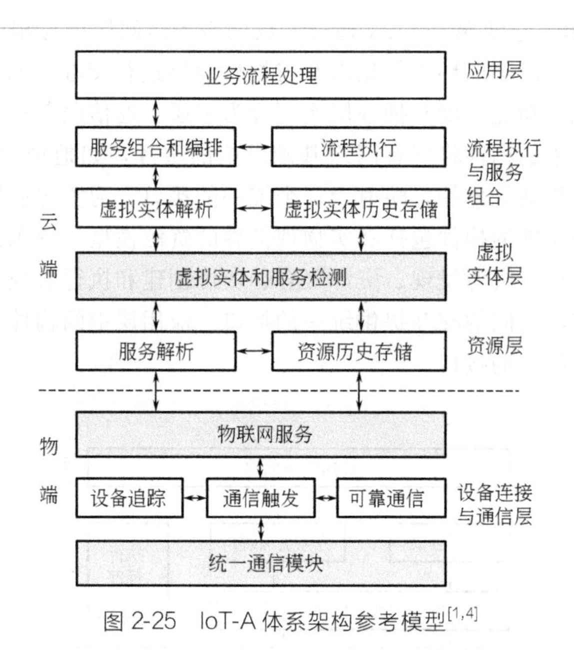

图2-25 IoT-A体系架构参考模型[1,4]

2.2.2.4 体系结构参考模型比较分析

上述物联网软件体系结构参考模型多采用面向服务的架构（Service-oriented Architecture，SOA）。SOA是一种松耦合的软件组件技术，它将应用程序的不同功能模块化，并通过标准化的接口和调用方式联系起来，实现快速可重用的系统开发和部署[2]。SOA可提高物联网架构的扩展性，提升应用开发效率，充分整合和复用信息资源，这为构建服务驱动的物联网系统提供了很好的指导。然而，不同参考模型的设计原则不同，所包含的物理实体的服务特性和提供者不同，因此具有不同的结构属性。为此，有必要对上述软件体系结构参考模型进行比较，如表2-2所示。

表2-2 不同物联网软件体系结构参考模型的比较[1]

物联网系统的基础软件构件类型	面向服务的物联网软件体系结构参考模型	设计原则		结构属性			
		物理实体服务的特性	物理实体服务提供者	协同工作模式	服务发现方式	服务组合方式	应用需求描述方式
分布式对象	Physicalnet	(1)(4)	节点&网关	物-物	集中式	静态	编程抽象
	3CoFramework	(1)(2)(6)	节点&网关	云-物	分布式	动态	业务流抽象
	3Tiers	(1)(3)(5)(6)	节点&网关	云-物	分布式	动态	—

续表

物联网系统的基础软件构件类型	面向服务的物联网软件体系结构参考模型	设计原则		结构属性			
		物理实体服务的特性	物理实体服务提供者	协同工作模式	服务发现方式	服务组合方式	应用需求描述方式
智能体	CSO	(1)(3)	网关	物-物	分布式	静态	业务流抽象
	Smart Products	(1)(3)	节点	物-物	分布式	静态	业务流抽象
	PMDA	(1)(2)(3)(6)	网关	云-物	分布式	动态	业务流抽象
SOAP风格的Web服务	SenseWeb	(1)(2)	节点&网关	物-物	分布式	静态	编程抽象
	SWE/SSW	(1)(2)	节点&网关	物-物	分布式	静态	业务流抽象
	DPWS	(1)(2)(4)	节点	物-物	分布式	静态	业务流抽象
	SOCRADES	(1)(2)(4)(6)	节点	云-物	分布式	动态	业务流抽象
REST风格的Web服务	Physical Mashups	(1)(2)(6)	网关	云-物	集中式	动态	编程抽象
	M2M	(1)(2)	节点	物-物	分布式	静态	—
	SENSEI	(1)(2)(3)(5)	网关	物-物	分布式	动态	编程抽象
	IoT-A	(1)(2)(3)(5)	网关	物-物	分布式	动态	业务流抽象

注：物理实体服务的特性：(1) 异构性；(2) 大规模性；(3) 与物理世界的交互性；(4) 资源受限性；(5) 动态性；(6) 不完整性。

2.3 物联网技术与标准体系

目前主流的物联网分层体系架构（如USN、IoT-A等），均包含感知层、网络层、应用层三个层次。感知层负责信息传感与指令执行，涉及传感、识别、信息获取与处理、控制与执行等技术领域；网络层包含传感网、接入网、传输网等核心组件，涉及组网、通信、传输、交换等技术领域；应用层负责海量信息的高效处理和业务的智能生成与提供，涉及大数据、云计算、人机交互、业务动态重构等技术领域。除了与层次对应的关键技术领域，物联网还包含标识、安全、网管等共性技术，以及嵌入式系统、电源与储能、新材料等支撑技术。

概括来说，物联网涉及感知、识别、控制、网络通信、微电子、计算机、大数据、云计算、嵌入式系统、微机电等诸多关键技术。为了系统分析物联网技术体系，可以将物联网技术体系划分为感知与识别关键技术、网络通信关键技术、业务与应用关键技术、共性技术和支撑技术五大类[2]，具体如图2-26所示。

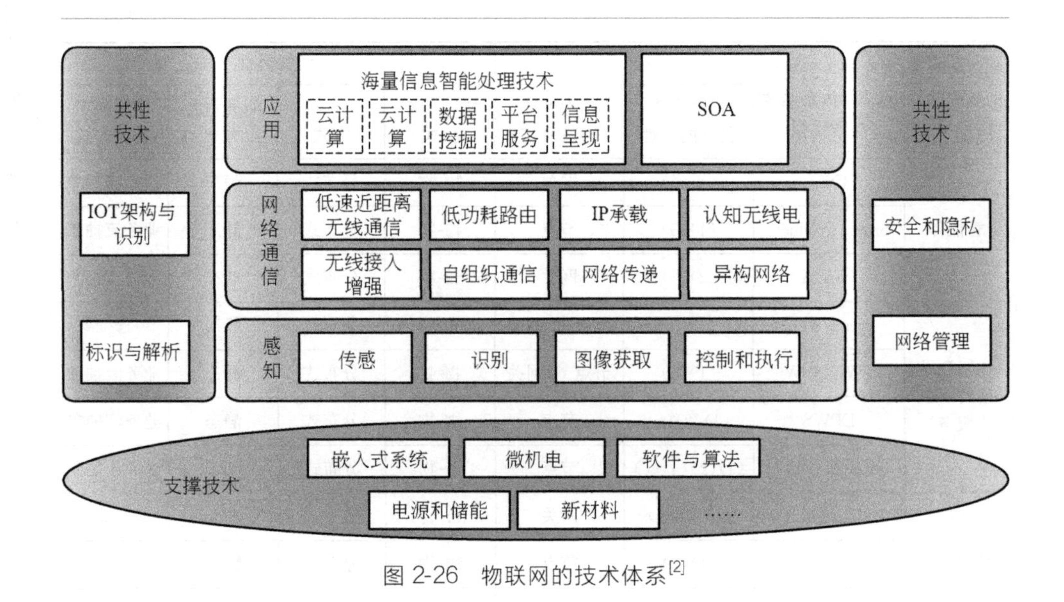

图 2-26　物联网的技术体系[2]

2.3.1 物联网技术体系

2.3.1.1 感知与识别关键技术

感知和识别技术是物联网感知物理世界获取信息、实现物体控制的首要环节。感知技术实现对物体与环境信息的采集、压缩与预处理[39]，从而将物理世界中的物理量、化学量、生物量转化成可供处理的数字信号。识别技术实现对物联网中物体标识和位置信息的获取，以实现对目标对象的精准联系与定位。

感知技术的关键是传感器设计。除了传统的声、光、电、温度、湿度、压力等简单功能的传感器，具有信息处理能力的智能传感器（Intelligent Sensor）正快速发展并广泛应用于物联网中。智能传感器带有微处理器，具有采集、处理、交换信息的能力，是传感技术与微处理器相结合的产物。智能传感器能将检测到的各种物理量储存起来，并按照指令处理这些数据，从而创造出新数据。智能传感器之间能进行信息交流，并能自我决定应该传送的数据，舍弃异常数据，完成分析和统计计算等。与一般传感器相比，智能传感器具有以下三个优点：

① 通过软件技术实现高精度、低成本的信息采集；

② 具有一定的编程自动化能力；

③ 功能多样。

作为一种特殊的智能传感器，微机电系统（Microelectro Mechanical Systems，MEMS）传感器具备体积小、重量轻、低功耗、高精度、设计制造灵活、集成度高、能够批量生产等优势，这些技术特点与传感器微型化、批量生产化、集成化、智能化创新发展方向高度契合，因此 MEMS 传感器已经成为物联网时代技术产业变革的重要驱动力之一[40]。MEMS 技术涉及微电子、材料学、力学、化学、机械学等诸多领域学科，是人类科技发展过程中的一次重大的跨领域技术融合创新，它因汽车工业和消费电子而崛起，目前正加速向工业电子、医疗电子等新兴领域渗透。

2.3.1.2 网络通信关键技术

短距离无线通信技术，通常是指通信收发双方通过无线电波传输信息且传输距离限制在较短范围（几十米）以内的通信技术。物联网常用的短距离通信技术有 Bluetooth（蓝牙）、ZigBee、WiFi、Mesh、Z-wave、LiFi、NFC、UWB、华为 Hilink 等十多种。目前我们所看到的短距离无线通信技术都有其立足的特点，或基于传输速度、距离、耗电量的特殊要求；或着眼于功能的扩充性；或符合某些单一应用的特别要求；或建立竞争技术的差异化等，但是没有一种技术可以完美到足以满足所有的需求[41]。

物联网中的网络节点（尤其是传感网节点）本身资源有限，因此迫切需要低功耗路由技术。然而，传统的面向互联网的路由算法并未考虑节点的资源受限问题，算法结构复杂，功耗较高，因此，低功耗路由技术成为近年来物联网领域的研究热点之一。物联网路由协议的设计需要综合考虑节能、可扩展性、传输延迟、容错性、安全性、精确度和服务质量等因素。目前可行的物联网路由算法主要包括以下四种机制：泛洪机制、集群机制、地理信息机制、基于服务质量机制[42]。

无线自组织通信技术是物联网机器类业务的内在要求。传统的无线蜂窝通信网络，需要固定的网络架构和系统设备的支持来进行数据的转发和用户服务控制。而无线自组织网络不需要固定设备支持，各节点即用户终端自行组网，通信时由其他用户节点进行数据的转发，采用动态路由和移动性管理技术实现物-物信息交互。这种网络形式突破了传统无线蜂窝网络的地理局限性，能够更加快速、便捷、高效地部署。但无线自组织网络也存在网络带宽受限、对实时性业务支持较差、安全性不高的弊端。

IP 承载与网络传输技术是实现物联网海量数据高效传输、汇聚、存储、处理的必然选择。IP 承载网由 IP 骨干网、城域网与互联网数据中心（Internet Data Center，IDC）等构成，其中城域网及 IDC 网络除流量转发外，主要承担用户、应用及网络资源的聚合角色，通常属于区域性网络，需要 IP 骨干网作为连接纽带。IP承载网具备低成本、扩展性好、承载业务灵活、传输高可靠性和安全性高等特点。物联网的发展，加速了IP承载技术与云计算技术的融合，促使IP网络的功能从传送信息为主向传送、计算、存储等多领域拓展，催生了“云网协同”时代，形成了“XaaS（一切皆服务）”的态势[43]。这一态势又对IP承载与传输技术提出了新的挑战，如更灵活的扩展性、更强的业务适配能力、更大的承载能力、高效的流量控制机制等。

异构网络融合接入技术是物联网面向异构终端、异构网络提供多样化服务的关键技术。物联网要求其无线网络能够兼容功能各异的用户设备，因此如何使不同类型的无线网络和系统良好高效地共存、协调甚至是融合在一起，为不同用户提供最优的通信业务体验，是通信业界和学术界广泛关注的一个重要课题[44]。异构网络融合是指通过一定的技术与设备达到不同类型网络的互访，通过资源共享达到节省成本、提高资源使用效率、优化服务质量的目的。无线网络的融合包括很多方面，比如业务、系统和覆盖范围的融合等。网络融合的关键技术可以分成两种类型：协议转换互连模型和服务融合互连模型[45]。基于IP的核心网络能更大程度地利用网络的异构性，利用新的异构无线网络的融合结构，解决用户无缝移动的问题[46]，已经成为物联网的发展趋势。

2.3.1.3 业务与应用关键技术

物联网有别于互联网，互联网的主要目的是构建一个全球性的信息通信网络，而物联网则侧重信息服务，即利用互联网、无线通信网络等进行业务信息的传送，是自动控制、遥控遥测及信息应用技术的综合展现。当物联网概念与近距离通信技术、采集技术与通信网络、用户终端设备结合后，其价值才能得到展现[47]。

物联网的应用无处不在，广泛分布于日常生活、公共事业、行业企业中。目前比较典型的应用包括智能家居、远程自动抄表、数字城市系统、智能交通系统、智能制造执行系统、产品质量监管系统等。物联网应用的分类标准也多种多样，如图2-27所示[48]。

基于网络技术的不同，可以把物联网业务分为四类：身份相关业务、信息汇聚型业务、协同感知类业务和泛在服务[49]。**身份相关业务**，主要是利用RFID、二维码等身份标志提供的各类服务，如智能交通中的车辆定位等。**信息汇聚型业务**，主要由物联网终端采集、处理信息，经通信网络上报数据，由物联网平台处理，提交具体的应用和服务，实现远程终端的自动控制，如智能家居、智能电网等。**协同感知类业务**，主要是指通过物联网终端之间、物联网终端和人之间进行通信，达到终端之间协同处理的目的。**泛在服务**，以无所不在、无所不包、无所不能为基本特征，以实现在任何时间、任何地点、任何人、任何物都能顺畅通信为目标，是物联网服务的极致，即实现人类所想所需[49]。

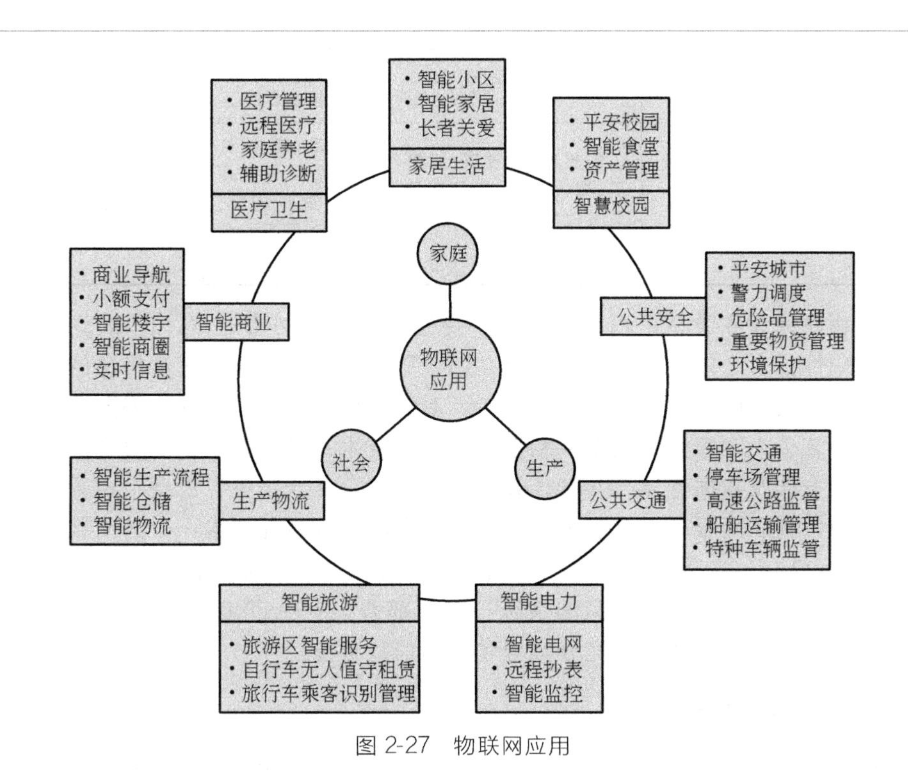

图 2-27 物联网应用

基于物联网业务对传输速率需求分类，物联网业务可分为高速率、中速率及低速率业务，具体业务分类如表 2-3 所示[48]。可以看到，目前占物联网市场60%以上的是带宽低于 200Kbps 的低速率、低功耗、广域的应用（LPWA 类业务），这类业务要求物联网具备支持海量连接数、低终端成本、低终端功耗和超强覆盖能力等。但现有的无线接入技术均存在一定弊端，难以直接应用于物联网中。为此，一种新型蜂窝接入技术——窄带物联网（NB-IoT 技术）正在积极研发与推进中，以期实现高效、低功耗广域覆盖与传输。

表 2-3 基于速率的物联网业务分类

业务分类	速率要求	业务占比	应用场景	网络接入技术要求	可采用技术
高速率	>10Mbps	10%	监控摄像、数字医疗、车载导航和游戏娱乐等对实时性要求高的业务	低时延、高速率	3G、4G、5G 等
中速率	<1Mbps	30%	POS、智慧家居、储物柜等高频使用但对实时性要求较低的场景	时延 100ms 级	2G、GPRS/CDMA

续表

业务分类	速率要求	业务占比	应用场景	网络接入技术要求	可采用技术
低速率	<200 Kbps	60%	传感器、计量表、智慧停车、物流运输、智慧建筑等使用频次低但总数可观的应用场景	深度覆盖、超低成本、超低功耗、海量连接、时延不明（秒级）	NB-IoT LoRa Sigfox

从物联网业务类型可以看出，除了传感与识别、网络通信、IP 承载与传输三项基础性技术之外，支撑物联网泛在信息服务的技术还涉及海量信息的智能处理以及感知数据的通用处理技术。其中，对海量信息的智能处理，需要综合运用高性能计算、人工智能、数据库和模糊计算等技术；对收集的感知数据进行通用处理，重点涉及数据存储、并行计算、数据挖掘、平台服务、信息呈现等[11]。

目前，物联网服务平台多采用一种松耦合的软件组件技术——面向服务的体系架构（SOA）。它将应用程序的不同功能模块化并通过标准化的接口和调用方式联系起来，实现快速可重用的系统开发和部署。SOA 可提高物联网架构的扩展性，提升应用开发效率，充分整合和复用信息资源。

2.3.1.4 支撑技术

物联网支撑技术包括嵌入式系统、微机电系统（Micro Electro Mechanical Systems，MEMS）、软件和算法、电源和储能、新材料技术等。

微机电系统可实现对传感器、执行器、处理器、通信模块、电源系统等的高度集成，是支撑传感器节点微型化、智能化的重要技术。

嵌入式系统是满足物联网对设备功能、可靠性、成本、体积、功耗等的综合要求，可以按照不同应用定制裁剪的嵌入式计算机技术，是实现物体智能的重要基础。

软件和算法是实现物联网功能、决定物联网行为的主要技术，重点包括各种物联网计算系统的感知信息处理、交互与优化软件与算法、物联网计算系统体系结构与软件平台研发等。

电源和储能是物联网关键支撑技术之一，包括电池技术、能量储存、能量捕获、恶劣情况下的发电、能量循环、新能源等技术。

新材料技术主要是指应用于传感器的敏感元件实现的技术。传感器敏感材料包括湿敏材料、气敏材料、热敏材料、压敏材料、光敏材料等。新敏感材料的应用，可以使传感器的灵敏度、尺寸、精度、稳定性等特性获得改善。

2.3.1.5 共性技术

物联网共性技术涉及网络的不同层面，主要包括架构技术、标识和解析、安全和隐私、网络管理技术等。

物联网架构技术目前处于概念发展阶段。物联网需具有统一的架构、清晰的分层、支持不同系统的互操作性、适应不同类型的物理网络和适应物联网的业务特性。

标识和解析技术是对物理实体、通信实体和应用实体赋予的或其本身固有的一个或一组属性，并能实现正确解析的技术。物联网标识和解析技术涉及不同的标识体系、不同体系的互操作、全球解析或区域解析、标识管理等。

安全和隐私技术包括安全体系架构、网络安全技术、“智能物体”的广泛部署对社会生活带来的安全威胁、隐私保护技术、安全管理机制和保证措施等。

网络管理技术重点包括管理需求、管理模型、管理功能、管理协议等。为实现对物联网广泛部署的“智能物体”的管理，需要进行网络功能和适用性分析，开发适合的管理协议。

2.3.2 物联网标准体系

物联网标准是国际物联网技术竞争的制高点。由于物联网涉及不同专业技术领域、不同行业应用部门，其标准既要涵盖面向不同应用的基础公共技术，也要涵盖满足行业特定需求的技术标准；既包括国家标准，也包括行业标准。

2.3.2.1 物联网标准分类

基于物联网技术体系和某些行业特殊性，可以考虑将物联网标准分成四类，即物联网总体性标准、物联网通用共性技术标准、公共物联网标准以及电力、交通等行业专属物联网标准[50]。物联网标准框架如图 2-28 所示。

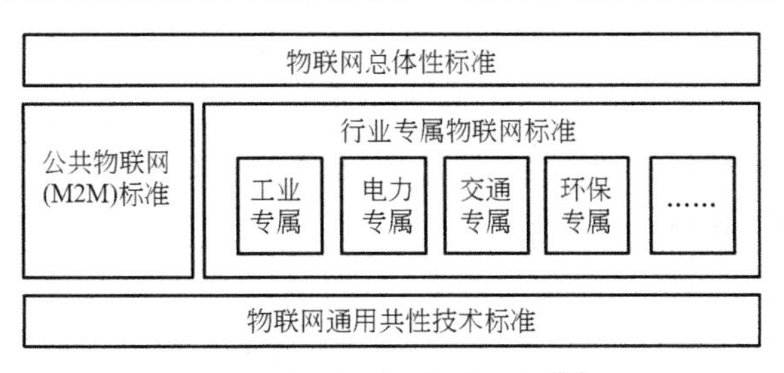

图 2-28 物联网标准框架[50]

（1）物联网总体性标准

用于规范物联网的总体性、通用性、指导性、指南性，以及公共物联网、行业专属物联网之间协作的标准，指导公共物联网标准、行业专属物联网标准的建设，做到分工合作，防止不同物联网之间标准的重叠与缺失。物联网总体性标准是公共物联网、各行业专属物联网必须遵循的标准，也是公共物联网标准、行业专属物联网标准可以直接引用的标准。

国际标准化组织 ITU-T、OneM2M 和 ISO/IEC JTC SC6 SGSN 等分别对物联网的总体标准展开了研究。ITU-T SG13/IoT-GSI/FG M2M 主要对物联网的需求和架构展开研究，OneM2M 主要专注于物联网业务能力相关的标准化，ISO/IEC JTC SC6 SGSN 侧重传感网方面的研究和标准化。

（2）物联网通用共性技术标准

用于规范公共物联网与各行业专属物联网应用中共同使用的信息感知技术、信息传输技术、信息控制技术及信息处理技术，这些通用共性技术标准可以被公共物联网标准、行业专属物联网标准直接引用。

国际标准化组织 IEEE、IETF、W3C/OASIS、GS1/EPC Global 等分别对物联网相关共性技术提出了标准化建议。如 IEEE802. 15. X 低速近距离无线通信技术标准，低功耗 802.1 1 ah、802. 11 P 标准；IETF 6LoWPAN/ROLL/CoRE/XMPP/Lwig，主要对基于 IEEE802. 15. 4 的 IPv6 低功耗有损网络路由进行研究；W3C/OASIS 等主要涉及互联网应用协议；GS1/EPC Global 主要推进 RFID 标识和解析标准。

（3）公共物联网（M2M 业务）标准

用于规范公共通信网与公共 M2M 业务平台上支持行业应用和公众应用的物联网标准。

国际标准化组织 3GPP/3GPP2、ETSI M2M、GSMA、OMA 等分别对 M2M 通信提出了相关标准化建议。3GPP 的 SA1-3、CT、RAN 等工作组主要研究移动通信网络的优化技术；3GPP2 的 TSG-S 工作组针对 CDMA 网络启动了相关的需求分析；OMA 在设备管理（DM）工作组下成立了 M2M 相关工作组，对轻量级的 M2M 设备管理协议、M2M 设备分类方法等进行研究和标准化工作；GSMA 则集合全球运营商推进连接生活项目（Connected Living Program，CLP）以提炼对物联网相关需求。

（4）行业专属物联网标准

用于规范行业（电力、交通、环保等）专属物联网上支持行业应用的物联网标准。如智能电网、智能医疗、智能交通、工业控制、家居网络等，都分别有不同的国际标准组织和联盟推进。

物联网国际标准化组织及其重点研究的物联网标准领域如图 2-29 所示。

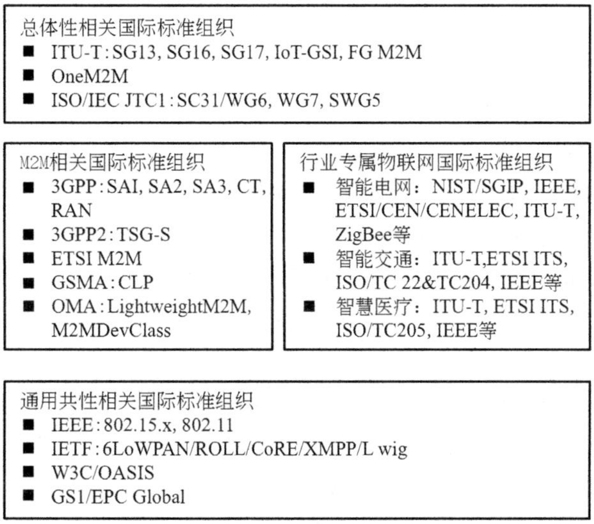

总体性相关国际标准组织
- ITU-T: SG13, SG16, SG17, IoT-GSI, FG M2M
- OneM2M
- ISO/IEC JTC1: SC31/WG6, WG7, SWG5

M2M相关国际标准组织
- 3GPP: SAI, SA2, SA3, CT, RAN
- 3GPP2: TSG-S
- ETSI M2M
- GSMA: CLP
- OMA: LightweightM2M, M2MDevClass

行业专属物联网国际标准组织
- 智能电网：NIST/SGIP, IEEE, ETSI/CEN/CENELEC, ITU-T, ZigBee等
- 智能交通：ITU-T,ETSI ITS, ISO/TC 22&TC204, IEEE等
- 智慧医疗：ITU-T, ETSI ITS, ISO/TC205, IEEE等

通用共性相关国际标准组织
- IEEE: 802.15.x, 802.11
- IETF: 6LoWPAN/ROLL/CoRE/XMPP/L wig
- W3C/OASIS
- GS1/EPC Global

图 2-29 物联网国际标准化组织及其标准化领域[50]

2.3.2.2 物联网标准化进程

全球物联网相关的**标准化组织**众多，各标准化组织的标准化侧重点虽不同，但有一些共同关注的领域，如业务需求、网络需求、网络架构、业务平台、标识与寻址、安全、终端管理等。总体来看，物联网总体性标准近年来一直是国内外通信领域的研究热点，其中物联网网络架构尤其是关注的重点。

国际方面，欧盟在 FP7 中设立了两个关于物联网体系架构的项目，其中 SENSEI 项目目标是通过互联网将分布在全球的传感器与执行器网络连接起来，IoT-A 项目致力于建立物联网体系结构参考模型。韩国电子与通信技术研究所（ETRI）提出了 USN 体系架构并已形成 ITU-T 标准，目前正在进一步推动基于 Web 物联网架构的国际标准化工作。国际标准化组织 ITU-T 于 2011 年成立物联网全球标准化举措（IoT-GSI）工作组，通过协调 ITU-T 内部各研究组（SG）的工作，完成了 Y 2060《物联网概述》、Y 2061《NGN 环境下面向机器通信的需求》、Y 2069《物联网术语和定义》三个标准，正在推进 Y. IoT-common-reqts（物联网通用需求）、Y. IoT-fund-framework（物联网功能框架和能力）、Y. IoT-app-models（物联网应用支撑模型）、YDM-IoT-reqts（物联网设备管理通用需求和能力）、Y. gw-IoT-reqts（物联网网关通用需求和能力）、Y. gw-IoT-arch（物联网应用网关功能架构）、Y. IoT-PnP-Reqts（物联网即插即用能力需求）等标准的制定[50]。

为了促进 M2M 设备在全球范围内的互联互通，推动国际物联网产业持续健康发展，2012 年 7 月，由中国通信标准化协会（CCSA）、日本无线工业及商贸联合会（ARIB）和电信技术委员会（TTC）、美国电信工业解决方案联盟（TIS）和通信工业协会（TIA）、欧洲电信标准化协会（ETSI）以及韩国电信技术协会（TTA）7 家标准组织推进成立了 OneM2M。自成立以来，OneM2M 专注于业务层标准的制定，在需求、架构、语义等方面开展积极研究，以构建基于表征状态转移风格（RESTfuI）的物联网体系。目前，已经针对 M2M 应用场景、M2M 需求、M2M 技术收益、M2M 架构、定义和缩略语、OneM2M 管理能力支撑技术研究、OneM2M 抽象语义能力、OneM2M 设备/网关分类、OneM2M 系统的安全解决方案分析、OneM2M 安全解决方案、OneM2M 协议分析、OneM2M 协议规范等方面开展了标准制定工作。

另一个国际标准化组织 3GPP，主要牵头推进面向物联网的移动通信网络增强和优化技术的标准化工作。3GPP 对 M2M 的研究从 R8 阶段开始，研究在 GSM 网络和 UMTS 网络中提供 M2M 业务的可行性，其研究结果写入了 3GPP 发布的研究报告为 TR22.868。3GPP R9 阶段启动了远程提供以及修改 M2M 终端上的 USIM 卡安全的研究，提出了基于现有移动网络及其安全架构的 M2M 解决方案，形成了研究报告 TR33.812。3GPP R10 阶段正式将 M2M 更名为机器类型通信（Machine Type Communication，MTC），并启动了针对网络增强的研究和标准化工作，完成了支持机器类型的通信对通信网络改进（NIMTC）的业务需求规范 TS22.368，以及 MTC 引起的网络拥塞和过载控制的解决方案规范 TS23.401 和实现方法规范 TS23.060。3GPP R11 阶段研究了 MTC 特性相关的解决方案，完成了移动网络支持 MTC 的网络架构、MTC 的网络内部标识、寻址、基于 T4 接口的 MTC 终端设备触发解决方案、无线网络的拥塞控制机制的标准化工作。3GPP R12 阶段继续系统增强的研究工作，完成了小数据优化和设备触发解决方案、UE 低功耗优化解决方案等，研究结果形成了报告 TR22.988、TR22.888、TR43.868、TR36.888。目前，3GPP 已经演进到 R15 阶段，该阶段主要着眼于 NB-IoT 和 eMTC 的标准化研究。

国内方面，近年来多个研究机构和单位致力于物联网网络架构的标准化研究，为物联网在我国不同领域的应用设计提供了参考依据。中国信息通信研究院牵头的国际标准 ITU-T Y.2068《物联网功能框架与能力》已于 2015 年 3 月正式发布，该标准主要明确了物联网功能架构和联网能力等内容。中国信息通信研究院与欧盟共同发布了《中欧物联网架构比较研究报告》和《中欧物联网标识白皮书》，正在推进《中欧物联网语义白皮书》的合作编制和物联网架构新趋势的合作研究。无锡物联网产业研究院和工信部电子工业标准化研究院等联合推进完成 ISO/IEC 30141 立项，即物联网“六域”模型。该模型从业务功能的角度对物联网系统进行分解，提出了一致性的系统分解模式和开放性的标准设计框架。

中国电子科技集团公司积极把握网络架构新的发展趋势，已形成基于 Web 的物联网开放体系架构，该方案致力于为物联网应用系统提供共性技术支撑，实现对物体统一描述与接入、统一标识与寻址、统一服务封装与调用等功能。

M2M 统一平台和 M2M 无线连接技术成为标准化重点。M2M 统一平台已成为运营商、互联网企业等布局物联网业务的重要抓手，我国三大电信运营商均大力推进 M2M 平台建设，在交通、医疗等垂直领域推出了一系列物联网产品。OneM2M 国际组织正积极推进 M2M 平台的标准化工作，目前已完成第一阶段标准，正在开展平台、终端、业务间的互操作测试，并在 2016 年上半年发布了 R2 标准。我国企业加强 M2M 无线连接技术的研究，在 LTE 网络优化方面，3GPP R13 版本侧重低成本、低功耗和增强覆盖的研究。在专有技术方面，我国华为公司积极推动窄带物联网 NB-IoT 在 3GPP 的标准化研制工作。2015 年 7 月，华为和中国联通合作开展了全球首个 LTE-M 蜂窝物联网 CIoT（Cellular Internet of Things）的技术演示。

2.4 物联网资源与标识体系

2.4.1 物联网资源体系

物联网包含终端、网络、频谱、数据、平台等各种资源，其中终端、网络、平台属于实体资源，可以通过增加或减少硬件设施进行资源量的缩放；而频谱、和数据属于抽象资源，其中频谱是不可再生的资源，数据则是由所有其他资源衍生出的二级资源。鉴于网络和平台资源后面有专门的章节进行介绍，而数据资源来源广泛，结构多元，尚无适用的体系进行分析，下面重点介绍终端资源和频谱资源。

（1）终端资源

物联网时代，除了传统的手机、Pad 等智能终端设备，各类传感器、具有无线通信能力的机器设备、家用电器、智能汽车、水表、井盖、可穿戴装置等都成为了网络终端。终端资源的种类和数量既发生了量变，也发生了质变。

物联网终端是连接传感网络层和传输网络层，实现采集数据及向网络层发送数据的设备，具有数据采集、初步处理、加密、传输等多种功能[51]。物联网终端通常由外围感知（传感）接口、中央处理模块和外部通信接口三部分组成，通过外围感知接口与传感设备连接，如 RFID 读卡器、红外感应器、环境传感器等，将这些传感设备的数据进行读取，并通过中央处理模块处理后，按照网络协议，通过外部通信接口，如GPRS模块、以太网接口、WiFi等方式，发送到以太网的指定中心处理平台。

物联网各类终端设备总体上可以分为情景感知层、网络接入层、网络控制层以及应用/业务层，每一层都与网络侧的控制设备有着对应关系。物联网终端常常处于各种异构网络环境中，为了向用户提供最佳的使用体验，终端应当具有感知场景变化的能力，并以此为基础，通过优化判决，为用户选择最佳的服务通道。终端设备通过前端的射频模块或传感器模块等感知环境的变化，经过计算，决策需要采取的应对措施[51]。

从应用扩展性看，物联网终端可以分为单一功能终端和通用智能终端[52]。

① 单一功能终端　通常满足单一应用或单一应用的部分扩展，不能随应用变化进行功能改造和扩充，一般外部接口较少，设计简单，成本较低，易于标准化，如汽车监控用的图像传输服务终端、电力监测用的终端、RFID终端等，目前应用比较广泛。

② 通用智能终端　能够满足两种或更多场合的应用，通过修改内部软件设置、应用参数或通过硬件模块的拆卸来满足不同的应用需求。通常外部接口较多，具有有线、无线多种网络接口方式，甚至预留一定的输出接口用于物联网应用中对“物”的控制。该类终端设计复杂，开发难度大，成本高，未标准化，应用很少。

从传输通路看，物联网终端可以分为数据透传终端和非数据透传终端[52]。

① 数据透传终端　是一种能够将输入数据原封不动输出的设备，它在输入口与应用软件之间建立起数据传输通路，使数据可以通过模块的输入口输入，通过软件原封不动地输出。该类终端在物联网集成项目中得到大量采用，其优点是很容易构建出符合应用的物联网系统，缺点是功能单一。在面临多路数据或多类型数据传输时，需要使用多个采集模块进行数据的合并处理后，才可通过该终端传输；否则，每一路数据都需要一个数据透传终端，从而加大了使用成本和系统的复杂程度。目前大部分通用终端都是数据透传终端。

② 非数据透传终端　是一种能够将外部多接口的采集数据通过内置处理器合并后传输的设备，具有多路同时传输的优点。缺点是只能根据终端的外围接口选择应用，如果要满足所有应用，该终端的外围接口种类就需要很多，在不太复杂的应用中会造成很多接口资源的浪费，因此接口的可插拔设计是此类终端的共同特点，前面提到的通用智能终端就属于此类终端。数据传输应用协议在终端内已集成，作为多功能应用，通常需要提供二次开发接口。目前该类终端较少。

目前，对物联网终端设备的资源描述可以分为以下几个方面[53]。

① 设备自身携带的信息　主要包含设备的类别信息、设备参数属性、设备提供的控制访问接口等。这类信息可以归为属性类和控制类信息。

② 设备生产及反馈的信息　主要包含设备自身的状态信息、设备的控制反

馈信息和存储的历史信息等。这类信息可以归为状态类和历史信息类。

③ 设备的用户权限信息 每个设备针对不同的用户具备不同的访问和控制权限，此类信息可以归为隐私类。

其中，历史信息主要针对设备的状态变化和控制操作进行记录，隐私信息则分别针对设备的状态查看、控制操作和历史信息查看进行用户权限控制。

物联网的发展触发了机器通信（M2M）类应用的快速增长。当前，制约物联网技术大规模推广的主要原因之一是终端的不兼容问题，缺少统一的设备生产标准，不同厂商的设备和软件无法在同一个平台上使用。因此，在物联网的普及和终端的大规模推广前必须解决标准化问题，包括：①硬件接口标准化，即制定标准的物联网传感器与终端间的接口规范和通信规范，以满足不同厂商设备间的硬件互通、互连需求；②数据协议标准化，即制定通用的终端与平台数据流（包括业务数据流和管理数据流）交互协议，以满足各种应用和不同厂家终端的互联问题，扩大未来物联网的推广。

（2）频谱资源

物联网的巨大规模以及信息交互与传输以无线为主的特点，注定使物联网成为频谱资源需求的大户[54]。因此，在物联网存在与发展的诸多资源要素中，无线电频谱是当之无愧的基础性支撑资源。

从分层体系架构来看，物联网有频谱需求的部分主要是感知延伸层和网络层[55]。感知延伸层主要涉及无线传感网的频谱配置，而网络层主要涉及无线接入网的频谱配置。目前，感知延伸层的相关技术所使用的无线频段主要为公共的ISM（Industrial Scientific Medical）频段，设备基于非授权的方式接入；而网络层相关技术所使用的无线频段主要为固定分配给2G/3G/4G等蜂窝网络的频段，设备基于授权的方式进行接入。国内外物联网频段规划情况如表2-4所示。

表2-4 国内外物联网频段规划

物联网技术	对应功能层	国外频段规划	国内频段规划
RFID	感知层	美国：902～928MHz 欧洲：865～868MHz	840～845MHz、 920～925MHz
ZigBee		美国：902～928MHz 欧洲：868～868.6MHz 2.4GHz ISM频段	868～868.6MHz、 2.4GHz ISM频段
Bluetooth		2.4G、5.8G ISM频段	2.4G、5.8G ISM频段
WiFi		美国：0.902～0.928MHz(802.11ah) 欧洲：0.863～0.8686MHz； 2.4GHz、5GHz、57～66GHz	2.4～2.4835GHz、5GHz等
UWB		美国：3.1～10.6GHz 欧洲：3.1～4.8GHz、6～9GHz	4.2～4.8GHz、6～9GHz等

续表

物联网技术	对应功能层	国外频段规划	国内频段规划
2G	网络层	美国：824～849MHz/869～894MHz、1850～1910MHz/1930～1995MHz 欧洲：	890～954MHz、1710～1820MHz
3G		美国：815～849MHz/860～894MHz、1850～1915MHz/1930～1995MHz 欧洲：1900～1920MHz、2570～2620MHz(TDD)等	1880～1900MHz、1940～1955MHz、2130～2145MHz 等
4G		1920～1980MHz/2110～2170MHz、2550～2570/2620～2690MHz 等	1880～1920MHz、2010～2025MHz、2570～2620MHz、2300～2400 等
蜂窝物联网（如 NB-IoT、eMTC）		IMT 规划频段：450～470MHz、698～960MHz、1710～2200MHz、2300～2400MHz/2500～2690MHz、3300～3400MHz、3400～3800MHz、4800～4990MHz	825～835MHz/870～880MHz、905～915MHz/954～960MHz、1735～1780MHz/1830～1875MHz、1885～1915MHz、1920～1965MHz/2110～2155MHz、2300～2370MHz、2555～2655MHz

相比传统的无线通信网络，物联网对频谱的需求和规划方式具有自身的特点。

① 未来数以百亿计的物联网终端通过无线的方式互联并接入网络，物联网业务规模相比传统通信业务规模将增加若干个数量级，因此物联网对频谱的需求会成级数增加[55]。

② 物联网业务呈现多样化特性，既有小流量的数据采集业务，也包含宽带大容量的多媒体业务（如远程视频监控等）；既有周期性业务，亦有突发性业务，因此物联网要求频谱资源可以按需配置。

③ 物联网应用行业众多，不同行业的业务流量有其自身特点，且 M2M 通信业务与 H-H 业务类型不同，因此很难构建统一的业务流量模型来预测物联网对频谱资源的需求。

ITU-R M. 2072 报告《世界移动通信市场预测》的《未来发展提供的应用程序/业务列表》，预测了未来 IMT-2000 和 IMT-Advanced 移动通信系统承载的 97 项业务，其中 13 项物联网相关业务如表 2-5 所示。通过对包含物联网业务在内的 97 项业务进行分析，ITU 预测 2020 年移动通信的频谱需求如表 2-6 所示，且物联网业务的通信量将占 2020 年总通信量的 14%[54]。对比表 2-4 和表 2-6[54]可以看出，当前的无线频段远不能满足物联网对频谱的需求。而物联网自身的特点亦表明，当前的频谱管理策略无法满足物联网未来的发展要求。为了适配不同的业务特征与用户需求，未来的物联网频谱规划应根据业务特点，灵活使用授权频段和非授权频段。例如，当前重点发展的 LPWAN 更适合部署在授权频段上，采用固定频谱分配方式开展服务；而基于传感器的小规模数据采集系统更适合部署在非授权频段上，采用动态频谱接入的方式开展服务。

表 2-5 IMT-2000 和 IMT-Advanced 系统承载的物联网业务

序号	业务名称	序号	业务名称
1	ITS(智能交通系统)	8	遥测
2	定位服务	9	上传视频数据监视
3	定位服务/定位搜索	10	远距离医学
4	慢速三门监视视频/工业控制	11	卫生保健/远程诊断
5	低速数据处理(例如 RFID)	12	网络摄像机观测/监视
6	中速数据监视与处理	13	生活/教育/远程监视/控制
7	机器对机器业务		

表 2-6 2020 年三个运营商 RATG1 和 RATG2 的频谱需求[56] MHz

市场设置	RATG1 频率需求	RATG2 频率需求	总频率需求
先进性市场	960	1020	1980
后进行市场	840	720	1560

注：RATG1 包括 IMT-2000 和 IMT-2000 增强型系统以及其他数字蜂窝移动系统。RATG2 指 IMT-Advanced 系统。

目前，物联网应用大部分还在发展之中，物联网业务模型尚未完全确定，因此根据物联网业务模型和应用需求对频谱资源需求的分析、对多种无线技术体制“物联”带来的干扰问题分析、对频谱检测技术的研究、对提高空闲频谱频率利用率的方法研究、物联网频谱资源管理方式等方面，将是物联网频谱资源研究的关键所在[2]。目前正在考虑 1GHz 以下频段定为 NB-IoT 规划专网频率。由于我国 1GHz 以下低频各种业务应用非常拥挤，800M/900M 也是 IMT 公网广域覆盖的重要频段，因此在物联网专网频率规划时需要兼顾物联网与其他业务系统间的干扰协调，规避潜在的干扰风险[57]。

2.4.2 物联网标识体系

物联网标识用于在一定范围内唯一识别物联网中的物理和逻辑实体、资源、服务，使网络、应用能够基于标识对目标对象进行控制和管理，以及进行相关信息的获取、处理、传送与交换[58]，最终实现物联网服务的提供。

基于识别目标、应用场景、技术特点等不同，物联网标识可以分成对象标识、通信标识和应用标识三类。一套完整的物联网应用流程需由这三类标识共同配合完成[58]。基于物联网分层体系架构，同时结合标识分类、标识形态和分配管理要求，构建如图 2-30 所示的物联网标识体系。

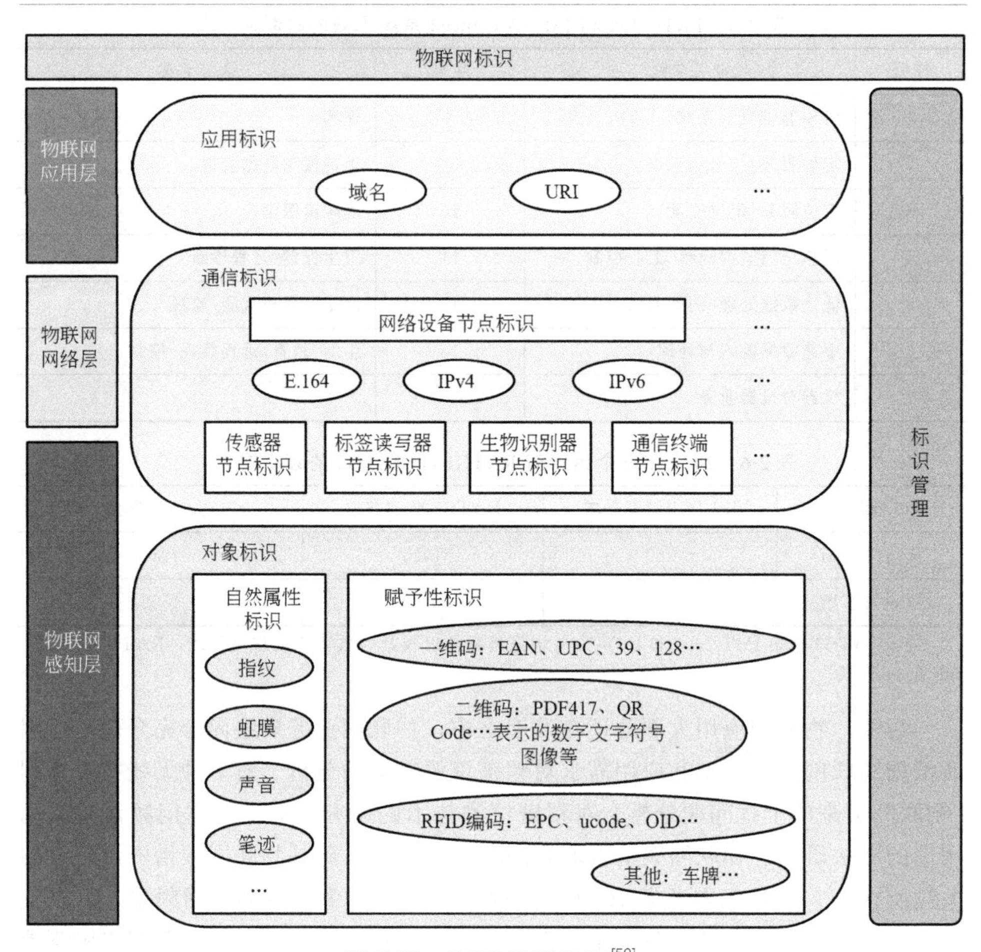

图 2-30 物联网标识体系[58]

(1) 对象标识

对象标识主要用于识别物联网中被感知的物理或逻辑对象，例如人、动物、茶杯、文章等。该类标识的应用场景通常为基于其进行相关对象信息的获取，或者对标识对象进行控制与管理，而不直接用于网络层通信或寻址。根据标识形式的不同，对象标识可进一步分为自然属性标识和赋予性标识两类。

① 自然属性标识　自然属性标识是指利用对象本身所具有的自然属性作为识别标识，包括生理特征（如指纹、虹膜等）和行为特征（如声音、笔迹等）。该类标识需利用生物识别技术，通过相应的识别设备对其进行读取。

② 赋予性标识　赋予性标识是指为了识别方便而人为分配的标识，通常由一系列数字、字符、符号或任何其他形式的数据按照一定编码规则组成，如一维条码、二维码、以 RFID 标签作为载体的 EPC 等。

网络可通过多种方式获取赋予性标识，如通过标签阅读器读取存储于标签中的物体标识，通过摄像头捕获车牌等标识信息。

（2）通信标识

通信标识主要用于识别物联网中具备通信能力的网络节点，例如手机、读写器、传感器等物联网终端节点以及业务平台、数据库等网络设备节点。这类标识的形式可以为 E.164 号码、IP 地址等。通信标识可以作为相对或绝对地址用于通信或寻址，用于建立到通信节点的连接。

对于具备通信能力的对象，例如物联网终端，既可具有对象标识，也具有通信标识，但两者的应用场景和目的不同。

（3）应用标识

应用标识主要用于对物联网中的业务应用进行识别，例如医疗服务、金融服务、农业应用等。在标识形式上可以为域名、URI 等。

在物联网中，不仅需要利用标识来对人和物等对象、终端和设备等网络节点以及各类业务应用进行识别，更需要通过标识解析与寻址等技术进行翻译、映射和转换，以获取相应的地址或关联信息，最终实现人与物、物与物的通信以及各类应用。物联网标识解析是指将物联网标识对象映射至通信标识、应用标识的过程。例如，通过对某物品的标识进行解析，可获得存储其关联信息的服务器地址。标识解析是在复杂物联网环境中准确而高效地获取对象信息的重要支撑系统。

目前，物联网中物体标识（即对象标识）标准众多，很不统一。条码标识方面，约占全球总使用量三分之一的一维条码标准由 GS1（国际物品编码协会）提出，而主流的 PDF417（Portable Data File 417）码、QR（Quick Response）码、DM（Data Matrix）码等二维码都是 AIM（自动识别和移动技术协会）标准。一维码和二维码的相关标准已经比较成熟。智能物体标识方面，智能传感器标识标准包括 IEEE 1451.2 以及 1451.4。手机标识包括 GSM 和 WCDMA 手机的 IMEI（国际移动设备标识）、CDMA 手机的 ESN（电子序列编码）和 MEID（国际移动设备识别码）。其他智能物体标识，还包括 M2M 设备标识、笔记本电脑序列号等。RFID 标签标识方面，影响力最大的是 ISO/IEC 和 EPCglobal，包括 UII（Unique Item Identifier）、TID（Tag ID）、OID（Object ID）、tag OID 以及 UID（Ubiquitous ID）。此外，还存在大量的应用范围相对较小的地区和行业标准以及企业闭环应用标准。

通信标识方面，现阶段正在使用的编码规范，包括 IPv4、IPv6、E.164、IMSI（International Mobile Subscriber Identification Number）、MAC 等，其中 IPv4、IPv6 主要是面向基于 IP 数据通道进行通信的终端标识，E.164 主要是面向基于短消息或者话音通道与网络进行交互的终端编码，IMSI 主要是针对物联网移动终端的编码，MAC 则是主要针对网络站点的标识码（即适配器地址或者适配器标识符）。随着物联网终端设备的大规模增加，对 IP 地址等标识资源的需求也急剧增加，IPv4 地址严重不足，美国等一些发达国家已经开始在物联网中采用 IPv6。而随着全球 M2M 业务发展迅猛，近年来 E.164 号码亦出现紧张，各国纷纷加强对号码的规划和管理。我国已经规划了 10 亿个专用号码资源用作 M2M，基本满足未来 5 年的物联网发展需求[38]。我国的 IMSI 由 460＋2 位移动网络识别码＋10 位用户识别码组成，共计有 1 万亿 IMSI 资源，可满足 300 亿～400 亿终端的需求，足以支撑物联网相当长一段时间的发展。

总体来看，当前物联网标识种类繁多，且各国、各行业标准不统一，造成了标识的不兼容甚至冲突，给全球范围的物联网信息共享和开环应用带来困难，也使标识管理和使用变得复杂。只有构建物联网统一标识体系，才能满足大规模物联网终端通信的技术需求和不同对象间的通信、各应用领域的互联互通等应用需求[59]。因此，实现各种物体标识最大程度的兼容，建立统一的物体标识体系，已经成为必然趋势，欧美、日、韩等都在展开积极研究。

2.5 物联网服务与安全体系

2.5.1 物联网服务体系

物联网作为互联网的延伸，通过将智能物件整合到数字世界，面向用户提供个性化和私有化服务[60]。物联网服务是指在环境感知、信息处理的基础上，通过协同异构终端资源、异构网络资源、多元业务资源，为目标用户提供特定数据、信息或控制的过程。从基于云的物联网系统结构（图 2-31）来看，物联网服务可分为云服务和实体服务两种类型，其中云服务是指由云端资源提供的数据融合、数据分析、数据可视化等各种功能；实体服务是指由实体资源提供的信息交互、行为控制等实体服务。云服务是物联网处理物理信息的基础构件，实体服务是物联网系统提供物理信息并与物理环境进行交互的基础构件[61]。

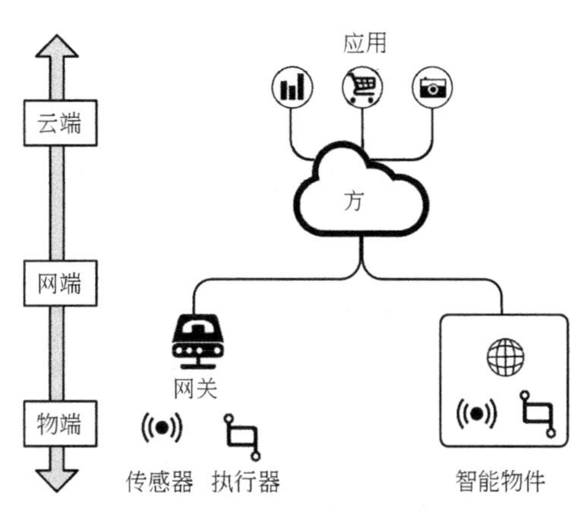

图 2-31 基于云的物联网系统结构[61]

物联网服务平台描述了物联网面向用户的可能性[60]，是解决大规模异构物端设备互联与服务提供的必选方案。服务平台处于物联网系统结构的中间环节，向下接收来自智能传感器或传感网的数据，向上为物联网应用开发提供平台支持，并以可视化方式将服务（数据）呈现给用户，通过数据操作实现服务的自动控制。物联网服务平台是对设备与物体进行管理的核心单元[63]，它能够整合物联网设备资源，统一异构设备应用层的应用编程接口（Application Programming Interface，API）标准，实现设备间服务发现及服务提供等功能。基于平台的物联网服务体系架构如图 2-32 所示，包括服务终端、服务网络、服务平台以及各种应用。其中，服务平台允许不同类型的物端接入，并由平台中的数据库存储接入平台的物体的原始状态、可调用操作参数等信息。

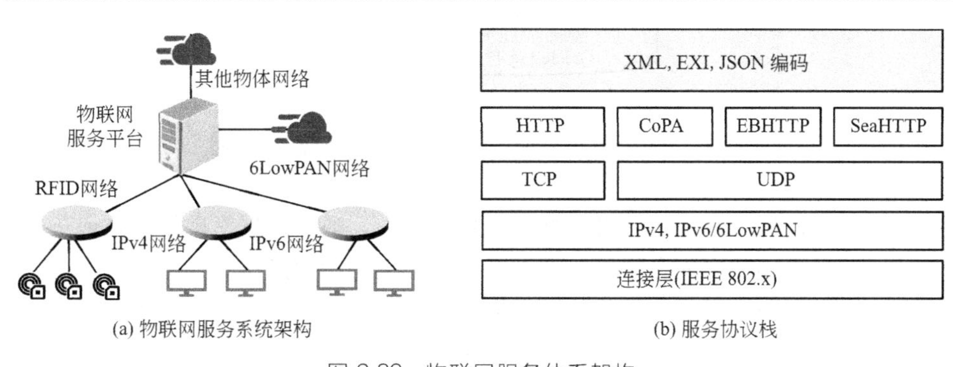

图 2-32 物联网服务体系架构

目前，基于 SOA 和 Web 服务技术构建物联网服务平台是主流技术。SOA

是一种构建软件系统的方法，将其应用于物联网系统的设计与实现之中，可以把一个复杂的物联网系统划分为多个子系统，并且提供一些松耦合、具有统一数据类型的数据交换接口，以解决物联网物端设备数据类型不统一的问题。SOA 与 Web 服务结合，可以构建标准格式的物联网数据传输通道[64]。一种基于 SOA 和 Web 服务的物联网服务平台架构如图 2-33 所示，其中：

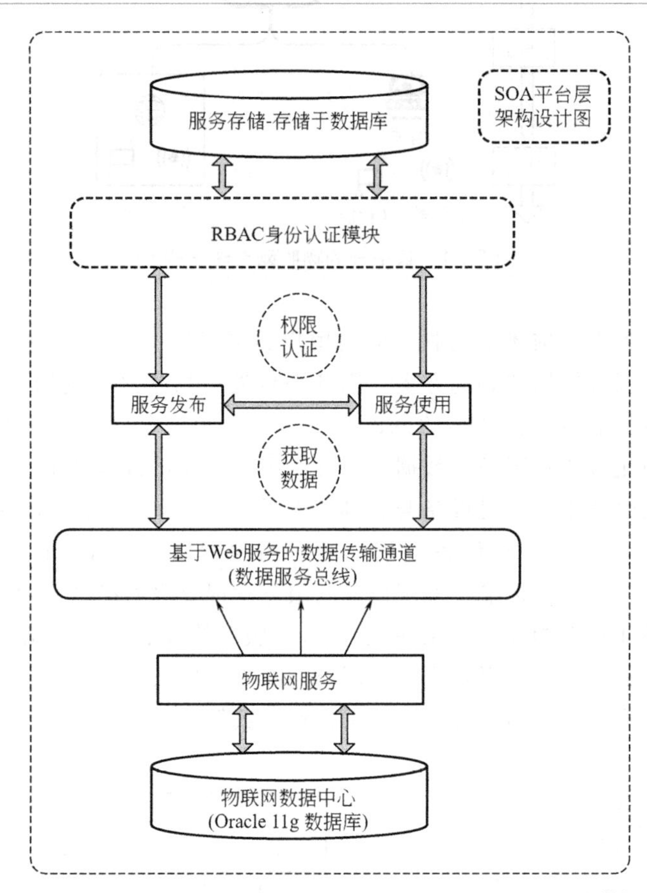

图 2-33 基于 SOA 和 Web 服务的物联网服务体系架构[64]

- 物联网服务来源于网络层物联网数据中心，通过数据库操作与处理获取；
- 服务存储数据库存储服务提供者和服务使用者信息；
- 物联网服务通过数据传输通道提供给服务提供者和服务使用者；
- 基于 Web 服务传输协议在数据传输通道传输标准格式的服务数据以实现 SOA。

物联网服务平台与用户和设备的接口通常由中间件来承担。所谓中间件，是指用于支撑物联网任务编程、发现满足任务需求的服务集以及实现各类服务之间互联与互操作的基础结构软件[61]。基于SOA的物联网服务中间件如图2-34所示，包括服务注册管理、服务发现、服务组合和编程接口4个功能模块，能够为用户提供统一的高层服务抽象、服务管理、服务发现、服务组合等功能，以及构建通用的物联网应用系统编程接口（API）。

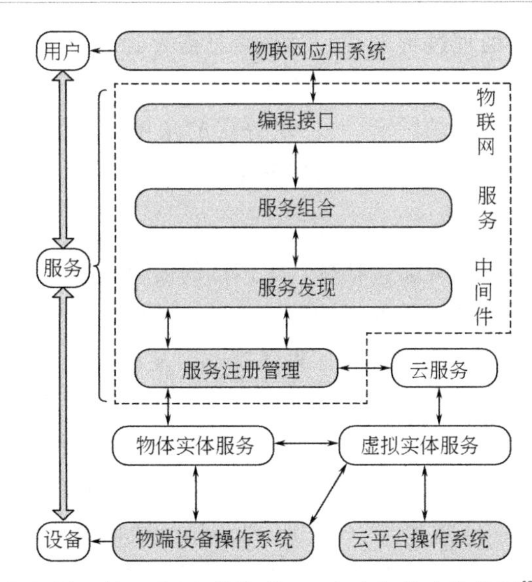

图2-34 基于SOA的物联网服务中间件功能模型[61]

构建物联网服务平台面临的难题主要有两个：①对海量物端设备的快速识别与虚拟映射；②服务数据的高效低时延传输。造成第一难题的原因是物联网中物端设备的异构性与移动性，不同类型的物体具有不同的标识方法和操作属性，且位置移动使得物体标识和物体地址之间频繁地进行映射，大大增加了设备接入的认证时间和认证复杂度。造成第二个难题的原因在于网络传输资源的接入壁垒，尤其是异构无线网络资源共享困难，按需的网络资源优化调度难以实现，资源利用效率低下且服务传输时延高，用户体验难以保障。要解决上述难题，一方面需要构建统一的标识体系，另一方面需要进行异构网络多域资源的高效协同。目前这两方面均为物联网服务系统的研究重点。此外，能够提供统一的服务抽象、管理、发现、组合等功能以及API的中间件也是当前的研究重点。

2.5.2 物联网安全体系

与传统网络不同，物联网不仅实现人与人的通信，亦实现人与物、物与物的通信，即服务对象由人转变为包括人在内的所有物品，这决定了物联网本质上是一个异构多网的融合网络，既包含传感器网络、移动通信网络等技术与覆盖异构的无线接入网络，也包含因特网等有线传输网络。因此，物联网不仅存在与传感器网络、移动通信网络和因特网等相似的安全问题，还存在因异构网络融合而产生的特殊安全问题，如隐私保护问题、异构网络的认证与访问控制问题、海量信息的存储与管理等[65]。

从物联网的信息处理过程来看，对象信息需要经过感知、汇聚、传输、决策与控制等过程，因此物联网安全的总体需求就是物理安全、信息采集安全、信息传输安全和信息处理安全的综合[66]。从分层的角度来看，物联网安全问题可以分为感知层安全、网络层安全、应用层安全三个方面，具体阐述如下。

(1) 感知层安全问题

物联网感知层面临的威胁包括针对 RFID 的安全威胁、针对无线传感网的安全威胁和针对移动智能终端的安全威胁[67～69]。其中，针对 RFID 的安全威胁包括物理攻击、信道阻塞、伪造攻击、假冒攻击、复制攻击、重放攻击、信息篡改等；针对无线传感网的安全威胁包括网管节点捕获、普通节点捕获、传感信息窃听、拒绝服务（Denial of Service）攻击、重放攻击、完整性攻击、虚假路由信息、黑洞攻击（Sinkhole Attack）、女巫攻击（Sybil Attack）、虫洞攻击（Wormhole Attack）、广播攻击（Hello Flood）、确认欺骗[65] 等；智能终端则面临恶意软件、僵尸网络、操作系统缺陷和隐私泄露等安全问题。

感知层所受到的攻击大多与恶意节点、虚假消息有关，因此海量节点的身份管理与认证问题是感知层亟待解决的安全问题。此外，物联网 M2M 应用（如智能电网、智能交通）中的感知信息包含国家、行业、个人的敏感信息，因此也需要加强传感网内数据传输的安全性和隐私性的保护。

(2) 网络层安全问题

主要包括接入网与核心网络的传输与信息安全问题。现有的核心网络具有相对完整的安全措施，但物联网特有的海量特征（海量节点、海量数据、密集网络）对网络层的安全提出了更高的要求。当物联网节点以海量、集群方式存在且同时请求数据传输时，核心网络很容易出现拥塞，进而产生拒绝服务攻击。另一方面，物联网是一个异构多网的融合网络，网络通信协议众多，其传输层需要解决不同架构网络的相互连通问题。因此，核心网将面临跨网身份认证、密钥协商、数据机密性与完整性保护[70] 等诸多安全问题，以及可能受到的 DoS 攻击、中间人攻击、异步攻击、合谋攻击等安全威胁。

此外，物联网主要面向物-物通信，而现有通信网络的安全架构都是从人-人通信的角度设计的，无法保障感知信息传输与应用的安全，因此需要建立适合物联网的新型网络安全架构。

（3）应用层安全问题

物联网应用层主要完成数据的处理和应用，因此应用层安全问题主要包含数据处理安全和数据应用安全两个层面。目前，基于云平台进行海量数据处理和智能业务提供已经成为趋势，进行数据统计分析来满足应用程序使用的同时，需要防范用户隐私信息的泄露。

支撑物联网应用的平台众多，包括大数据平台、分布式系统等，不同平台需要不同的安全策略；另一方面，物联网应用行业众多，不同行业用户有特定的安全需求。因此，究竟是针对不同的行业应用建立相应的安全策略，还是建立一个相对通用的安全框架，这是物联网在大规模、多平台、多业务类型情况下面临的新的应用层安全挑战。

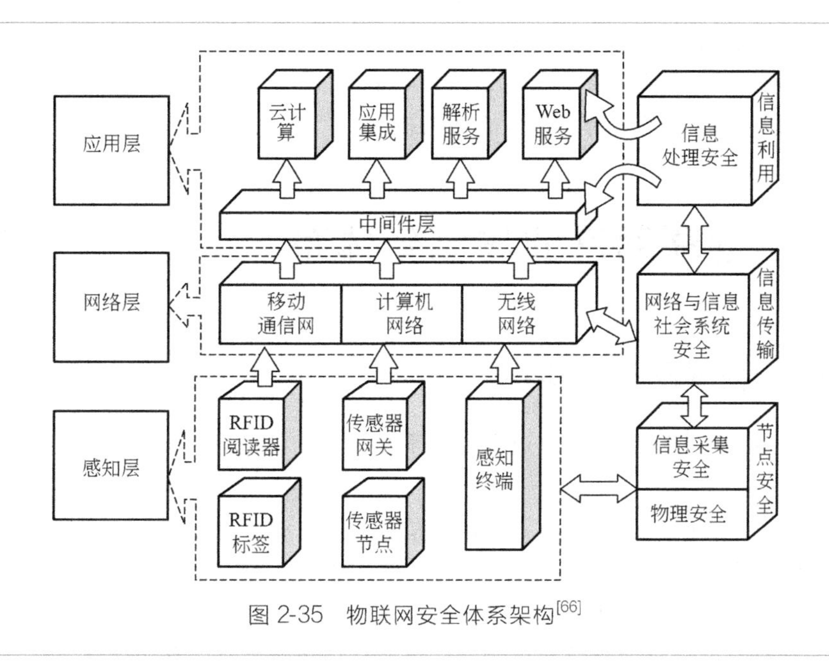

图 2-35 物联网安全体系架构[66]

物联网安全的最终目标是确保信息的机密性、完整性、真实性和时效性[66]。从信息处理过程考量，同时结合物联网分层模型，可以建立一种物联网分层安全体系架构，如图 2-35 所示，各层功能阐述如下。

信息传感安全层：对应于物联网感知层的安全，主要负责物联网信息采集节点（传感节点）与传感网的安全，保证传感节点不被欺骗、控制、破坏，防止采集的信息被窃听、篡改、伪造和重放攻击。

信息传输安全层：对应于物联网网络层的安全，主要负责接入/传输网络和信息传输的安全，保证信息传递数据的机密性、完整性、真实性和新鲜性。

信息应用安全层：对应于物联网应用层的安全，主要负责信息处理与应用的安全，保证信息的私密性、储存安全以及个体隐私保护和中间件安全等。

简言之，当前物联网面临的安全技术挑战包括[70]：

① 数据共享的隐私保护方法；

② 有限资源下的设备安全保护方法；

③ 更加有效的入侵检测防御系统与设备测试方法；

④ 针对自动化操作的访问控制策略；

⑤ 移动设备的跨域认证方法。

解决上述安全挑战的措施包括：

① 研究基于隐私保护的数据挖掘与机器学习方法；

② 研究高效的轻量级系统和通信安全机制；

③ 构建立体式入侵检测与防御系统；

④ 设计具有主动防御能力的访问控制策略；

⑤ 提出移动设备的跨域认证方法与机制。

2.6 物联网产业与创新体系

2.6.1 物联网产业体系

物联网产业是现代信息产业发展的重要分支，已经成为当前社会变革的新型推动力。

广义的物联网产业是指涉及物联网信息采集、传输、处理、应用等所有生产制造和服务流通核心环节，以及支撑核心环节发展、受核心环节辐射带动的所有产业的集合。物联网产业不仅包括物联网感应芯片及核心器件研发与制造、物联网网络通信渠道建设运营及设备制造、物联网应用软件及系统开发运行、专业物联网应用服务等核心产业内容，而且包括支撑物联网核心产业发展的微纳器件、集成电路、通信设备、微能源、材料、计算机、软件等支撑产业，还包括因物联网的辐射带动而新增的传统产业增值部分，包括装备制造业、现代农业、现代服务业、消费电子、交通运输及其他受物联网产业带动提升的传统产业新增部分（也称为物联网的带动产业）[71]。

因此，从产业关联度来看，广义物联网产业体系由核心产业、支撑产业和辐射产业三个部分组成，如图 2-36 所示。

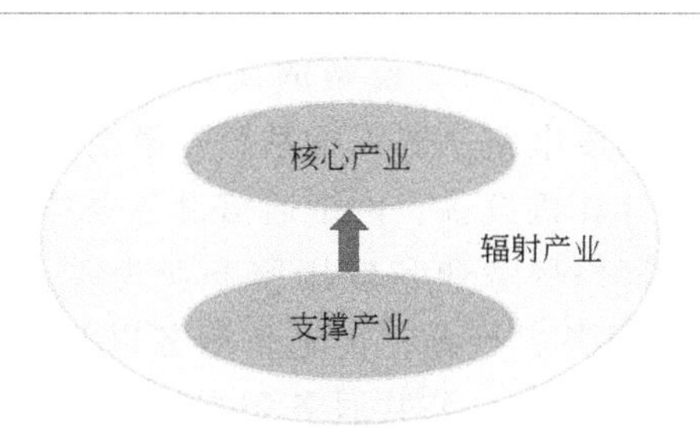

图 2-36 广义物联网产业体系

狭义的物联网产业是指实现物联网功能所必需的关键技术、产品研发、生产制造与应用服务等所有相关产业的集合，即广义物联网产业中的核心产业和支撑产业。从产业结构上看，狭义物联网产业体系包括服务业和制造业两大范畴[2]。其中，物联网制造业包括物联网设备与终端制造业、物联网感知制造产业、物联网基础支撑产业三个类别；物联网服务业包含网络服务业、应用基础设备服务业、软件开发与应用集成服务业、应用服务业四个类别。狭义物联网产业体系的具体内涵如图 2-37 所示。

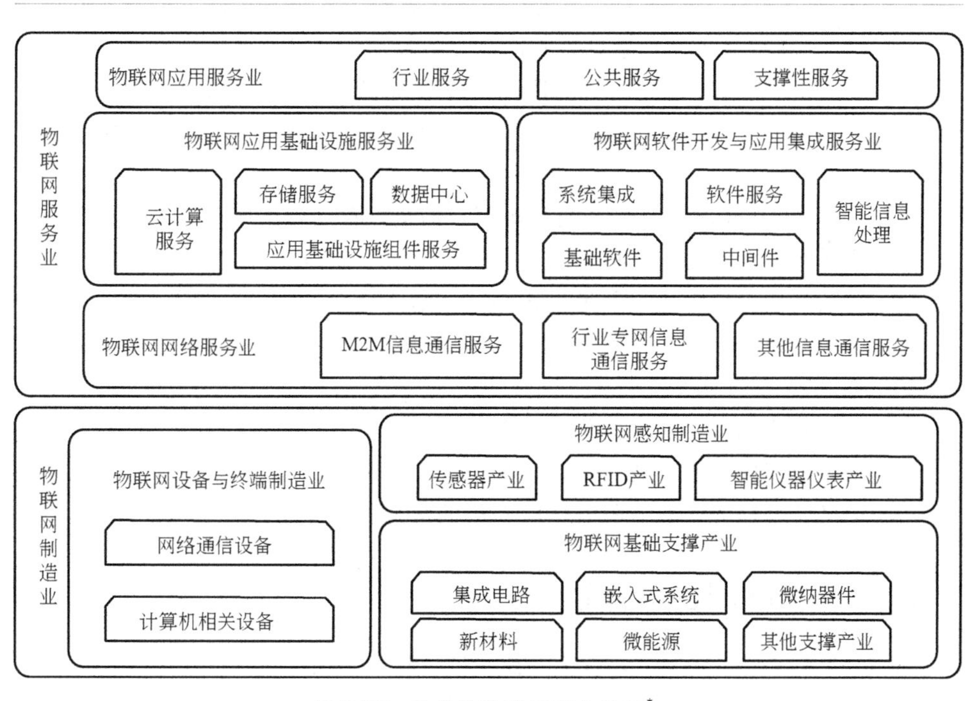

图 2-37 狭义的物联网产业体系*

物联网制造业以感知制造产业为主，又可细分为传感器产业、RFID产业以及智能仪器仪表产业[2]。感知端设备的高智能化与嵌入式系统息息相关，设备的高精密化离不开集成电路、嵌入式系统、微纳器件、新材料、微能源等基础产业的支撑。部分计算机设备、网络通信设备也是物联网制造业的组成部分。物联网服务业则以网络服务业和应用服务业为主，其中网络服务业又可细分为机器对机器通信服务、行业专网通信服务以及其他网络通信服务，而应用服务业又可分为行业服务、公共服务和支撑性服务。由网络服务业和应用服务业衍生出来应用基础设施服务业和软件开发与集成服务，其中应用基础设施服务主要包括云计算服务、存储服务等，而软件开发与集成服务可细分为基础软件服务、中间件服务、应用软件服务、智能信息处理服务以及系统集成服务。

我国的物联网产业发展具有政策和资源两方面优势。政策方面，目前的政策环境、产业布局为物联网产业的发展奠定了良好的基础，国家有关部门相继从财政、信贷、税收等方面对物联网产业进行扶植，促进物联网产业的规模化[72]。资源方面，我国是世界第二大经济体，具备雄厚的实力扶持物联网产业的发展：截至2017年年底，我国网民总数高达7.72亿人，互联网普及率达55.8%[73]，移动M2M连接数达2.5亿个，占全球总连接数的45%，国内巨大的互联网市场为物联网产业化提供了用户基础；我国的无线通信网络已经覆盖了城乡，我国无线通信网络和宽带覆盖率高，为物联网的发展提供了网络基础；RFID、无线传感网、微型传感器、移动基站等技术取得重大进展，为物联网的发展奠定了技术基础。

尽管我国的物联网产业已经初具规模，但仍然存在若干瓶颈问题：

① 物联网标准不统一，物联网终端模块互联互通与跨行业应用受限；

② 物联网技术创新能力不足，核心技术亟待突破，自主知识产权较少；

③ 终端标识需求量大，而IP地址资源稀缺，基于互联网的海量物质资源标记和寻址能力有待扩展；

④ 商业模式创新实现规模化收益需要加强[72]；

⑤ 知识产权保护机制需要进一步加强；

⑥ 信息安全形势严峻，亟需构建新型的信息安全体系。

2.6.2 物联网创新体系

根据经济学和管理学相关理论，技术创新具有不同的系统层次，在产业是产业创新系统，在区域是区域创新系统，在国家则是国家创新系统。其中，产业创新系统是指与产业相关的知识创新和技术创新的机构和组织构成的网络系统，产业创新系统是国家创新系统的重要组成部分[74]。产业创新系统包括技术子系统、组织子系统、政策子系统三个部分以及系统环境，其中，技术子系统是核心，组织子系统是主体，政策子系统是保障[75]。

由此，可以定义物联网产业创新系统为：以企业活动为中心，以知识发展为基础，以市场需求为动力，以政策调控为导向，以良好的国内外环境为保障，以创新性技术供给为核心，以实现物联网产业创新为目标的网络体系[76]。物联网产业创新系统主要由产业创新技术子系统、产业创新政策子系统、产业创新环境子系统等组成。从我国物联网产业发展来看，物联网的产业创新首先由政府发起，通过制定相关的物联网政策、法规，整合相关的物联网企业形成企业群，而后根据市场环境和经济环境的需求，开展相应的技术、组织、管理、服务等领域的创新，并将创新结果反馈给政府相关部门，调整政策导向，通过闭环的创新循环，实现产业竞争力的提升。物联网的产业创新流程如图 2-38 所示。

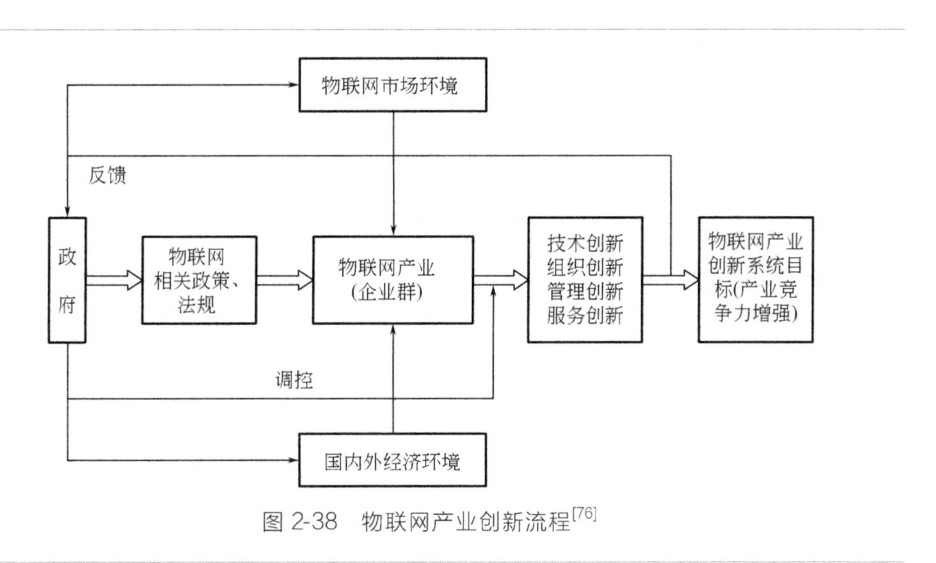

图 2-38 物联网产业创新流程[76]

物联网产业创新系统的要素联动包括两个层次：一是各子系统内部要素之间发生的“联系”与“互动”；二是技术、市场、政策、环境等子系统之间的要素联动。以我国物联网产业发展为例，在国家“三网融合”（广播电视网、电信网与互联网）战略和移动互联网发展的推动下，在用户、市场、制度以及经济等外部环境的影响下，物联网技术、产品、服务和管理等多个主体要素通过持续地互动传递知识和资金进行产业创新活动。物联网产业创新系统模型如图 2-39 所示。

物联网产业技术创新是加速物联网技术发展与应用、实现物联网关键技术突

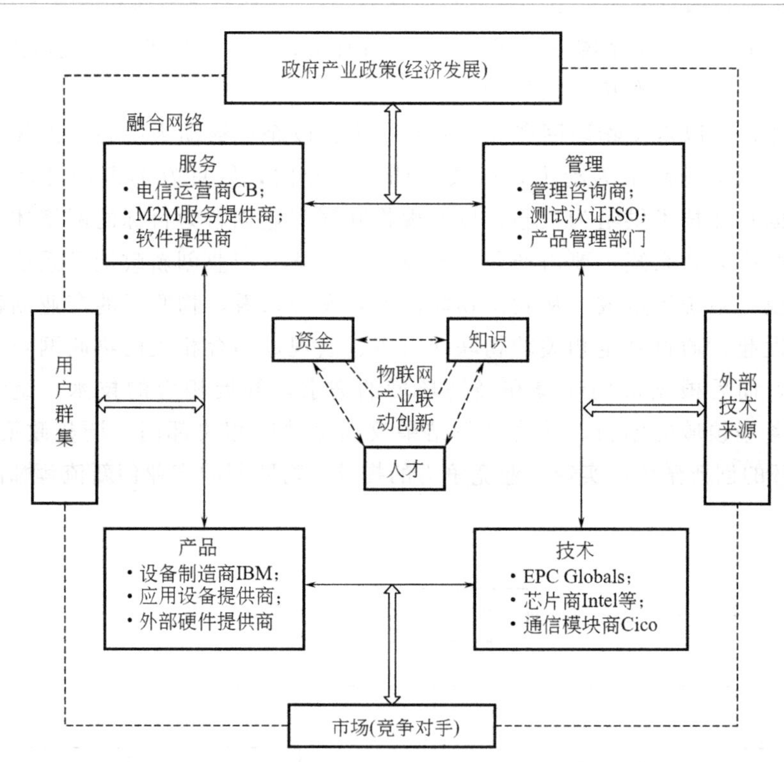

图 2-39 物联网产业创新系统模型[56]

破和共性技术开发的重要动力，而提高区域物联网产业创新能力和实施物联网发展战略的基础，是物联网产业创新平台。基于物联网产业技术创新平台，能够从产业层面对物联网资源进行战略重组，解决物联网产业技术发展的瓶颈问题；同时，以技术需求为导向、以物联网市场为载体，开发核心技术和共性技术，通过政府、企业、研究机构等主体的协同创新与制度设计，实现技术供给和产业需求的高度对接，为技术研发和物联网技术产业化提供强有力的支撑。

物联网产业技术创新平台，是实现产业创新资源共享、一体化、网络化的支撑体系，是区域物联网产业发展的支撑平台，具有主体多元性、动态开放性、知识与技术溢出性、资源共享性等特性[77]。物联网产业技术创新平台的体系架构包括三个层次：公共决策层、支撑平台层、创新主体层，其中公共决策层是物联网产业技术创新的基础层，支撑平台层是物联网产业技术研发与应用的支持层，创新主体层是物联网产业技术创新的主体层。各层次通过技术需求挖掘和技术成果扩散，在产业创新过程中产生委托关系，形成相互支撑、相互协作的有机整体。图 2-40 描绘了物联网产业技术创新平台的体系架构。

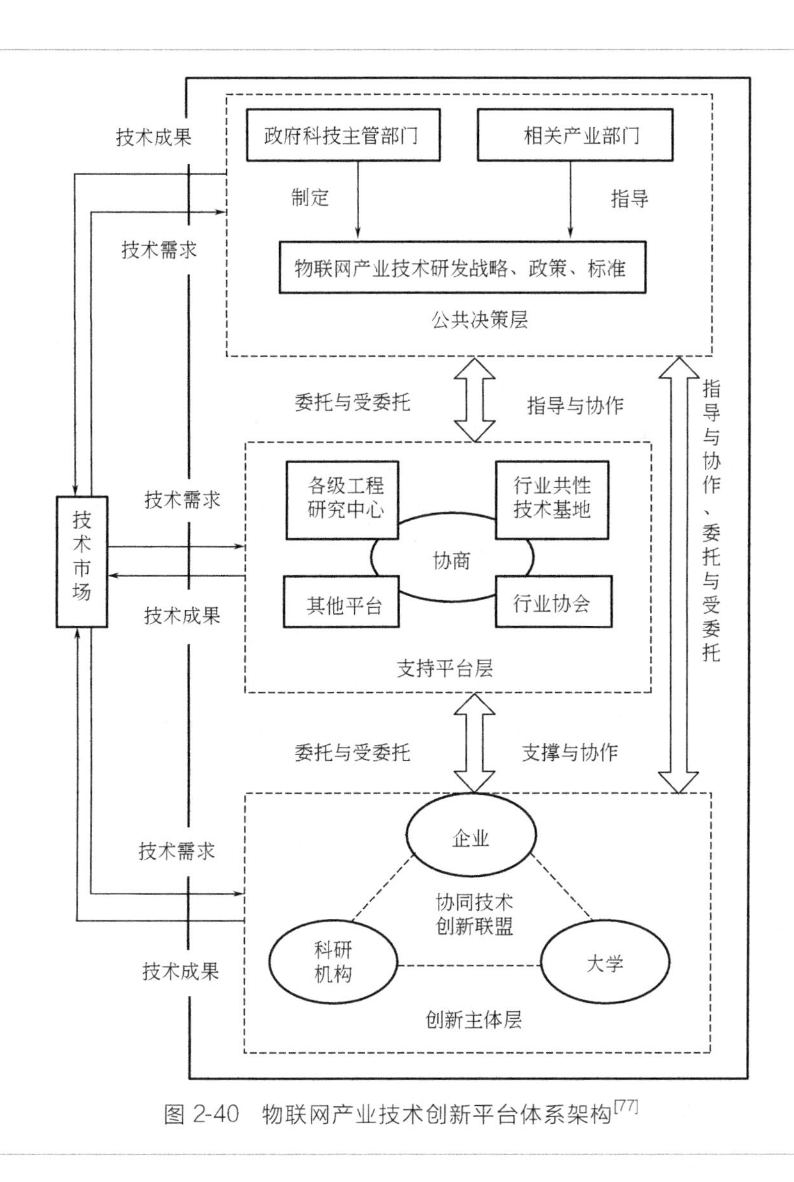

图 2-40　物联网产业技术创新平台体系架构[77]

2.7 工业物联网体系架构

2.7.1 工业物联网系统构成

工业物联网是物联网面向工业领域的应用，但又不简单等同于“工业＋物联网”，而是具有更为丰富的内涵：工业物联网以工业控制系统为基础，通过工业资源的网络互联、数据互通和系统互操作，实现制造原料的灵活配置、制造过程的按需执行、制造工艺的合理优化和制造环境的快速适应，达到资源的高效利用，从而构建服务驱动型的新工业生态体系[78]。因此，工业物联网是支撑智能制造的一套使能技术体系。

工业物联网包括工厂内部网络和工厂外部网络“两大网络”：工厂内部网络用于连接在制品、传感器、智能机器、工业控制系统、人等主体，包含工厂IT网络和工厂OT（工业生产与控制）网络；工厂外部网络用于连接企业上下游、企业与智能产品、企业与用户等主体[78]。随着智能制造的发展，工厂内部数字化、网络化、智能化及其与外部数据交换需求逐步增加，工厂内部网络呈现扁平化、IP化、无线化及灵活组网的发展趋势，而工厂外部网络需要具备高速率、高质量、低时延、安全可靠、灵活组网等能力，以推动个性化定制、远程监控、智能产品服务等全新的制造和服务模式。

面向智能制造的工业物联网呈现以三类企业主体、七类互联主体、八种互联类型为特点的互联体系。三类企业主体包括工业制造企业、工业服务企业和互联网企业，这三类企业的角色在不断渗透、相互转换。七类互联主体包括在制品、智能机器、工厂控制系统、工厂云平台（及管理软件）、智能产品、工业物联网应用，工业物联网将互联主体从传统的自动控制，进一步扩展为产品全生命周期的各个环节。八种互联类型包括了七类互联主体之间复杂多样的互联关系，成为连接设计能力、生产能力、商业能力以及用户服务的复杂网络系统[78]。

鉴于上述工业物联网的新特征和新趋势，有必要构建新型网络体系架构来解析工业物联网的组成，进而指导工业物联网的建设。下面阐述工业物联网的复杂互联模型——总体架构。

2.7.2 工业物联网总体架构

工业物联网体系架构是工业物联网系统组成的抽象描述，为不同工业物联网的结构设计提供参考。根据建模方法的不同，工业物联网体系架构可以分为基于分层的体系架构和基于域的体系架构，下面分别介绍这两种架构。

（1）分层体系架构

根据ITU-T建议的基于USN的物联网体系架构，可以建立工业物联网的分层体系架构，如图2-41所示。该体系架构从功能分层的角度揭示了工业物联网的构成。

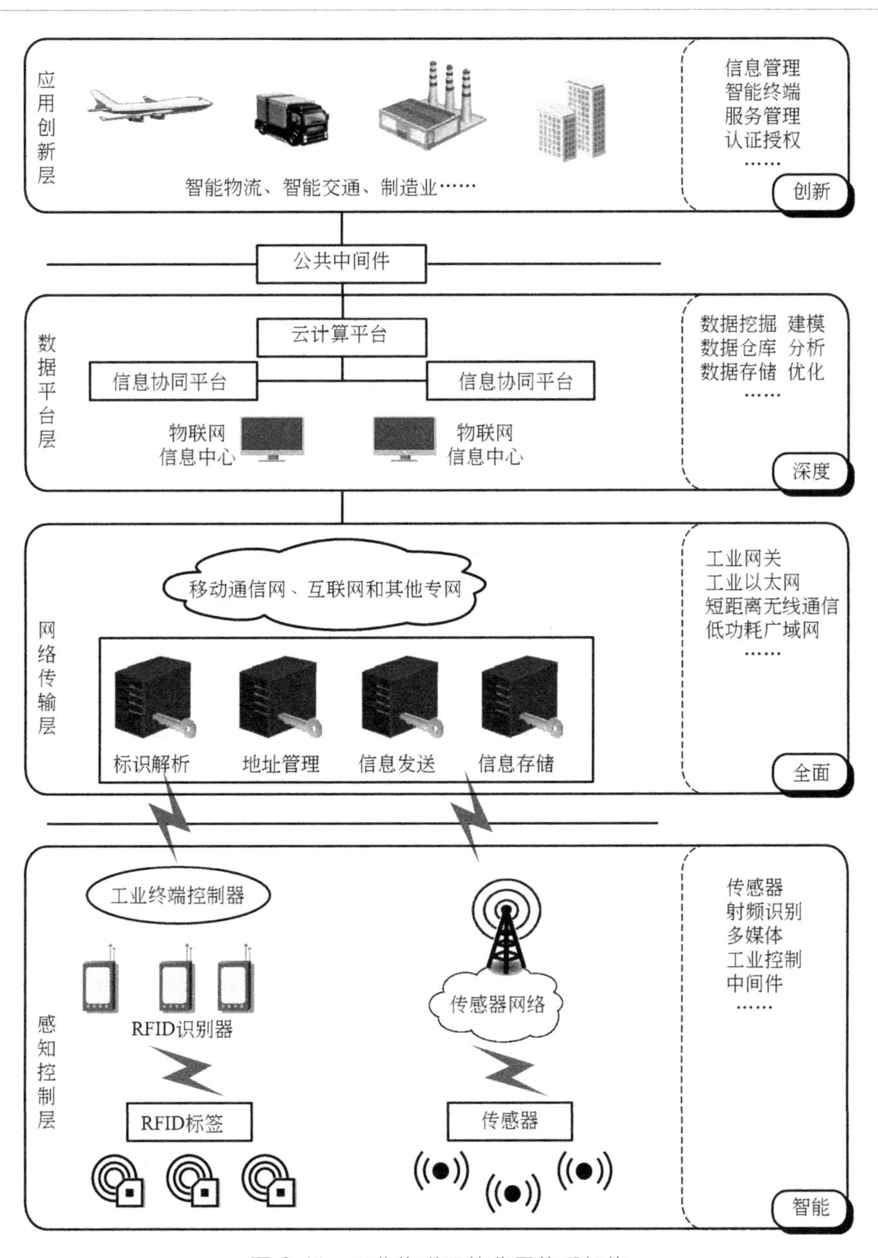

图 2-41 工业物联网的分层体系架构

工业物联网从下至上依次分为感知控制层、网络传输层、数据平台层、应用创新层四个层次。其中，感知控制层负责对工业环境与生产资源数据的实时采集，网络传输层执行感知数据的近距离接入与远距离传输，数据平台层对汇聚的感知数据进行充分挖掘和利用，应用创新层负责应用集成与业务创新相关的事宜。四个层次的具体功能阐述如下。

• 感知控制层　工业物联网的“肢体”，主要提供泛在化的物端智能感知能力，由多样化采集和控制模块组成，包括物体标识、各种类型传感器、RFID 以及中短距离的传感器、无线传感网络等，实现工业物联网的数据采集和设备控制的智能化。

• 网络传输层　工业物联网的“血管”和“神经”，实现物端设备对网络的接入与互联互通。通过整合工业网关、短距离无线通信、低功耗广域网和 OPC UA（OLE for Process Control，Unified Architecture）等技术，协同融合无线通信网、工业以太网、移动通信网络等异构网络，实现感知终端的泛在透明接入和感知数据的安全高效传输，实现服务模式创新及工业流程优化。

• 数据平台层　工业物联网的“大脑”，在深度解析工业大数据的基础上实现基于知识的工业运行决策。结合大数据和云计算技术，构建云计算平台和信息协同平台，实现异构多源数据的分布式存储、建模、分析、挖掘、预测和优化，形成基于知识的决策优化系统，有效提高工业系统运行的决策执行能力。

• 应用创新层　工业物联网的“行为”，负责工业物联网的服务组合以及服务模式的创新，实现服务内容的按需定制。面向智能工厂、智能物流、工艺流程再造、环境监测、远程维护、设备租赁等场景进行自适应的服务组合，对服务种类和服务内涵进行动态创新，全方位构建工业物联网创新的服务模式生态圈，提升产业价值，优化服务资源[78]。

上述分层体系架构可以应用于单个企业内部，或者某一行业的多个企业之间，或者嵌套应用于多个行业之间，具体的应用模式还有待进一步深入研究。

(2) 六域参考架构

依据 GB/T 33474—2016《物联网参考体系结构》中的物联网“六域”模型，建立工业物联网的六域参考架构，如图 2-42 所示[78,79]。该架构从系统要素交互的角度给出了工业物联网系统各功能域中主要实体及实体之间的接口关系。

工业物联网六域参考体系架构由用户域、目标对象域、感知控制域、服务提供域、运维管控域和资源交换域组成，各个域的要素及其功能阐述如下。

• 目标对象域　包含原料、在制品、机器、作业工人、环境等多个要素，这些对象被感知控制域的传感器、标签所感知、识别和控制，在其生产、加工、运输、流通、销售等各个环节的信息被获取。

• 感知控制域　采用各种感知识别设备对目标对象域管理的对象进行全面感知与控制，采集的数据通过无线网络或者有线网络进行可靠传输，最终通过工业物联网网关传送给服务提供域。

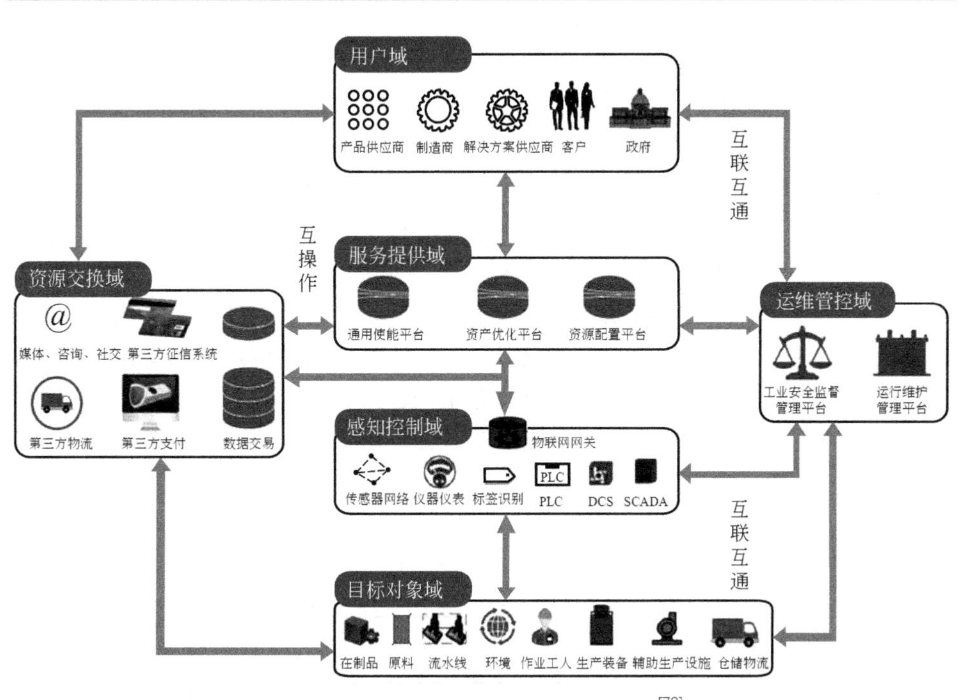

图 2-42　工业物联网的六域参考架构[78]

• 服务提供域　构建包括通用使能平台、资源优化平台和资源配置平台在内的多个服务平台，对感知控制域提供的数据进行深度解析与应用，为工业生产提供远程监控、能源管理、生产决策、安全预警等服务。

• 运维管控域　从系统运行技术性管理和法律法规符合性管理两方面保证工业物联网其他域的稳定、可靠、安全运行等，主要包括工业安全监督管理平台和运行维护管理平台。

• 资源交换域　根据工业物联网系统与其他相关系统的应用服务需求，提供不同系统之间的交互接口，实现信息资源和市场资源在多个相关系统之间的交换与共享功能。

• 用户域　支撑用户接入工业物联网、适用物联网服务接口系统，服务对象包括产品供应商、制造商、解决方案供应商、客户和政府等，主要提供用户鉴权、用户信息管理、用户等级管理等操作。

相比分层体系架构，基于域的工业物联网体系架构不仅对物联网的资源与功能进行了模块划分，而且进一步解析了功能模块的交互关系，因此更适合于构建复杂的工业物联网系统。

2.7.3 工业物联网技术体系

作为面向工业生产的专网，工业物联网涉及的关键技术可以划分为感知控制技术、网络通信技术、信息处理技术、应用服务技术和安全管理技术五大类，各类技术中既包含物联网的通用共性技术，也包含工业物联网的专用技术。其中，感知控制技术主要包括传感器、射频识别、人机交互、工业控制等，是工业物联网部署实施的核心；网络通信技术主要包括工业以太网、短距离无线通信技术、低功耗广域网等，是工业物联网互联互通的基础；信息处理技术主要包括数据清洗、数据分析、数据建模和数据存储等，为工业物联网的应用提供支撑；应用服务技术提供面向工业生产的各类信息服务生产、组合、重构、更新等，是工业物联网部署的关键；安全管理技术包括加密认证、防火墙、入侵检测等，是工业物联网部署的保障。详见图 2-43。

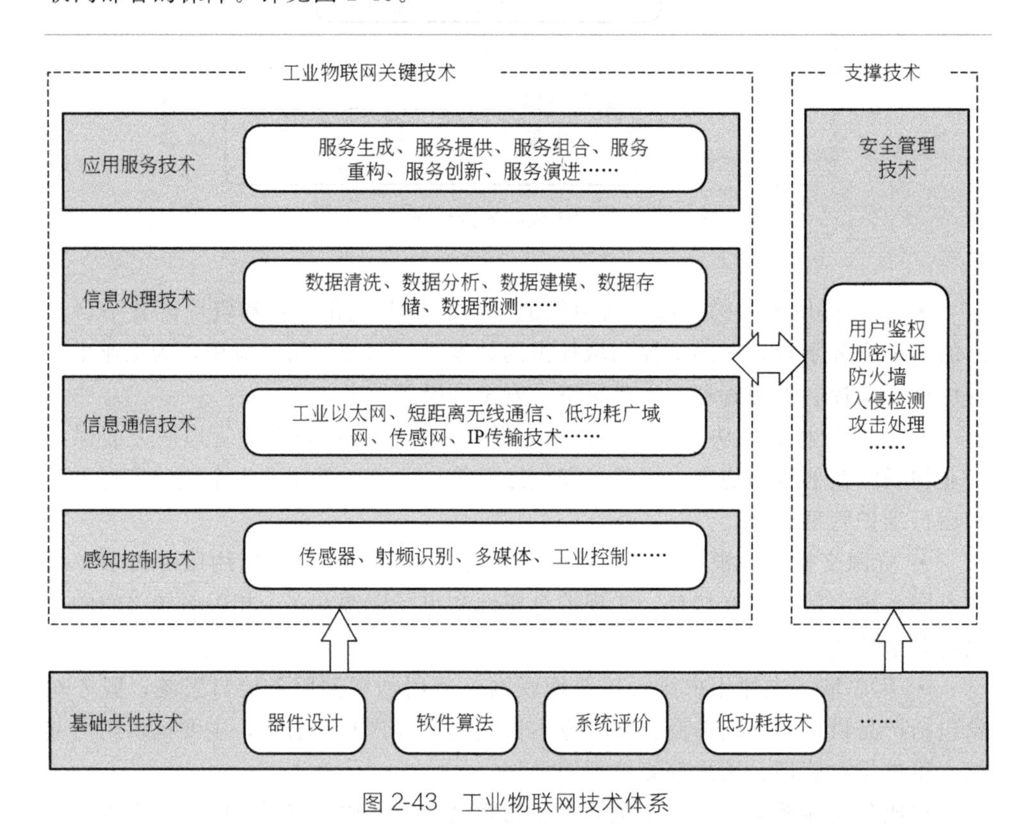

图 2-43 工业物联网技术体系

• 感知控制技术 工业传感器能够测量或感知特定物体的状态变化，并转化为可传输、可处理、可存储、可控制的电子信号或其他形式的信息，是实现工业过程自动检测和自动控制的首要环节。RFID 主要完成对目标物体的自动识别。工业控制系统包括监控和数据采集系统（SCADA）、分布式控制系统（DCS）、可编程逻辑控制器（PLC）等[80]。

• 信息通信技术　工业以太网、工业现场总线、工业无线网络是目前工业通信领域的三大主流技术。工业以太网是指在工业环境自动控制及过程控制中应用以太网的相关组件及技术。工业无线网络则是基于无线通信进行传感器组网以及数据传输的技术，是无线技术在工业领域的延伸与应用，可以使工业传感器的布线成本大大降低，有利于传感器功能的扩展，其核心技术包括时间同步、确定性调度、跳信道、路由和安全技术等。

• 信息处理技术　包括大数据、云计算、信息融合、分布式计算、智能决策等相关技术，主要完成对采集到的工业生产相关数据进行数据解析、格式转换、元数据提取、数据清洗、建模预测等工作，再按照不同的数据类型与数据特点进行分类存储、索引与应用，并以知识的形式参与生产运行决策。工业物联网中的信息处理趋于平台化与边缘化，云数据中心、小型数据中心、边缘控制器等将成为信息处理的硬件平台。

• 应用服务技术　工业物联网的应用服务主要是面向行业或企业的生产、经营、销售等活动提供信息服务，包括服务生成、服务组合、服务重构、服务访问等。工业领域现有的电子商务（E-commerce）系统、企业资源规划系统（ERP）、产品生命周期管理系统（PLM）、供应链管理系统（SCM）、客户关系管理系统（CRM）、办公室自动化系统（OA）等[80]，可以视为特殊类型的服务。如何基于物联网融合这些子系统实现智能的生产运营管理，是亟待研究的一项重点技术。此外，人工智能、工业云、边缘计算等新技术，是支持应用服务创新的关键技术。

• 安全管理技术　包括生产安全管理与运营安全管理两个方面。生产安全管理，主要是通过分析实时采集的生产现场数据和生产流程数据，确保人、机器、原材料等生产要素的安全和产品生产质量的过程，包括多维度现场监控、环境安全分级告警、产品质量监控、运维管理等。运营安全管理，主要指确保企业资源规划系统、产品生命周期管理系统、供应链管理系统、客户关系管理系统、办公室自动化系统等运营子系统的安全，包括预防非法入侵与病毒攻击、检测入侵行为、对入侵的快速响应等。

2.7.4 工业物联网标准体系

工业物联网标准可以分为基础共性标准、关键技术标准和应用服务标准三类，其准体系结构如图 2-44 所示。

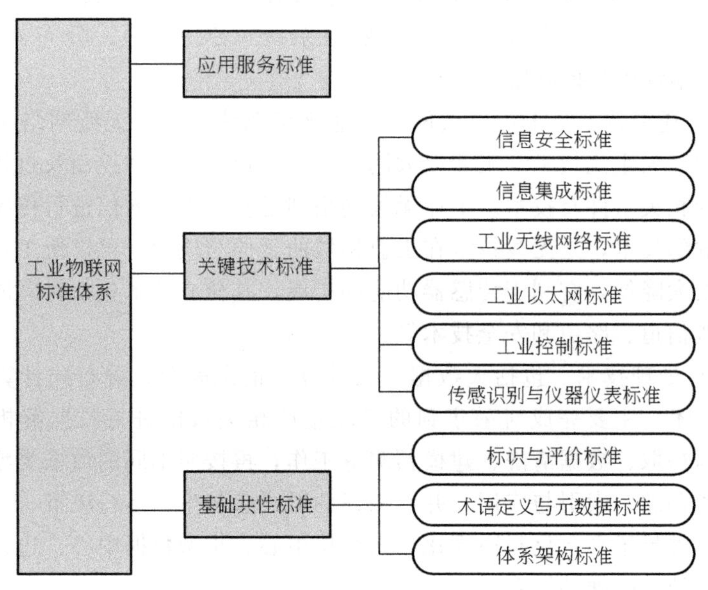

图 2-44 工业物联网标准体系

2.7.4.1 基础共性标准

基础共性标准是认识、理解以及实现工业物联网的基础，用于统一工业物联网的相关术语、标识、数据格式以及参考模型等，为开展其他方面的标准研究提供支撑，包括体系架构、术语定义、元数据模型、对象标识以及性能评价等相关标准规范。

（1）体系架构标准

体系架构标准是指用于明确和界定工业物联网的对象、边界、各部分的层级关系和内在联系，以及通用分层模型、总体架构、核心功能的总体框架标准[81]。体系架构标准用于规范工业物联网的规划和建设，确保其满足智能制造的需求。

关于工业物联网体系架构的标准研究刚刚起步。国际标准化组织（ISO）、国际电工技术委员会（IEC）等相关国际标准化尚未对工业物联网体系结构提出明确的标准化建议。国内工业互联网联盟发布的《工业互联网体系架构》[81]、中国电子技术标准化研究院发布的《工业物联网白皮书（2017 版）》[78] 分别从分层和功能域的角度给出了不同的工业物联网的参考架构。

（2）术语定义与元数据模型标准

术语定义标准用于统一物联网相关概念，为其他各部分标准的制定提供支撑。元数据和数据字典标准用于规定智能制造产品设计、生产、流通等环节涉及的元数据命名规则、数据格式、数据模型、数据元素和注册要求、数据字典建立方法，为智能制造各环节产生的数据集成、交互共享奠定基础[82]。

目前已经发布的工业物联网相关术语标准包括 IEC TC65 制定的 GB/T 33905.3—2017《智能传感器 第 3 部分：术语》、GB/T 25486—2010《网络化制造技术术语》、GB/T 22033—2008《信息技术 嵌入式系统术语》等。元数据模型相关标准包括 ISO/IEC 11179（GB/T 18391.118391.6）《信息技术 元数据注册系统（MDR）》、IEC 61987（GB/T 20818）《工业过程测量和控制在过程设备目录中的数据结构和元素》等。

（3）标识与评价标准

标识标准用于对物联网中各类对象进行唯一标识与解析，建设既与已有的标识编码系统兼容，又能满足设备 IP 化、智能化发展要求的物联网标识体系[82]。评价标准主要包括指标体系、能力成熟度、评价方法、实施指南等四个部分：指标体系标准评估工业物联网全系统或者各个子系统的运行性能；能力成熟度标准用于评价工业物联网的发展状态；评价方法标准用于规范评价过程；实施指南标准用于指导企业应用工业物联网提升制造能力。

目前已经发布的标识与评价相关标准包括：GB/T 33901—2017《工业物联网仪表身份标识协议》、GB/T 30269.501—2014《信息技术 传感器网络 第 501 部分：标识：传感器节点标识符编码规则》、IEC 61987（GB/T20818）《工业过程测量和控制在过程设备目录中的数据结构和元素》、GB/T 34076—2017《现场设备工具（FDT）/设备类型管理器（DTM）和电子设备描述语言（EDDL）的互操作性规范》等。

2.7.4.2 关键技术标准

关键技术标准是规范工业物联网的关键技术要素，用于指导工业物联网的技术研发、数据管理、过程控制、系统测试、安全保障等行为的实施，包括传感识别及仪器仪表、工业控制技术、工业无线网络、工业以太网、信息集成技术、信息安全技术、相关平台等技术要求规范与标准。

（1）传感识别及仪器仪表标准

传感识别与仪器仪表标准是实现工业物联网的物端基础。传感识别与仪器仪表标准主要用于测量、分析、控制等工业生产过程以及非接触式感知设备自动识别目标对象、采集并分析相关数据的过程，解决数据采集与交换过程中数据格式、程序接口不统一等问题，确保编码的一致性。

传感识别及仪器仪表的国际标准化工作，主要由国际电工委员会 IEC 主导，其中 TC 104 主要制定电工仪器仪表标准，SC65B 针对智能传感器、执行器开展相关标准制、修订工作，SC65E 定义了设备属性与功能的数字化表示。

我国在该领域的标准化工作主要集中在SAC/TC124工业过程测量控制、SAC/TC78半导体器件、SAC/TC 103光学和光学仪器、SAC/TC 104电工测量仪器等领域，已经发布的相关标准包括：GB/T 33905.2—2017《智能传感器第2部分：物联网应用行规》、GB/T 33899—2017《工业物联网仪表互操作协议》、GB/T33904—2017《工业物联网仪表服务协议》、GB/T 33901—2017《工业物联网仪表身份标识协议》及GB/T 33900—2017《工业物联网仪表应用属性协议》等[78]。

(2) 控制类标准

控制类标准为工业物联网实现互联互通提供了支撑。控制类标准主要用于规范系统对设备、原材料、生产环境等的自动控制过程，以及人-机器、机器-机器之间的互操作过程。

目前工业领域中控制类标准主要集中在PLC（可编程控制器）、DCS（分布式控制系统）等方面。针对PLC的标准化，国际电工委员会IEC的SC65B（工业过程测量控制和自动化技术委员会测量和控制设备分技术委员会）制定了IEC 61131-X《可编程序控制器》系列标准，已经发布了通用信息、设备要求与试验、编程语言、用户导则、通信、功能安全等9个部分的标准。我国对IEC 61131系列标准的前8部分进行了转化，形成了国家标准GB/T 15969系列《可编程序控制器》。目前还没有专门针对DCS的技术标准，有待制定DCS编程语言和接口方面的标准[78]。

(3) 工业以太网标准

工业以太网标准为工业物联网的互联互通奠定了基础。工业以太网标准用于规范工厂内和工厂外以太网的建设与组网、管理与优化等行为，主要包括网络拓扑、网联技术、资源管理和网络设备等四个部分，重点标准为网联技术。

早期的工业自动化系统采用现场总线进行设备连接与数据传输。为了平衡诸多公司和集团的商业利益，国际电工委员会制定了IEC 61158系列的多种现场总线标准，这些共存的标准限制了现场总线控制系统FCS的开放性与可互操性。鉴于工业以太网易于与因特网集成，在诸多场景中已经取代了工业现场总线。目前主流的工业以太网协议有Profinet、EtherCAT、Modbus TCP等，但这些协议的高层不同，在实现互联互通时仍然需要进行协议转换。

(4) 工业无线网络标准

工业无线网络标准增强了工业物联网的连接泛在化。工业无线网络具有易部署等优点，在工业物联网中具有广阔的应用前景。工业无线网络标准用户规范工业生产要素的无线组网与数据的无线传输过程。

目前，针对工业无线网络形成了以国际仪器仪表协会下属工业无线委员会的ISA100.11a，HART基金会的Wireless HART，中国WIA联盟的WIA-PA/FA三大主流国际标准共存的局面[78]。新兴的低功耗广域网通信技术对工业无线网络造成了巨大的冲击和影响，分为两类：一类是部署在授权频段的技术，以NB-IoT、eMTC等为代表；另一类是部署在非授权频段的技术，包括LoRa、PRMA、Sigfox等。业界正在积极探索低功耗广域网技术在工业领域中的应用。

(5) 信息集成标准

信息集成标准是工业物联网实现互联互通的主线。信息集成标准是工业物联网实现自底向上全面集成与互联的核心技术规范，包括现场设备集成和系统集成两个层面的内容。

目前典型的现场设备集成标准有面向电子设备描述语言的IEC 61804-3、面向现场设备工具的IEC 62453系列等。国际电工委员会IEC联合ISO/TC 184，针对企业控制系统集成制定了IEC62264系列标准，针对将设备与云端直联制定了IEC 62541系列标准。我国对IEC 62541系列标准进行了转化，并于2017年9月发布GB/T 33863.X—2017《OPC统一架构》标准的前八部分。

(6) 信息安全标准

信息安全标准是工业物联网实现的关键保障。信息安全标准用于保障工业物联网系统及其数据不被破坏、更改、泄漏，从而确保系统能连续可靠地运行，包括软件安全、设备信息安全、网络信息安全、数据安全、信息安全防护等标准[62]。

我国信息安全标准化技术委员会SAC/TC260已经发布了GB/T 32919—2016《信息安全技术工业控制系统安全控制应用指南》，正在制定工业控制系统的风险评估实施指南和漏洞检测及测试评价方法、工业控制网络的安全隔离与信息交换系统安全技术要求等技术规范。国家过程测量控制和自动化标准化技术委员会SAC/TC124于2016年发布了GB/T 33009系列DCS安全方面的标准，包括防护要求、管理要求、评估指南、风险与脆弱性检测要求[78]。

2.7.4.3 应用服务标准

应用服务标准用于实现产品与服务的融合、分散化制造资源的有机整合和各自核心竞争力的高度协同，解决综合利用企业内部和外部各类资源，提供各类规范、可靠的新型服务的问题。应用服务标准包括大规模个性化定制、运维服务和网络协同制造等三部分[82]，其中重点是大规模个性化定制标准和运维服务标准。

大规模个性化定制标准，用于指导企业实现以客户需求为核心的大规模个性化定制服务模式，实现柔性生产的过程，包括通用要求、需求交互规范、模块化设计规范和生产规范等标准[82]。目前，国际上关于大规模个性化定制的标准极少；我国已经发布 GB/T 30095—2013《网络化制造环境中业务互操作协议与模型》等标准，正着手制定 20170988-T-604《工业机器人柔性控制通用技术要求》标准。

运维服务标准用于实现对复杂系统快速、及时、正确的诊断和维护，进而基于采集到的设备运行数据，全面分析设备现场实际使用运行状况，为生产设计及制造工艺改进等后续产品的持续优化提供支撑。运维服务标准包括基础通用、数据采集与处理、知识库、状态监测、故障诊断、寿命预测等标准[82]。已发布 ISO 13374（GB/T 22281.1～22281.2)《机器的状态检测和诊断：数据处理、通信和表达》、GB/T 32827—2016《物流装备管理监控系统功能体系》、IEC/TR 62541-2：2010（GB/T 33863.2-201)《OPC 统一架构　第 2 部分：安全模型 7》等相关标准。

总体来看，全球工业物联网标准的研究尚处于起步阶段，行业结构异质性、工业网络多样性、生产环境复杂性等问题，以及工业物联网本身的创新性和复杂性，均给工业物联网的标准化工作带来了极大挑战，在网络的互联互通、数据异构集成、服务化封装、系统运行安全控制等方面，还需要开展大量标准化研究工作。

2.7.5 工业物联网标识体系

工业物联网中的标识体系包括标识和标识解析两部分内容。工业物联网中的标识，类似于互联网中的域名，是识别和管理物品、信息、机器的关键基础资源[78]。工业物联网中的标识解析系统，类似互联网中的域名解析系统，用于实现对工业物联网中所有物品标识的解析，即通过将工业互联网标识翻译为该物体的地址或其对应信息服务器的地址，找到该物体或其相关信息[81]。标识解析是整个网络实现互联互通的关键基础设施。

工业物联网的标识体系同样包括物品标识、通信标识和业务标识三大类。

• 物品标识方面，包括国际物品编码协会（GS1）提出的一维条码，自动识别和移动技术协会（AIM）制定的 PDF417（Portable Data File 417）码、QR（Quick Response）码、DM（Data Matrix）码等二维码，IEEE 提出的智能传感器标识标准 IEEE 1451.2 和 1451.4，OneM2M 制定的 M2M 设备标识，ISO/IEC TC104 针对电工仪器仪表制定的相关工业物品属性与功能标识，以及 ISO/IEC 和 GS1/EPCglobal 等组织制定的 RFID 标签标识 UII（Unique Item Identifier)、TID（Tag ID)、OID（Object ID)、tag OID 以及 UID（Ubiquitous ID)

等。此外，还存在大量的应用范围相对较小的地区和行业标准以及企业闭环应用标准[2]。

• 通信标识方面，包括 IPv4、IPv6、E.164、IMSI、MAC 等。工业物联网在通信标识方面的需求与传统网络有两个方面的不同：一是末端通信设备的大规模增加以及生产资源的物化联网，带来对 IP 地址、码号等标识资源需求的大规模增加，IPv4 地址严重不足，IPv6 地址成为解决方案，它在解决工业互联网地址需求的同时，为网内各设备提供全球唯一地址，为更好地进行数据交互和信息整合提供了条件；二是以无线传感器网络为代表的智能物体近距离无线通信网络，对通信标识提出了降低电源、带宽、处理能力消耗的新要求，目前广泛应用的短距离组网技术 ZigBee 在子网内部允许采用 16 位短地址，而传统互联网厂商在推动简化 IPv6 协议，并成立了 IPSO（IP for Smart Objects，IPSO）推广 IPv6 的使用，IETF 也立项了 6LowPAN、ROLL 等课题进行低功耗标识的相关标准化研究[2]。

• 业务标识方面，由于不同行业、不同企业的生产经营活动各具特点，因此标识编码尚未统一，企业内部大量使用自定义的私有标识，而涉及流通环节的供应链管理、产品溯源等应用模式正在逐步尝试跨企业的公共标识[78]。

标识解析体系按照是否基于 Domain Name System（DNS）可以分成两大路径：改良 DNS 路径和变革 DNS 路径。改良 DNS 路径仍基于现有的互联网 DNS 系统，对现有互联网 DNS 系统进行适当改进来实现标识解析，其中以美国 GS1/EPCglobal 组织针对 EPC 编码提出的 Object Name Service（ONS）解析系统相对成熟。我国相关研究单位也在积极探索基于 DNS 的其他改良方案，如中科院计算机网络信息中心提出的物联网异构标识解析 NIOT 方案，中国信息通信研究院提出的 CID 编码体系等。变革路径采用与 DNS 完全不同的标识解析技术，目前主要有数字对象名称管理机构（DONA 基金会）提出的 Handle 方案，该方案采用平行根技术，各国共同管理和维护根区文件，现已在 ITU、美、德及我国设置了 4 个根服务器，既可以独立于 DNS，又能够与现有 DNS 兼容。工信部电子科学技术情报研究所（简称“电子一所”）负责运营中国根[78]。

简言之，基于 IPv6 构建工业物联网标识体系，成为当前工业网络领域的研究热点之一。鉴于工业应用的特殊性，尤其是工厂内网对安全性、可靠性等方面具有较高要求，因此 IPv6 与工业物联网的结合技术以及 IPv6 地址在工业互联网中分配和管理等问题需要深入研究。目前各种标识解析方案在我国均已启动并形成一定规模布局，且不同方案之间已具备互通能力，可以互相兼容、互通和共存[78]。

参考文献

[1] 陈海明，崔莉，谢开斌. 物联网体系结构与实现方法的比较研究[J]. 计算机学报，2013，36（01）：168-188.

[2] 工业与信息化部电信研究院. 物联网白皮书（2011年）[R]. 2011. 5.

[3] PresserM，Barnaghi P M，Eurich M，Villalonga C. The SENSEI project：Integrating the physical world with the digital world of the network of the future[J]. Global Communications Newsletter，2009，47（4）：1-4.

[4] Walewski J W. Initial architectural reference model for IoT[R]. EU FP7 Project，Deliverable Report：D1. 2，2011.

[5] Sarma S，Brock D I，Ashton K. The networked physical world：Proposals for engineering the next generation of computing，commerce & automatic identification[R]. MIT Auto-ID Center，White Paper：MIT-AUTOID-WH-001，2010.

[6] Koshizuka N，Sakamura K. Ubiquitous ID：Standards for ubiquitous computing and the Internet of Things[J]. IEEE Pervasive Computing，2010，9（4）：98-101.

[7] Electronics and Telecommunication Research Institute（ETRI）of the Republic of Korea. Requirements for support of USN applications and services in NGN environment [C]//Proceedings of the ITU NGN Global Standards Initiative（NUN-GSI）Rapporteur Group Meeting. Geneva，Switzerland，2007：11-21.

[8] Vicaire P A，Xie Z，Hoque E，Stankovic J A. Physicalnet：A generic framework for managing and programming across pervasive computing networks [R]. University of Virginia，Charlottesville，USA：Technical Report CS-2008-2，2008.

[9] Pujolle G. An autonomic-oriented architecture for the Internet of Things[C]//Proceedings of the IEEE John Vincent Atana-soff 2006 International Symposium on Modern Computing（JVA）. Sofia，Bulgaria，2006：163-168.

[10] ETSI. Machine-to-Machine（M2M）communications：Functional architecture[R]，ETSI，Technical Specification：102 690 V1. 1. 1，2011.

[11] Ning H，Wang Z. Future Internet of Things Architecture：Like Mankind Neural System or Social Organization Framework? [J]. IEEE Communications Letters，2011，15（4）：461-463.

[12] 唐贤衡. 物联网产业层级架构与六域模型的比较[J]. 物流技术，2015，34（14）：43-46.

[13] Armen F，Barthel H，Burstein L et al. The EPCglobal Architecture Framework[R]. EPCglobal，Standard Specification：Final Version 1. 3，2009.

[14] OASIS WS-DD Technical Committee. Devices Profile for Web Services [R]. OASIS，Standard：Version 1. 1，2009.

[15] Shelby Z. Embedded Web services[J]. IEEE Wireless Communications, 2010, 17(6): 52-57.

[16] Atzori L, Iera A, Morabito G. The Internet of Things: A survey[J]. Computer Networks, 2010, 64(16): 2787-2806.

[17] Wu M, Lu T, Ling F, Sun I, Du H. Research on the architecture of Internet of Things[C]//Proceedings of the 3rd International Conference on Advanced Computer Theory and Engineering (ICACTE), Chengdu, Sichuan, 2010: 484-487.

[18] 刘强，崔莉，陈海明. 物联网关键技术与应用[J]. 计算机科学，2010，37(6): 1-10.

[19] 孙其博，刘杰，黎养，范春晓，孙娟娟. 物联网：概念、架构与关键技术研究综述[J]. 北京邮电大学学报，2010，33(3): 1-9.

[20] 沈苏彬，毛燕琴，范曲立，宗平，黄维. 物联网概念模型与体系结构[J]. 南京邮电大学学报（自然科学版），2010，30(4): 1-8.

[21] 李晓辉. 物联网开放体系架构研究[J]. 中国电子科学研究院学报，2016，11(5): 478-483.

[22] 孙昌爱，金茂忠，刘超. 软件体系结构研究综述[J]. 软件学报，2002，13(7): 1228-1237.

[23] Zhang S, Uoddard S. A software architecture and framework for Web-based distributed decision support systems[J]. Decision Support Systems, 2007, 43(4): 1133-1150.

[24] La H J, Kim S D. A service-based approach to designing cyber physical systems[C]//Proceedings of the 9th IEEE/ACIS International Conference on Computer and Science and Information (ICIS 2010). Yamagata, Japan, 2010: 895-900.

[25] Fortino G, Uuerrieri G, Russo W. Agent-oriented smart objects development[C]//Proceedings of the 2012 IEEE 16th International Conference on Computer Supported Cooperative Work in Design (CSCWD 2012). Wuhan, China, 2012: 907-912.

[26] Final Version of the Conceptual Framework Version 1. 0. http: //www. smart-products-project[R]. eu/media/stories/smartproducts/publications/Smart Products_D2. 2. 1_Final, pdf, 2011. 2. 1.

[27] 谢开斌，陈海明，崔莉. PMDA：一种物理模型驱动的物联网软件体系结构[J]. 计算机研究与发展，2013，50(6): 1185-1197.

[28] Duquennoy S, Uuinard G, Vandewalle J-J. The Web of things: Interconnecting devices with high usability and performance[C]//Proceedings of the International Conference on Embedded Software and Systems (ICESS 2009). Hangzhou, China, 2009: 323-330.

[29] Kansal A, Nath S, Liu J, Zhao F. SenseWeb: An infrastructure for shared sensing[J]. IEEE Multimedia, 2007, 14(4): 8-13.

[30] Boas M, Percivall G, Reed C, Davidson J. OGC Sensor Web Enablement: Overview and High Level Architecture. OGC White Paper, Open Geospatial Consortium Inc., Wayland, USA, 2007.

[31] Devices Profile for Web Services Version 1. 1, Standard, OASIS WS-DD Technical Committee, 2009.

[32] Souza L, Spiess P, Guinard D, et al.

SOCRADES: A Web service based shop floor integration infrastructure[C]//Proceedings of the 1st Internet of Things Conference (IOT 2008). Stockholm, Sweden, 2008: 50-67.

[33] Fielding R T, Taylor R N. Principled design of the modern Web architecture [J]. ACM Transactions on Internet Technology, 2002, 2(2): 115-150.

[34] Luckenbach T, Gober P, Arbanowski S, et al. Tiny REST-A protocol for integrating sensor networks into the Internet[C]//Proceedings of the Workshop on Real World Wireless Sensor Network (REALWSN 2005). Stockholm, Sweden, 2005: 1-5.

[35] Uuinard D, Trifa V, Wilde E. A resource oriented architecture for the Web of Things[C]//Proceedings of the 2nd Internet of Things Conference (IoT 2010). Tokyo, Japan, 2010: 1-8.

[36] Drytkiewicz W, Radusch I, Arbanowski S, Popescu-ZeletinR, pREST: A REST-based protocol for pervasive systems[C]//Proceedings of the IEEE International Conference on Mobile Adhoc and Sensor Systems (MASS 2004). Lauderdale, Florida, 2004: 340-348.

[37] IETF CORE Working Uroup. Constrained Application Protocol (CoAP). IETF Internet Draft: draft-ietf-core-coap-04, 2004.

[38] IETF CoRE Working Uroup. Embedded Binary HTTP (EBHTTP). IETF Internet Draft: draft-tolle-core-ebhttp-00, 2010.

[39] 唐云凯. 物联网信息感知与交互技术研究[J]. 电脑知识与技术, 2015, 11(05): 282-283.

[40] 工业与信息化部电信研究院. 物联网白皮书(2016)[R], 2016年.

[41] 赵磊, 李雨珊, 桂桐, 陈月, 胡燕. 近距离无线通信技术现状研究[J]. 科技视界, 2015(29): 100, 180.

[42] 徐臻豪. 物联网路由技术研究[J]. 科技信息, 2010(05): 87, 86.

[43] 朱永庆, 黄晓莹, 张文强. 云网协同时代运营商IP承载网发展[J]. 电信科学, 2017, 33(11): 162-168.

[44] 张萌. 无线异构网络中共存、协作和融合问题的研究[D]. 北京邮电大学, 2017.

[45] 网络融合. http: //wiki. mbalib. com/wiki/%E7%BD%91%E7%BB%9C%E8%9E%8D%E5%90%88.

[46] 司强毅. 异构无线网络融合关键问题和发展趋势[J]. 信息与电脑(理论版), 2017(17): 196-197, 200.

[47] 刘兆元. 物联网业务关键技术与模式探讨[J]. 广东通信技术, 2009, 29(12): 2-7.

[48] 李傲宇. 物联网的应用与发展[J]. 现代工业经济和信息化, 2017, 7(19): 51-53, 97.

[49] 邢晓江, 王建立, 李明栋. 物联网的业务及关键技术[J]. 中兴通讯技术, 2010, 16(02): 27-30.

[50] 李海花, 刘荣朵, 杜加懂, 翁丽萍. 物联网标准体系及国际标准化最新进展[J]. 电信网技术, 2013(08): 65-70.

[51] 物联网终端. https: //baike. baidu. com/item/物联网终端/407370? fr= aladdin.

[52] 陈馨, 王一秋. 物联网技术和运营初探[J]. 电信技术, 2010(08): 37-39.

[53] 王书龙, 侯义斌, 高放, 歆荣. 基于本体的物联网设备资源描述模型[J]. 北京工业大学学报, 2017, 43(05): 762-769.

[54] 何廷润. 物联网频谱需求的比较研究[J].

移动通信，2010，34（15）：11-14.

[55] 姚海鹏，张智江，刘韵洁. 异构架构下物联网频谱规划研究[J]. 电信技术，2012（05）：81-85.

[56] 孙震强，朱雪田，张光辉，赵冬. 蜂窝物联网频率使用与干扰分析[J]. 移动通信，2017，41（03）：10-13.

[57] 杨洁. 我国物联网频谱资源规划与分配策略研究[A]. 2013 年全国无线电应用与管理学术会议论文集[C]. 中国通信学会，2013：6.

[58] 中国信息通信研究院. 物联网标识白皮书[R]. 2013.

[59] 马文静，吴东亚，王静，吕敏海，徐冬梅. 物联网统一标识体系研究[J]. 信息技术与标准化，2013（07）：52-56.

[60] 张卫荣，李航. 基于 REST 风格的 Web 服务在物联网服务平台的应用[J]. 黑龙江科技信息，2015（10）：138.

[61] 陈海明，石海龙，李勐，崔莉. 物联网服务中间件：挑战与研究进展[J]. 计算机学报，2017，40（08）：1725-1749.

[62] Electronics and Telecommunication Research Institute（ETRI）of the Republic of Korea. Requirements for Support of USN Applications and Services in NGN Environment [R]. ITU NGN-GSI Rapporteur Group Meeting. Geneva, Switzerland，2007：11-21.

[63] 袁瑛，艾中良，汪涵. 基于物联网服务平台的统一标识寻址研究设计[J]. 现代电子技术，2015，38（06）：59-62.

[64] 陈杨. 基于 SOA 的物联网智慧服务系统的设计与实现[D]. 南京邮电大学，2016.

[65] 杨庚，许建，陈伟，祁正华，王海勇. 物联网安全特征与关键技术[J]. 南京邮电大学学报（自然科学版），2010，30（04）：20-29.

[66] 刘宴兵，胡文平. 物联网安全模型及关键技术[J]. 数字通信，2010，37（04）：28-33.

[67] Medaglia C M，Serbanati A. An overview of privacy and security issues in the Internet of things [C]//Proceedings of the 20th Tyrrhenian Workshop on Digital Communications. Sardinia，Italv：SprinQer，2010：389-395.

[68] Leusse P，Periorellis P，Dimitrakos T. Self-managed security cell，a security model for the Internet of Things and services[C]//Proceedings of the 1st International Conference on Advances in Future Internet. Athens/Glyfada，Greece；IEEE，2009：47-52.

[69] 杨光，耿贵宁，都婧，刘照辉，韩鹤. 物联网安全威胁与措施[J]. 清华大学学报（自然科学版），2011，51（10）：1335-1340.

[70] 张玉清，周威，彭安妮. 物联网安全综述[J]. 计算机研究与发展，2017，54（10）：2130-2143.

[71] 董新平. 物联网产业成长研究[D]. 华中师范大学，2012.

[72] 刘勇燕，郭丽峰. 物联网产业发展现状及瓶颈研究[J]. 中国科技论坛，2012（04）：66-71.

[73] 2017 年我国互联网网络安全态势报告.

[74] 张凤，何传启. 国家创新系统——第二次现代化的发动机[M]. 北京：高等教育出版社，1999.

[75] 王明明等. 创业创新系统模型的构建研究——以中国石化产业创新系统模型为例[J]. 科学学研究，2009，（2）：295-301.

[76] 卢涛，周寄中. 我国物联网产业的创新系统多要素联动研究[J]. 中国软科学，2011（03）：33-45.

[77] 钱吴永，李晓钟，王育红. 物联网产业技术创新平台架构与运行机制研究[J].

科技进步与对策，2014，31（09）：66-70.

[78] 中国电子技术标准化研究院. 工业物联网白皮书（2017版）[R]. 2017. 09.

[79] 韩丽，李孟良，卓兰，杨宏，张晓. 工业物联网白皮书（2017版）解读[J]. 信息技术与标准化，2017（12）：30-34.

[80] 工业物联网与工业 4. 0 核心架构讨论[J]. 智慧工厂，2017（10）：19.

[81] 工业互联网产业联盟. 工业互联网体系架构（版本 1. 0）[R]. 2016. 08.

[82] 国家智能制造标准体系建设指南（2018年版）（征求意见稿）.

第3章

传感与识别技术

本章介绍物联网的传感与识别技术，即感知技术。要实现物物互联，感知技术极其关键，首先需要对人或物进行识别，进而进行信息采集，并最终传输给上层做智能决策。因此，物联网的感知层包含自动识别功能和传感功能，其涉及自动识别技术、传感器和传感网。自动识别技术主要用于自动采集信息，从而标识人或物体。传感器感受被测信息，将被测信息转换成能够进行传输、处理、存储、显示、记录和控制的信息输出。传感器通过自组织的方式构成传感网，主要用于感知和收集目标领域的数据，处理数据，并将其传至特定站点进行智能决策。

3.1 自动识别技术

自动识别技术以计算机和通信技术为基础，对信息数据进行自动采集和传输，可以对大量的数据信息进行及时、准确的处理，并为物联网技术的发展提供了重要的基础。经过多年的发展，自动识别技术已日渐成熟，形成了一个完整、庞大且生机勃勃的自动识别产业，逐渐应用于服务行业、货物销售、后勤管理、生产企业、物流行业等诸多行业。

自动识别技术主要包括条形码技术、光学符号识别（Optical Character Recognition，OCR）技术、生物识别技术、磁卡和IC卡技术、射频识别（Radio Frequency Identification，RFID）技术等。自动识别系统主要包括数据采集技术和特征提取技术两大类，它们的特征有：

① 识别准确度高，抗干扰性能好；

② 识别效率高，信息可以进行实时交换与处理；

③ 兼容性好，可以与计算机系统或其他管理系统实现无缝连接。

3.1.1 条形码技术

条形码是一种二进制代码，由一组规则排列的条、空以及相应的数字组成的识别系统，条和空的不同组合代表不同的符号，以供条形码识别器读出；其对应字符是一组阿拉伯数字，人们可以直接识读或通过键盘向计算机输入数据使用。两者表示的信息相同。条形码的编码规则必须满足唯一性、永久性和无含义。条形码的编码方法称为码制，常用的码制有 EAN 条形码、UPC（统一产品代码）条形码、二五条形码、交叉二五条形码（Interleaved 2/5 Bar Code）、库德巴（Codabar）条形码、三九条形码和 128 条形码等。

（1）EAN 码

EAN 码是商品中最常使用的条形码，也是我国目前在国内推行使用的条形码，主要分为 EAN-13（标准版）和 EAN-8（缩短版）两种。EAN-13 通用商品条形码一般由前缀部分、制造厂商代码、商品代码和校验码组成。EAN-8 商品条形码由 7 位数字表示的商品项目代码和 1 位数字表示的校验符组成。

（2）UPC 码

UPC 码有 A、B、C、D、E 五个版本，其中版本 A 包括 12 位数字，编码方案为：①第 1 位是数字标识，已经由 UCC（统一代码委员会）建立；②第 2～6 位是生产厂家的标识号（包括第一位）；③第 7～11 是唯一的厂家产品代码；④第 12 位是校验位。

（3）交叉二五条形码

交叉二五条形码是连续性条形码，所有条与空都表示代码，第一个数字由条开始，第二个数字由空组成，空白区比窄条宽 10 倍。交叉二五条形码的识读率高，适用于固定扫描器可靠扫描，在所有一维条形码中的密度最高。

（4）三九条形码

三九条形码可以表示字母、数字和其他一些符号，共 43 个字符，长度可变，通常用“*”号作为起始、终止符，校验码不用，代码密度介于 3～9.4 个字符/每英寸，空白区是窄条的 10 倍。三九条形码多应用于工业、图书以及票证自动化管理上。

（5）库德巴条形码

库德巴条形码可以表示 0～9、$、+、-、a、b、c、d，其长度可变，没有校验位，其空白区域的宽度比窄条宽 10 倍，是一种非连续性条形码，每个字符表示为 4 条 3 空。库德巴条形码多应用于图书馆、物料管理等领域中。

（6）Code 128

Code 128 表示高密度数据，字符串可变长，符号内含校验码，有 A、B、C 三种不同版本，可用 128 个字符分别在 A、B、C 三个字符串集合中。Code 128 常用于工业、仓库、零售批发。

上述码均为一维条形码。一维条形码就是只在一个方向（一般是水平方向）表达信息。一维条形码是迄今为止最经济、实用的一种自动识别技术，它具有输入速度快、可靠性高、采集信息量大、灵活实用、制作简单等优点，故可以提高信息录入的速度，减少差错率。但一维条形码也存在一些不足，如数据容量较小，存储数据类型比较单一，空间利用率较低，安全性能低，使用寿命短等。

因此，针对上述缺点，人们研究并开发了二维条形码系统。二维条形码是在水平和垂直方向的二维空间存储信息的条形码。其码制主要分为线性堆叠式二维码、矩阵式二维码和邮政码。线性堆叠式二维码是在一维条形码编码原理的基础上，将多个一维码在纵向堆叠而产生的；矩阵式二维码是在一个矩形空间通过黑、白像素在矩阵中的不同分布进行编码；邮政码通过不同长度的条进行编码，主要用于邮件编码。二维条形码的优点有：数据容量更大；数据类型增加，超越了字母和数字的限制；空间利用率高；保密性和抗损毁能力提高。

3.1.2 光学符号识别技术

OCR 技术是通过扫描等光学输入方式，将各种票据、报刊、书籍、文稿及其他印刷品的文字及图像转换为计算机可识别的影像信息，再利用图像处理技术，将上述影像信息转化为可使用的文字[2]。其过程为：影像输入、影像前处理、文字特征抽取、比对识别、经人工校正后输出结果。

按所处理的字符集划分，OCR 系统可分为西文识别和中文识别，其中西文识别又包括数字、字母和符号。按识别文字的类型划分，OCR 系统可分为单体印刷体识别、多体印刷体识别、手写印刷体识别和自然手写体识别。按采用的技术原理划分，OCR 系统可分为相关匹配识别、概率判断识别和模式识别。除此之外，OCR 技术还包括票据识别、笔记鉴定、印章鉴别等。

OCR 系统的优点是信息密度高，在紧急情况下可以用眼睛阅读数据。但是 OCR 技术的正确率就像是一个无穷趋近函数，知道其趋近值，却只能靠近而无法达到，因此如何纠错或利用辅助信息提高识别正确率，是 OCR 最重要的课题。光学符号识别系统目前广泛应用在生产、服务和管理领域，如票据识别、计算机录入、信函分析和资料分析等。然而，由于光学符号识别系统价格昂贵，OCR 阅读器较为复杂，故目前仍难以将其推广。

3.1.3 生物特征识别技术

生物特征识别法是通过不会混淆的某种生物体特征的比较来识别不同生物的方法。生物特征识别技术根据识别的生物特征，可以分为低级生物识别技术、高级生物识别技术和复杂生物识别技术。其优点是安全性好、保密好、方便、不易遗忘、防伪特性高、难以复制。生物特征分为身体特征和行为特征。身体特征包括指纹、掌纹、虹膜或视网膜、面相、DNA等，行为特征包括语音、行走步态、击打键盘力度、签名等。其中面相、语音、签名识别属于低级生物识别技术；指纹、虹膜与视网膜属于高级生物识别技术；血管纹理、DNA鉴别则属于复杂生物识别技术。以下对上述几种识别技术进行简要介绍。

（1）语音识别

语音识别技术是让机器通过识别和理解过程，把语音信号转变为相应的文本或命令的技术。早期的声码器可被视作语音识别及合成的雏形，AT&T贝尔实验室开发的Audrey语音识别系统，是最早的基于电子计算机的语音识别系统，20世纪50年代末，Denes将语法概率加入语音识别中，60年代初，人工神经网络被引入了语音识别。随着语音识别技术的进一步发展，它将在越来越多的领域（如工业、通信、医疗、汽车电子）中得到应用。

（2）指纹识别

指纹识别技术主要根据人体指纹的纹路、细节特征等信息，对操作或被操作者进行身份鉴定，因为每个人包括指纹在内的皮肤纹路在图案、断点和交叉点上各不相同，呈现唯一性且终生不变，所以可以将一个人的指纹和预先保存的指纹数据进行比较以验证身份。指纹识别技术是目前生物检测学中研究最深入、应用最广泛的一种识别技术，已逐渐走入我们的生活。

（3）虹膜/视网膜识别

虹膜是位于眼睛黑色瞳孔和白色巩膜之间的圆环状部分，包含有很多相互交错的细节特征，一旦形成终生不变，故虹膜识别技术具有唯一性、稳定性、可采集性、非接触性等优点。同时，虹膜识别技术也是各种生物识别技术中准确性最高的。视网膜识别技术要求激光照射眼球的背面，以获得视网膜特征的唯一性。视网膜识别具有高可靠性，但运用难度较大。进行视网膜识别时，需要被识别人反复盯着一个小点几秒不动，这会让被识别人感觉不舒服，而且进行视网膜识别是否会给使用者带来健康的损坏，需要进一步研究。除此之外，视网膜扫描设备受限于一定的图像获取机制，因此成本高。

3.1.4 磁卡与IC卡

常用的卡识别技术分为磁卡技术和IC卡技术两种。其中，磁卡属于磁存储器识别技术，而IC卡则属于电存储器技术。

（1）磁卡识别技术

磁卡由磁性材料掺以黏合剂而制成，借助于磁性材料的磁极趋向来实现数据的读写操作。在干燥之前要在磁场中加以处理，使磁性材料的磁极取向更适合于读写操作。信息通过各种形式的读卡器，从磁条中读出或写入磁条中；读卡器中装有磁头，可在卡上写入或读出信息。磁卡内部有数据存储器，这克服了条形码系统存储量小、不易改写的缺陷。磁卡识别技术的优点是数据可读写，数据存储量能满足大多数需求，便于使用，成本低廉，具有一定的数据安全性。但是，由于磁卡属于接触式识别系统，有灵活性太差的缺点。磁卡识别技术广泛应用于信用卡、银行卡、机票、公共汽车票等领域。

(2) IC 卡识别技术

IC 卡是一种数据存储器系统。工作时，将 IC 卡插入阅读器，阅读器的接触弹簧与 IC 卡的触点产生电流接触，阅读器通过接触点给 IC 卡提供能量和定时脉冲。IC 卡根据内部结构可分为存储器卡和微处理器卡两种，存储器卡仅具有数据存储能力，而微处理器卡除具有数据存储能力之外，还具有一定的运算能力。CPU 卡的典型电路如图 3-1 所示，它是一个微处理器，与一个分段存储器（ROM 段、RAM 段和 EEPROM 段）相连接。ROM 中包含有微处理器的操作系统，EEPROM 中有应用数据和专用的程序代码，而 RAM 是微处理器的暂存器。

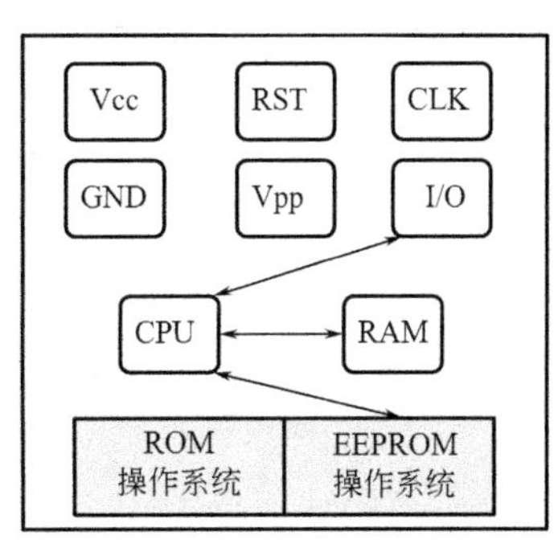

图 3-1 CPU 卡的典型电路

IC 卡具有存储容量大、安全性高、抗电磁干扰能力强、使用寿命长等优点，多应用于安全敏感领域，如 SIM 卡或电子现金卡。此外，CPU 卡的编程特性使其可以很快适应新开辟的应用领域。但接触式 IC 卡的触点对腐蚀和污染缺乏抵抗能力，阅读器易发生故障，从而增加维护费用。

3.1.5 射频识别系统

在日常生活中，人们常常使用具有触点排的 IC 卡。然而在很多情况下，例如高温或者腐蚀性的环境中，接触是不可靠或者无法实行的，这就需要非接触式数据传输。我们把非接触式的识别系统称为 RFID 系统。RFID 技术的优点是抗干扰能力强、信息量大、非视觉范围读写和寿命长等。随着物联网技术的发展和应用，RFID 技术给社会带来了越来越多的便利与发展，推动着社会各个领域的进步。

（1）系统结构

典型的 RFID 系统结构包含阅读器、应答器和应用系统部分，其结构如图 3-2 所示。

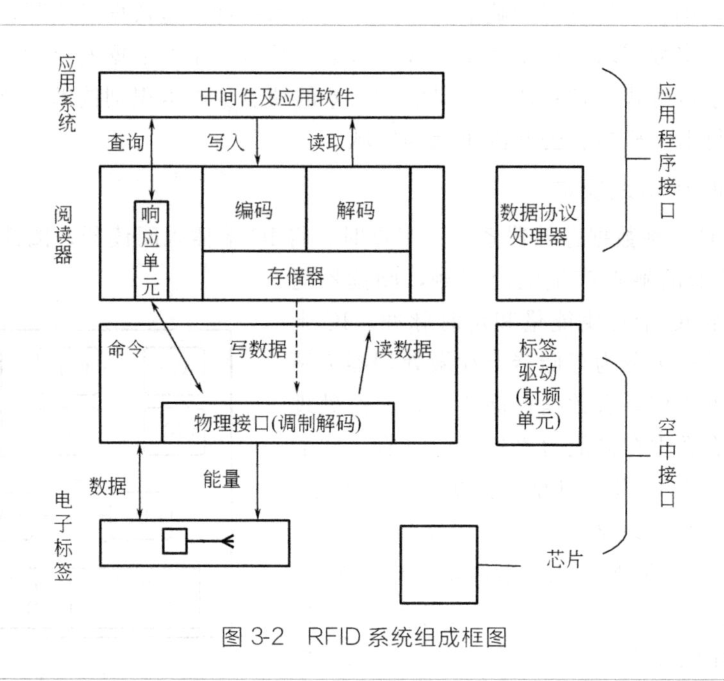

图 3-2 RFID 系统组成框图

阅读器是非接触式地读取或写入应答器信息的设备，可以单独实现数据读写、显示和处理等功能，也可以与计算机或其他系统进行联合，完成对射频标签的读写操作。它通过有线或无线方式与计算机系统进行通信，从而完成对射频标签信息的获取、解码、识别和数据管理。阅读器可设计成便携式或固定式。阅读器的三个基本模块为高频接口、控制单元和天线，如图 3-3 所示。

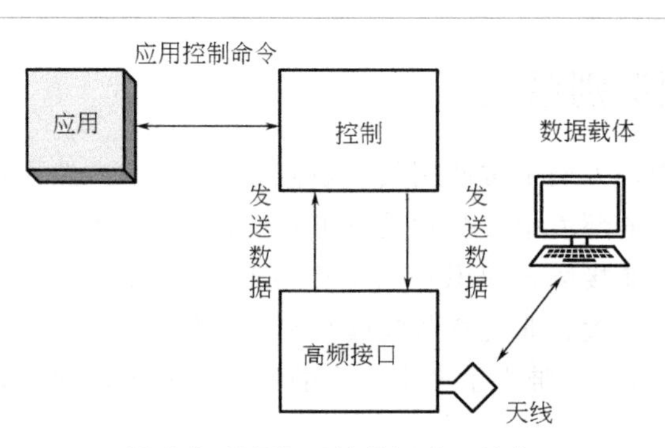

图 3-3 RFID 系统的阅读器结构

应答器也称为射频标签，它是贴附在目标物上的数据载体，一般由耦合元件及芯片组成，每个芯片含有唯一的识别码，一般保存有约定格式的电子数据。标签含有内置天线，用于和阅读器间进行通信。应答器可分为以集成电路芯片为基础的应答器和利用物理效应的应答器，而以集成电路为基础的应答器又可分为具有简单存储功能的应答器和带有微处理器的智能应答器。利用物理效应的应答器包括1bit应答器和声表面波应答器。具有存储功能的应答器主要包括天线、高频接口、存储器以及地址和安全逻辑单元四个功能块，其基本结构如图3-4所示。具有微处理器的非接触智能卡包含有自己的操作系统。操作系统的任务是对应答器进行数据存取的操作、对命令序列的控制、文件管理以及执行加密算法，其命令处理过程如图3-5所示。

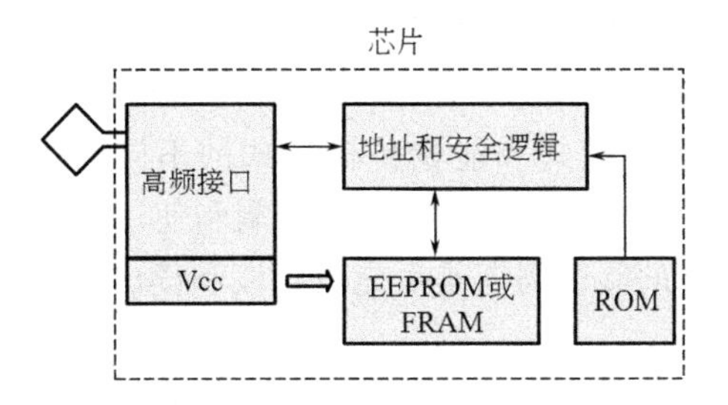

图3-4 具有存储功能的应答器结构

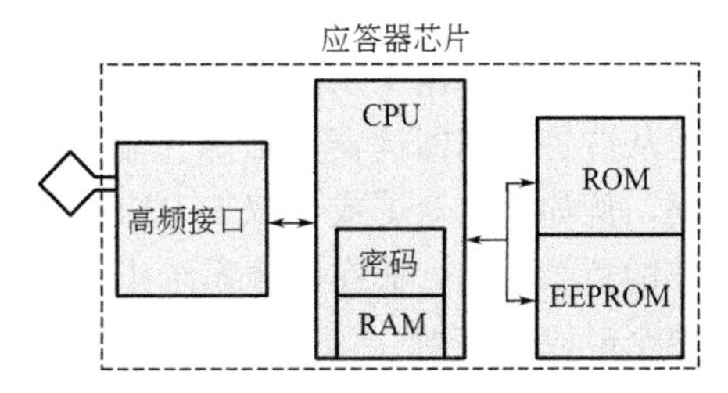

图3-5 带有微处理器的应答器芯片结构

应用系统也称为数据管理系统，其主要任务是完成数据信息的存储、管理以及对射频标签的读写控制。应用系统由硬件和软件两大部分构成，硬件部分通常为计算机，软件部分则包括各种应用软件及数据库。射频标签和应用程序之间的中介称为中间件，它是一种独立的系统软件或服务程序。应用程序借助中间件提供的通用应用程序接口，可以连接到RFID系统的阅读器，进而读取射频标签中的数据。

(2) 工作原理

RFID技术的基本原理是利用射频信号或空间耦合（电感或电磁耦合）的传输特性，实现对物体或商品的自动识别。数据存储在电子数据载体（称应答器）之中，应答器的能量供应以及应答器与阅读器之间的数据交换，不是通过电流的触点接通，而是通过磁场或电磁场。

RFID系统的基本工作流程如下：

① 阅读器通过发射天线发送一定频率的射频信号，当附着有射频标签的目标对象进入阅读器的电磁信号辐射区域时，会产生感应电流；

② 借助感应电流或自身电源提供的能量，射频标签将自身编码等信息通过

内置天线发送出去；

③ 阅读器天线接收来自射频标签的载波信号，经天线调节器传送到阅读器的控制单元，进行解调和解码后，送到应用系统进行相关处理；

④ 应用系统根据逻辑运算判断该射频标签的合法性，并针对不同的应用做出相应的处理和控制，发出指令信号并执行相应的应用操作。

根据应答器即电子标签到阅读器之间的能量传输方式，可将 RFID 系统分为电感耦合系统和电磁反向散射耦合系统。电感耦合和电磁反向散射耦合原理如图 3-6 所示。电感耦合依据的是电磁感应定律，通过空间高频交变磁场实现耦合，一般适用于中、低频段的近距离 RFID 系统。电磁反向散射耦合利用发射出去的电磁波碰到目标后反射，在反射波中携带目标信息，依据的是电磁波的空间传播规律，一般适用于高频和微波 RFID 系统[3]。

从数据的传输方式来看，在全双工和半双工 RFID 系统中，所有已知的数字调制方法都可用于从阅读器到应答器的数据传输，与工作频率或耦合方式无关。但从应答器到阅读器的数据传输方法，因工作模式和能量传输方式的不同而不同，例如，在双工或半双工 RFID 系统中，数据传输有直接负载调制和使用副载波的负载调制；而在时序系统中，一个完整的阅读周期是由充电阶段和读出阶段两个时段构成的[1]。

如果一个 RFID 应用系统要从一个非接触的数据载体（应答器）中读出数据，或者对一个非接触的数据载体写入数据，需要一个非接触的阅读器作为接口。对一个非接触的应答器的读/写操作，是严格按照“主-从原则”进行的，即阅读器和应答器的所有动作均由应用软件来控制。RFID 系统的主从关系如图 3-7 所示，应用软件向阅读器发出一条简单的读取命令，此时会在阅读器和某个应答器之间触发一系列的通信步骤。阅读器的基本任务就是启动应答器，与这个应答器建立通信，并且在应用软件和一个非接触的应答器之间传送数据。

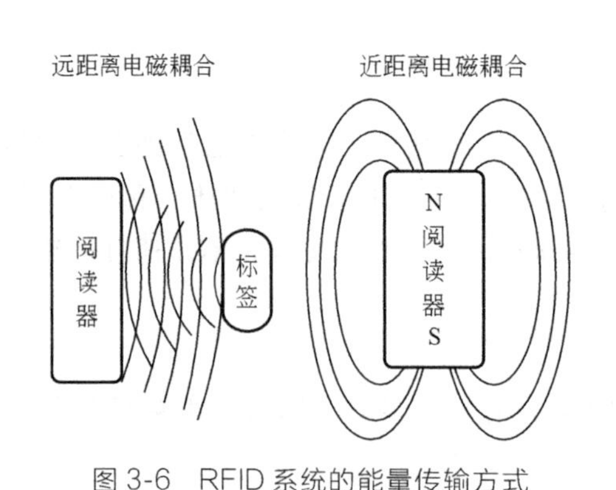

图 3-6 RFID 系统的能量传输方式

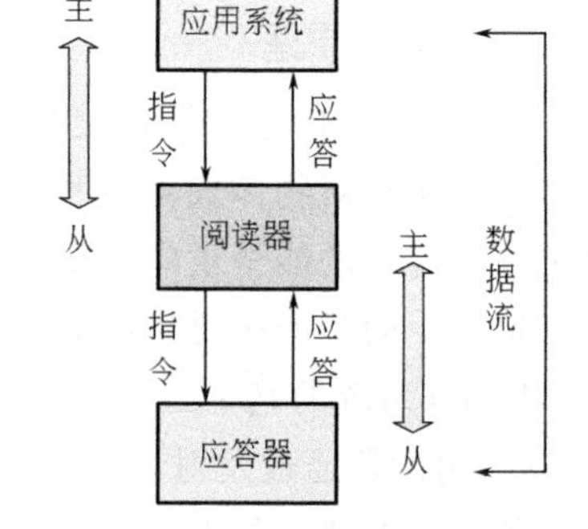

图 3-7 RFID 系统的主从关系

(3) 特征与分类

射频识别系统的特征，包括工作方式、应答器存储数据量、应答器读写方式、应答器能量供应方式、系统工作频率和作用距离、应答器到阅读器的数据传输方式等。根据这些特征可以对射频识别系统进行分类。

① 按工作方式分类　根据工作方式，可以将射频识别系统分为全双工、半双工系统和时序系统，其工作原理如图 3-8 所示。在全双工和半双工系统中，应答器的应答响应是在阅读器接通高频电磁场的情况下发送出去的。而在时序方法中，阅读器的电磁场短时间周期性地断开，这些间隔被应答器识别出来，并被用于从应答器到阅读器的数据传输。

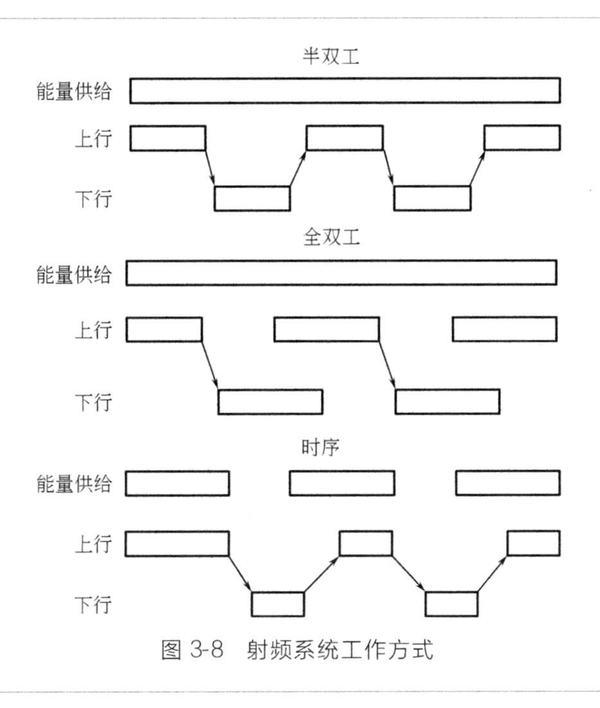

图 3-8　射频系统工作方式

② 按供电方式分类　根据供电方式，可以将射频识别系统分为无源标签和有源标签。无源标签需要靠外界提供能量才能正常工作，其产生电能的装置是天线与线圈。无源标签支持长时间的数据传输和永久性的数据存储，但数据传输的距离要比有源标签短。有源标签内部自带电池进行供电，故可靠性高、传输距离远，但有源标签的寿命受到电池寿命的限制，且随着电池能量的消耗，传输距离会越来越小，从而影响系统的正常工作。除此之外，还有一种有源标签，其电池只用于激活系统，系统激活后便进入无源模式，利用电磁场供电。

③ 按系统功能分类　系统功能包括数据载体（应答器）的数据存储能力、应答器的读写方式、处理速度、应答器能量来源、密码功能等。根据系统功能，可将 RFID 系统分为低端系统、中端系统和高端系统。其中，只读系统构成低端系统的下端，只能读数据，但不能重写；许多带有可写数据存储器构成的系统组成射频识别系统的中端部分；具有密码功能的系统为高端 RFID 系统。

④ 按工作频率和作用距离分类　根据工作频率，可将 RFID 系统分为低频系统、高频或射频系统以及超高频或微波系统。低频系统的工作频率为 30～300kHz，应答器为无源标签，低频标签与阅读器之间的作用距离通常小于 1m。高频或射频系统的工作频率范围为 3～30MHz，应答器也为无源标签，系统的作用距离通常小于 1m。超高频系统的工作频率为 300MHz～3GHz，而微波系统的工作频率大于 3GHz，应答器包括有源和无源，微波系统的作用距离一般大于 1m。

(4) 干扰抑制

RFID 系统是一种非接触式无线通信系统，信号易受到干扰，从而引起传输错误。对于单系统，干扰主要来自于环境噪声或其他电子设备，可能会导致阅读器与应答器之间的数据传输出现错误，可使用的干扰抑制措施有：

① 通过应答器与阅读器通信的数据完整性方法，检验出受到干扰而出错的数据；

② 通过数据编码提高数据传输过程中的抗干扰能力，使得整个系统的抗干扰能力增强；

③ 通过数据编码与数据完整性校验，纠正数据传输过程中的某些差错；

④ 通过重发和比较机制，剔除出错的数据并保留判断为正确的数据。

对于多系统，干扰来自于附近存在的其他同类 RFID 系统，这就会造成应答器之间或阅读器之间的相互干扰，称为碰撞。RFID 系统的防碰撞方法有空分多址法、频分多址法和时分多址法。空分多址法是在分离的空间范围内重新使用频率资源；频分多址法是把若干个不同载频分别分配给不同用户使用；而时分多址法则是把整个通信时间分配给多个用户使用。

(5) 中间件

RFID 中间件是应答器和应用系统之间的中介，是一种面向消息的软件，信息以消息的形式从一个程序传输到其他程序。RFID 系统中间件的功能有：

① 能够为阅读器提供不间断接口标准的接口；

② 能够进行数据过滤和传输；

③ 能够管理 RFID 阅读器和应答器；

④ 支持多个主平台的 RFID 数据请求；

⑤ 支持现有的系统，即具有向下兼容性。

由于在 RFID 系统中，中间件需要与现有流程数据整合，并处理系统数据，故其设计必须满足：

① 中间件具有协调性，可以提供一致的接口给不同厂商的应用系统；

② 提供一个开放且具有弹性的中间件构架；

③ 规定阅读器的标准功能接口；

④ 在完成中间件基本功能的基础上，强化对多个阅读器接口功能以及对其他系统的数据安全保护。

(6) 工作频段与适用协议

RFID 系统属于无线电系统，故它需要顾及其他的无线电服务，这在很大程度上限制了适用于射频识别系统的工作频率的选择。通常，RFID 系统只能使用特别为工业、科学和医疗应用而保留的频率范围，这些频率位于全世界范围内被分类的 ISM 频段内。除此之外，RFID 系统也可以使用 135kHz 以下的频率范围。但其最主要的频段是 0～135kHz，以及 ISM 频率 6.78MHz、13.56MHz、27.125MHz、40.68MHz、433.92MHz、869.0MHz、915.0MHz、2.45GHz、5.8GHz 和 24.125GHz。

RFID 标准化的主要目标在于通过制定、发布和实施标准，解决编码、通信、空中接口和数据共享等问题，最大程度地促进 RFID 及相关系统的发展，保证射频标签能够在全世界范围跨地域、跨行业、跨平台使用。RFID 标准体系基本结构如图 3-9 所示，主要包括技术标准、数据内容标准、性能标准和应用标准。

RFID 标准体系：
- 技术标准：通信协议、基本术语、物理参数、相关设备
- 数据内容标准：语法标准、数据对象、数据符号、数据结构、数据安全、编码格式
- 性能标准：设计工艺、试验流程、测试规范、印制质量
- 应用标准：物流配送、交通运输、工业制造、信息管理、仓储管理、动物识别、矿井安全、休闲娱乐

图 3-9 RFID 标准体系基本结构

3.1.6 自动识别系统比较

以上介绍的几种自动识别系统各有其优缺点，其比较结果见表 3-1。

表 3-1 自动识别系统比较

项目	存储数据量/字节	机器阅读的可读性	受污染/湿度影响	磨损	设备成本	修改/复制
条码型	1～100	高	很严重	易磨损	很少	容易
光学符号识别	1～100	高	很严重	有条件的	一般	容易
语音识别	—	低	—	—	很高	可能
生物统计测量法	—	低	—	—	很高	不可能
IC 卡	16～64K	高	可能严重（接触时）	不易磨损	很少	不可能
射频识别	16～64K	高	没有影响	不易磨损	一般	不可能

条形码技术成本低，但其存储的数据量小，较易磨损，故适用于需求量大且数据不必更新的场合。光学符号识别系统成本高且较复杂，故多应用于有一定保密要求的领域。生物特征识别技术具有不易遗忘、防伪性能好、不易伪造或被盗、随身“携带”和随时随地可用等优点，但缺点是成本高。磁卡和 IC 卡的成本相对较低，但易磨损，且存储数据量小，其中 IC 卡存储量较大，但触点暴露在外面，易损坏。而射频识别技术的存储数据量较大、机器识别性高、环境敏感度低、生产成本较低，故在所述的几种自动识别系统中占有绝对优势。

3.2 传感器

传感技术广义上的含义为信息采集技术，是信息技术的基础。传感器是一种能把特定的被测量信息（包括物理量、化学量、生物量等），按一定规律转换成便于处理、传输、存储、显示、记录和控制的信号输出的器件或装置[4]。

3.2.1 传感器构成

如图 3-10 所示，传感器一般由敏感元件、传感元件、测量电路和辅助电源四部分构成。其中，敏感元件指传感器中能直接感受被测非电量信号，并将非电量信号按一定的对应关系转换成易于转换为电信号的另一种非电量信号的元件；传感元件是能将敏感元件输出的非电信号或直接将被测非电信号转换成电信号输出的元件，又称为转换元件或变换器。测量电路是能将传感元件输出的电信号转换为便于显示、记录、处理和控制的有用电信号的电路，又称为转换电路。辅助电源为传感元件和测量电路提供能量。

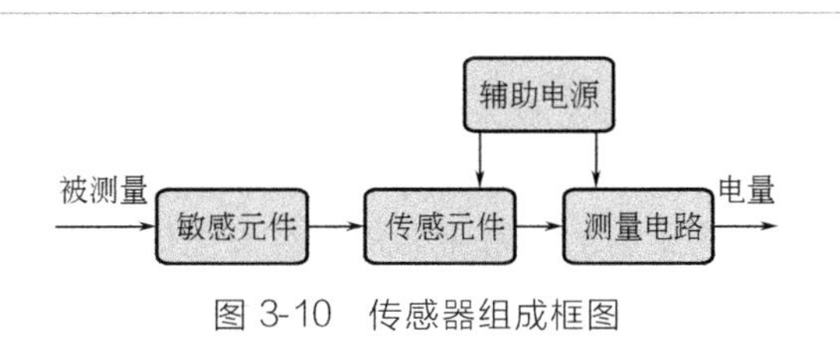

图 3-10 传感器组成框图

3.2.2 光信息采集器

光信息采集系统主要是通过采集与被测量变化相关的光信号，将其转换为某种易于识别与处理的物理信号（如电信号），然后对信号加以分析并输出的系统。光探测器广泛应用于测距、通信、定位、制导、遥感、工农业生产和科学研究中，以进行各种测量和控制。光信息采集设备主要包括光电传感器、激光传感器以及红外传感器。

（1）光电传感器

光电传感器是以光信号为测量媒介、以光电器件为转换元件的传感器，具有非接触、响应快、灵敏度高、性能可靠、可以进行三维探测等特点。

光电传感器由光源、光通路、光电元件和测量电路四部分构成，如图 3-11 所示。光源是光电传感器的一个重要组成部分，根据被测量对光源的不同控制方式，可以将光电传感器分为自源式和外源式两种，自源式光电传感器的输入光信号由被测量本身提供，外源式光电传感器的输入光信号来自外部光源，被测量通过控制光源的变化来传递自身状态的变化。光通路是光源进入光电转换元件的通道。对于外源式光电传感器，待测量将在此处进入，通过自身的变化来引发外部光源的变化，从而实现对光源的控制。光电元件是光电转换的核心，它基于光辐射与物质相互作用所产生的光电效应和热电效应，把光信号按一定的对应关系映射为电信号。测量电路对光电元件输出的信号进行再处理，以进行存储、传输或显示等工作。光电传感器可应用于烟尘浊度监测仪中，选取可见光作光源，来获取随浊度变化的相应电信号。条形码系统中对商品信息的检测也是借助光电扫描来实现数据识别的。

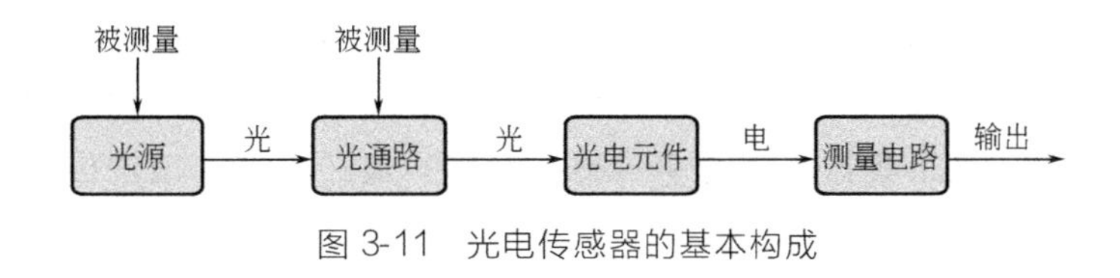

图 3-11 光电传感器的基本构成

(2) 激光传感器

激光传感器是以激光作为光源，配以相应的光敏元件而构成的光电转换装置。它具有精度高、测量范围大、检测时间短、非接触式等优点。能产生激光的设备为激光器，按激励物质分类，激光器可以分为固体激光器、液体激光器、气体激光器和半导体激光器。其中，固体激光器具有体积小、功率大的优点；液体激光器发出的激光波长在一定范围内连续可调；气体激光器的光学均匀性、单色性、相干性、稳定性都很好，且能连续工作，但输出功率比固体激光器低；半导体激光器的效率高、体积小、重量轻、结构简单，但输出功率低。激光传感器常用于测量长度、位移、速度、振动等参数。

(3) 红外传感器

红外传感器是能将红外光辐射量的变化转化为电量变化的装置，是红外辐射技术的重要工具。红外传感器可以分为红外光电传感器和热释电红外传感器两大类。红外光电传感器一般由光学系统、敏感元件、前置放大器和信号调制器组成。光学系统是由根据光电效应制成的光电元件构成的光电转换系统，其基本电路如图 3-12 所示，其中 M 负责控制红外光照射到光敏电阻上的时间和频率；R_1 为光敏电阻，光照越强，阻值越低，测量光敏电阻两端的电压，即可知道红外辐射光的功率大小。

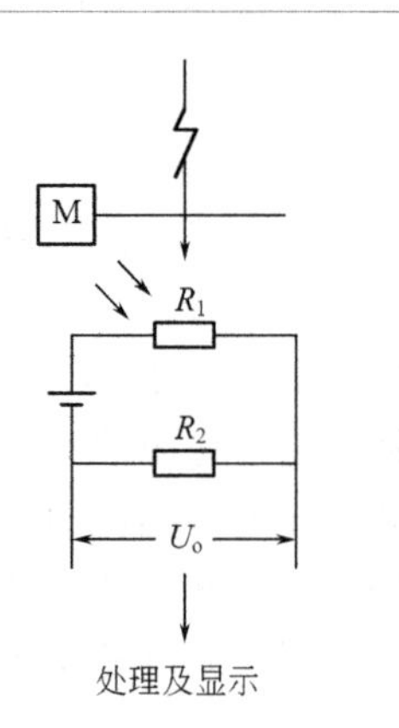

图 3-12 红外光电传感器电路

红外传感器应用广泛，例如，常应用于红外测温。红外测温具有非接触式、响应速度快、灵敏度高、准确度高、应用范围广等诸多优点。此外，还可以应用于红外气体分析，该方法灵敏度高、响应速度快、精度高，并且可以连续分析和长期观察气体浓度的瞬时变化。

3.2.3 声波信息采集器

声音是感知外界的重要媒介，通过声音可以感知不同的事物。按频率划分，声波可分为声波、次声波、超声波和特超声波。按声源在介质中的施力方向与波在介质中的传播方向，声波可分为纵波、横波和表面波。声波具有多普勒效应、声电效应和声光效应。声波信息采集设备正是利用声波的这三种效应制成的。声波信息采集器包括音响传感器、超声波传感器、微波传感器和声表面波传感器。

（1）音响传感器

音响传感器是能将气体、液体和固体中传播的机械振动变换成电信号的器件或装置。其种类繁多，广泛应用于通信领域，如电话话筒、录音机和录音话筒，以及医用领域，如普通心音传感器和光纤心音传感器等。

（2）超声波传感器

超声波技术是通过超声波产生、传播及接收的物理过程完成的。超声波具有聚束、定向及反射、透射等特点。超声波传感器是实现声电转换的装置，分为发射换能器和接收换能器，其中发射换能器是把其他形式的能量转换为超声波的能量，而接收换能器是把超声波的能量转换成易于检测的电能量，故一个超声波换能器既能发射超声波，又能接收发射出去的超声波回波。超声波的应用分为透射式、分离反射式和反射式。其中，透射式用于遥控器、防盗报警器、自动门等；分离反射式用于测距、测量液位或料位等；反射式用于材料探伤、测厚检测等。超声波技术广泛应用于冶金、船舶、机械、医疗等工业部门的超声清洗、超声焊接、超声加工、超声检测和超声医疗等方面。

（3）微波传感器

微波是频率为300MHz～300GHz的电磁波，其具有传输特性好、可定向辐射、介质对微波的吸收与介电常数成比例等特点。微波传感器是利用微波的反射或吸收特性制成的传感器件。首先，发射微波，当微波遇到被测物体时会被吸收或反射，因此微波的功率会发生变化，再由接收天线接收反射回来的微波，将其转换为电信号，经处理，即可显示出测量信息。微波传感器根据接收信号的来源，可分为反射式和遮断式。其中，反射式微波传感器是根据反射回的微波功率或收发时间差进行测量的，而遮断式微波传感器是通过检测收到的信号功率大小来判断被测物的信息。微波传感器的应用有微波含水量检测计、微波物位计等。

（4）声表面波传感器

声表面波是泛指沿表面或界面传播的各种模式的波，不同的边界条件和传播介质可以激发不同模式的声表面波。声表面波传感器包括声表面波振荡器电路与信号检测与处理电路，其中声表面波振荡器电路是核心。通过测量振荡器频率的变化，可以实现各种物理及化学量的测量。声表面波传感器已广泛应用于物理、化学、生物等信号量的测量，如压力、流速、位移、气体、温度、液体成分识别等。

3.2.4 图像信息采集器

图像信息采集器是利用光电器件的光-电转化功能，将其感光面上的光信号转换为与光信号成对应比例关系的电信号“图像”的一种功能器件。图像信息采集器包括固态图像传感器、红外图像传感器以及超导图像传感器等。

(1) 固态图像传感器

固态图像传感器是在同一半导体衬底上布设光敏元件阵列和电荷转移器件而构成的集成化、功能化的光电器件，利用光敏元件的光电转换功能，将投射到光敏单元上的光学图像转换成电信号“图像”，其核心是电荷转移器件 CTD。固态图像传感器一般包括光敏单元和电荷寄存器两个部分。根据光敏元件排列形式不同，可将固态图像传感器分为线型图像传感器和面型图像传感器。固态图像传感器还具有体积小、重量轻、坚固耐用、抗冲击、抗振动、抗电磁干扰能力强、耗电少、成本低以及再生图像失真度极小等优点。但是，固态图像传感器的分辨率和图像质量不高，且光谱响应范围小。

(2) 红外图像传感器

由于遥感技术多应用于 5～10μm 的红外波段，但基于 MOS 器件的图像传感器和 CCD 图像传感器无法在这一波段工作，因此需要红外图像传感技术。红外 CCD 图像传感器，包括集成红外图像传感器和混合式红外图像传感器两种。其中，集成红外 CCD 固态图像传感器是在一块衬底上同时集成光敏元件和电荷转移部件而构成的，整个片体要进行冷却。而混合式红外 CCD 图像传感器的感光单元与电荷转移部件相分离，工作时，红外光敏单元处于冷却状态，Si-CCD 的电荷转移部件工作于室温条件。

(3) 超导图像传感器

超导传感器包括超导红外传感器、超导可见光传感器、超导微波传感器、超导磁场传感器等。超导图像传感器使用时要配以准光学结构组成的测量系统，来自电磁喇曼的被测波图像通常用光学透镜聚光，然后在传感器上成像。因此，在水平和垂直方向上微动传感器总是能够探测空间的图像。超导传感器的噪声小，小到接近量子效应的极限，因此灵敏度极高。

3.2.5 化学信息采集器

化学信息采集器是将各种化学物质特性（如气体浓度、空气湿度、电解质浓度等）的变化，定性或定量地转换成电信号的传感器，广泛应用于生物、工业、医学、地质、海洋、气象、国防、宇航、环境监测等领域。化学信息采集器按检测对象，可分为气体传感器、湿度传感器和离子传感器。其中气体和湿度传感器应用最为广泛。

(1) 气体传感器

气体传感器是用来测量气体的类别、浓度和成分的传感器。由于气体种类繁多，故气体传感器的种类也很多。气体传感器从结构上可以分为干式和湿式两大类，利用固体材料构成的传感器为干式气体传感器，利用水溶液或电解质与电极感知待测气体的都称为湿式气体传感器。半导体气敏传感器属于干式气体传感器，当气体吸附于半导体表面时，引起半导体材料的总电导率发生变化，使得传感器的电阻随气体浓度的改变而变化。半导体气敏传感器主用用来检测气体的成分和浓度。固定电位电解质气敏传感器是由湿式气敏元件构成的，当被测气体通过隔膜扩散到电解液中后，不同气体会在不同固定电压作用下发生电解，通过测量电流的大小即可测得被测气体的参数。

气体传感器的特点：

① 能检测到易爆气体、有害气体的允许浓度，并及时报警；

② 对其他气体或物质不敏感；

③ 具有长期稳定性与可重复性；

④ 响应迅速，动态特性好；

⑤ 性价比高，使用方便，易于维护。

（2）湿度传感器

湿度是指大气中的水蒸气含量，包括绝对湿度和相对湿度。绝对湿度指单位空间内水蒸气的绝对含量，相对湿度指被测气体中的水蒸气压和该气体在相同温度下饱和水蒸气压的百分比。湿度传感器是基于湿度敏感材料发生与湿度有关的物理或化学反应的原理制成的，它能够将湿度量转化为电信号。湿度传感器的特征参数主要有湿度量程、感湿特性曲线、灵敏度、温度系数、响应时间、湿滞回线和湿滞温差等。湿度传感器可以分为水分子亲和力型和非水分子亲和力型。其中，水分子亲和力型主要包括电解质式湿度传感器、半导体陶瓷湿敏传感器和高分子湿敏传感器；非水分子亲和力型包括微波湿度传感器、红外湿度传感器等，它们能够克服水分子亲和力型湿敏传感器的响应速度慢、可靠性较差等缺点。

（3）电子鼻

电子鼻是由多个性能彼此重叠的气敏传感器和适当的模式分类方法组成的具有识别单一或复杂气味能力的装置，利用气体传感器阵列的响应图像来识别气味。电子鼻主要由气味取样操作器、气体传感器阵列和信号处理系统三部分组成，其结构如图 3-13 所示。其中，气味传感阵列中的每个传感器对被测气体都有不同的灵敏度，从而实现对不同气味的识别。

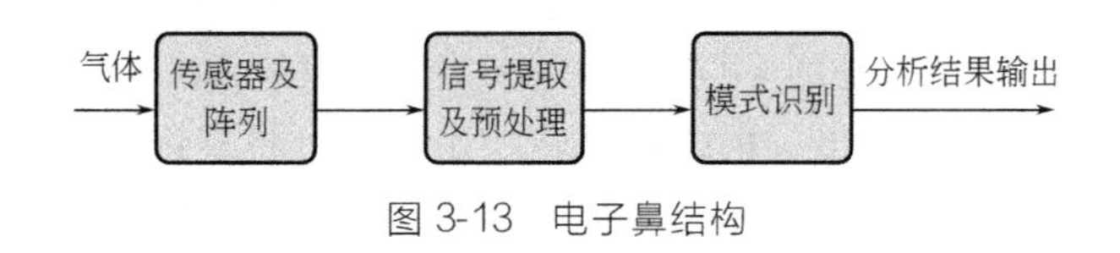

图 3-13　电子鼻结构

3.2.6 生物信息采集器

生物信息采集器就是以生物活性物质为敏感材料做成的传感器。这种传感器以生物分子去识别被测目标，然后将生物分子所发生的物理或化学变化转变为相应的电信号，予以放大输出，从而得到检测结果。生物信息采集器[5] 根据所用生物活性物质不同，可分为酶传感器、微生物传感器、免疫传感器、组织传感器、基因传感器、细胞传感器和生物芯片技术等。

（1）酶传感器

酶传感器是将酶作为生物敏感基元，通过各种物理、化学信号转换器，捕捉目标物与敏感基元之间反应所产生的与目标物浓度成比例关系的可测信号，实现对目标物定量测定的分析仪器。酶传感器按照输出信号的不同可分为电流型和电位型，其中，电流型酶传感器的输出信号为电流信号，而电位型酶传感器输出的信号为电位信号。酶传感器的应用有葡萄糖传感器、氨基酸传感器以及尿素传感器等。酶作为生物传感器的敏感材料，已经有许多应用，但是由于酶的价格比较昂贵并且不够稳定，因此应用受到了一定的限制。

（2）微生物传感器

微生物传感器是以活的微生物作为敏感材料，利用其体内的各种酶及代谢系统来测定和识别相应底物，通常使用的微生物为细菌和酵母菌。与酶相比，微生物传感器构造简单，更经济，且耐久性也很好。微生物传感器包括固定的微生物膜和电化学装置。微生物的主要固定方法有吸附法、包埋法、共价交联法等。

（3）免疫传感器

免疫传感器就是利用固定化抗体（或抗原）膜与相应的抗原（或抗体）的特异反应来测定物质的检测装置。免疫传感器由生物敏感元件、换能器和信号数据处理器三部分组成。其中，生物敏感元件是固定抗原或抗体的分子层；换能器用于识别分子膜上进行的生化反应转化成光/电信号；信号处理器将电信号放大、处理、显示或记录下来。与传统的生物传感器相比，免疫传感器的优点：灵敏度高、不易受干扰、检测时间短、成本低、方便轻巧、操作简单等。

（4）基因传感器

基因传感器的基本原理是，通过固定在传感器表面上的已知核苷酸序列的单链 DNA 分子和另一条互补的 ssDNA 分子杂交形成双链 DNA，从而产生一定的物理信号，由换能器反映出。根据信息转换手段，可将基因传感器分为电化学式、压电式、石英晶体振荡器质量式、场效应管式、光寻址式及表面等离子谐振光学式 DNA 传感器。基因传感器大大缩短了对目的 DNA 的测量时间，避免了放射性标记的危险，节约了电泳操作时间，具有操作简单、无污染、灵敏度高、选择性好，且既可定性又可定量等优点。因此，基因传感器的应用前景好，如应用于病毒感染类疾病的诊断和基因遗传病的诊断。

（5）生物芯片技术

生物芯片技术就是利用核酸分子杂交、蛋白亲和原理，通过荧光标记技术检测杂交或亲和与否，迅速获得所需信息，其本质是生物信号的平行分析。生物芯片分为DNA芯片、蛋白质芯片以及芯片实验室。DNA芯片是用荧光标记的待测样品与有规律地固定在芯片片基上的大量探针，按碱基配对原理进行杂交，通过激光共聚焦荧光检测系统对芯片进行扫描，使用计算机进行荧光信号强度的比较和检测。蛋白质芯片技术是利用蛋白质分子间的亲和作用，检测样品中存在的特异蛋白。芯片实验室是一种最理想的生物芯片，它包含了运算电路、显示器、检测以及控制系统，因此是一个微型化、无污染、全功能的“实验室”，在该“实验室”内可以一次性地完成芯片制备、样品处理、靶分子和探针分子的杂交，以及信号的检测、分析。芯片实验室具有体积小、易携带、防污染等优点。

3.2.7 智能传感器

智能传感器[6] 就是带微处理器、兼有信息检测和信息处理功能的传感器，是通过模拟人的感官和大脑的协调动作，结合长期以来测试技术的研究和实际经验而提出来的，是一个相对独立的智能单元。智能传感器一般由主传感器、微处理器和信号调理电路三部分组成。其中，微处理器是核心，对测量数据进行计算、存储、处理，同时，还可以通过反馈回路对传感器进行调节。主传感器将被测量转换成相应的电信号。而信号调理电路对物理量转换成的电信号进行滤波、放大、转换，然后送入微处理器中进行处理。

智能传感器既具有“感知”能力，又具有“认识”能力，其主要功能有：

① 数据处理功能　根据已知参数求出未知参数，放大信号，将信号数字化，从而实现自动调零、自动平衡、自动补偿、自选量程；

② 自动诊断功能　可对传感器进行自检，及时发现故障，并给予操作提示；

③ 软件组态功能　用户可以通过微处理器颁布指令，改变智能传感器硬件模块和软件模块的组合状态完成不同的功能，从而实现不同的应用；

④ 接口功能　智能传感器采用标准化接口，由远距离中央控制计算机来控制整个系统工作；

⑤ 人机对话功能　将计算机、智能传感器、检测仪表组合在一起，再加上显示装置和输入键盘，从而使系统能够进行人机对话；

⑥ 信息存储和记忆功能　能把测量参数、状态参数通过MM和EEPROM

进行存储，同时配有备用电源，防止数据丢失。

智能传感器系统的层次结构如 3-14 所示。

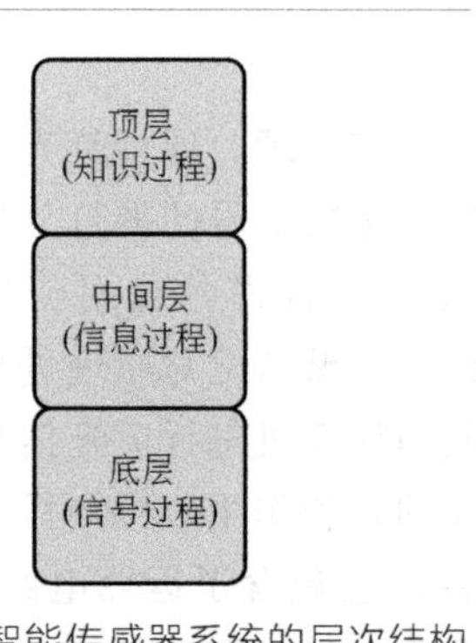

图 3-14 智能传感器系统的层次结构

其中，底层的各类传感器组从外部目标收集信息，其功能为传感与信号规范化、分布并行过程；中间层实现信号的中间处理功能，如合成来自于底层的多重传感器信号以及调整传感器的参数，从而优化整个系统的性能；顶层实现最高级的智能信息处理，实现整体控制中央集中处理。智能传感器系统的实现方式有三种：非集成化实现、集成化实现和混合实现。其中，非集成化智能传感器是将传统的经典传感器、信号调理电路、带数字总线接口的微处理器组合为一整体而构成的一个智能传感器；集成化实现利用硅作为基本材料来制作敏感元件信号调理电路、微处理器单元，并把它们集成在一块芯片上；而混合实现则根据需要将系统各个集成化环节以不同的组合方式集成在两块或三块芯片上，并装在一个外壳里。

典型的智能传感器有网络化智能传感器，它将通信技术、传感器技术和计算机技术融合，从而实现信息的采集、传输和处理的统一。智能微尘传感器的每一粒微尘都是由传感器、微处理器、通信系统和电池组成，自由组网，相互定位，收集数据和传递信息，广泛应用于军事、防灾、建筑物安全检测等领域。多路光谱分析传感器可装在人造卫星上对地面进行多路光谱分析、数据测量，再由 CPU 直接进行分析和统计处理，最后输出有关被测物的情报。

3.3 传感网

无线传感器网络（Wireless Sensor Network，WSN）是由传感器节点，通过无线通信技术自组织构成的网络。WSN 是通用的，无论它们是由固定还是移动传感器节点组成，都可以部署在许多不同的情况下支持各种各样的应用。这些传感器的部署方式取决于应用的性质。例如，在环境监测应用中，传感器节点通常以自组织方式部署，这样就能覆盖需要监视的特定区域（例如 C1WSN）。在与医疗保健相关的应用中，智能可穿戴无线设备和生物兼容传感器可以连接到或植入人体内，以监测受监视患者的生命体征。传感器节点一旦部署，便自动组织成一个自治的无线自组织网络，该网络几乎不需要维护。然后，传感器节点协作执行它们所部署的应用的任务。

尽管传感器应用的目标不一致，但无线传感器节点的主要任务是感知和收集目标领域的数据，处理数据，并将信息传回底层应用所在的特定站点。若要有效地完成这一任务，则需要开发一种节能路由协议，以便在传感器节点和数据接收器之间建立路径。路径选择必须使网络的生命周期最大化。传感器节点通常运行的环境特性，加上严重的资源和能量限制，使得路由问题非常具有挑战性。

WSN 中面临的挑战如下。

（1）能量限制

与传感器网络设计相关的最常见的约束，是传感器节点在有限的能量预算中运行。通常，它们通过电池供电，电池在耗尽时必须更换或充电（如使用太阳能发电）。对于某些节点，这两个选择都不合适，也就是说，一旦能量耗尽，它们将直接被丢弃。电池能否充电，对能量消耗策略影响很大。对于不可充电的电池，传感器节点应该运行到任务结束或者可以更换电池之时。任务时间的长度取决于应用的类型，例如，监测冰川运动的科学家可能需要运行数年的传感器，而战场情景中的传感器也许只需要运行几个小时或几天，因此，WSN 的第一个也是最重要的设计挑战是能量效率。

（2）计算能力和存储能力限制

网络节点的微型化在严重的能量限制下，传感器节点的计算、存储和通信能力有限。同时，设计传感器节点需要以最小的复杂度进行大规模部署来降低成本，从而导致可用逻辑门、随机访问存储器、只读存储器数量的减少，微处理器时钟频率的降低以及可用并行处理器的缩减。

（3）安全性限制

许多 WSN 收集敏感信息，传感器节点的远程和无人操作，增加了恶意入侵和攻击的风险。此外，无线通信使攻击者很容易窃听传感器传输。最具挑战性的安全威胁之一，是拒绝服务攻击，其目标是破坏传感器网络的正确操作。这可以通过多种攻击来实现，其中包括干扰攻击，即用高功率无线信号来阻止传感器的成功通信，后果可能很严重，并且取决于传感器网络应用程序的类型。尽管分布式系统有许多技术和解决方案用于防止攻击或控制此类攻击的范围和破坏，但有很多会引发大量的计算、通信和存储需求，而这些需求通常不能在资源受限的传感器节点中得到满足。因此，传感器网络需要新的解决方案，用于密钥建立和分发、节点认证以及保密。

（4）网络拓扑经常变化

传感器节点常分布在地理环境恶劣的区域，易受到风、雨、雷、电等自然环境的影响，造成部分节点的失效。因此，需要安排冗余节点提高可靠性，或者随时加入新节点代替故障节点，保证传感器网络持续精确地工作。节点的失效、加入、移动都会改变网络拓扑，故网络必须能自组织，以保持持续工作以及动态响应变化的网络环境。

3.3.1 节点结构

WSN节点通常由传感子系统、处理子系统、通信子系统和电源子系统四部分组成。其中，传感子系统负责对感知对象的信息进行采集和数据转换；处理子系统用于存储、处理感测到的数据以及传感器其他节点发来的数据，包括微控制器、数字信号处理器、专用集成电路和现场可编程门阵列；通信子系统负责实现传感器节点之间以及传感器节点与用户节点之间的通信；电源子系统为所有其他子系统提供直流电源以偏置其有源元件（如晶体振荡器、放大器、寄存器和计数器）。此外，电源子系统还提供直流转换器，使每个子系统都能获得适量的偏置电压。以下对前三个部分进行详细介绍。

（1）传感子系统

传感子系统集成了一个或多个物理传感器，并提供一个或多个模数转换器以及多路复用机制来共享它们。传感器将虚拟世界与物质世界连接在一起。感知物理现象并不是什么新鲜事，中国天文学家张衡在公元132年就发明了候风地动仪，它是用来测量季风的大小和地球的运动，同样，磁力计的使用也已超过2000年。但是微机电系统的出现使得传感器变得普通，如今，有很多能以低廉的价格测量和量化物理属性的传感器。

一个物理传感器包含一个转换器，它将一种形式的能量转换为另一种形式，通常转换为电能（电压）。该转换器的输出是一个模拟信号，作为时间函数，它具有连续的幅值。因此，需要一个模数转换器来连接传感子系统和数字处理器。

模数转换器将传感器的输出（一个连续模拟信号）转换为数字信号。此过程需要两步。

① 量化模拟信号（即将连续值信号转换为在时间和幅度上都是离散的离散值信号）。在这个阶段，最重要的决策是确定离散值的个数。这一决策又受两个因素的影响：(a) 信号的频率和幅度；(b) 可用的处理和存储资源。

② 采样频率。在通信工程和数字信号处理中，该频率由奈奎斯特率决定。然而在WSN中，光有奈奎斯特速率是不够的，由于噪声的缘故，需要进行过采样。

第一步产生的主要后果是量化误差，第二步则是混叠。

在其他方面，模数转换器是根据其分辨率指定的，该分辨率表示可以用来编码数字输出的位数。例如，分辨率为24位的模数转换器可以表示16 777 216个不同的离散值。由于大多数微机电系统传感器的输出都是模拟电压，故模数转换器的分辨率也可以用电压表示。模数转换器的电压分辨率等于其总电压的测量范围除以离散间隔数，也就是：

$$Q=\frac{E_{\mathrm{PP}}}{2^{M}} \tag{3-1}$$

其中，Q 是每级电压的分辨率（伏特/输出码）；E_{PP} 是峰间值模拟电压；M 是模数转换器的分辨率位数。这里的 Q 表明离散值之间的间隔是均匀的，但实际上并非如此，在大多数模数转换器中，最低有效位以 0.5 倍 Q 的函数变化，最高有效位以 1.5 倍 Q 的函数变化，而中间位的分辨率则为 Q。

在选择模数转换器时，对所监控的过程或活动有所了解很重要。对于一个工业过程，其热性能范围为－20～＋80℃。物理传感器以及模数转换器的选择取决于所需的热变化类型，例如，如果需要 0.5℃的变化，则分辨率为 8 位的模数转换器就足够了；如果需要 0.0625℃的变化，则模数转换器的分辨率应为 11 位。

(2) 处理器子系统

处理器子系统汇集了所有其他子系统和一些额外的外围设备，其主要目的是处理（执行）有关感知、通信和自组织的指令。它包括处理器芯片、用于存储程序指令的非易失性存储器（通常是内部闪存）、用于临时存储感测数据的有效内存以及内部时钟等。

尽管现有的多种处理器可用于构建无线传感器节点，但是必须谨慎选择，因为它会影响节点的成本、灵活性、性能和能耗。如果从一开始就定义好了传感任务，并且随着时间的推移不改变，设计者便可以选择现场可编程门阵列或数字信号处理器。这些处理器在能耗方面非常高效，并且对于大多数简单的传感任务，它们是足够的。然而，由于这些不是通用的处理器，因此设计和实现过程可能会复杂且代价高。在许多实际情况下，感测目标会改变或者需要进行修正。此外，运行在无线传感器节点上的软件，可能需要偶尔更新或远程调试，这些任务在运行时需要大量的计算和处理空间。在这种情况下，特殊用途的节能处理器并不合适。目前大多数传感器节点都使用微控制器。除了刚才所提到的一些理由外，还因为无线传感器网络是新兴技术，研究团队仍在积极研发节能通信协议和信号处理算法，而这需要动态代码的安装和更新，故微控制器是最好的选择。资源受限处理器的一个主要问题是算法的有效执行，因为这需要从内存中传输信息，包括程序指令和需要处理或操作的数据。例如，在无线传感网络中，数据来源于物理传感器，程序指令与通信、自组织、数据压缩和聚合算法有关。

处理器子系统可以采用三种基本的计算机体系结构中的一种来设计：冯·诺依曼、哈佛和超哈佛。冯·诺依曼体系结构有供程序指令和数据使用的单个内存空间，它提供了一条总线，用于在处理器和内存之间传输数据。这种体系结构的处理速度相对较慢，因为每次数据传输都需要单独的时钟。图 3-15 为冯诺依曼体系结构的简化视图。

哈佛体系结构为程序指令和数据的存储提供了独立的内存空间，从而修改了冯·诺依曼体系结构。每个内存空间用一个单独的数据总线与处理器交互，便可以同时访问程序指令和数据。除此之外，该结构还支持特殊的单指令多数据流操作、特殊算术运算和位反向寻址。它可以轻松支持多任务操作系统，但没有虚拟内存或内存保护。图 3-16 为哈佛架构。

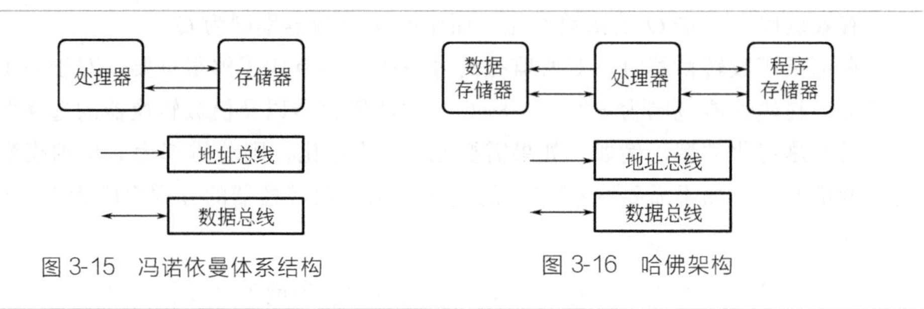

图 3-15 冯诺依曼体系结构

图 3-16 哈佛架构

下一代处理器结构是超哈佛体系结构，其中最著名的是 SHARC。超哈佛体系结构是哈佛系统的延伸，增加了两个基本组件，并在处理器子系统中提供了访问 I/O 设备的其他方式。其中一个组件是内部指令缓存，可以增强处理器单元的性能。它可以用来临时存储经常使用的指令，从而减少了反复从程序内存中提取指令的需要。此外，该架构还允许使用未充分利用的程序内存作为数据的临时迁移位置。在 SHARC 中，外部 I/O 设备可以通过 I/O 控制器直接与存储器单元连接。该配置使得数据能够直接从外部硬件传输到数据存储器中，而不需要涉及微控制器，称为直接存储器访问。直接存储器访问是可取的，有两个原因：

① 昂贵的 CPU 周期可以投入到不同的任务中；

② 可以从芯片外部访问程序存储器总线和数据存储器总线，为片外存储器和外设提供了额外的接口。

图 3-17 为 SHARC 架构。

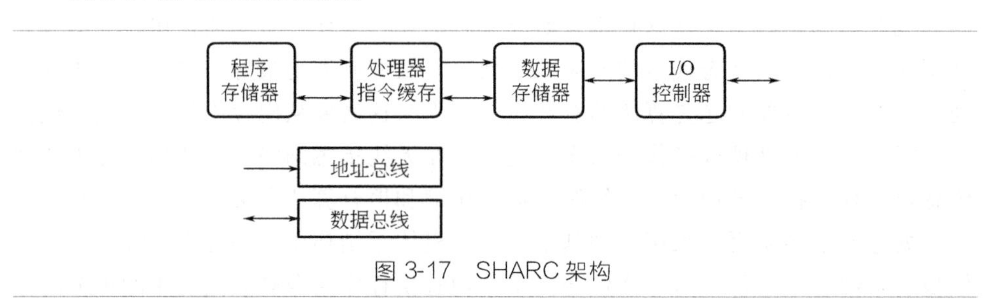

图 3-17 SHARC 架构

微控制器是单个集成电路上的计算机，由相对简单的中央处理单元和附加组件，如高速总线、存储单元、看门狗定时器、外部时钟组成。微控制器集成在许多产品和嵌入式设备中。如今，电梯、通风机、办公设备、家用电器、电动工具和玩具等简单的系统，普遍使用微控制器。微控制器的组件包括：

① 一个CPU内核，范围从4位到32位或64位；

② 用于数据存储的易失性存储器；

③ 用于存储相对简单的指令程序代码的ROM、EPROM、EEPROM或闪存；

④ 并行I/O接口；

⑤ 离散输入和输出位，允许控制或检测单个封装引脚的逻辑状态；

⑥ 时钟发生器，通常是一个具有石英定时晶体的振荡器；

⑦ 一个或多个内部模数转换器；

⑧ 串行通信接口，例如串行外设接口和用于互连系统外设的控制器局域网（如事件计数器、定时器和监视器）。

由于微控制器具有编程灵活性，所以可以在其他类型的小规模处理器上使用。其结构紧凑，体积小，功耗低，成本低，适合构建计算量小、独立的应用。大多数商用的微控制器都可以使用汇编语言和C程序设计语言进行编程。使用高级的编程语言，可以提高编程速度并简化调试。在开发环境中，可以抽象出微控制器的所有功能，这使得应用程序开发人员不需要对硬件有较高的了解，就可以编程微控制器。然而，微控制器并没有像数字信号处理器和现场可编程门阵列这样的定制处理器一样强大和高效。此外，对于感知任务简单但是需要大规模部署的应用（如精细农业和活火山监测），人们可能更喜欢使用结构简单但能量和成本效益高的处理器，如专用集成电路。

数字信号处理使用数字滤波器处理离散信号。这些滤波器将噪声对信号的影响减至最小，或者选择性地增强或修改信号的频谱特性。数字信号处理主要需要简单的加法器、乘法器和延迟组件。数字信号处理器是一种专用的微处理器，以极高的效率执行复杂的数学运算，每秒处理数亿个采样，并具有实时性。大多数商用数字信号处理器都是采用哈佛体系结构设计的。强大而复杂的数字滤波器可以用普通的数字信号处理器实现，这些滤波器在信号检测和估计方面表现非常好，两方面都需要大量的数值计算。数字信号处理器对于那些需要在恶劣物理环境中部署节点的应用程序也很有用，因为在这种环境中，信号传输可能会因噪声和干扰而遭受破坏。

专用集成电路（Application-Specific Integrated Circuit，ASIC）是为特定应用而定制的集成电路，有两种设计方法：全定制和半定制。ASIC结构由单元和金属互连而成。单元是逻辑功能的抽象，而逻辑功能由有源组件（晶体管）物理实现。当其中几个单元由金属相互连接时，它们便构成了专用集成电路。单元的制造已经成熟，有一个由低级逻辑功能集合组成的标准单元库，包括基本的门（和、或、反）、多路复用器、加法器和触发器。由于标准单元大小相同，因此可以将它们排列成行来简化自动数字布局的过程。使用单元库中预定义的单元使得 ASIC 设计过程更加容易。在全定制的集成电路中，一些（可能全部）逻辑单元、电路或布局都是定制的，旨在优化单元性能（如执行速度）并包罗标准单元库未定义或支持的特性。全定制 ASIC 价格昂贵且设计时间长，而半定制 ASIC 则是采用标准库中可用的逻辑单元构建的。与微控制器不同，ASIC 可以很容易地设计和优化以满足特定的客户需求。即使是半定制设计，也可以在单个单元中设计多个微处理器内核和嵌入式软件。此外，既然全定制的 ASIC 成本高，开发人员也可以采用混合方法（全定制和标准单元设计）来控制大小和执行速度，因此，有可能设计出最佳的性能和成本。典型的缺点包括设计困难、可重构性不足、开发成本通常较高。ASIC 在 WSN 中最合适的角色不是替代控制器或者数字信号处理器，而是对它们进行补充。一些子系统可以集成定制的处理器来处理初级和低级任务，并将这些任务与主处理子系统分离。例如，一些通信子系统用嵌入式处理器内核传输，以提高接收信号的质量、消除噪声和执行循环冗余校验。这些类型的专用处理器可以通过 ASIC 来有效实现。

现场可编程门阵列（Field Programmable Gate Arrays，FPGAs）和 ASIC 的基本结构基本相同，但 FPGA 在设计上更为复杂，编程更灵活。以（重新）编程和可重构性方面为重点，FPGA 的典型特征总结如下：

① 在 FPGA 中，没有定制的防护层；

② FPGA 包括一些可编程逻辑组件或逻辑块，如四输入查找表、触发器和输出块；

③ 有明确的方法来编写基本的逻辑单元和互连；

④ 在生成配置实例的基本逻辑单元周围有一个可编程互连矩阵；

⑤ 在核心周围有可编程的 I/O 单元。

FPGA 通过修改封装的部件进行电气编程，该过程可能需要几毫秒到几分钟，这取决于编程技术和部件的大小。编程是在电路图和硬件描述语言的支持下完成的，如 VHDL 和 Verilog。与 DSP 相比，FPGA 具有更高的带宽，应用更加灵活，可以支持并行处理。DSP 和微控制器可以合成内部模数转换器，但 FPGA 并不能。与 DSP 类似，FPGA 能够进行浮点运算。此外，FPGA 将其处理速度暴露给应用程序开发人员，从而使其具有更大的控制灵活性。但另一方面，FPGA 很复杂，且设计和实现过程代价高昂。

如果设计目标是实现灵活性，那么微控制器是使用首选。如果注重能耗和计算效率，则应优先使用其他方法。虽然微控制器内存有限，但内存容量正在稳步提高。相比之下，数字信号处理器价格昂贵，体积大，灵活性差。FPGA 比微控制器和数字信号处理器都快，并支持并行计算。在 WSN 中，由于感应、处理和通信应该同时进行，所以 FPGS 很有用处。然而，它们的生产成本和编程难度使其不太可取。ASIC 具有更高的带宽，尺寸最小，性能更好，消耗的功率比任何其他处理类型都少。主要缺点是设计过程复杂导致生产成本高，通常生产量较低且可重用性降低。在多个应用程序可以并行运行的多核系统的应用中，性能可以得到提高，故将 ASIC 集成到其他子系统中，当主处理器子系统空闲被关闭时，基本的任务可以由更高效的 ASIC 执行。

（3）通信接口

由于选择正确类型的处理器对于无线传感器节点的性能和能量消耗至关重要，因此子组件与处理器子系统互连的方式也至关重要。

在无线传感器节点的子系统之间，快速高效的数据传输，对于它所建立的网络的整体效率至关重要。然而，节点的实际大小限制了系统总线。虽然并行总线的通信速度要比串行总线快，但是并行总线需要更多的空间。再者，并行总线需要为同时传输的每一位提供一条专用线，而串行总线只需要一条数据线。并且，由于节点的大小，节点设计中不支持并行总线。因此，通常选择串行接口，如串行外设接口、通用输入/输出、安全数据输入/输出、内部集成电路和通用串行总线。其中最常用的总线是串行外设接口（Serial Peripheral Interface，SPI）和内部集成电路（Inter-Integrated Circuit，I^2C）。

SPI 是一条高速、全双工、同步串行总线。SPI 总线定义了 4 个引脚：MOSI、MISO、SCLK 和 CS。有些制造商将 MOSI 称为 SIMO，将 MISO 称为 SOMI，但语义相同。同样，CS 有时被称为 $\overline{SS}$。顾名思义，当设备配置为主机时，MOSI 用于将数据从主机传输到从机。当设备配置为从机时，该端口用于接收来自相应主机的数据。MISO 端口的语义与之相反。主机使用 SCLK 发送同步传输所需的时钟信号，并由从机读取此信号。每次通信都是由主机发起，主设备通过 CS 端口发信号，通知其要通信的从机。由于 SPI 是一个单一的主总线，所以微控制器被默认为无线传感器节点中的主设备，因此，组件不能直接相互通信，而只能通过微控制器进行通信——例如，通过该配置，模数转换器不能直接向 RAM 发送采样数据。

主机和从设备都有移位寄存器，在大多数情况下，这些是 8 位寄存器，但是也允许有不同的大小。这些寄存器通常在一个环形 16 位移位寄存器中连接。假设首先传输 MSB，在传输周期内，主机发送的 MSB 被插入到从机的 LSB 寄存器中，而在同一周期中，从机的 MSB 被转移到主机的 LSB 中。在发送所有字节后，从机的寄存器包含主机的字，而主机拥有从机的字。

由于主、从机构成了一个常用的移位寄存器，故每次传输中的每个设备都必须读取和发送数据。对于不提供反馈的设备（例如 LC 显示器不提供状态或错误消息）或者不需要输入数据的设备（某些设备根本不接受任何命令），需要将伪字节添加到移位寄存器中。

SPI 支持同步通信协议，因此，主机和从机必须在时间上达成一致。为此，主机根据从机的最大时钟速度设置时钟——用主机的波特率发生器读取从机的时钟，并通过将读取速度除以内部定义的值来计算主机的时钟。除此之外，主、从机还应就两个附加参数达成一致，即时钟极性和时钟相位。时钟极性定义了是否在高或低的活动模式下使用一个时钟，时钟相位确定了寄存器中的数据允许改变的时间以及写入的数据可以被读取的时间。

I^2C 是一条多主机半双工同步串行总线（图 3-18）。I^2C 只使用两条双向线路（不同于 SPI 使用 4 条线路），其目的是通过适应较低的传输速度来最大限度地降低系统内连接设备的成本。I^2C 定义了两种速度模式：快速模式，比特率高达 400Kbps；高速模式（简称 Hs 模式），支持高达 3.4Mbps 的传输速率。

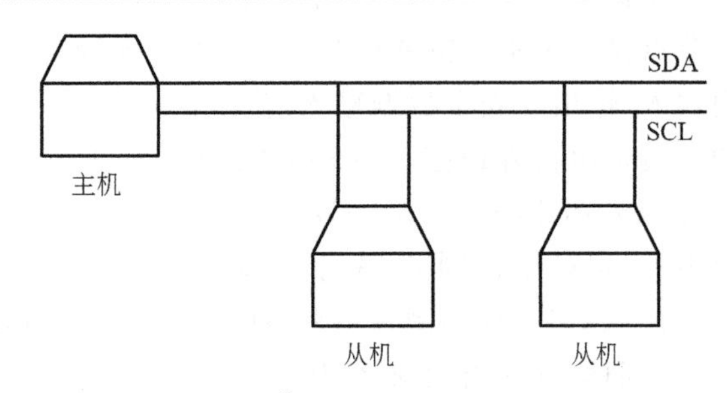

图 3-18　I^2C 串行总线与设备连接

由于标准没有指定 CS 或 $\overline{SS}$ 端口，所以使用 I^2C 的每个设备类型都必须具有唯一的地址，该地址将用于与设备通信。在早期版本中，使用了 7 位地址，能够对 112 个设备进行寻址（保留 4 位），但随着设备数量的增加，该地址空间已经不足。目前 I^2C 使用 10 位寻址。在旧协议中，主设备标示起始状态并发送从机的 7 位地址，然后主机表达读写意愿，从机发送确认，之后，数据发送器发送一个 1 字节（8 位）的数据，由接收器确认。如果仍然有要发送的数据，则发送器继续发送，接收器继续进行确认。最后，主机提出停止标志（停止状态）来表示通信的结束。在新协议中，引入了以 11110 开头的 10 位寻址方案。第一个字节的最后两个地址位与第二个字节的 8 位连接起来，构成了 10 位地址。仅使用

7位寻址的设备只需忽略带有前导11110的信息。

正如前面所述，I^2C提供了两条线路：串行时钟和串行数据分析器。Hs模式设备有额外的端口，它们是SDAH和SCLH。由于每个主机都会生成自己的时钟信号，所以通信设备必须同步它们的时钟速度。如果没有，则较慢的从设备可能会错误地检测其在串行数据分析器线上的地址，而较快的主设备将数据发送到第三个设备。除了时钟同步之外，I^2C同时还要对需要收发数据的主设备进行仲裁。I^2C没有明确定义任何公平的仲裁算法，而只要哪个主机能够保持串行数据分析器低电平的时间最长，则可以获得对总线的控制权。此外，I^2C使设备能够以字节级读取数据，以实现快速通信。然而，这可能需要更多时间来存储接收的字节，在这种情况下，设备可以保持串行时钟低位，直到它完成读取或发送下一个字节。这种类型的时钟同步称为握手。

总线是在处理器子系统和其他子系统之间传输数据的基本路线。由于大小问题，无线传感器节点只能使用串行总线，这些总线需要高时钟速度才能获得与并行总线相同的吞吐量。然而，总线也可能是瓶颈，尤其是在冯·诺依曼体系结构中，因为同一总线既用于数据也用于指令。而且，随着处理器速度的增长，总线也不能很好地扩展，例如，其最新版本的I^2C限制在3.4MHz，而最常用的微控制器系列TI MSP430x1xx系列的时钟频率为8MHz。如果某些设备行为不公正，并且占用总线，那么因争夺总线而产生的延迟便成为关键。例如，如果I^2C被认为适合“分组”通信，并且优先考虑需要交换时间关键数据的组件，那么它便允许从设备延长时钟信号。

3.3.2 网络结构

WSN通常包括无线传感器节点、网络协调器和中央控制点。传感器节点将监测的数据沿着其他传感器节点逐跳地与目的地进行传输，在传输过程中这些数据可能被别的节点处理以提高传输效率。数据经过多跳后被路由到网络协调器，最后到达中央控制点，在中央控制点数据被处理并为不同的用户提供服务。无线传感器不仅具有传感元件，还具有机载处理、通信和存储能力。因此，一个传感器节点常常不仅负责数据收集，还负责网络内分析、相关和融合其自身的传感器数据以及来自其他传感器节点的数据。当许多传感器协同监测大范围的物理环境时，它们构成的WSN节点不仅彼此通信，还使用无线电与基站进行通信，将它们的传感器数据传播到远程处理、可视化、分析和存储系统。例如，图3-19显示了两个传感器部署区域，它们分别监测了两个不同的地理区域并使用其基站连接到互联网。

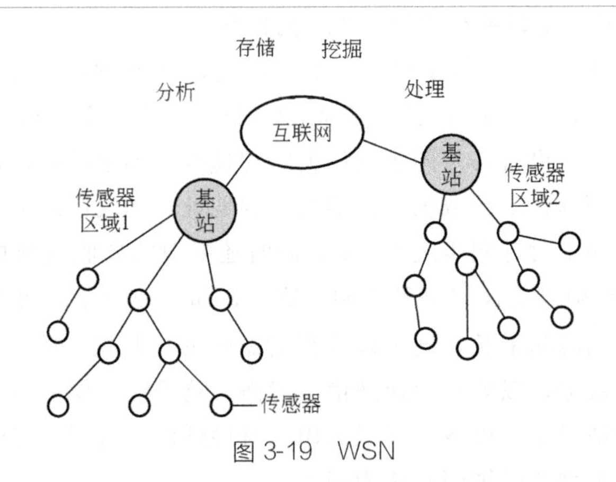

图 3-19 WSN

网络结构有三种：星状网、网状网及混合网。无线传感器与基站进行通信的方式有单跳和多跳。如图 3-20 所示，这是一个星状拓扑结构，在该拓扑中，每个传感器节点使用单跳与基站直接通信。基站除了向各节点传输数据和命令外，还与因特网等更高层系统之间传输数据。各节点将基站作为一个中间点，相互之间并不传输数据或命令。星状网整体功耗最低，但节点与基站间的传输距离有限，通常只有 10～30m。

然而，传感器网络往往覆盖大的地理区域，因此，多跳通信是传感器网络中比较常见的情况。图 3-21 所示是一种网状拓扑结构，在该拓扑中，所有无线传感器节点都相同，而且直接互相通信，与基站进行数据传输和相互传输命令，也就是说，传感器节点不仅要获取和传播自己的数据，还要充当其他传感器节点的中继。因此，它的容故障能力较强，传输距离远，但功耗也更大，因为节点必须一直“监听”网络中某些路径上的信息和变化。

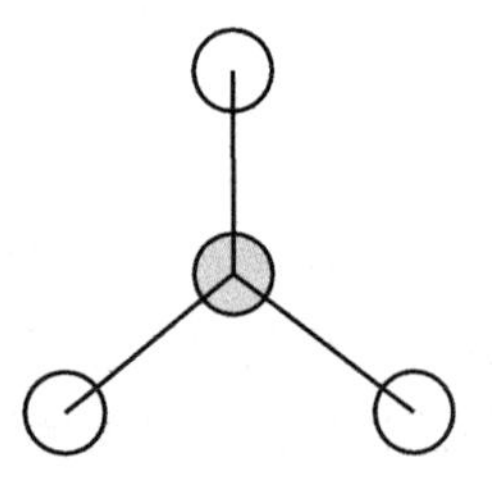

图 3-20 星状拓扑结构

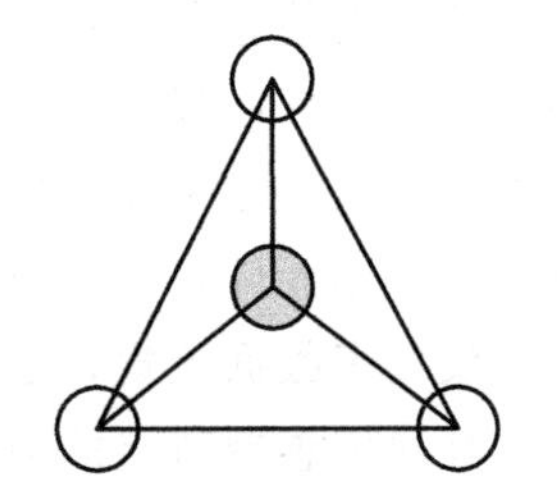

图 3-21 网状拓扑结构

混合网将星状网与网状网相结合，使得其兼具星状网的简洁和低功耗以及网状网的长传输距离和自愈性等优点，如图 3-22 所示。在该网络拓扑中，路由器和中继器组成网状结构，传感器节点分布在它们的周围形成星状结构。中继器延长了网络传输的距离，并提供了容故障能力，而传感器节点的星状分布则降低了能耗。

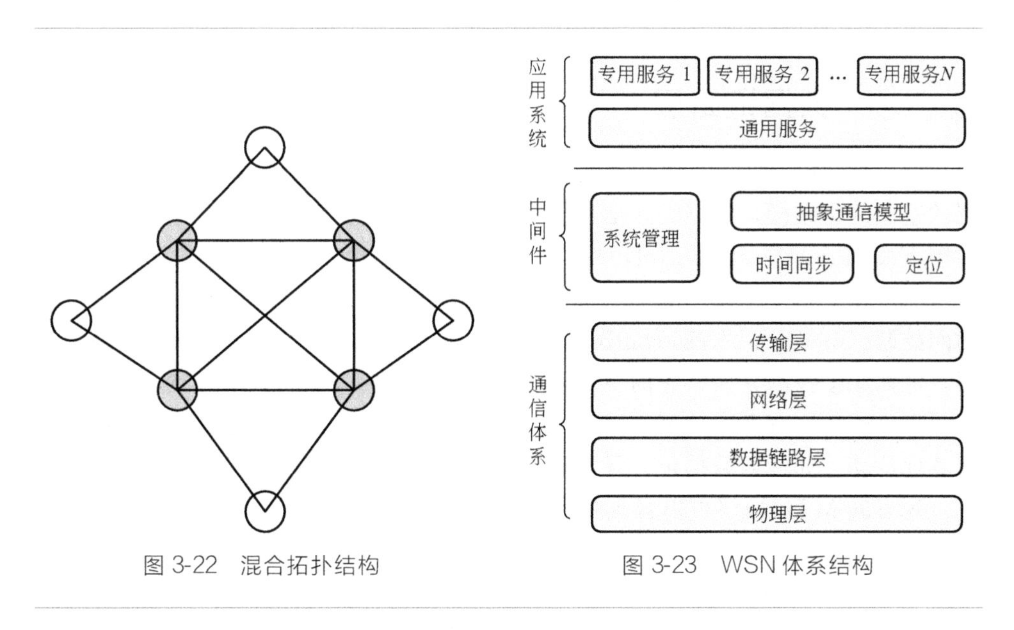

图 3-22 混合拓扑结构

图 3-23 WSN 体系结构

3.3.3 体系结构

WSN 的体系结构按功能可以划分为通信体系、中间件和应用系统，如 3-23 所示。其中，通信体系主要用于组网与通信，包括 OSI 模型中的物理层、数据链路层、网络层和传输层。中间件的功能包括时间同步、定位、系统管理和抽象的通信模型等，主要用于提供低通信开销、低成本、动态可扩展的核心服务。应用系统用于提供节点与网络的服务接口。面向通用系统提供一套通用的服务接口，而面向专用系统则提供不同的专用服务。下面将对物理层、数据链路层、网络层、传输层和中间件技术进行详细介绍。

3.3.4 物理层

物理层的主要工作是负责频段的选择、载频生成、信号检测、信号的调制以及数据的加密，并且比较延迟、散布、遮挡、反射、绕射、多路径和衰减等信道参数，为路由及重构提供依据。在设计物理层时，降低能耗是最重要的一个问题。为了降低能耗，传感器网络应该采用收发功耗极低的无线设备，同时利用多跳方式来进行长距离传输。因为在端对端距离相同的情况下，如果每个链路采用有限的传输功率，则采用多链路传输所产生的功耗比直接在一个长链路中传输信息的所需的能量低。ZigBee 技术是为低速率传感器和控制网络设计的标准无线网络协议栈，最符合 WSN 的标准。除此之外，单个节点的占空比的降低会直接影响网络性能，因此，这也是物理层设计需要考虑到的问题。

3.3.5 数据链路层

OSI 参考模型的第二层为数据链路层。在 WSN 中，数据链路层用于构建底层的基础网络结构，控制无线信道的合理使用，通常提供的主要服务有介质访问控制（medium access control，MAC）、错误控制、数据流选通、数据帧检测以及确保可靠的点到点或点到多点连接。数据链路层又分为逻辑链路控制层和介质访问控制（medium access control，MAC）层。MAC 层直接在物理层的顶部运行，从而完全控制介质，它的主要功能是判定节点何时访问共享介质，并解决竞争节点之间的所有潜在冲突。MAC 层还负责纠正物理层上的通信错误，以及执行其他活动，如传输数据包、寻址和流量控制。

现有的 MAC 协议可以根据控制介质访问的方式进行分类。图 3-24 显示了这样一个分类的示例。大多数 MAC 协议属于无竞争或基于竞争的协议类别。在第一类中，MAC 协议提供了一种介质共享方法，确保在任何给定时间内只有一个设备访问无线介质。该类别可以进一步分为固定分配和动态分配，指示时隙预留是固定的还是按需的。与无竞争技术相比，基于竞争的协议允许节点同时访问

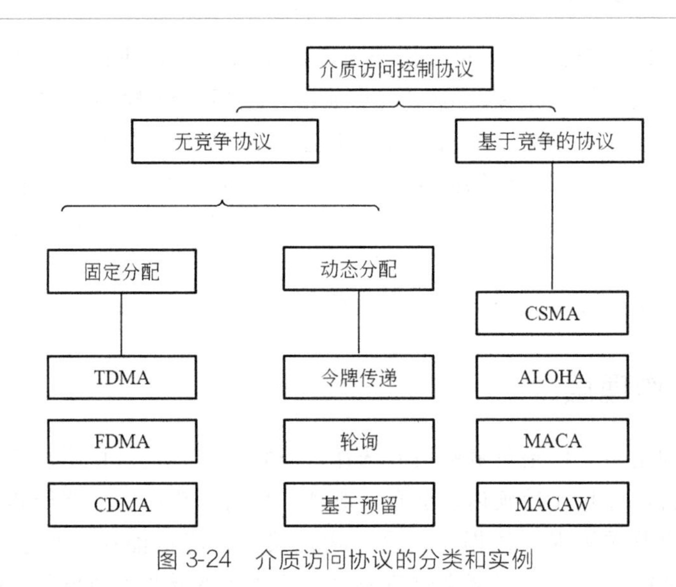

图 3-24 介质访问协议的分类和实例

介质，但是提供了减少冲突数量并从这种冲突中恢复的机制。一些MAC协议不适合这种分类，因为它们同时具有了无竞争和基于竞争的技术的特征。这些混合方法通常旨在继承这些主要类别的优点，同时最大限度地减少其弱点。

对于无竞争介质访问，冲突可以通过将资源分配给节点来避免，这样每个节点就可以单独使用自己的资源。例如，频分多址（frequency division multiple access，FDMA）协议就是共享通信介质最古老的方法之一。在FDMA中，频带分成若干个较小的频段，用于两个节点之间的数据传输，而其他可能干扰该传输的节点则使用不同的频段。类似地，时分多址（time division multiple access，TDMA）协议允许多个设备使用相同的频带，但是它使用由固定数量的传输时隙组成的周期性时间窗（称为帧）来分离不同设备的介质访问。时间调度指示哪一个节点可以在某一时隙内传输数据，即每个时隙最多分配给一个节点。TDMA的主要优点在于节点不必竞争访问介质，从而避免了冲突。TDMA的缺点是，网络拓扑一旦变化，就需要更改时隙分配。此外，当时隙具有固定大小（分组大小可以不同），并且在每个帧迭代中不使用分配给节点的时隙时，TDMA协议的带宽利用率低。第三类MAC协议基于码分多址（code division multiple access，CDMA），使用不同的编码来支持无线介质的同时访问。如果这些编码是正交的，则可以在同一频带上进行多个通信，其中接收机的前向纠错用于从这些同步通信的干扰中恢复信息。

固定分配策略有可能是无效的，因为如果不是每个帧都需要，通常不可能将属于一个设备的时隙重新分配给其他设备。此外，为整个网络（尤其是大规模WSN）生成调度表可能是一项艰巨的任务，每次网络中的网络拓扑或流量特性改变时，这些调度可能都需要修改。因此，动态分配策略通过允许节点按需访问介质来避免这种死板的分配。例如，在基于轮询的协议中，控制器（如在基于基础设施的无线网络的情况下的基站）以循环方式发出小的轮询帧，询问每个站是否有需要发送的数据。如果一个基站没有要发送的数据，则控制器轮询下一个基站。这种方法的一个变体是令牌传递，基站使用一个称为令牌的特殊帧，将轮询请求传递给彼此（再次以循环方式）。只有当基站持有令牌时，才允许传输数据。最后，基于预留的协议使用静态时隙来允许节点根据需求保留对介质的未来访问。例如，节点可以通过在一个固定位置寻找一个预留位来表达其发送数据的愿望。这些复杂的协议确保其他潜在的冲突节点注意到这样的预留，从而避免了冲突。

与无竞争技术相比，基于竞争的协议允许节点同时竞争访问介质，但是提供了减少冲突数量并从这种冲突中恢复的机制。例如，ALOHA[7]协议会使用确认信号来确认广播数据传输成功。ALOHA允许节点立即访问介质，但是通过诸如指数退避的方法来解决冲突，以增加传输成功的可能性。时隙ALOHA协议试图通过要求站点只在预定时间（时隙的开始）点上开始传输来减少冲突的概率。虽然时隙 ALOHA 提高了 ALOHA 的效率，但需要节点间同步。

一种流行的基于争用的 MAC 方案是载波侦听多路访问方法，包括其变体冲突检测（CSMA/CD）和碰撞避免（CSMA/CA）。在基于 CSMA/CD 的方案中，发送方首先感测介质以确定它是空闲还是忙碌：如果忙碌，发送端不发送数据包；如果空闲，发送端可以开始传输数据。在有线系统中，发送端继续监听介质，以检测其自身数据与其他传输的冲突。然而，在无线系统中，冲突发生在接收端上，因此发送端将不会察觉到冲突。当两个发送设备 A 和 C 能够到达接收设备 B 但是不能听到彼此的信号时（参见图 3-25，其中圆表示节点的传输和干扰范围），就会发生隐藏终端问题。因此，A 和 C 可能同时向 B 发送数据，导致 B 处发生冲突而不能直接检测到该冲突。另一个相关的问题是暴露终端问题，其中 C 想要向第四个节点 D 发送数据，但是由于它无意听到 B 正在传输数据给 A，所以决定等待。然而，由于 D 在 B 的传输范围之外，B 的传输不会干扰 D 的数据接收，结果，节点 C 的等待决定导致了不必要的传输延迟。许多用于 WSN 的 MAC 协议都试图解决这两个问题。

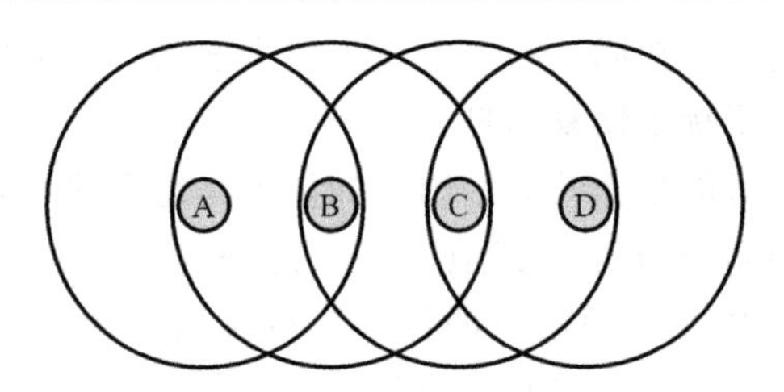

图 3-25 隐藏和暴露终端问题

大多数 MAC 协议都是具有公平性的，也就是说，每个人都应该获得同等数量的资源（对无线介质的访问），没有人应该得到特殊待遇。

MAC 协议的主要特点介绍如下。

（1）能量效率

因为传感器节点能够使用的能源有限，所以 MAC 协议必须是节能的。由于 MAC 协议对无线电台是全面控制的，因此它们的设计对传感器节点的总体能量需求有很大影响。一种常见的保存能量的技术称为动态功率管理，在这种技术中，资源可以在不同的运行模式（如活动、空闲和休眠）之间调配。对于诸如网络这样的资源，活动模式可以将多种不同的模式组合在一起，例如发送和接收。在没有电源管理的情况下，大多数收发器在发送、接收和空闲模式之间切换，而接收和空闲模式的功耗通常相似。可以通过将设备置于低功率睡眠模式来节省大量的能量。周期性的流量模型对于传感器网络（如环境监测）来说非常普遍，且MAC方案对于许多网络都很有利，该方案不需要节点一直处于活动状态。相反，它们让节点周期性访问介质以传输数据，并且在周期性传输之间，将无线电台置于低功耗的睡眠模式。传感器节点在活动模式下花费的时间被称为占空比，由于大多数传感器网络中数据传输不频繁且简短，因此占空比通常很小。

表3-2比较了几个广泛部署的传感器节点中无线电台的能量需求。该表显示了每个无线电台的最大数据速率和用于发送、接收、空闲和备用操作的当前消耗。Mica和Mica2 motes采用了Atmel ATmega 128L单片机（8位RISC处理器，128KB闪存，4KB SRAM）和RFM TR1000/TR3000收发模块（Mica）或Chipcon CC1000收发模块（Mica2）。CC1000无线电台显示的值用于868MHz模式。除待机模式外，飞思卡尔MC13202收发模块还分别支持6μA和1μA的“休眠”和“睡眠”模式。最后，CC2420收发器模块由XYZ传感器节点和英特尔的Imote使用。

表3-2 最新传感器节点使用的典型无线电特性

参数	RFM TR1000	RFM TR3000	MC13202	CC1000	CC2420
数据速率/Kbps	115.2	115.2	250	76.8	250
发射电流/mA	12	7.5	35	16.5	17.4
接收电流/mA	3.8	3.8	42	9.6	18.8
空载电流/mA	3.8	3.8	800μA	9.6	18.8
待机电流/μA	0.7	0.7	102	96	426

除了“空闲监听”（即一个设备处于不必要的空闲模式）之外，低效的协议设计（如大分组报头）、可靠性特征（如需要重传或其他差错控制机制的冲突）以及用于处理隐藏终端问题的控制信息也会导致开销。调制方案和传输速率的选择，进一步影响了传感器节点的资源和能量需求。大多数现代无线电都可以调整其发射功率，从而适应通信范围和能量消耗的需求。“过度发射”就是发射功率比所需要的大，它是传感器节点上能量消耗过多的另一个原因。

(2) 可扩展性

许多无线MAC协议都是为基础设施网络的使用而设计的，接入点或控制器节点对信道的接入进行仲裁，或执行一些其他的集中协调管理功能。大多数的WSN都依赖于多跳和点对点通信而不需要集中的协调器，它们可以由成千上万个节点组成。因此，MAC协议必须能够有效地利用资源，不能产生极大的开销，尤其是在非常大的网络当中。例如，集中式协议会因介质访问调度的分配产生巨大的开销，因此它不适用于许多WSN。基于CDMA的MAC协议可能需要缓存大量的代码，这对于资源受限的传感器设备而言是不切实际的。一般来说，无线传感器节点不仅在能量资源上受到限制，在处理和存储能力方面也受到限制。因此，协议不能对其施加过多的计算负担，或者需要太多的内存来保存状态信息。

（3）适应性

WSN 的一个关键特征是它能够进行自我管理，也就是说，它能够适应网络的变化（包括拓扑结构、网络规模、密度和流量特性的变化）。WSN 的 MAC 协议应在没有巨大开销的前提下适应这种变化，这种要求通常支持本质上是动态的协议，即基于当前需求和网络状态做出介质访问决策的协议。具有固定分配的协议（如具有固定大小的帧和时隙的 TDMA）可能会产生较大的开销，因为适应这种分配会对网络中的许多甚至所有节点产生影响。

（4）低延迟和可预测性

许多 WSN 应用都具有及时性要求，也就是说，传感器数据必须在一定的延迟限制或截止日期内收集、聚合和传递。例如，在监测野火蔓延的网络中，传感器数据必须及时传送到监控站，以确保准确的信息和及时的响应。许多网络活动、协议和机制（包括 MAC 协议）会导致此类数据的延迟，例如，在基于 TDMA 的协议中分配给节点的少量的大尺寸时隙，会导致在无线介质上传输关键数据之前出现潜在的延迟。在基于竞争的协议中，节点可以更快地访问无线介质，但是冲突和由此产生的重传会引发延迟。MAC 协议的选择也会影响延迟的可预测性，例如，表示为上延迟界。即使在具有固定时隙分配的无竞争协议中平均延迟时间很长，也可以很容易地确定传输所能经历的最大延迟。而基于竞争协议的平均延迟虽然较小，但较难确定确切的上延迟边界。甚至一些基于竞争的 MAC 协议理论上可能会出现饥饿，即关键数据的传输可能会被其他节点的传输给延迟或干扰。

（5）可靠性

可靠性是大多数通信网络的常见要求。MAC 协议的设计，可以通过检测和恢复传输错误和冲突（例如，使用确认和重传）来增强可靠性。特别是在节点故障和信道错误较为常见的 WSN 中，可靠性是许多链路层协议的关键问题。

由上可知，MAC 协议主要包括无竞争 MAC 协议和基于竞争的 MAC 协议。除了这两种协议之外，还有一些 MAC 协议不单独属于无竞争或基于竞争的类别，而是同时具有两个类别的特征，例如，它们会利用基于周期性无竞争介质访问协议中的特征来减少冲突数，同时也会利用基于竞争的协议的灵活性和低复杂性，称之为混合 MAC 协议。以下对这三种协议进行详细的介绍。

3.3.5.1 无竞争 MAC 协议

无竞争或基于调度的 MAC 协议的想法是，在任何给定的时间内只允许一个传感器节点访问信道，从而避免冲突和消息重传。然而，这只是假定了一个理想的介质和环境，没有其他的竞争网络或不正常的设备，否则可能会导致冲突甚至堵塞信道。

无竞争协议将资源分配给各个节点，以确保每个节点能够独自使用自己的资源（例如访问无线介质）。这种方法消除了传感器节点之间的冲突，显示出了许多好的特性。首先，固定的时隙分配，使得节点能够精确地确定何时需要激活它们的无线电来传输或接收数据，在其他时隙期间，无线电（甚至整个传感器节点）都可以切换成低功耗的睡眠模式。因此，典型的无竞争协议在能效方面具有优势。在可预测性方面，固定的时隙分配会对数据可能在节点上发生的延迟施加上限，从而进行延迟有限的数据传递。

虽然这些优势使得无竞争协议成为节能网络的理想选择，但它们也有一些缺点。尽管传感器网络的可扩展性取决于多种因素，但是MAC协议的设计会影响到资源在大型网络中的使用情况。具有固定时隙分配的无竞争协议可能会带来重大的设计挑战，也就是说，当所有节点的帧和时隙大小相同时，很难为所有节点设计调度来有效地利用可用带宽。当网络的拓扑、密度、大小或流量特性发生变化时，这就变得更加明显，可能需要重新分配时隙，甚至需要重新调整帧和时隙的大小。在频繁变化的网络中，这些缺点会导致禁止使用带有固定调度的协议。

无竞争MAC协议主要有流量自适应介质访问、Y-MAC和低功耗自适应集簇分层协议。

(1) 流量自适应介质访问（Traffic-Adaptive Medium Access，TRAMA）协议

与传统的TDMA和基于竞争的方案相比，TRAMA协议[8]是一种无竞争的MAC协议，其目的是提高网络吞吐量和能源效率。它使用一个分布式的选取方案，该方案根据每个节点的流量信息来决定何时允许节点传输。这有助于避免将时隙分配给没有发送流量的节点（导致吞吐量增加），并能够让节点确定何时可以空闲，而不必监听信道（提高能量效率）。

TRAMA假设了这样一个时隙信道，它的时间被分为周期性随机访问间隔（信令时隙）和调度访问间隔（传输时隙）。在随机访问间隔期间，使用邻居协议在相邻节点之间传播一跳的邻居信息，从而使节点获得一致的两跳拓扑信息，节点通过在随机选择的时隙中传输来加入网络。在这些时隙中发送的数据包，通过携带一组添加和删除的邻居集合来收集相邻信息。如果没有发生变化，这些数据包将作为“保持活动”信标。通过收集这样的更新信息，节点知道其单跳邻居的单跳邻居，从而获得其两跳邻居的信息。

另一种协议叫做调度交换协议，用于建立和传播实际调度，即将时隙分配给节点。每个节点计算持续时间SCHEDULE_INTERVAL，它表示节点可以向

其相邻节点通知其调度的时隙数，该持续时间取决于节点应用生成数据包的速率。在 t 时刻，节点计算［t，t+SCHEDULE _ INTERVAL］内的时隙数，因为在两跳邻居中它的优先级最高。节点使用调度包来通知所选择的时隙和目标接收机，当前调度中的最后一个时隙用于通知下一个间隔中的调度。例如，如果节点的 SCHEDULE _ INTERVAL 为 100 个时隙，并且当前时间为 1000（时隙数），那么该节点在间隔［1000，1100］内的可能时隙选择为 1011、1021、1049、1050 和 1093，在时隙 1093 中，节点广播其新的调度间隔［1093，1193］。

调度包中目标接收器的列表用作位图，其长度等于一跳邻居的数目。位图中的每一位对应于一个按其标识所排序的特定接收器。由于每个节点都知道其两跳邻域内的拓扑结构，因此可以根据位图及其邻居列表来确定接收器地址。

时隙的选择是基于节点在时间 t 的优先级，利用了节点标识 i 和 t 的级联的伪随机散列：

$$\text{prio}(i,t)=\text{hash}(i\oplus t) \tag{3-2}$$

如果节点不需要用到所有时隙，那么它可以指示要放弃哪些时隙（使用调度分组中的位图），让其他节点去声明这些未使用的时隙。一个节点可以根据其两跳邻域信息和公布的调度来确定任何给定时隙 t 下的状态。若节点 i 具有最高优先级并且需要发送数据，则 i 处于发送状态。若节点 i 在时隙 t 中作为目标接收器，则 i 处于接收状态。否则，节点切换到睡眠状态。

总之，与基于 CSMA 的协议相比，TRAMA 降低了冲突的概率并增加了睡眠时间（和节能）。与标准 TDMA 方法不同，TRAMA 将时间划分为随机访问间隔和调度访问间隔。在随机访问间隔期间，节点被唤醒，用于发送或接收拓扑信息，也就是说，随机访问间隔的长度（相对于调度访问间隔）影响了节点的总占空比和可节省的能量。

(2) Y-MAC 协议

Y-MAC[9] 是一种基于 TDMA 的介质访问协议，是多信道的。与 TDMA 类似，Y-MAC 将时间划分为帧和时隙，其中每帧包含一个广播周期和一个单播周期。在广播周期的刚开始时刻，每个节点都需要被唤醒，并在此期间一起竞争访问介质。如果没有广播消息传入，则在单播周期中，每个节点会关闭无线电以等待第一个分配时隙的到来。单播周期中的每个时隙都只分配给一个节点用以接收数据。在通信业务清闲的条件下，这种接收端驱动的模型更节能，因为每个节点只在其自己的接收时隙中对介质进行采样。这对于接收的能量成本大于发送的能量成本（如因复杂的解扩和纠错技术）的无线电收发器而言尤为重要。

在 Y-MAC 中，介质访问是基于同步低功耗监听的。多个发送端之间的冲突在竞争窗口中得以解决，该窗口位于每个时隙的开头。想要发送数据的节点，在竞争窗口内设置随机等待时间（退避值），当等待时间过去后，节点被唤醒并感测特定时间内的活动介质。如果介质是空闲的，节点就发送一个前导码直到竞争窗口结束，以抑制竞争传输。接收端在竞争窗口结束时被唤醒，用以在其所分配到的时隙中接收数据包。如果接收端没有收到任何相邻节点的信号，它就会关闭无线电并返回睡眠模式。

在单播期间，信息首先在基本信道上进行交换。在接收时隙的一开始，接收端便将其频率切换到基本信道上。获得介质的节点也用基本信道来传输它的数据包。如果数据包中设置了确认请求标志，则接收端确认该数据包。同样，在广播期间，每个节点都调谐到基本信道上，潜在的发送方都参与上述的争用过程。

每个节点只在广播时隙和自己的单播接收时隙中访问介质，这样更加节能。但是，在繁忙的通信情况下，许多单播消息可能不得不在消息队列中等待，或者由于为接收节点保留的带宽有限而被丢弃。因此，Y-MAC 采用一种信道跳转机制来减少数据包的传输延迟。图 3-26 显示了一个有 4 个信道的例子，在基本信道的时隙中接收到分组后，接收节点跳到下一个信道并发送可以继续在第二信道上接收分组的通知。第二信道中的介质的争用如前所述。在该时隙的结尾，接收节点可以再次跳到另一个信道，直到达到最后一个信道或不再接收数据为止。可用信道中的实际跳频序列由跳频序列生成算法确定，该算法应保证任何特定信道上的一跳邻居中只有一个接收器。

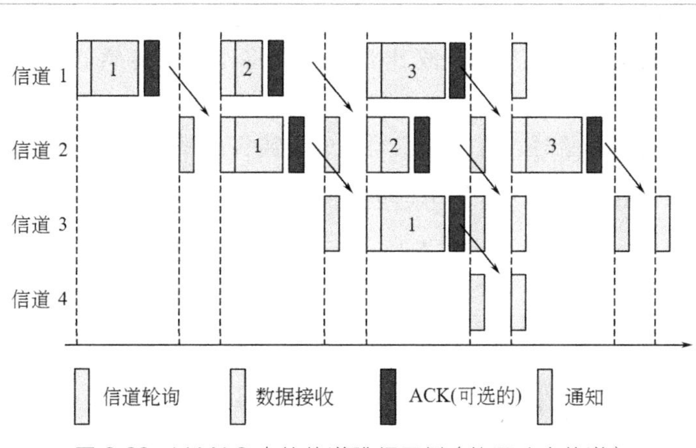

图 3-26 Y-MAC 中的信道跳频示例（使用 4 个信道）

综上所述，Y-MAC 采用诸如 TDMA 之类的时隙分配，但是为确保低能量消耗，通信是由接收端驱动的（即接收器在其时隙中对介质进行简单的采样，如果没有数据包到达，就返回到睡眠模式）。它还使用多个信道来增加可实现的吞吐量并减少传送延迟。Y-MAC 方法的主要缺点是，它的灵活性和可扩展性与

TDMA 的问题相同（即固定时隙分配），并且它还需要具有多个无线电信道的传感器节点。

(3) 低功耗自适应集簇分层（Low-Energy Adaptive Clustering Hierarchy，LEACH）协议

LEACH[10] 协议将 TDMA 式的无竞争通信与 WSN 的聚类算法相结合。一个簇由单个簇头和任意数量的簇成员组成，簇成员只与簇头通信。聚类是传感器网络的流行方法，因为它有助于簇头的数据聚合和网络内处理，从而减少了需要传输到基站的数据量。LEACH 由两个阶段组成：设置阶段和稳态阶段（图 3-27），下面是对这两个阶段的描述。

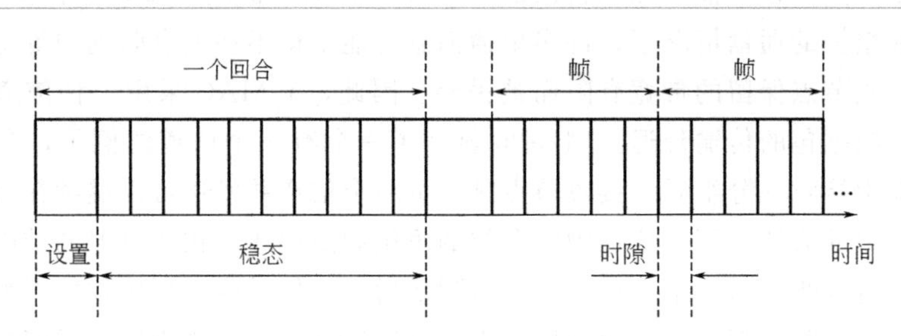

图 3-27 LEACH 的操作和通信结构

在设置阶段，需要确定簇头，并在每个簇中建立通信调度。由于簇头负责协调簇活动并将数据转发给基站，故其能量需求将比其他传感器节点大得多。因此，LEACH 在传感器节点之间轮流安排簇头任务，以均匀分配能量负载。具体地说，在一个回合开始时，每个传感器 i 成为簇头的概率为 $P_i(t)$。在有 n 个节点和 k 个簇头数目的网络中，概率应该满足：

$$\sum_{i=1}^{N} P_i(t)=k \tag{3-3}$$

有多种选择 $P_i(t)$ 的方法，例如：

$$P_i(t)=\begin{cases}\dfrac{k}{N-k*(r\bmod N/k)}, & C_i(t)=1\\ 0, & C_i(t)=0\end{cases} \tag{3-4}$$

该方法使用了一个指示函数 $C_i(t)$ 来确定节点 i 在 $r\bmod(N/k)$ 前几轮中是否已经是一个簇头，只有最近没有成为过簇头的节点才是簇头的候选者。这种选择簇头的方法旨在均匀地分配簇头的责任，因此能量开销也分配在所有传感器节点之间。但是，这种方法并没有考虑到每个节点可用的实际能量，所以可以用另一种方法来计算成为簇头的概率：

$$P_i(t)=\min\left\{\frac{E_i(t)}{E_{\text{total}}(t)}k,1\right\} \tag{3-5}$$

式中，$E_i(t)$ 是节点 i 的当前实际能量；$E_{\text{total}}(t)$ 是所有节点的能级之和。这种方法的一个缺点是每个节点都必须知道（或估计出）$E_{\text{total}}(t)$。

一旦一个传感器节点确定将作为下一轮的簇头，那么它便通过使用非坚持型CSMA协议广播广告消息，向其他传感器节点通知其新角色。每个传感器节点都可以通过选择使用最小发送能量便能到达的簇头（基于接收到的来自簇头的广告消息的信号强度），以及向所选的簇头发送请求加入的信息（再次使用CSMA）来加入一个簇。该簇头为其所在的簇建立了一个传输调度，并把这个调度传送给簇中的每一个节点。

在稳态阶段，传感器节点只与簇头通信，并且只在来自簇头的调度所分配的时隙里传输数据，簇头负责将传感器数据从节点转发到基站。为了保存能量，每个簇成员都使用所需的最小发射功率到达簇头，并在没有指定时隙的时候关闭无线电台。但是簇头必须始终处于清醒状态，用于接收来自簇成员的传感器数据以及和基站进行通信。

虽然簇内通信因使用TDMA式的帧和时隙而不需要竞争，但是一个簇中的通信仍然可能干扰到另一个簇中的通信。因此，传感器节点使用直接序列扩频技术来限制簇间的干扰，也就是说，每个簇使用一个与相邻簇中的扩频序列不同的扩频序列。另一个保留序列用于簇头与基站之间的通信。簇头与基站之间的通信是基于这种固定扩频码和CSMA的。簇头在发送数据之前，首先检测信道中是否正有使用相同扩频码的传输。

该协议有一个变种，叫做LEACH-C，它依靠基站来确定簇头。在设置阶段，每个传感器节点将其位置和能级传输到基站。根据此信息，基站确定簇头，并通知簇头其新角色。然后，其他传感器节点可以使用原始LEACH协议中描述的加入信息来加入簇。

总之，LEACH利用各种技术来降低能量消耗（最小发射能量、避免簇成员的空闲侦听）和获得无竞争通信（基于调度通信、直接序列扩频）。虽然簇内通信是无竞争的，簇之间的干扰是可以避免的，但是簇头与基站之间的通信仍然是基于CSMA的。再者，LEACH假设了所有节点都能够到达基站，这影响了该协议的可扩展性。不过这可以通过在基站和所有簇头之间添加多跳路，由支持或实施分层聚类方法来解决。在分层聚类方法中，一些簇头负责从其他簇头收集数据。

3.3.5.2 基于竞争的MAC协议

基于竞争的MAC协议不依赖于传输调度，而是依赖于其他机制来解决冲突问题。基于竞争的技术的主要优点是它们比大多数基于调度的技术简单。例如，基于调度的 MAC 协议必须保存和维护指示传输顺序的调度或表格，而大多数基于竞争的协议不需要保存、维护或共享状态信息，这使得基于竞争的协议能够快速适应网络拓扑或流量特性的变化。然而，基于竞争的 MAC 协议，通常会由于空闲侦听和串扰而导致更高的冲突率和能量消耗。基于竞争的技术也可能会面临公平性问题，也就是说，一些节点可能会获得比其他节点更频繁的信道访问。

基于竞争的 MAC 协议主要包括 Sensor MAC、Data-Gathering MAC 和 Receiver-Initiated MAC。

(1) Sensor MAC 协议

SensorMAC（S-MAC）协议[11] 的目标是减少不必要的能量消耗，同时提供良好的可扩展性以及避免碰撞。S-MAC 采用占空比方法，即节点在监听状态和睡眠状态之间周期性地转换。尽管节点们需要同步它们的监听和睡眠时间，但每个节点自己决定如何调度时间。这样，使用相同调度的节点被认为属于同一个虚拟簇，但不会真正地群集，所有的节点都可以与簇之外的节点进行自由通信。节点使用 SYNC 信息定期与相邻节点交换它们的调度，也就是说，每个节点都知道它的相邻节点何时会被唤醒。如果节点 A 想与使用不同调度的相邻节点 B 进行通信，则 A 需要等到 B 处于侦听状态，然后再开始传输数据。使用 RTS/CTS 方案来解决介质争用问题。

为了选择调度，节点最初会在一定的时间内侦听介质。如果此节点从相邻节点接收到一个调度，则它会将此选作自己的调度，并与相邻节点保持同步。节点在随机延迟 t_d 之后广播它的新调度（以将多个新的跟随者之间的冲突可能性降到最小）。节点可以采用多个调度，也就是说，如果一个节点在广播了自己的调度后接收到不同的调度，那么这两个调度都可以使用。此外，如果一个节点没有收到来自另一个节点的调度，它将确定自己的调度，并将其广播给所有潜在的邻居，该节点成为一个同步器，其他节点将开始与之同步。

S-MAC 将节点的监听间隔，进一步划分为用于接收 SYNC 包和接收 RTS 消息的两部分。其中每一部分又被划分为小的时隙，便于载波侦听。想要发送 SYNC 或 RTS 消息的节点随机选择一个时隙（分别在该间隔的 SYNC 或 RTS 部分内），当接收方开始侦听所选时隙时，节点开始监测载波活动。如果没有检测到活动，节点便获得介质进行传输。S-MAC 采用了一种基于竞争的方法，该方法利用基于 RTS/CTS 握手的冲突避免来解决介质的争用问题。当节点听到 RTS 或 CTS，得知它不能同时发送或接收时，节点可以进入睡眠状态，通过侦听来避免能量的浪费（一个节点只能侦听到简短的控制消息，而不是通常较长的数据消息）。

综上所述，S-MAC 是一种基于竞争的协议，它利用无线电台的睡眠模式来换取能量以供往返和延迟。冲突的避免是基于RTS/CTS的，RTS/CTS不是通过广播数据包来使用的，因此冲突的概率会增加。占空比参数（睡眠和侦听时间）是事先决定好的，并且它可能对网络中的实际流量特性无效。

（2）Data-Gathering MAC 协议

Data-GatheringMAC（DMAC）[12] 协议，利用了许多WSN将汇聚传输作为通信模式这一实际情况，也就是说，传感器节点的数据在数据收集树的中心节点处被收集。DMAC的目标是沿着数据收集树，低延迟和高能效地传递数据。

在DMAC中，沿着多跳路径到中心节点的节点工作周期是“交错的”，节点像链式反应一样相继醒来。图3-28说明了一个数据收集树和交错唤醒方案的示例。节点在发送、接收和睡眠状态之间切换。在发送状态期间，节点向路由上的下一跳节点发送一个数据包，并等待确认。同时，下一跳节点处于接收状态，紧接着立即切换为发送状态（除非该节点是数据包的目的地），将接收到的数据包转发给下一跳节点。在接收和发送数据包的间隔期间，节点进入睡眠状态，此时它可以关闭其无线电以维持能量。

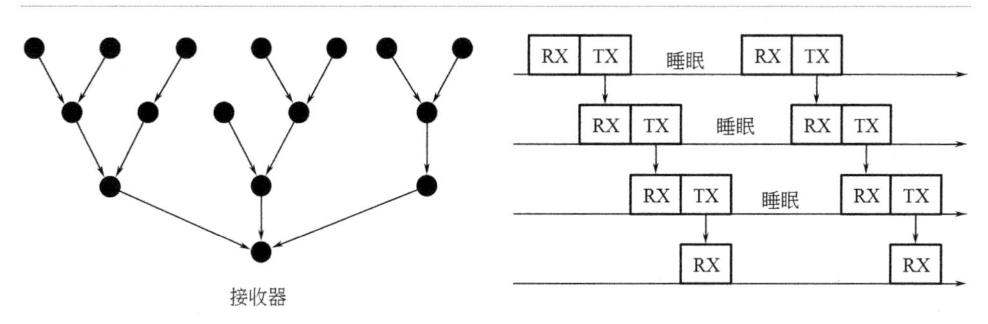

图3-28 DMAC中的数据收集树和汇聚广播通信

发送和接收间隔很大，可以容纳一个数据包。由于没有排队延迟，数据收集树中深度 d 处的节点，可以在 d 间隔内向中心节点传递一个数据包。尽管限制节点的活动以缩短发送和接收间隔这一举措减少了争用，但冲突仍然会发生，尤其是树中具有相同深度的节点将有同步的调度。在DMAC中，如果发送方没有收到确认，则会将数据包排队到下一个发送间隔。如果三次重传都失败，数据包就会被丢弃。为了减少冲突，节点在发送时隙的开始处不会立即发送，而是在竞争窗口内有一个退避时间和随机时间。

当一个节点在发送时隙中有多个数据包要发送时，它可以增大自己的占空比，并请求其到中心节点路径上的其他节点也增大占空比。这是通过在MAC报头中使用一个多数据标志的时隙更新机制来实现的。接收器对该标志进行检查，如果设置了，则返回一个同样具有多数据标志的确认信号。然后接收器保持清醒状态，用于接收和转发一个额外的数据包。

总而言之，DMAC 技术实现了非常低的延迟，并且节点只需在短暂的接收和发送间隔内保持清醒状态。但是，由于数据采集树中的许多节点共享相同的调度，所以会发生冲突，且 DMAC 只采用了有限的冲突避免方法。DMAC 最适用于传输路径和速率都众所周知且不会随时间而改变的网络。

（3）Receiver-Initiated MAC 协议

另一个基于竞争的方案是 Receiver-Initiated MAC（RI-MAC）协议[14]。在该协议中，传输总是由数据的接收端发起。每个节点都会周期性地唤醒，以检查是否有传入的数据包。也就是说，在开启无线电之后，节点开始检查是否有介质空闲，如果有，则广播信标信息，宣布节点已醒，并准备接收数据。具有待发送数据的节点保持清醒状态，并侦听想要传输数据的接收端的信标。一旦接收到该信标，发送端立即发送数据，收到数据后的接收端发送另一个信标表示确认（见图 3-28 中的左图）。也就是说，信标有两个用途：邀请新的数据传输和确认先前的传输。如果信标广播后的一定时间内没有数据包传入，则节点在等待一段时间后便返回睡眠状态。

如果有多个发送端竞争传输数据给一个接收端，则接收端使用其信标帧来协调传输。信标中有一个字段叫做退避窗口大小，它用来指定选择退避值所在的窗口。如果信标不包含退避窗口（醒来后发送的第一个信标不包含退避窗口），则发送者立即开始传输。否则，每个发送方都需要在退避窗口中随机选择一个退避值，当接收端检测到冲突时，便会增大下一个信标中的退避值。

在 RI-MAC 中，接收端控制何时接收数据，并负责检测冲突和恢复丢失的数据。因为传输是由信标触发的，接收端不需要一直侦听，故而开销很小。但是另一方面，发送端必须等到接收端的信标才能发送数据包，这可能导致很大的窃听成本。除此之外，当数据包发生冲突时，发送端将重新发送直到接收端放弃，这可能导致网络中更多的冲突以及数据传输延迟的增加。

3.3.5.3 混合 MAC 协议

Mobility Adaptive Hybrid MAC（MH-MAC）[13] 协议是混合 MAC 协议的典型示例。MH-MAC 提出了一种混合解决方案，其中将基于调度的方法用于静态节点，而将基于竞争的方法用于动态节点。虽然确定静态节点的 TDMA 调度很简单，但对于动态节点来说却不是这样。因此，MH-MAC 让进入相邻区域的动态节点使用一种基于竞争的方法，以避免延迟。

在 MH-MAC 中，帧的时隙分为两种：静态时隙或动态时隙。每个节点都使用移动性估计算法来确定其移动性以及节点应该使用的时隙类型。移动性估计基于周期性的问候消息和接收的信号强度。问候消息总是以相同的发送功率发送，接收节点比较连续的消息信号强度，以估计其自身与其每个相邻节点之间的相对位置偏移。在帧的开始处提供移动性信标间隔，以向相邻节点分发移动性信息。

静态时隙有两个部分：控制部分和数据部分。控制部分用于指示邻域中的时隙分配信息，并且所有静态节点都必须侦听这部分静态时隙。但在数据部分，只有发射端和接收端需要保持清醒，其他所有节点都可以关闭其无线电台。

对于动态时隙，节点有两个阶段是对介质进行争用。第一阶段发送唤醒音，第二阶段发送数据。为了减少竞争，LMAC 根据节点地址，在动态节点间进行优先级排序。

由于网络中静态节点和动态节点之间的比例可能不同，故 MH-MAC 提供了一种机制，根据观察到的移动性来动态调整静态和动态时隙之间的比例。每个节点都要估计自身的移动性，并在先前提到的帧的刚开始时的信标时隙中广播此信息。每个节点根据这个移动性信息计算网络的移动性参数，决定静态和动态时隙的比例。

综上所述，MH-MAC 结合了应用于静态节点的 LMAC 协议的特性和应用于动态节点的基于竞争的协议的特性，因此，移动节点可以快速加一个入网络，而不需要长时间设置或适应延迟。与 LMAC 相比，MH-MAC 允许节点在一个帧中拥有多个时隙，从而增加了带宽利用率，并降低了延迟时间。

3.3.6 网络层

在传感器网络中，网络层路由协议非常重要，主要负责路由查找和数据包传送，寻找用于传感器网络的高能效的路由建立方法和可靠的数据传输方法，从而延长网络寿命。WSN 路由协议的设计，必须考虑网络节点的功率和资源限制、无线信道的时变性，以及丢包和延迟的可能性。为了满足这些设计要求，提出了几种针对 WSN 的路由策略。一类路由协议采用扁平化网络结构，其中所有节点都被认为是对等的。扁平化网络结构有几个优点，包括维护基础设施的开销最小，以及能够在通信节点间发现多条路由以容错。第二种路由协议在网络上施加一个结构，以实现能源效率、稳定性和可扩展性。在这类协议中，网络节点以簇的形式组织，其中有一个节点具有较高的残余能量，它就是簇头。簇头负责协调簇内的活动并在簇间转发信息。集群能够降低能量消耗并延长网络寿命。第三类路由协议采用以数据为中心的方法在网络中传播兴趣。该方法使用基于属性的命名，因此是源节点查询现象的属性而不是单个传感器节点。兴趣传播是通过将任务分配给传感器节点来实现的。可以使用不同的策略将兴趣传给传感器节点，包括广播、基于属性的多播和选播。第四类路由协议利用定位来寻址传感器节点。

在网络地理覆盖范围内的节点的位置与源节点发出的查询有关的应用中，基于位置的路由非常有用。该查询可以指定网络环境中的一个特定的区域（在该区域内可能出现感兴趣的现象）或某一特定点的附近区域。

以下将对 WSN 中用于数据传播的几种路由算法进行讨论。

(1) 泛洪法及其变体

在有线和无线自组织网络中，泛洪法是一种常用的路径发现和信息传播技术。该路由策略很简单，不依赖昂贵的网络拓扑维护和复杂的路由发现算法。泛洪法采用一种被动的方法，即每个收到数据或控制包的节点都将数据包发送给其所有的邻居。除非网络断开连接，否则数据包将遵循所有可能的路径，最终将到达目的地。此外，网络拓扑的变化会导致分组传输遵循新的路由。图 3-29 说明了数据通信网络中泛洪的概念。如图所示，泛洪最简单的形式可能会导致网络节点无限复制数据包。

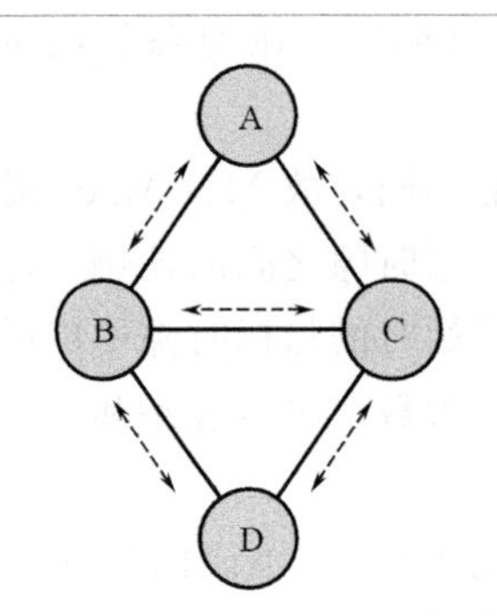

图 3-29 数据通信网络中的泛洪

为防止数据包在网络中无限循环，数据包通常包含一个跳跃计数字段。最初，跳数设置为近似于网络的直径。当数据包在整个网络中传输时，每跳一次，跳数便会减少一次。当跳数减到零时，数据包便会被丢弃。使用生存时间字段也可以产生类似的效果，该字段记录了允许数据包在网络内生存的时间单位数，当时间到期时，便不再转发数据包。可以通过记录转发的数据包，迫使每个网络节点丢弃它已经转发的所有数据包来增强泛洪。这种策略需要至少保存最近的流量历史，以跟踪哪些数据包已经被转发。

虽然这种策略的转发规则很简单，且所需的维护成本相对较低，但在 WSN 中采用泛洪法仍存在一些不足。第一个缺点是易受流量内爆的影响。这种不良影响是由重复的控制或者将数据包重复发送给同一个节点引起的。第二个缺点是会产生重叠问题。当覆盖同一区域的两个节点向同一节点发送包含相似信息的数据包时，就会发生重叠。第三个也是最严重的缺点就是资源盲点。泛洪法用于路由分组的简单转发规则没有考虑到传感器节点的能量限制，因此，节点的能量可能会迅速耗尽，从而大大缩短了网络的使用寿命。

为了解决泛洪法的缺点，提出了一种衍生的方法，称为闲聊法[14,15]。与泛洪法类似，闲聊法利用了简单的转发规则，且不需要昂贵的拓扑维护或复杂的路由发现算法。但与泛洪法将数据包广播给所有相邻节点不同，闲聊法要求每个节点将传入的数据包发送给随机选择的邻居。邻居收到数据包后再次选择它的一个邻居，然后向其转发数据包，此过程一直迭代，直到数据包到达其预定目的地或者超出最大跳数。闲聊法通过限制每个节点发送给其邻居的数据包的数量，来避免爆炸问题。数据包在到达目的地的途中可能会遭受很大的延迟，尤其是在大型网络中，这主要是由协议的随机性引起的，其本质上就是一次探索一条路径。

(2) 通过协商获取信息的传感器协议

Sensor protocols for information via negotiation（SPIN）是一种以数据为中心的基于协商的 WSN 信息分发协议[16]。这些协议的主要目标是有效地将单个传感器节点收集到的观测信息，传播给网络中的所有传感器节点。

SPIN 及其相关同类协议的主要目标，是解决传统信息传播协议的缺点，克服它们的性能缺陷。这类协议的基本原理是数据协商和资源适配。基于语义的数据协商要求，在网络节点传输数据之前，使用 SPIN 协议的节点必须“学习”数据的内容。SPIN 利用数据命名，即节点将元数据与所生产的数据关联起来，并在传输实际数据之前使用这些描述性数据进行协商，对数据内容感兴趣的接收器可以发送请求以获取数据。这种协商方式确保数据只发送给对其感兴趣的节点，从而消除了流量内爆，大大减少了整个网络中冗余数据的传输。此外，元数据描述符的使用，消除了重叠的可能性，因为节点可以只请求它们感兴趣的数据。

资源适配允许传感器节点运行 SPIN，使其活动适合其能源的当前状态。网络中的每个节点都可以探测其相关资源管理器，以便在发送或处理数据之前记录其资源消耗。当能量水平降低时，节点可能会减少或完全取消某些活动，例如转发第三方元数据和数据包。SPIN 的资源适配特性，能够延长节点的寿命，从而延长网络的寿命。

为了进行协商和数据传输，运行 SPIN 的节点使用了三种类型的消息。第一种消息类型 ADV 用于在节点之间广播新数据，网络中想要与其他节点共享数据的节点，可以通过先传输包含元数据（用于描述数据）的 ADV 信息来广播其数据。第二种消息类型是 REQ，用于请求感兴趣的广播数据。一旦接收到包含元数据的 ADV，想要接收这些数据的网络节点便会发送一个 REQ 信息给源广告节点，然后源节点传送所请求的数据。第三种消息类型 DATA，包含传感器收集的实际数据以及元数据标头。该数据信息通常比 ADV 和 REQ 要大，后者只包含比相应的数据信息小得多的元数据。使用基于语义的协商来限制数据消息的冗余传输，可以显著降低能耗。

SPIN 的基本行为如图 3-30 所示。在该图中，数据源即传感器节点 A 通过发送一个包含元数据（用于描述数据）的 ADV 信息来发送数据给其最邻近的节点，即传感器节点 B。节点 B 表示对广播的数据感兴趣，并发送一个 REQ 消息以获得数据。节点 B 一旦接收到消息便会发送一个 ADV 信息，以向其邻近节点广播新接收到的数据。这些邻居中只有节点 C 和 E 表示对数据感兴趣。这两个节点向节点 B 发出 REQ 消息，最终节点 B 将数据传递给每个请求节点。

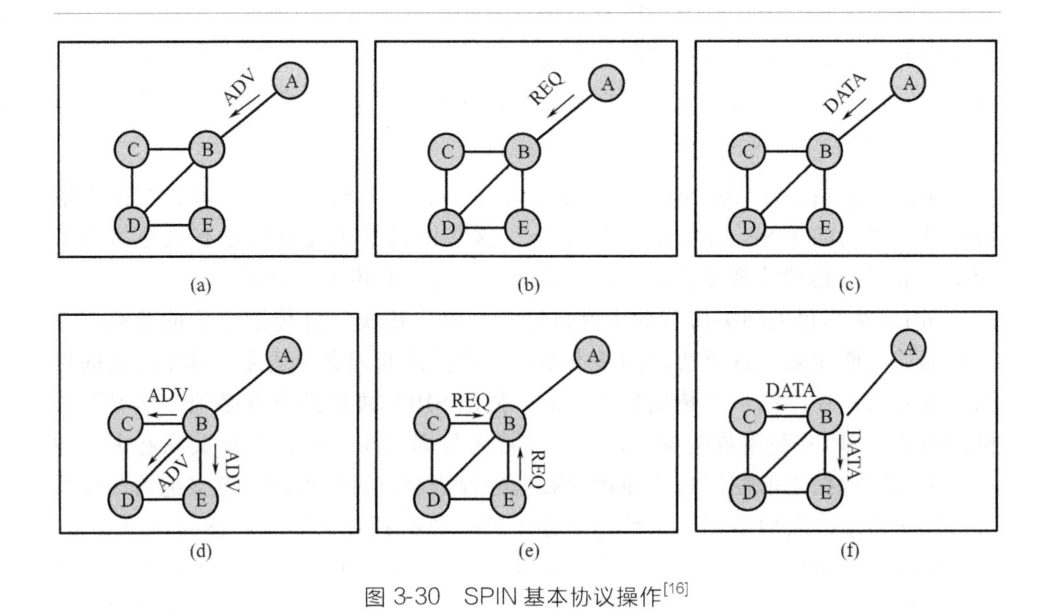

图 3-30 SPIN 基本协议操作[16]

SPIN 最简单的版本叫做 SPIN-PP，用于点对点通信网络。SPIN-PP 使用三步握手协议：第一步，拥有数据的节点 A 发送一个广播包；第二步，节点发送一个数据请求，表示想要接收数据；第三步，节点 A 响应该请求并向节点 B 发送数据包。这便是三步握手过程。SPIN-PP 通过协商来克服传统泛洪法和闲聊法协议的内爆和重叠问题。基于仿真的 SPIN-1 性能研究表明，该协议的能耗比泛洪法少了 3.5 倍。同时，该协议还实现了高速率数据传输，接近理论最优。

SPIN-EC 是该基本协议的扩展，它有一个基于阈值的资源意识机制，用于进行数据协商。当其能量水平接近低阈值时，运行 SPIN-EC 的节点便会减少它在协议运行中的参与度。具体而言，只有当一个节点推断出它能够完成协议操作的所有阶段而不会使其能量级降低到阈值以下时，它才参与协议操作，因此，当节点收到广播时，如果它确定其能源资源不够用于发送 REQ 消息，并接收相应的数据信息，则该节点不会发送 REQ 消息。该协议的仿真结果表明，每用一单位的能量，SPIN-EC 传播的数据就比泛洪法多 60%。此外，数据显示，SPIN-EC 非常接近每单位能量可传播的理想数据量。

SPIN-PP 和 SPIN-EC 都是为点对点通信而设计的。SPIN 家族的第三个成员 SPIN-BC 专为广播网络而设计。在广播网络中，节点共享一个通信信道，当一个节点在广播信道上发送数据包时，数据包会被发送节点所在的一定范围内的所有其他节点接收。SPIN-BC 协议利用了信道的广播能力，并让收到 ADV 信息的节点不要立即响应 REQ 信息。节点等待一段时间，在此期间它会监视通信信道。如果节点监听到另一个节点发送了REQ信息想要接收数据，则该节点会取消自己的请求，从而消除对相同信息的冗余请求。此外，在接收到REQ消息后，即使接收到对同一信息的多个请求，广播节点也只发送一次数据信息。

SPIN-BC协议的基本操作如图3-31所示。在此配置中，保存数据的节点A发送一个ADV数据包，将数据广播给它的相邻节点。所有节点都听到了通告，但是节点C第一个向节点A发出REQ包。节点B和节点D听到了节点C的广播请求，故没有发送自己的REQ包。节点E和节点F要么对所发布的数据不感兴趣，要么有意推迟它们的请求。在听到节点C的请求后，节点A发送数据包。节点A的传输范围内的所有节点都会接收到数据包，包括节点E和F。在广播环境中，SPIN-BC可以通过消除数据请求和响应的冗余交换来降低能耗。

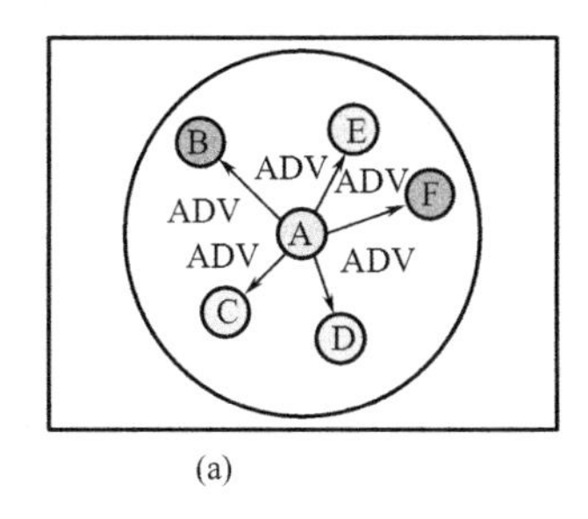

(a)

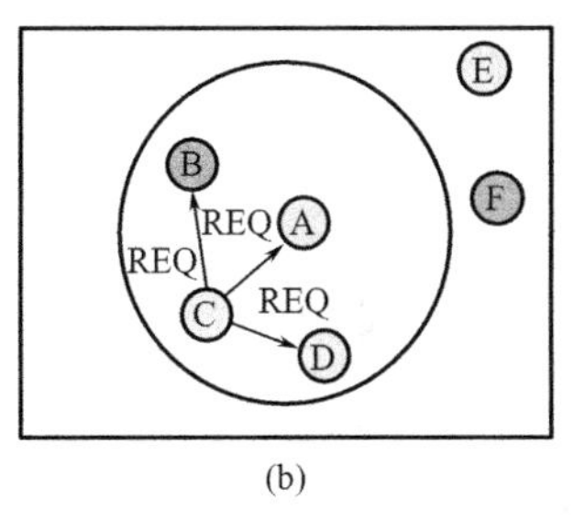

(b)

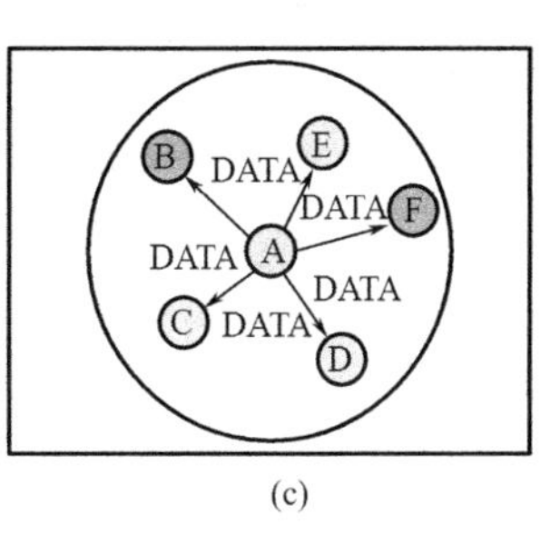

(c)

图3-31 SPIN-BC协议的基本操作

SPIN系列的最后一个协议是SPIN-RL，它扩展了SPIN-BC的功能，以提高其可靠性和克服因信道损耗而造成的传输错误。可靠性是通过定期广播ADV和REQ消息来提高的。SPIN-BC中的每个节点都跟踪它所听到的广播以及这些广播源自的节点，如果一个节点在一定时间内没有收到它所请求的数据，则该节点会再发送一次请求。再者，可靠性可以通过周期性地反复广播元数据来改善。除此之外，SPIN-RL节点会限制重发数据信息的频率。当发送过一个数据信息后，节点会等待一段时间，然后再响应同一数据的其他请求。

SPIN协议解决了泛洪法和闲聊法的主要缺点。仿真结果表明，SPIN比泛洪法或闲聊法更节能，且SPIN的传播速率大于或等于它们中的任何一个。SPIN是通过将拓扑变化局部化和利用语义协商消除冗余信息的传播来实现这些效益的。但值得注意的是，局部协商可能不能覆盖整个网络，也不能确保所有想要接收数据的节点都接收到数据广告并最终获取数据，因为中间节点可能对数据不感兴趣，在接收到相应ADV消息时会将其丢弃。这一缺陷可能会妨碍对特定应用的使用，如对入侵检测监控和关键基础设施的保护。

(3) 低功耗自适应集簇分层型协议

Low-energy adaptive clustering hierarchy（LEACH）是一种路由算法，用于收集和传送数据到数据接收器（通常是基站）[17]。LEACH 的主要目标是：

① 延长网络的使用寿命；

② 降低每个网络传感器节点的能耗；

③ 使用数据聚合来减少通信信息的数量。

为了实现这些目标，LEACH 采用分层的方法将网络组织成一簇。每个簇由选定的簇头进行管理。簇头负责执行多个任务。第一个任务是定期收集簇成员的数据，簇头会将收集到的数据聚合起来，以消除相关值之间的冗余[17,18]。第二个主要任务是将聚合的数据直接发送到基站。聚合数据的传输是通过单跳实现的。LEACH 使用的网络模型如图 3-32 所示。第三个主要任务是创建一个基于 TDMA 的调度，簇中的每一个节点都会分到一个时隙用于传输。簇头通过广播向其簇成员发布调度。为了减少簇内外传感器之间发生冲突的可能性，LEACH 节点使用了基于码分多址的通信方案。

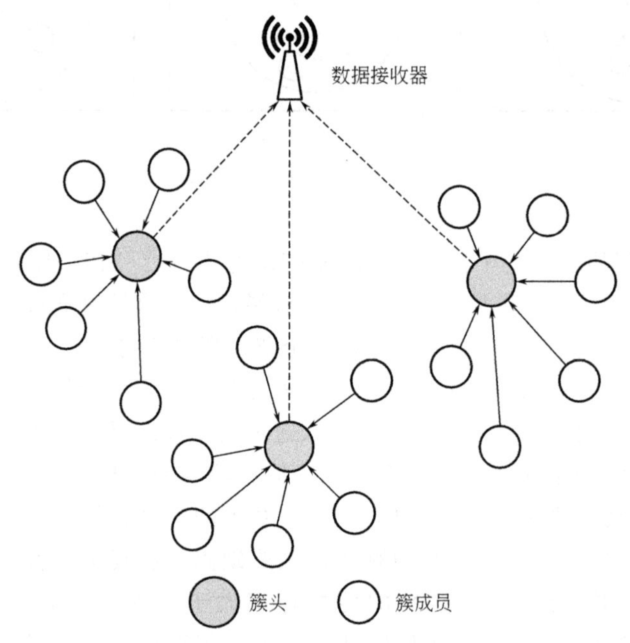

图 3-32 LEACH 网络模型

LEACH 的基本操作分为两个阶段。第一阶段是设置阶段，包括簇头选择和簇形成；第二阶段是稳态阶段，包括数据收集、聚合和向基站传输，设置的时间相对短于稳态阶段的时间，以尽量减少协议开销。

在设置阶段的开始，选择簇头。轮流选择节点作为簇头，这样才能保证网络中的所有节点平摊能耗。一个节点 n 为了确定自己是否成为一个簇头，会生成一个 0 到 1 之间的随机数 v，并将其与簇头选择阈值 $T(n)$ 相比较。若 v 小于 $T(n)$，则节点成为簇头。簇头选择阈值是为了保证在每一轮中，预定节点 P 能有很大概率被选为簇头。此外，簇头选择阈值还保证了在最近 $1/P$ 轮中当过簇头的节点不会再被选为簇头。

为了满足这些要求，竞争节点 n 的阈值 $T(n)$ 可以表示如下：

$$T(n)=\begin{cases} 0 & ,n\notin G \\ \dfrac{P}{1-P[r\bmod(1/P)]}, & \forall n\in G \end{cases} \tag{3-6}$$

变量 G 表示在最后 $1/P$ 轮中没有被选中成为簇头的节点集，r 表示当前为第几轮。预定义的参数 P 代表簇头概率。很明显，如果一个节点在最近的 $1/P$ 轮中当过簇头，那么它在本轮中将不会被选为簇头。

当选择好簇头后，被选为簇头的节点向网络中的其他节点广播其新角色。在收到簇头通告后，剩下的节点选择加入一个簇。选择标准可以基于接收到的信号强度以及其他因素，然后节点通知它们所选择的簇头，表示它们想成为簇成员。

当簇形成后，每一个簇头会创建并分发 TDMA 调度，该调度指定了分配给每个簇成员的时隙。每个簇头还选择一个 CDMA 码，然后将其分发给所有簇成员。为了减少簇间干扰，需要谨慎选择该代码。设置阶段的完成标志着稳态阶段的开始。在稳态阶段，节点周期性地收集信息，并利用它们被分配到的时隙，将收集到的数据传给簇头。

仿真结果表明，LEACH 节省了大量能源。这些节省主要取决于簇头实现的数据聚合率。然而，LEACH 也有几个缺点。所有节点能够以一跳到达基站的假设是不现实的，因为节点的能力和能量储备可能因节点而异。此外，稳态周期的长度对于节能是很重要的，这可以抵消簇选择过程所引起的开销。短的稳态周期会增加协议的开销，而长的稳态周期可能导致簇头能量的耗尽。已经提出了几种算法来解决这些缺点。LEACH 的扩展协议（XLEACH）在簇头选择过程中考虑到了节点的能量水平。由此，节点 n 用于确定它在本轮中是否会成为一个簇头的簇头选择阈值 $T(n)$ 的定义是：

$$T(n)=\frac{P}{1-P[r\bmod(1/P)]}\left[\frac{E_{n,\mathrm{current}}}{E_{n,\max}}+\left(r_{n,s}\operatorname{div}\frac{1}{P}\right)\left(1-\frac{E_{n,\mathrm{current}}}{E_{n,\max}}\right)\right] \tag{3-7}$$

式中，$E_{n,\mathrm{current}}$ 是当前能量；$E_{n,\max}$ 是传感器节点的初始能量，变量 $r_{n,s}$ 是一个节点没有成为簇头的连续轮数。另外，当节点成为簇头时，将 $r_{n,s}$ 设置为 0。

LEACH 协议能够降低能耗。LEACH 中的能量需求分布在所有传感器节点上，节点基于其剩余能量以循环方式假定簇头。LEACH 是一种完全分布式的算法，不需要来自基站的控制信息。簇管理是在局部实现的，这就消除了对全局网络知识的需求。此外，簇的数据聚合也大大有助于节约能源，因为节点不再需要直接将信息发送到接收器。仿真结果表明，LEACH 优于传统的路由协议，包括直接传输和多跳路由、最小传输能量路由和基于静态簇的路由算法。

(4) 传感器信息系统中高效的收集

Power-efficient gathering in sensor information systems (PEGASIS) 及其扩展 (分层 PEGASIS)，是 WSN 的路由和信息收集协议簇[19]。PEGASIS 的主要目标有两个：第一，通过在所有网络节点上实现高能量效率和均匀的能量消耗，来延长网络的寿命；第二，减少数据到达接收器的延迟。

PEGASIS 设计的网络模型假设在一个地理区域内部署了同类节点群。假定节点具有关于其他传感器位置的全局知识，且它们能够任意控制其覆盖范围。这些节点可能还配备有 CDMA 的无线电收发器。节点的任务是收集数据并将数据发送到接收器 (通常是无线基站)。其目标是开发一种路由结构和聚合方案，以减少能量消耗，并以最小的延迟将聚合数据传送到基站，同时平衡传感器节点之间的能量消耗。与其他依赖于树状结构或基于簇的分层网络组织来进行数据收集和传播的协议不同，PEGASIS 采用链式结构。

在这种结构的基础上，节点与它们的最邻近节点进行通信。从离接收器最远的节点开始构建链，逐步将网络节点添加到链中。从当前链中顶部节点的最近邻居开始，链外的节点以贪婪的方式添加到链中，直到链包含所有节点为止。为了确定最近邻节点，使用信号强度来测量到所有邻近节点的距离。利用这些信息，节点可以调整信号强度，以便只听到最近的节点。

选择链内的一个节点作为链头，用于将聚合数据传输到基站。每一轮链头的位置都会变化。数据接收器可以管理轮次，并且从一轮到下一轮的转换，可以由数据接收器发出的大功率信标触发。链节点之间轮流担任链头，可以保证所有网络节点之间的能量消耗均衡。然而，值得注意的是，作为链头的节点，它与数据接收器的距离是任意的，因此，该节点可能会高功率传输以到达基站。

PEGASIS 中的数据聚合是沿着链条实现的。在最简单的形式中，聚合过程可以按如下顺序执行。首先，链头向链右端的最后一个节点发出一个令牌。接收到令牌后，终端节点将其数据发送到链中的下游邻居来传给链头。邻节点聚合数据并将其传输到它们的下游邻居，如此反复，直到数据到达链头。当从链的右端接收到数据后，链头再向链的左端发出令牌，并且执行相同的聚合过程，直到左端的数据到达链头。链头接收到来自两端的数据后，便聚集数据并将其发送给数据接收器。虽然简单，但是在聚集数据送到基站之前，按序聚合的方案可能会导致较长的延迟。然而，如果不能无干扰地进行任意近距离的同时传输，那么这种顺序方案可能是必要的。

沿链使用并行数据聚合，可以减少将聚合数据传送到接收器所需的延迟。如果传感器节点配备有 CDMA 功能的收发器，则可以实现高度的并行性。无干扰任意近距离传输的能力，可以用于“覆盖”链上的层次结构，并且使用嵌入式结构进行数据聚合。每一轮中，给定层的节点会向其上一层相邻节点传输数据，一直持续到聚合数据到达层次结构顶层的中心节点，然后中心节点将最终数据聚合，并传送给基站。

通过图 3-33 所示来说明基于链的方法。本例假设所有的节点都有网络的全局知识，并且采用贪婪算法来构造链，还假设节点轮流发送数据给基站，因此节点 $i \bmod N$（其中 N 表示节点总数）负责在第 i 轮将聚合数据传送给基站。根据这个分配，节点 3 位于链中的位置 3，是第 3 轮的中心节点。所有处于偶数位置的节点都必须将其数据发送给右边的邻居。在下一级，节点 3 仍处于奇数位置，因此，所有处于偶数位置的节点都会聚合数据，并将数据传输给右边的邻居。在第三级，节点 3 不再处于奇数位置，节点 7 是节点 3 旁边唯一上升到该级的节点，节点 7 聚合数据并将数据传输给节点 3。节点 3 依次将接收到的数据与自己的数据聚合，并将它们发送到基站。

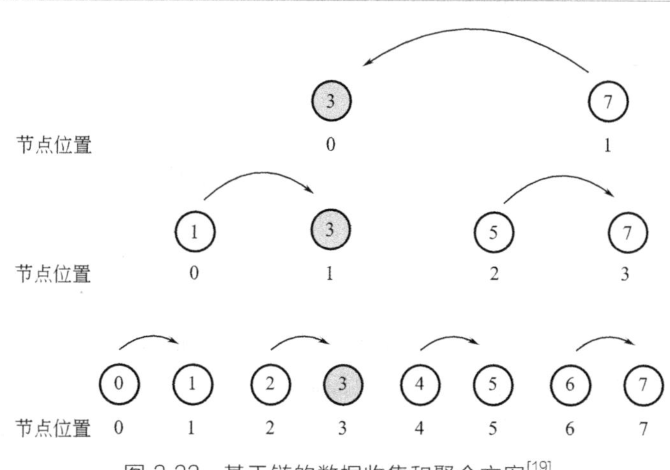

图 3-33 基于链的数据收集和聚合方案[19]

由于节点以高度平行的方式运行，所以基于链的二进制方法会导致能量的大幅度减少。此外，由于分层的树状结构是平衡的，所以该方案保证在$\log_2 N$ 步骤后，聚合数据到达中心节点。基于链的二进制聚合方案已经在 PEGASIS 中用作实现高度并行性的替代方案。对于具有 CDMA 能力的传感器节点，已经证明该方案具有最佳的能量延迟积（一个平衡能量和延迟成本的指标）。

顺序方案和基于 CDMA 的全并行方案构成了设计谱的两个端点。第三种方案不需要节点收发器具备 CDMA 功能，它能够在两种极端方案之间取得平衡，并达到某种程度的并行性。该方案的基本思想是空间分离的节点同时传输数据。根据该限制，分层 PEGASIS 创建了一个三级层次结构，其中将网络节点分成三组。每组内数据同时聚合，并在组间交换。聚合的数据最终到达中心节点，中心节点再将数据传送给接收器。值得注意的是，必须仔细安排同步传输，以避免干扰。此外，必须适当调整三级层次结构，让节点能够轮流做中心节点。

对 PEGASIS 分层扩展的仿真结果表明，在 LEACH 等方案上有相当大的改进。此外，已证明分层方案优于原 PEGASIS 算法 60 倍。

（5）定向扩散

定向扩散是一种以数据为中心的路由协议，用于 WSN 中的信息收集和传播。该协议的主要目的是大幅度节约能源，从而延长网络的寿命。为了实现这一目标，用定向扩散保持节点之间的交互，而信息交换则局限在有限的网络附近。通过局部相互作用，直接扩散仍可以实现强大的多径传输，并适应网络路径的最小子集。该协议的这一特性再加上节点对查询响应的聚合能力，可大幅度节约能源。

直接扩散的主要元素包括兴趣、数据信息、梯度等。定向扩散使用发布-订阅信息模型，其中查询者使用属性-值表达兴趣。可以将兴趣看作一个询问，它指定了查询者想要的东西。

对于每个主动传感任务，数据接收器周期性地向每个邻居广播一个兴趣消息。该消息作为指定数据的兴趣在整个传感器网络中传播。这一试探性兴趣信息的主要目的，是确定是否存在可以服务所需的兴趣的传感器节点。所有传感器节点都维护一个兴趣缓存。兴趣缓存的每项对应不同的兴趣。缓存项包含几个字段，包括时间戳字段、每个邻居的多个梯度字段和持续时间字段。时间戳字段包含接收到的最后收到的匹配兴趣的时间戳。每个梯度字段都指定数据发送的速率和方向。数据速率的值来源于兴趣的区间属性。持续时间字段表示了兴趣的大致寿命。持续时间的值来自于该属性的时间戳。

梯度可以看成指向兴趣传输方向上相邻节点的回复链接。整个网络中兴趣的扩散以及网络节点上梯度的建立，使得在对指定数据感兴趣的数据接收器和用于服务数据的节点之间发现和建立路径。检测事件的传感器节点会搜索其兴趣缓存，以查找与兴趣匹配的项。如果找出，则节点会首先计算所有输出梯度中请求的最高事件速率，然后设置其传感器子系统，以最高速率采样事件。其次，节点向梯度下降方向的邻居发送一个事件描述。接收数据的相邻节点，在其缓存中搜索匹配的兴趣项。如果没有找到匹配项，则节点丢弃数据消息且不继续操作。如果存在匹配项，但接收到的数据信息没有相匹配的数据缓存项，则节点将信息加到数据缓存中，并且把数据信息传送给相邻节点。

当接收到兴趣时，节点检查其兴趣缓存以确定其缓存中是否存在此兴趣项。如果不存在该项，则接收节点会创建出一个新的缓存项，然后使用兴趣中包含的信息例示出新创建的兴趣字段的参数。此外，该项包含一个单梯度场，该梯度场有指定的事件速率，并指向发送兴趣的邻节点。如果接收到的兴趣与缓存项相匹配，则节点将更新匹配项的时间戳和持续时间字段。如果项中不包含兴趣发送方的梯度，则节点将添加一个梯度，该梯度的值是由兴趣信息指定的。如果匹配的兴趣项包含兴趣发送方的梯度，则节点只需更新时间戳和持续时间字段。梯度过期后便将其从兴趣中移除。

在梯度设置阶段，接收器建立多条路径。接收器可以通过提高数据率来利用这些路径进行高质量的活动，这是通过路径强化过程实现的。接收器可以选择加强一个或几个特定的邻居，为此，接收器以更高的数据速率在所选择的路径上重新发送原始兴趣消息，从而使得路径上的源节点以更高的频率发送数据。然后保留最常执行的路径，负强化其他路径。除了那些明确加强的网络外，其他网络都可以通过排除高数据速率的梯度来实现负强化。

因环境因素对通信信道的影响而导致的链路故障，以及节点能量耗散或完全耗尽引起的节点失效或性能退化，都可以在定向扩散中修复。这些故障通常是通过降低的速率或数据丢失检测出来的。当传感器节点和数据接收器之间的路径发生故障时，可以利用并增强另一种以较低速率发送的替代路径。有损链接也可以通过以试探性数据速率发送兴趣或简单地让邻居的缓存随着时间的推移而失效来负强化。

定向扩散能够大大节约能源，其局部的相互作用，使其可以在未经优化的路径上获得较高的性能。此外，所得到的扩散机制在一定的网络动力学范围内是稳定的，并且以数据为中心的方法消除了节点寻址的需要。然而，定向扩散范式紧密耦合在语义驱动的按需查询的数据模型中，所以这可能会将其使用限制在适合这种数据模型的应用中，在这种模型中，可以有效而明确地实现兴趣匹配过程。

（6）地理路由

地理路由的主要目标是利用位置信息来制定出一个到目的地的有效路由搜索，它非常适合于传感器网络。在传感器网络中，数据聚合能够通过消除来自不同源的数据包之间的冗余，将向基站传输的数量降到最小。用聚集数据来减少能耗这一需求，将传感器网络中的计算和通信模型，从传统的以地址为中心的范式（在通信的两个可寻址端点之间的交互）转变为以数据为中心的范式（数据的内容比收集数据的节点的身份更重要）。在这种新的范例中，应用可能会发出一个询问来查询特定物理区域内或靠近地标附近的现象。例如，分析交通流模式的科学家，可能对在特定路段行驶的车辆的平均数量、大小和速度感兴趣，而在高速公路的特定路段收集和传播交通流信息的传感器的身份并不像数据内容那么重要。此外，在高速公路的目标区域内的多个节点可以收集和聚合数据，以响应查询。传统的路由方法通常用于发现两个可寻址端点之间的路径，但不太适合处理地理上特定的多维查询。而地理路由利用位置信息到达目的地，并将每个节点的位置用作地址。

除了与以数据为中心的应用兼容之外，地理路由的计算和通信开销也较低。在传统的路由方法中，例如用于有线网络的分布式最短路径路由协议的路由方法，路由器可能需要知道或者总结整个网络拓扑结构，以计算到每个目的地的最短路径。此外，为了保证到达所有目的地的路径正确，当链路发生故障时，路由器需要周期性地更新描述当前拓扑结构的状态。不断更新拓扑状态可能会导致大量开销，该开销与路由器的数量和网络中的拓扑变化率的乘积成正比。

另一方面，地理路由不需要在路由器上保持一个“重”状态，以跟踪拓扑的当前状态。它只需要传播单跳拓扑信息，如“最佳”邻居的位置，就可以做出正确的转发决策。地理路由的自我描述性，以及其局部化决策方法，消除了维护内部数据结构（如路由表）的需要。因此，控制开销大大降低，从而增强了其在大型网络中的可扩展性。这些属性使地理路由成为资源受限传感器网络中路由的可行解决方案。

路由策略　地理路由的目标是使用位置信息来制定一个更有效的路由策略，该策略不需要在整个网络中发送请求包。为了实现这一目标，将数据包发送到位于指定转发区域内的节点。在该方案中（也称为地域群播），只有位于指定转发区内的节点才能转发数据包。转发区域可以由源节点静态定义，也可以由中间节点动态构建，以排除转发数据包时可能引起绕行的节点。如果节点没有关于目的地的信息，则可以以完全定向广播开始路由搜索。如果中心节点对目的地有更好的了解，则可以限制转发区域以便将传输流量引到目的地。将数据包传播的范围限制在指定区域的想法与传感器网络以数据为中心的属性相一致，即对数据内容（而不是传感器本身）感兴趣。策略的有效性在很大程度上取决于当数据传送到目的地时指定转发的定义和更新方式，也取决于指定区域内节点的连通性。

地理路由中使用的第二种策略称为基于位置的路由，它只需节点知道其直接邻居的位置信息，然后采用贪婪转发机制，每个节点将数据包转发给最靠近目的地的相邻节点。已经提出了几个度量来定义紧密度的概念，如欧几里得距离。

基于位置的路由协议有可能减少控制开销并降低能耗，因为用于节点发现和状态传播的泛洪只局限于一个单跳。但是，该方案的效率不仅取决于网络密度和节点的精确定位，更取决于用于将数据流量移动到目的地的转发规则。下节将描述基于位置的路由中常用的各种转发规则，以及用于克服位置信息缺失和障碍的基本技术。

转发方法 地理路由的一个重要方面是用于向最终目的地发送信息的规则。在基于位置的路由中，每个节点根据自己的位置、相邻节点的位置和目的地节点决定下一跳。决策的质量显然取决于节点对全局拓扑结构的了解程度。拓扑结构的局部知识可能会导致次优路径，这是因为当前持有数据包的节点仅根据局部拓扑知识进行转发决策。寻找最佳路径需要全局的拓扑知识，然而，在资源受限的WSN中，拓扑全局知识所带来的开销却令人望而却步。为了克服这一问题，已提出了多种转发策略。

贪婪路由方案在其邻居中选择最接近目的地的节点。在图3-34中，当前持有消息的节点MH选择节点GRS作为转发消息的下一跳。值得注意的是，此方案中使用的选择过程，只考虑比当前消息持有者更接近目的地的节点集。如果该集合是空的，则此方案就不能继续进行。

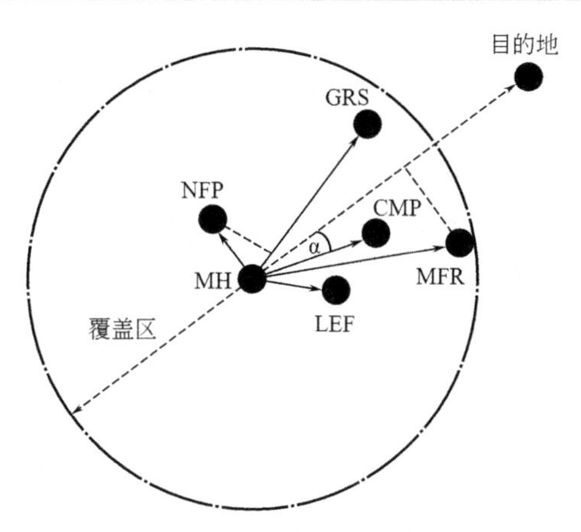

图3-34 地理路由转发策略

在Most-forward-within-R（MFR）中，R表示传输范围，节点将其数据包传送给其邻域内最靠前的节点，从而传给目的地。基于此方法，MH转发的下一跳是节点MFR。这种贪婪的方法是短视的，并不一定会将到目的地的剩余距离降到最小。在Nearest-forward-progress方案中，其选择最近的节点前进。基于这个方案，MH选择节点NFP将消息转发到目的地。指南针路由方案是选择节点和目的地连线与相邻节点和目的地连线之间的夹角最小。在图3-34中，将选择节点CMP作为下一跳，以将流量转发给目的地。低能量转发方案所选择的节点能够局部地将能量需求降到最小，单位为焦耳/米。在图3-34所示的网络配置中，MH选择节点LEF，以将流量转发给目的地。

如前所述，地理路由的可扩展性和以数据为中心的属性，使得它成为WSN

中可行的路由选择，然而，这是以信息持有者已知所有相邻节点或至少一个子集的地理位置为前提。有关节点地理位置的准确信息通常可以从 GPS 设备获得。在某些设置中，传感节点可能配备了 GPS 设备，然而，在大多数情况下，传感器节点的资源和能量限制禁止使用 GPS 设备。已提出一些策略来解决这一缺点。在该策略中，只有 GPS 增强边界节点能够访问精确位置信息。没有 GPS 设备的节点，可以使用多种三角化算法来确定它们的位置和邻近节点的位置。

其他策略假定传感器节点不需要具有知道其位置坐标的能力，它们使用虚拟的而不是物理的坐标系。例如，使用一个虚拟极坐标系统，可以将标记图嵌入到原始网络拓扑中。在这个系统中，每个节点被赋予一个标签，这个标签就是在原始网络拓扑结构中以半径和角度从中心位置对节点的位置进行编码。这些虚拟坐标不依赖于物理坐标，因此可以通过仅使用节点标签，在地理路由中有效地使用这些坐标。值得一提的是，基于虚拟坐标传感器节点的方案可能需要知道到某些参考点的跳数距离，这又可能需要通过周期性地在传感器节点和参考点之间交换信息。

尽管很简单，甚至有路由存在，但贪婪的地理路由方法也有可能无法找到路径或者产生低效路由。这通常发生在没有相邻节点比当前数据持有节点更靠近目的地的时候。

在 WSN 环境中，传感器通常嵌入环境中或部署在不可到达的区域，可能会出现空洞。为了避免空洞，提出了众所周知的图遍历规则，称之为右手法则。该规则规定，当分组从节点 N_j 到达给定节点 N_i 时，遍历的下一跳是从节点 N_i 关于（N_i，N_j）边缘的逆时针方向的节点。在边缘交叉图（即非平面图）上，右手法则可能不能遍历一个封闭面边界。为了在不分割图的情况下去除交叉边，需要将与 WSN 对应的广播图变换成消除了所有交叉边的平面子图，然后进行边界遍历，即数据包沿着空洞的周围路由，也称为面遍历。

结合贪婪遍历和边界遍历，路由算法可以操作如下。路由算法以贪婪模式开始，使用完整的图形。当贪婪方法失败后，节点记录其在数据包中的位置，并将该包记为边界模式。然后边界模式的数据包遵循简单的平面图遍历。在该模式下，数据包依次遍历整个无线网络连通图的平面子图的近距离面，该面是不被图的任何边缘切割的平面的最大可能区域。当数据包到达接近目的地的节点时，恢复为贪婪模式。

在 WSN 中，地理路由因其低开销和局部交互而极具吸引力。不对称链接、网络分区和交叉链接大大增加了该方法的复杂性，可能需要更好的平面图。

3.3.7 传输层

传输控制协议的设计包括两个主要功能：拥塞控制和丢失恢复。对于拥塞控制，需要检测拥塞的发生，并确定拥塞发生的时间和地点。例如，可以通过监视节点缓冲区占用率或链路负载（如无线信道）来检测拥塞。在传统的互联网中，控制拥塞的方法包括在拥塞点的选择性丢弃数据包（如用于主动队列管理方案）、在源节点处调整速率（如TCP中增加加法、减少乘法的技术）以及使用路由技术。WSN中的数据包丢失，通常是由于无线信道的质量、传感器的故障或拥塞造成的。WSN必须通过丢包恢复，保证数据包或应用层的一定可靠性，才能正确传递信息。某些重要的应用需要可靠地传输每一个数据包，因此包级可靠性很重要。而其他应用只需要可靠地传输一定比例的数据包，因此应用可靠性比包级可靠性更重要。用于分组交换网络的传统方法，也可以用来检测WSN的丢包。例如，每一个包都可以携带一个序列号，而接收方可以通过序列号来检测数据包丢失。在检测到丢包后，可以基于端到端或逐跳控制使用ACK或NACK来恢复丢失数据包。在能源方面，如果传输的数据包很少且很少重传，就能保证能源的效率。有效的拥塞控制，可以减少传输过程中的数据包，一个有效的恢复方法可以减少重传。总之，传感器网络的传输控制协议问题，都归结为能量的有效利用。

WSN传输协议的设计应考虑以下因素。

① 执行拥塞控制和可靠的数据传输。由于大多数数据都是从传感器节点到接收器，因此可能会在接收器附近发生拥塞。虽然MAC协议可以恢复由于误码造成的丢包，但是它无法处理由缓存溢出造成的丢包。WSN需要一种丢包恢复机制，如TCP中使用的ACK和选择性ACK[20]。而且，WSN中的可靠传递可能与传统网络有着不同的含义，传统网络的可靠传递是保证每个数据包都能正确传输。对于某些传感器应用，WSN只需要正确接收来自该区域的一小部分传感器的数据包，而不需要正确接收该区域中每个节点的数据包。这一观察结果，可以为WSN传输协议的设计提供重要的线索。此外，使用逐跳法控制拥塞和恢复丢失数据包可能会更有效，因为逐跳法可以减少数据包丢失，从而节约能源。逐跳机制还可以降低中间节点的缓冲区需求。

② WSN的传输协议应该简化初始的连接建立过程，或者使用无连接协议来加快连接进程，提高吞吐量，降低传输延迟。WSN中的大多数应用都是被动的，这就意味着它们在将数据发送给接收器之间，是被动地监视且等待着事件的发生。这些应用可能只发送几个数据包作为一个事件的结果。

③ WSN的传输协议应该尽可能避免丢包，因为丢包会导致能量浪费。为了避免数据包丢失，传输协议应该采用主动拥塞控制（active congestion control，ACC），但要以略微地降低链路利用率为代价。ACC在拥塞实际发生之前触发拥塞避免，当下游邻居的缓冲区大小超过某个阈值时，发送方（或中间节点）可能会减少发送（或转发）速率。

④ 传输控制协议应该保证各种传感器节点的公平性。

⑤ 如果可能的话，应该设计一个跨层优化的传输协议。例如，如果路由算法告诉路由协议路由失败了，则路由协议可以推断出丢包的原因不是拥塞而是路由失败。在这种情况下，发送方可以保持当前的速率。

3.3.7.1 现有传输控制协议的示例

现有的 WSN 传输协议大多分为四类：上游拥塞控制、下游拥塞控制、上游可靠性保证和下游可靠性保证。

（1）CODA

Congestion Detection and Avoidance（CODA）[21] 是一种上游拥塞控制技术，它由三个要素组成：拥塞检测、开环逐跳反压和端到端的多源闭环调节。CODA 通过监测当前缓冲区占用率和无线信道负载来检测拥塞。如果缓冲区占用率或无线信道负载超过阈值，就会发生拥塞。检测到拥塞的节点，将会使用开环逐跳反压通知其上游邻居降低其速率，上游的相邻节点通过诸如 AIMD 这样的方法降低它们的输出速率。最后，CODA 通过一个端到端的闭环方法来调节多源率：

① 当传感器节点超过其理论速率时，节点便在“事件”包中设置一个“调节”位；

② 如果接收器接收到的事件包中已经设置了“调节”位，则接收器向传感器节点发送一个 ACK 消息，并通知它们降低速率；

③ 如果拥塞被清除，接收器将会向传感器节点发送一个立即 ACK 控制消息，通知节点可以增加它们的速率。

CODA 的缺点是：

① 单向控制，只能从传感器到接收器；

② 没有考虑可靠性；

③ 因为接收器发出的 ACK 可能会丢失，所以在拥塞严重时，其闭环多源控制的响应时间会延长。

（2）ESRT

Event-to-Sink Reliable Transport（ESRT）属于上游可靠性保证组，它提供了可靠性和拥塞控制。ESRT 周期性地计算出可靠性值 r，表示在给定的时间间隔内成功接收的数据包的速率。然后，ESRT 利用表达式如 $f=G(r)$，从可靠性值 r 中推算出所需的传感器报告频率 f。最后，ESRT 通过高功率的假设信道，向所有的传感器通知 f 的值。ESRT 采用端到端的方法，通过调整传感器的报告频率，保证所需的可靠性。ESRT 不仅为应用提供了整体可靠性，还通过控制报告频率节约了能源。但缺点是，它向所有传感器都通告相同的报告频率(因为不同的节点可能对拥塞有不同的影响，所以应用不同的频率会更合适)，且主要将可靠性和节能作为其性能指标。

（3）RMST

Reliable Multisegment Transport (RMST)[22] 保证了数据包在上游方向的成功传输。中间节点缓存每个数据包以实现逐跳恢复，或在非缓存模式下运行。在该模式中，只有终端主机能够缓存传输的数据包以实现端到端恢复。RMST既支持缓存模式，也支持非缓存模式。此外，RMST 使用选择性 NACK 和定时器驱动机制进行丢失的检测和通知。在缓存模式下，丢失的数据包通过中间传感器节点进行逐跳恢复。如果中间节点未能找到丢失的数据包，或者工作在非缓存模式下，那么它将把 NACK 向上转发给源节点。RMTS 运行于定向扩散，这是一种路由协议，为应用提供了可靠保证。RMST 的问题是缺乏拥塞控制、能源效率和应用层可靠性。

（4）PSFQ

Pump Slowly，Fetch Quickly (PSFQ)[23] 将数据速率调到一个相对较低的值，但允许丢失数据的节点从近邻中恢复丢失部分，从而将数据从接收器分发到传感器中。该方法属于下游可靠性保障组。其目的是实现宽松的延迟边界，同时通过将数据恢复局限于近邻，从而将数据恢复最小化。PSFQ 的工作原理是：接收器每过 T 时间单位向其邻居广播一个数据包，直到发出所有数据片段；一旦检测到序列号缺口，传感器节点便进入读取模式，并在反向路径中发出一个 NACK，以恢复缺失的片段；除非发送 NACK 的次数超过预定义的阈值[23]，否则相邻节点将不会转发 NACK；最后，接收器可以通过简单的可扩展的逐跳报告机制，要求传感器为其提供数据传输状态信息。PSFQ 的主要缺点：

① 无法检测到单包传输的丢包；

② 利用缓存进行的逐跳恢复需要更大的缓冲区。

（5）GARUDA

GARUDA[24] 位于下游可靠性组，它基于两层节点架构，选择距离接收器 $3i$ 跳的节点作为核心传感器节点（i 是整数），其余节点（非核心）称为二级节点。每一个非核心传感器节点都选择一个附近的核心节点作为其核心节点，并利用相应的核心节点恢复丢失的数据包。GARUDA 使用一个 NACK 消息来检测和通知丢失。丢失恢复分为两类：核心传感器节点之间的丢失恢复[24]，以及非核心传感器节点与其核心节点之间的丢失恢复。因此，为了恢复丢包而进行的重传，看起来像是纯逐跳和端到端的一个混合方案。GARUDA 设计了一种重复等待第一个数据包的脉冲传输，以保证单包或第一次数据包传递的成功。此外，脉冲传输不仅用于计算跳数，还用于为构建一个两层的节点架构选择核心传感器节点。GARUDA 的缺点包括在上游方向缺乏可靠性，缺乏拥塞控制。

（6）ATP

Ad Hoc Transport Protocol（ATP）[25] 基于接收器和网络辅助端到端的反馈控制算法，使用选择性 ACK 进行丢包恢复。在 ATP 中，中间网络节点计算指数分布的数据包排队和传输延迟的总和，称为 D，所需的端到端速率被设置为 D 的倒数。在遍历给定传感器节点的所有数据包上计算 D 的值，若 D 的值超出每个输出包所携带的值，则它会在转发数据包之前更新域。接收方计算所需的端到端速率（D 的倒数）并将其反馈给发送方，发送方可以根据接收到的值来智能地调整其发送速率。为了保证可靠性，ATP 使用选择性的 ACK 作为一个端到端的机制来检测丢包。ATP 将拥塞控制与可靠性分离开来，从而实现比 TCP 更好的公平性和更高的吞吐量。然而，该设计没有考虑到能源，这就引起了端到端控制方案的 ATP 最优化问题。

3.3.7.2 传输控制协议存在的问题

在协议的设计中，需要仔细考虑到 WSN 传输协议的主要功能有拥塞控制、可靠性保证和节能。文献中现有的大多数协议都保证上游或下游的拥塞或可靠性（两者只有其一），但 WSN 中的某些应用需要在两个方向上都有，例如重分配和关键时间敏感的监测操作。现有的 WSN 传输协议的另一个问题是，它们只能控制端到端或者逐跳中的一个拥塞。虽然在 CODA 中，同时拥有用于拥塞控制的端到端和逐跳机制，但 CODA 同时使用它们而不是自适应地选择某一个使用。将端到端和逐跳机制相结合的自适应拥塞控制方法，对不同应用的 WSN 有较大的帮助，同时由于传感器节点操作的节能和简化，该方法更有用。

目前研究的传输协议要么提供了数据包级可靠性，要么提供了应用层的可靠性（如果有可靠性的话）。如果一个传感器网络支持两个应用，一个需要数据包级可靠性，另一个需要应用层可靠性，那么现有的传输控制协议将面临困难。因此，需要一种自适应恢复机制，来支持数据包级和应用级可靠性以及能量效率。

3.3.7.3 传输控制协议的性能

（1）拥塞

两种通用的拥塞控制方法是端到端和逐跳法。在一个诸如传统 TCP 的端到端方法中，源节点的任务是在接收器辅助模式（基于 ACK 的损失检测）或网络辅助模式（使用明确的拥塞通知）下检测拥塞，因此，只在源节点调整速率。在逐跳拥塞控制中，中间节点检测拥塞并通知始发链路节点。逐跳控制法比端到端法更快地消除拥塞，还能够降低传感器节点中的丢包和能耗。

这里提供了一个简单的模型来帮助理解拥塞控制对能源效率的影响。假设如下：

① 在源节点和接收节点之间有 $h>1$ 跳，每条引入一个延迟 d，链路容量为 C；

② 拥塞在网络中均匀发生，拥塞发生的频率是 f，这取决于网络拓扑、流量特性和缓冲区大小；

③ 当源传输总速率超过 $C(1+a)$ 时，将检测到拥塞；

④ e 是在每个链路上发送或接收数据包所消耗的平均能量。

在端到端的方法中，通知源节点拥塞发生平均需要 $1.5hd$。在该时间间隔内（拥塞发生到源节点收到通知），除了拥塞链路上的节点［流量不能超过 $C(1.5hd)$］，其他节点都可以发送多达 $C(1+a)(1.5hd)$ 个数据包。故因拥塞而丢失的数据包数可以估算为 $n_e=aC(1.5hd)$。

在逐跳方法中，触发拥塞控制所需的时间等于一跳延迟（d），因此，在控制拥塞之前丢失的数据包大约有 $n_b=aCd$。

令 $N_s(T)$ 为在拥塞链路上成功传输的数据包的数量，$N_d(T)$ 为在时间间隔 T 内因拥塞而丢失的数据包数量。每个丢失的数据包都平均经过 $0.5H$ 跳。拥塞控制机制的能量效率的定义为：

$$E_c=\frac{N_s(T)He}{N_s(T)He+N_d(T)(0.5H)e}=\frac{N_s(T)}{N_s(T)+0.5N_d(T)} \tag{3-8}$$

其中，E_c 是成功发送一个数据包所需的平均能量比。在理想情况下，即没有拥塞时，E_c 是 1。因此，对于端到端的拥塞控制：

$$E_c=\frac{N_s(T)}{N_s(T)+0.5N_d(T)}=\frac{TC}{TC+0.5fTn_e}=\frac{4}{4+3fahd} \tag{3-9}$$

对于逐跳控制：

$$E_c=\frac{N_s(T)}{N_s(T)+0.5N_d(T)}=\frac{TC}{TC+0.5fTn_h}=\frac{2}{2+fad} \tag{3-10}$$

从式（3-9）和式（3-10）可以看出，端到端机制的能量效率取决于路径长度 H，而逐跳控制的能量效率与路径长度无关，因此效率比更高。

CODA 将能量效率定义为传感器网络中丢失的数据包的总数与经过逐跳拥塞控制后接收器接收到的数据包的总数之比。因此，比值越低，能量效率越高。

（2）丢包恢复

恢复丢失的数据包一般有两种方法：缓存恢复和非缓存恢复。非缓存恢复是一个类似于传统 TCP 的端到端的 ARQ（自动重复请求）。基于缓存的恢复使用逐跳方法，并依靠中间节点的缓存，在两个相邻节点之间进行重传。而在非缓存的情况下，h 跳中可能会发生重传，因此需要更多的总能量。缓存点的定义是在一定时间内，局部复制传输数据包的节点；丢包点的定义为因拥塞而丢失数据包的节点。重传路径长度 l_p 的定义为从缓存节点到丢包节点的跳数。因此，在非缓存情况下，$l_p=h_1$，其中 h_1 是从丢包点到源节点；在缓存情况下，如果相邻节点发生丢包，则 l_p 可能为 1。因为传感器节点的缓冲区空间有限，所以数据包副本只能储存一段时间。故在缓存情况下，l_p 可能大于 1，但永远小于 $h_1(1<l_p<h_1)$。在基于缓存的恢复中，不同的算法可能具有不同的重传路径长度 l_p，并引入不同的能量效率。

在基于缓存的恢复中，每个数据包都存储在它访问的每个中间节点中，直到相邻节点成功地接收数据包，或者出现超时（以较早者为准）。在该情况下，l_p 很有可能接近于 1。另一种情况是分布式缓存，数据包的副本分布在中间节点中，每个数据包都只存储在一个或几个中间节点中。分布式缓存可能比常规缓存具有更长的 l_p（但仍比非缓存时小），且需要更少的缓冲空间。

3.3.8 中间件技术

中间件通常位于应用层之下，操作系统和网络协议之上，管理应用需求，隐藏底层细节，便于应用的开发部署和管理。由于 WSN 与传统的网络或分布式计算系统有很大的不同，故它这方面有特殊的要求。

WSN 中间件设计面临的挑战[26]：

① 拓扑控制，将传感器节点重新配置为连通网络；

② 能量感知以数据为中心的计算；

③ 专用集成，因为将应用信息集成到网络协议中可以提高性能并节省能量；

④ 有效利用计算和通信资源；

⑤ 支持实时应用。

WSN 的基本中间件功能如下[26]：

① 对不同应用的系统服务　为了方便地部署当前和将来的应用，中间件需要提供标准化的系统服务；

② 协调和支持多应用的环境　这是实现不同应用和创建新应用所必需的；

③ 实现系统资源自适应和高效利用的机制　这些机制提供了动态管理 WSN 有限和可变的网络资源的算法；

④ 多 QoS 维度之间的有效权衡　这可以用来调整和优化所需的网络资源。

WSN 中间件的设计原理[26,27] 如下：

① 需要局部算法作为分布式算法，通过与相邻节点通信来实现全局目标；

② 需要自适应保真算法在结果质量和资源利用率之间进行权衡；

③ 需要以数据为中心的机制来进行网络内的数据处理和查询，以及将数据

与物理传感器解耦；

④ 需要将应用知识整合到中间件所提供的服务中，以提高资源和能源效率；

⑤ 需要轻量级中间件进行计算与通信；

⑥ 需要进行应用 QoS 折中，因为 WSN 资源有限，QoS 不能同时满足于所有应用。

通过这种方式，中间件可以帮助应用程序与低级网络协议进行协商，从而提高性能并节省网络资源。要完成此任务，中间件不仅需要了解，还需要分析和概括应用和网络协议的特性。其余的任务是根据当前的网络状态和所需的应用 QoS 来构造应用和网络协议之间的有效映射，该映射可以作为应用可调用的中间件服务实现。中间件服务提供应用知识及其当前的 QoS 和网络状态，进而对网络资源进行管理和控制。在某些情况下，中间件会通知应用改变其 QoS 要求，但是这需要应用具有自适应性。

3.3.8.1 中间件结构

一般的中间件结构如图 3-35 所示。中间件从应用和网络协议中收集信息，并确定如何支持应用，同时调整网络协议参数。中间件有时候会绕过网络协议直接与操作系统连接。WSN 与传统中间件的主要区别在于前者需要动态调整底层网络协议参数，配置传感器节点，以提高性能和节约能源。中间件的关键是概括应用的一般特性，并将应用需求映射到协议参数调整的操作中。例如，中间件包含以下功能元件：资源管理、事件检测和管理以及应用编程接口。资源管理功能元件监视网络状态并接收应用需求，然后生成命令来调整网络资源。事件检测和管理功能元件用于检测和管理诸如传感之类的事件。应用编程接口可以被应用程序调用，以获得更好的性能和网络利用率。

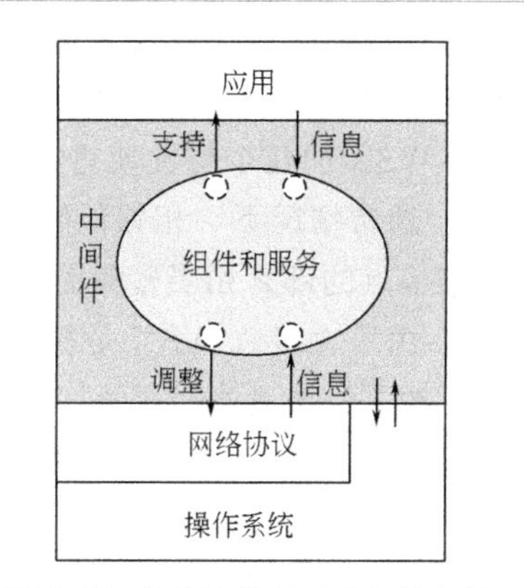

图 3-35 WSN 的通用中间件架构

因为 WSN 是以数据为中心的设备，所以中间件将包含数据管理功能，例如数据传播、数据压缩和数据存储。

数据传播 在 WSN 中，部署的传感器节点生成数据。所感测到的数据需要传输到某个特殊节点或接收器，进行进一步分析、管理和控制，因此，需要一个数据传播协议来保证从传感器节点到接收器的有效数据传输。数据传播协议与路由协议有一定的关系。路由协议是通用的，其目的是在源节点和目的节点之间找到一条路径；而数据传播协议的目的是保证从节点到接收器的成功传输。数据传播协议至少包含两个阶段：

① 触发数据传输的初始阶段　通常由接收器发送一个查询通知传感器节点其意图来发起，该查询包含指导数据从节点传输到接收器的信息、数据报告的频率、数据报告发生的时间间隔等；

② 数据传输阶段　传感器节点向接收器报告数据，数据传播协议指示数据是以广播还是单播方式传输，路由协议和其他技术（如数据复制和缓存）也可用于性能优化。

有些协议，如定向扩散（DD）[28]，认为 WSN 只有一个接收器。后来的协议，如双层数据传播（TTDD）[29] 和访问环境中数据的接收器，认为 WSN 有多个接收器。在 DD 中进行的是泛洪查询，初始数据也广播给所有邻居用来建立一条加强的路径，但后来的数据仅在加强的路径上传输。TTDD 为数据传播提供了双层网格结构。在 TTDD 中，传感器节点需要公布网格结构的构建过程，然后只在小于网格单元的区域泛洪查询，以便找到附近的传播节点。传播节点是最接近网格交叉点的节点。如果源节点到多个接收器有相同部分，则 SAFE 会尝试共享和压缩数据传播，这样可以避免重复数据，节省能量。

数据压缩　通信组件消耗了 WSN 中的大部分能量，而计算消耗较少。因此需要部署数据压缩技术，这可能会增加计算所需能量，但能够减少数据包传输的数量。WSN 的几个特性使得实现有效的数据压缩协议成为可能：

① 通常情况下，相邻传感器节点采集到的数据是相关的，尤其是当网络中传感器节点的部署相当密集时；

② 由于大多数 WSN 是树状逻辑拓扑结构，故从传感器节点到接收器的路径上，相关性会越来越显著；

③ 事件的发生类似于时间连续但随机的过程，随机过程的采样有助于从过程中提取信息内容；

④ 应用语义可以实现数据聚合或数据融合；

⑤ 应用程序对数据中可能出现的错误的容忍可能会降低数据读取和报告的频率。

压缩技术包括以下内容。

① 基于信息理论的技术，如 DISCUS[30]。这是一个用于密集微传感器网络的分布式压缩方案，它基于 Slepian-Wolf 编码[31]，不需要转换。由于大多数 WSN 的节点呈树状拓扑结构，其中根是接收器，因此在每个与来自其父节点的数据相关联的节点上，信息都会被压缩或编码。解压缩或解码过程可以由接收器完成，也可以由传感器节点和接收器共同完成。

② 基于数据聚合的压缩方案，用于自组织传感器网络[32] 的小型聚合服务（tiny aggregation，TAG）。TAG 以应用依赖的方式实现了几种基于语义的聚

合，如 MIN、MAX 和 SUM。这种方法对没有这种语义表达式的应用是没有帮助的，且存在聚合点位置的问题。

③ 随机过程的抽样。如果一个应用允许一定程度的误差，那么传感器节点可以自适应地降低采样频率。

数据存储 传感器节点收集与感测事件相关的数据，数据需要存储用于将来使用。数据存储应该考虑的问题有：需要存储什么类型的数据？数据应该存储在哪里？数据如何存储以及存储多长时间？这些问题的答案定义了 WSN 的数据存储要求。WSN 中有两种类型的数据：传感器节点收集的原始数据，以及从最初收集到的数据中分析出的结果（如事件及其位置）。已提出了几种数据存储的方案。

① 外部存储（External storage，ES），检测到的数据传输到外部（集中）主机进行存储。因为所有数据都会被运到中央，但不是所有数据都需要用于以后查询，所以该方法不节能。

② 局部存储（Local storage，LS），收集到的数据局部存储在传感器节点自身中。虽然 LS 方案比 ES 更节能，但查询效率不高。例如，如果对远程的传感器节点中的数据进行频繁查询，那么 LS 将会比数据集中存储方法消耗更多的能量。LS 的一个优点是，在查询过程中可以知道数据位置。

③ 以数据为中心的存储（Data-centric storage，DCS）[33]。在 DCS 中，事件数据是根据事件类型和某些特殊的“主节点”存储的，这些节点可能不是收集的数据的原始位置，因此在 DCS 中，可以根据数据类型将查询路由到相应的主节点。以数据为中心的存储方法可以节省能量，并且很容易通过分布式哈希表等方法实现负载平衡，但不能查询数据的来源。

④ 感知来源的数据存储（Provenance-aware data storage，PADS）[34]。PADS 强调能够查询某些应用程序的数据来源的必要性。在 PADS 中，事件数据局部存储，但数据的索引或指针像 DCS 一样存储在某些“主机”中，故 PADS 同时具有 LS 和 DCS 的优点。

⑤ 多分辨率存储（Multiresolution storage，MRS）[35]。在 MRS 中，数据被分解并划分为若干级：原始数据为 0 级，精细数据为 1 级，粗数据为 2 级。不同级别的数据储存的时间不同，2 级数据储存的时间最长，而原始数据储存的时间最短。MRS 实际上是一种差异化存储方案，它实现了更好的负载平衡，并且降低了通信开销。

3.3.8.2 现有中间件

（1）MiLAN

MiLAN[36] 定义了两类应用程序：数据驱动的应用（收集和分析数据）和基于状态的应用（应用需求可能随着接收到的数据而变化）。MiLAN 表示，需要让应用主动影响网络和传感器自身的中间件，来支持这个不断增长的新类别的应用。每个传感器节点运行一个 MiLAN 版本，该 MiLAN 版本根据其 QoS 要求、与应用之间的相对重要性或期望的交互有关的整个系统，以及关于可用组件和资源的网络，来接收与应用有关的信息。MiLAN 在满足 QoS 需求的同时，调整网络特性以提高应用的寿命[36]。

MiLAN 收到以下信息用于操作：

① 应用的兴趣变量；

② 每个变量所需的 QoS；

③ 来自每个传感器或传感器组的数据能够为每个变量提供的 QoS 级别。

假定对于给定的应用[36]，可以使用来自一个或多个传感器的数据满足每个变量的 QoS，然后应用通过一个包含应用可行集 f_a 的传感器 QoS 图向 MiLAN 提供信息。MiLAN 使用服务发现协议来获得关于传感器节点的信息（如传感器节点，可以提供的数据类型、节点可以使用传输功率电平操作的模式及当前的剩余能量电平），然后确定一组网络支持的传感器（称为网络可行集 f_n），最后在 f_a 和 f_n 的重叠集中选择最优元素，以优化网络配置并尽量延长应用寿命。MiLAN 对应用需求进行描述，并检查了网络条件以满足动态网络配置的性能要求，注重延长应用运行时间，而不是有效利用传感器功率。MiLAN 运行不同类型的应用，并根据应用对节能路由协议进行修改。MiLAN 不适合在只有一个变量的应用中进行优化。

（2）IrisNet

IrisNet[37] 将传统的 WSN 扩展为一个全球性的传感器网络，该全球性传感器网络能够整合多种传感器的数据，数据的范围从高比特率（如装有网络摄像头的电脑）到传统 WSN 产生的低比特率，还可以支持许多面向消费者的服务。IrisNet 是一个由传感代理（sensing agents，SA）和组织代理（organizing agents，OA）组成的双层体系结构。SA 通过一个数据采集接口访问传感器，OA 通过一个分布式数据库存储 SA 产生的特定于服务的数据，且每个 OA 只参与一次传感服务。IrisNet 使用 XML 以分层的方式表示 sensorl 生成的数据，还使用自适应数据放置算法减少查询响应时间和网络流量，同时还平衡了 OA 的负载。IrisNet 为 SA 主机设计了执行环境，在每次 SA 服务中，都可以上传和执行可执行的代码（senselet）。Senselet 通知 SA 使用原始的传感器数据，还执行一组特定的处理步骤，将结果发送到附近的 OA。简而言之，IrisNet 是一种通用的软件基础设施，支持收集、过滤和合并传感器数据等常见的中心任务，并在合理的响应时间内执行分布式查询[37]。IrisNet 不是专门为资源有限的 WSN 设计的。例如，IrisNet 尚未考虑局部算法或 WSN 应用的可能特征。

（3）AMF

AMF[38] 利用“资源和应用的QoS权衡”和“传感器读数的可预测性”来减少信息收集过程中消耗的能量。假设是在满足应用程序的QoS的情况下，可以以预定的精度水平收集近似数据。AMF中有“传感器端”和“服务器端”组件，这些组件通过底层传感器网络基础结构将应用层连接起来。AMF支持基于精度和预测的适应。服务器端组件包括应用质量、数据质量需求转换、自适应精度设置、传感器选择、传感器数据管理和容错。传感器端组件包括传感器状态管理和精确驱动的适应。AMF具有节能的消息更新模式，只有当测量值超过之前的值或预测值（该预测值超出给定错误级）时，传感器才会向服务器发送更新[38]。服务器在指定的时间段内维护每个传感器的活动传感器列表（活动列表）和历史值列表。为了支持基于预测的适应，传感器和服务器存储一组预测模型，并根据网络状态选择最佳模型。在信息收集过程中，AMF试图在资源和质量之间进行权衡，这会使得AMF降低采样频率，但不会影响结果的准确性。

（4）DSWare

DSWare[39] 位于应用程序层和网络层之间，集成了各种实时数据服务，并为应用提供了类似数据库的抽象概念。它包括几个组件：数据存储、数据缓存、组管理、事件检测、数据订阅和调度。在DSWare中[39]，数据被复制到多个物理节点上，这些节点通过基于散列的映射来映射到单个逻辑节点，而查询被定向到任何节点，以避免冲突和平衡节点之间的负载。DSWare中的数据缓存服务监视副本的当前使用情况，并决定是否增加或减少副本数量，以及是否通过在邻域内交换信息，将一些副本移到另一个位置[39]。DSWare为了在传感器节点之间提供局部合作并实现全局目标，合并了组管理，同时它还对WSN中的查询进行实时调度。DSWare中的数据订阅服务将传感器节点间的通信降到最小。

DSWare提供了一种新的事件检测机制，该机制可靠且节能。假定复合事件包括可能相关的子事件，并且其发生可以通过置信函数来测量，置信函数的结果称为置信度。当置信度大于阈值最小置信度时，就假定复合事件已经发生。但是当一个复合事件发生时，并不是所有的子事件都能被检测到[39]。DSWare仅在确定发生复合事件时才会发送报告。每个子事件可能只发生在某个阶段。DSWare采用SQL语言来登记和取消事件，这是用于实时应用的事件驱动中间件。在DSWare中，网络协议选择是静态的，与应用程序无关。DSWare的缺点是无法捕获应用需求[40]。

（5）CLMF

CLMF[26] 是一个两层虚拟机：资源管理层和簇层。簇层分布在所有传感器节点之间，包含簇的形成和控制协议。资源管理的代码驻留在簇头中。簇层需要从簇头部分发命令进行资源管理和簇控制。资源管理层命令对资源进行分配和调整，以满足应用程序规定的 QoS 要求[26]。CLMF 提出了一个简单环境下的资源分配和调整的三阶段启发式算法。在这个算法中，一组同类的传感器节点利用动态电压和调制缩放技术[41,42]，通过单跳无线网络相连接。CLMF 不考虑路由协议，因为它位于现有的网络堆栈上。CLMF 只提供一个框架。在 CLMF 中，资源管理机制（如果有的话）需要进一步的研究。

（6）MSM

MSM[40] 运行于传输层和应用之间，它将 WSN 分为两个区域：主导和非主导。占主导地位的部分包含一个充当中心接入点的网关，并提供与传输网络的连接。网关是一个智能协调器，用于记录传感器网络中的所有活动。MSM 核心组件包括数据分发和监控服务，用于在 WSN 中的设备之间进行通信。数据分发服务在传感器节点之间分发信息，监控服务利用数据分发服务来监控传感器节点。MSM 使用对象请求代理作为连接传输层协议的接口。目前的 MSM 对于多种应用是不可调的，此外，它也没有完全考虑通信和能源效率。

参考文献

[1] Klaus Finkenzeller. RFID Handbook-Fundamentals and Applications in Contactless Smart Cards and Identification. New York: Wiley-Blackwell, 2005.

[2] 郎为民. 射频识别（RFID）技术原理与应用. 北京：机械工业出版社，2006.

[3] 康东等. 射频识别（RFID）核心技术与典型应用开发案例. 北京：人民邮电出版社，2008.

[4] 贺安之，阎大鹏. 现代传感器原理及应用. 北京：宇航出版社，1995.

[5] 张先恩. 生物传感器. 北京：化学工业出版社，2006.

[6] 高国富等. 智能传感器及其应用. 北京：化学工业出版社，2005.

[7] Kuo, F. F. ACM SIGCOMM Computer Communication Review. 1995, 25(1): 41-44.

[8] Rajendran, V. ,Obraczka, K. ,Garcia-Luna-Aceves, J. J. Wireless networks. 2006, 12(1): 63-78.

[9] Kim, Y. ,Shin, H. ,Cha, H. Proc. of the International Conference on Information Processing in Sensor Networks. 2008: 53-63.

[10] Heinzelman, W. B. ,Chandrakasan, A. P. ,and Balakrishnan, H. IEEE Transactions on Wireless Communications. 2002, 1(4): 660-670.

[11] Ye, W. ,Heidemann, J. ,and Estrin, D. Proc. of the 21st Annual Joint Conference of the IEEE Computer and Communications Societies. 2002: 1567-

1576.

[12] Lu, G. ,Krishnamachari, B. ,and Raghavendra, C. S. Proc. of the International Parallel and Distributed Processing Symposium. 2004: 1-8.

[13] Raja, A. ,and Su, X. Proc. of the Consumer Communications and Networking Conference. 2008: 692-696.

[14] Hedetniemi S. ,Liestman A. IEEE Networks, 1988, 18(4): 319-349.

[15] Braginsky D. ,Estrin D. Proceedings of the Workshop on Sensor Networks and Applications. 2002: 22-31.

[16] Kulik J. ,Heinzelman W. R. ,Balakrishnan H. Wireless Networks. 2002, 8: 169-185 .

[17] Heinzelman W. ,Kulik J. ,Balakrishnan H. Proceedings of the ACM/IEEE International Conference on Mobile Computing and Networking. 1999: 174-185.

[18] Handy M. ,Haase M. ,Timmermann D. Proceedings of the International Workshop on Mobile and Wireless Communications Network. 2002: 368-372.

[19] Lindsey S. ,Raghavendra C. IEEE Aerospace Conference Proceedings. 2002, 3(9-16): 1125-1130.

[20] Mathis M. RFC 2018. 1996.

[21] Wan C. Y. ,Eisenman S. B. ,Campbell A. T. Proceedings of the 1st ACM Conference on Embedded Networked Sensor Systems. 2003: 266-279.

[22] Stann F. ,Heidemann J. Proceedings of the 1st IEEE International Workshop on Sensor Network Protocols and Applications. 2003: 102-112.

[23] Wan C. Y. ,Campbell A. T. Proceedings of the ACM Workshop on Sensor Networks and Applications. 2002: 1-11.

[24] Park S. J. ,Vedantham R. ,Sivakumar R. ,Akyildiz I. F. Proceedings of the 5th ACM International Symposium on Mobile Ad Hoc Networking and Computing. 2004: 78-89.

[25] Sundaresan, K. ,Anantharaman, V. , Hsieh, H. Y. and Sivakumar, A. R. IEEE transactions on mobile computing. 20054(6): 588-603.

[26] Yu Y. ,Krishnamachari B. ,Prasanna V. K. IEEE Network. 2004, 18(1): 15-21.

[27] Romer K. ,Kasten O. ,Mattern F. Mobile Computing and Communications Review. 2002, 6(4): 59-61.

[28] Intanagonwiwat C. ,Govindan R. ,Estrin D. Proceedings of the 6th ACM/IEEE International Conference on Mobile Computing and Networking. 2000: 56-67.

[29] Ye F. ,Luo H. ,Cheng J. ,Lu S. ,Zhang L. Proceedings of the 8th ACM International Conference on Mobile Computing and Networking. 2002: 148-159.

[30] Pradhan S. S. ,Kusuma J. ,Ramchandran K. IEEE Signal Processing. 2002, 19(2): 51-60.

[31] Slepian D. ,Wolf J. K. IEEE Transactions on Information Theory. 1973, 19(4): 471-480.

[32] Madden S. ,Franklin M. J. ,Hellerstein J. , Hong W. ACM SIGOPS Operating Systems Review. 2002, 36(SI): 131-146.

[33] Shenker S, Ratnasamy S, Karp B, Govindan R, Estrin D. ACM SIGCOMM Computer Communication Review. 2003, 33(1): 137-42.

[34] Ledlie J, Ng C, Holland DA. Proceedings of the International Conference on InData Engineering Workshops. 2005: 1189.

[35] Ganesan D. ,Greenstein B. ,Perelyyub-

skiy D. , Estrin D. , Heidemann J. Proceedings of the ACM Conference on Embedded Networked Sensor Systems. 2003: 89-102.

[36] Heinzelman WB, Murphy AL, Carvalho HS, Perillo MA. IEEE network. 2004, 18(1): 6-14.

[37] Gibbons PB, Karp B, Ke Y, Nath S, Seshan S. IEEE pervasive computing. 2003, 2(4): 22-33.

[38] Yu X, Niyogi K, Mehrotra S, Venkatasubramanian N. IEEE distributed systems online. 2003, 4(5): 6-11.

[39] Li S, Lin Y, Son SH, Stankovic JA, Wei Y. Telecommunication Systems. 2004, 26(2-4): 351-68.

[40] Ahamed S. I. , Vyas A. , Zulkernine M. Proceedings of the International Conference on Parallel Processing Workshops. 2004: 465-471.

[41] Weiser M, Welch B, Demers A, Shenker S. Proceedings of the USENIX Symposium on Operating Systems Design and Implementation. 1994: 13-23.

[42] Prabhakar B. , Uysal-Biyikoglu E. , Gamal A. E. Proceedings of the Annual Joint Conference of the IEEE Computer and Communications Societies. 2001: 386-394.

第4章

接入与传输网络

4.1 接入网技术

接入网（Access Network，AN）是将用户或终端接入到核心网的网络，包括骨干核心网到用户终端之间的所有设备。接入网长度一般在数百米到数千米之间，因此被形象地称为核心网到用户之间的“最后一公里”。按照传输介质的不同，接入网主要可以分为有线接入网、无线接入网和混合接入网三大类。有线接入网包括铜线接入网和光纤接入网，无线接入网包括固定无线接入网和移动无线接入网，混合接入网则根据不同的要求混合了有线与无线接入技术。

物联网是物物相连的网络，丰富的终端类型赋予其丰富的业务种类，包括音频、视频、话音、图像、数据等，并且随着网络规模的发展，其应用范围不断扩大，应用要求不断提高，因此，物联网的接入方式多种多样。移动通信网以其覆盖范围广、建设成本低、部署方式灵活、移动性强等优势，成为了物联网的主要接入方式，无线接入技术正朝着宽带化的方向发展。广义的无线网络按照宽带无线接入（Broadband Wireless Access，BWA）技术覆盖范围的大小，可以从小到大依次划分为无线个域网（WPAN）802.15、无线局域网（WLAN）802.11、无线城域网（WMAN）802.16、无线区域网（WRAN）802.22、无线广域网（WWAN）802.20，如图 4-1 所示[1~4]。

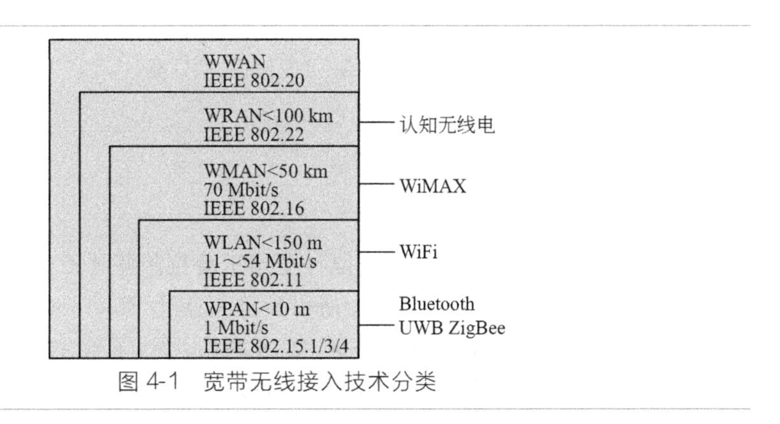

图 4-1 宽带无线接入技术分类

4.1.1 无线个域网

4.1.1.1 概述

无线个域网（Wireless Personal Area Network，WPAN）是一种采用无线连接的个人局域网，主要应用于电话、计算机、附属设备以及小范围内的数字辅助设备之间的通信，其工作范围一般是在10m以内。由于通信范围有限，WPAN通常用于取代实体传输线，让不同的系统能够近距离进行资料传输[1]。

WPAN主要包括蓝牙（Bluetooth）技术、ZigBee技术、超宽带（Ultra Wideband，UWB）技术、红外（Infrared Data Association，IrDA）技术、近场通信（Near Field Communications，NFC）技术等，如图4-2所示。用户可以根据数据数量、覆盖范围、能量消耗等方面来选择合适的技术协议。下面介绍几种主要的技术。

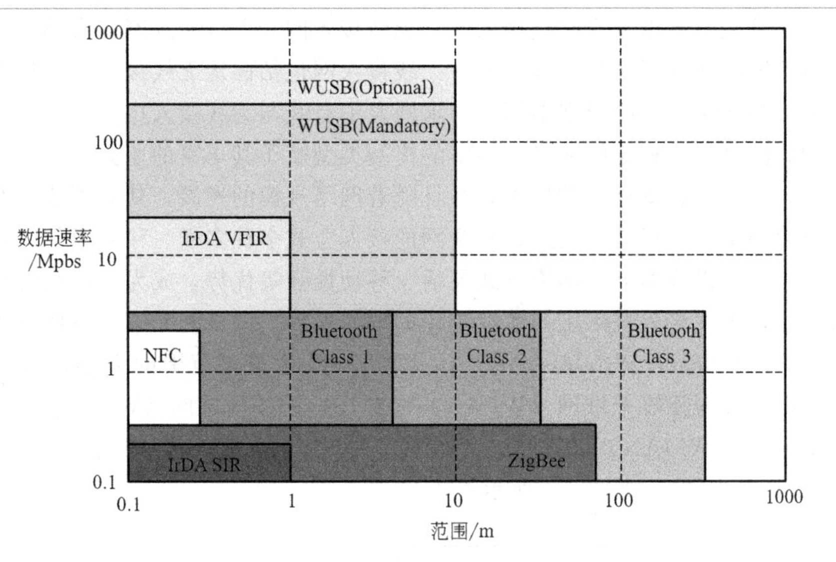

图4-2 WPAN技术分类

4.1.1.2 蓝牙技术

（1）概述

蓝牙名称来源于10世纪的一位丹麦国王哈拉尔蓝牙王Blatand。因为国王喜欢吃蓝莓，牙龈每天都是蓝色的，所以又称为蓝牙Bluetooth。

蓝牙是一种小型化、低成本和微功率的无线通信技术。1994年爱立信（Ericsson）公司开始研发。1998年，由爱立信（Ericsson）、诺基亚（Nokia）

等公司联合发起，组织成立了蓝牙特殊兴趣小组（Bluetooth Special Interest Group），即蓝牙技术联盟的前身，简称 BSIG 或 SIG，旨在制定和修改 Bluetooth 的技术规范和推广应用。1999 年蓝牙技术开始标准化。蓝牙技术由蓝牙技术联盟（SIG）负责维护其技术标准。截至 2013 年，SIG 已拥有超过 20000 家公司成员，分布在电信、电脑、网络与消费性电子产品等领域。IEEE 曾经将蓝牙技术标准化为 IEEE 802.15.1，但是该标准已经不再继续使用。

截至目前，蓝牙共有十个版本，分别是 V1.0/1.1/1.2/2.0/2.1/3.0/4.0/4.1/4.2，以及最新的蓝牙 5。每个版本相比上一代在传输速率上都有了较大提升。蓝牙 V1.1 版传输速率约为 748～810Kbps；蓝牙 V2.0 版传输速率约为 1.8～2.1Mbps，并且开始支持双工模式；蓝牙 V3.0 版的数据传输速率提高到了大约 24Mbps，有效传输距离为 10m；蓝牙 V4.0 版的有效传输距离可达 60m，最大范围可超过 100m，并且与 V3.0 版相比大幅降低能耗；蓝牙 V4.2 版的数据传输速率提升了约 2.5 倍，并支持基于 IPv6 协议的低功耗无线个人局域网技术，拥有了一些专注物联网的功能；蓝牙 5 相比上一个版本，数据传输速率提升 2 倍，数据传递容量提升达到了 800%，并且将物联网功能放在了中心位置，针对物联网进行了很多底层优化，使物联网设备的沟通更加容易。

（2）技术参数及特点

蓝牙是一种短程宽带无线电技术，是实现语音和数据无线传输的全球开放性标准。它使用跳频扩谱（FHSS）、时分多址（TDMA）、码分多址（CDMA）等先进技术，在小范围内建立多种通信系统之间的信息传输[5]。

- 工作频段：蓝牙设备的工作频率为 2400～2483.5MHz，无需申请许可证。一般使用 79 个频道，载频间隔均为 1MHz，采用时分双工（Time Division Duplex，TDD）方式。
- 调制方式：BT＝0.5 的 GFSK 调制，调制指数为 0.28～0.35。
- 最大发射功率：分为三个等级，分别是 100mW（20dBm）、2.5mW（4dBm）和 1mW（0dBm），在 4～20dBm 范围内要求采用功率控制。
- 最大工作距离：大约为 10～100m。
- 传输速率：1Mbps 及更高。
- 跳频技术：对应于单时隙包，跳频速率为 1600 跳/s；对应于多时隙包，跳频速率有所降低，但在建链时（包括寻呼和查询）提高到 3200 跳/s。通过快跳频和短分组技术减少同频干扰，保证传输的可靠性。
- 语音调制方式：支持 64Kbps 的实时语音传输，语音编码采用对数 PCM 或连续可变斜率增量调制（CVSD，Continuous Variable Slope Delta Modulation），抗衰落性强。
- 支持电路交换和分组交换业务：支持实时的同步定向连接（SCO 链路）

和非实时的异步不定向连接（ACL 链路），前者主要传送语音等实时性强的信息，后者以数据包为主。语音和数据可以单独或同时传输。蓝牙支持一个异步数据通道，或三个并发的同步话音通道，或同时传送异步数据和同步话音的通道。每个话音通道支持 64Kbps 的同步话音；异步通道支持 723.2/57.6Kbps 的非对称双工通信或 433.9Kbps 的对称全双工通信。

（3）网络结构

蓝牙技术支持点对点和点对多点的无线通信。在有效通信范围内，所有蓝牙设备的地位都是对等的，是一种典型的 Ad hoc 网络结构，所以在蓝牙技术中没有基站的概念。

蓝牙设备按特定方式可组成两种网络：微微网（Piconet）和分布式网络（Scatternet）[6]。蓝牙网络的基本单元是微微网。微微网的建立由两台设备的连接开始，可以同时最多支持 8 个处于激活状态的设备。在一个微微网中，只有一台为主设备（Master），其他均为从设备（Slave）。不同的主从设备对可以采用不同的连接方式，在一次通信中，连接方式也可以任意改变。一组相互独立的微微网相互重叠，并且以特定的方式连接在一起，便构成了一种更加复杂的网络结构，成为分布式网络。分布式网络中的各微微网通过使用不同的跳频序列来区分，每个微微网的调频序列互不相关，各自独立，而同一个微微网的所有设备使用同一种调频序列。一个蓝牙设备可以采用时分复用方式工作在多个微微网中，可以在多个网络中作从设备［图 4-3(a)］，甚至可以在一个网络中作为主设备，同时在其他网络中作为从设备［图 4-3(b)］。

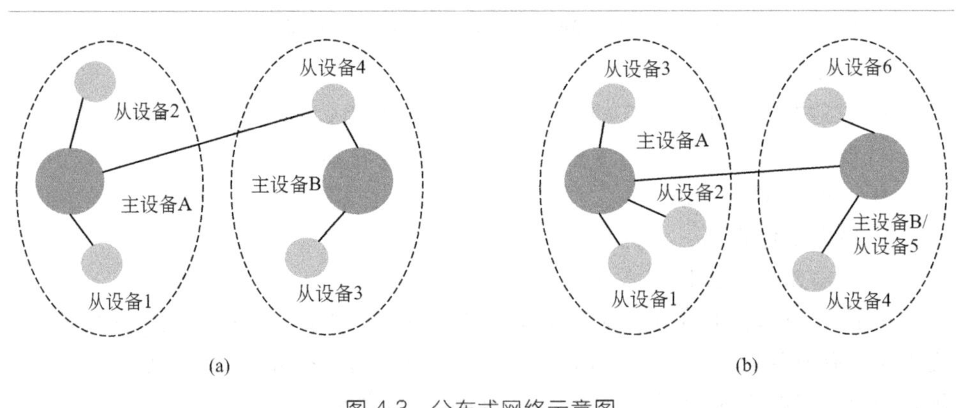

图 4-3 分布式网络示意图

通过蓝牙设备的发现过程，以及主设备与被发现的从设备的配对，来实现蓝牙微微网的建立。通过不断地重复这一发现——配对过程，可以建立含有 7 个激活的从设备的蓝牙 PAN，并且在休眠状态下可以有最多 255 个从设备保持与微微网的连接。在配对过程中，从设备会收到一个包含主设备 48bit MAC 地址的跳频同步数据包，以此让从设备遵循这种跳频模式。一旦这种低等级的连接形成，主设备将会建立起服务发现协议（SDP）连接，用来确定采用哪个应用模型与从设备建立连接，而后 LMP 协议依据特定服务要求来配置链路。

（4）系统组成

蓝牙系统一般由无线射频（Radio）、基带与链路控制（Baseband & Link Controller）、链路管理（Link Manager）和蓝牙软件实现四个功能单元组成[5]，如图 4-4 所示。

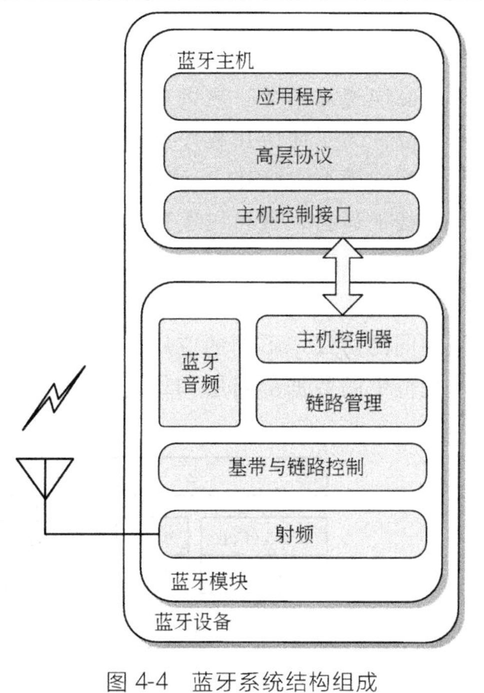

图 4-4 蓝牙系统结构组成

- 无线射频单元　负责数据和语音的发送和接收，特点是短距离、低功耗。蓝牙天线一般体积小、重量轻，属于微带天线。由于蓝牙多应用于移动便携设备，因此要求其天线部分体积小、重量轻。理想的连接范围为 100mm～10m，但是通过增大发送功率，可以将距离扩大至 100m。
- 基带与链路控制单元　进行射频信号与数字或语音信号的相互转化，实现基带协议和其他的底层常规协议，具有媒体接入控制（MAC）、差错控制、认证与加密等功能。
- 链路管理单元　链路管理器（LM）软件负责管理蓝牙设备之间的通信，实现链路的建立、验证、链路配置等操作。通过连接管理协议（LMP）建立通信联系，LM 利用链路控制器（LC）提供的服务实现上述功能。
- 蓝牙软件协议实现单元　与 OSI 协议栈类似，蓝牙协议栈仍采用分层结构，分别完成数据流的过滤和传输、跳频和数据帧传输、连接的建立和释放、链路的控制、数据的拆装等功能。

（5）协议规范

在计算机网络的发展中，协议一直处于软件核心的地位。协议可以定义为计算机网络中各种通信实体间相互交换信息所必须遵守的一组规则。从功能角度看，协议是为进行计算机网络的数据交换而建立的一系列规则、准则、标准或约定。

为了使蓝牙设备和产品在硬件和软件上能够进行连接、数据传输、定位、协同操作等，SIG 颁布了蓝牙规范，并成为了事实上的蓝牙通信协议标准，规定了蓝牙产品应遵循的统一规则和必须达到的要求，成为了蓝牙技术各方共同约定的技术规范。为了使应用程序能够做到互操作，蓝牙技术标准的协议体系结构与开放系统互连模型（OSI）一样，也使用了分层的方法。远端设备的应用程序在同一协议栈上运行，就可以实现互操作。蓝牙协议规范主要包括核心协议（Core）和应用框架（Profiles）两大部分，分别定义了各层的具体通信协议和如何根据这些协议来实现具体产品。蓝牙协议栈如图 4-5 所示。本地设备与远端设备需要使用相同的协议，不同的应用需要不同的协议，但是，所有的应用都要使用蓝牙技术规范中的数据链路层和物理层。不是任何应用都必须使用全部协议。

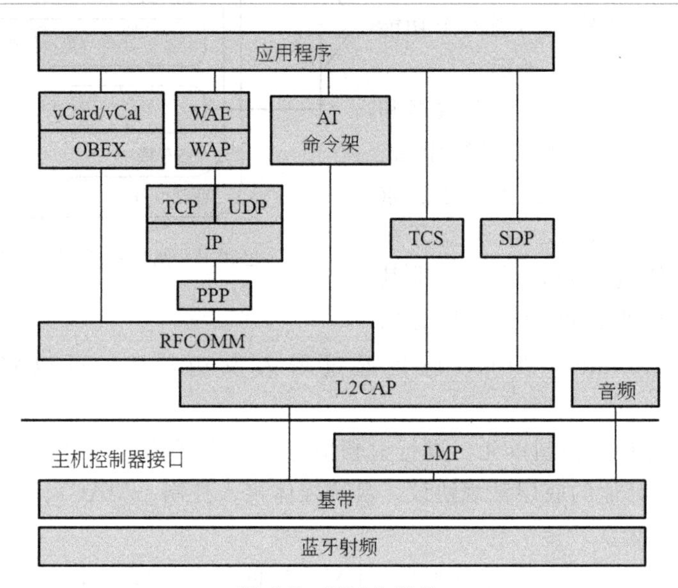

图 4-5 蓝牙协议栈

蓝牙系统是开放的系统，可扩充性强，适应性强，因此能够得到广泛应用和支持。SIG 在设计协议和协议栈时，尽可能地利用了现有的各种高层的成熟协议（如 PPP、UDP/TCP/IP、OBEX、WAP、vCard、vCal、IrMC、MAE 等），保证现有协议与蓝牙技术的融合以及各种应用之间的互通性，充分利用兼容蓝牙技术规范的软硬件系统，使当前一些应用能比较容易地改用蓝牙系统实现，因而除了底层协议是 SIG 自己制定的，高层协议基本上都是对一些现有协议加以采纳和调整后使用的。这是蓝牙协议体系的一大特征。完整的协议包括蓝牙专利协议

（LMP和L2CAP）和非专利协议（如对象交换协议OBEX和用户数据报协议UDP）。蓝牙技术规范的开放性，保证了设备制造商可以自由地选用其专利协议或常用的公共协议，在此基础上开发新的应用。协议的开放，使得蓝牙系统可提供诸如电话、传真、无线耳机、局域网访问等多种服务，可用于从计算机、移动电话到家用电器、办公电器等多种设备上，并且可以很方便地扩展到其他设备上。

蓝牙协议体系中的各种协议按SIG的需要分为四层：

• 核心协议　包括基带协议（Base Band）、链路管理协议（LMP）、逻辑链路控制和适配协议（L2CAP）、服务发现协议（SDP）；

• 电缆替代协议　包括串口仿真协议（RFCOMM）；

• 电话传送控制协议　二进制电话控制规范（TCS Binary）、AT命令集；

• 可选协议　包括点到点协议（PPP）、用户数据报协议（UDP）、传输控制协议（TCP）、网际协议（IP）、对象交换协议（OBEX）、无线应用协议（WAP）、红外移动通信（IrMC）、无线应用环境（WAE）、vCard、vCalendar。

除了上述协议层外，蓝牙协议还规定了主机控制器接口（HCI）。它为基带控制器、连接控制器、硬件状态和控制寄存器提供命令接口，在蓝牙设备的主机和基带模块之间提供了一个通用接口。HCI可以位于L2CAP的下层，也可位于L2CAP上层。蓝牙核心协议由SIG制定的蓝牙专用协议组成。绝大部分蓝牙设备都需要核心协议，而其他的协议就视具体的应用需求而定了。除了核心协议外，电缆替代协议、电话传送控制协议和被采用的可选协议，在核心协议的基础上构成了面向应用的协议。

（6）底层协议

蓝牙底层协议是蓝牙协议体系的基础，能够实现蓝牙信息数据流的传输链路，包括射频协议、基带协议和链路管理协议。

① 射频协议（Radio Frequency Protocol）　蓝牙射频协议处于蓝牙协议栈的最底层，主要包括频段与信道安排、发射机特性和接收机特性等，用于规范物理层无线传输技术，实现空中数据的收发。蓝牙工作在2.4GHz ISM频段，此频段在大多数国家无须申请运营许可，使得蓝牙设备可工作于任何不同的地区。信道安排上，系统采用跳频扩频技术，抗干扰能力强，保密性好。

② 基带协议（Base Band Protocol）　基带层在蓝牙协议栈中位于蓝牙射频层之上，同射频层一起构成了蓝牙协议的物理层。基带协议负责建立微微网内各蓝牙设备单元之间的物理射频链路。

基带和链路控制层要确保微微网内各蓝牙设备单元之间由射频链路构成的物理连接。蓝牙射频系统使用了跳频技术，任一分组在指定时隙、指定频率上发送，并使用查询和寻呼进程同步不同设备间的发送频率和时钟。基带数据分组有两种物理连接方式：同步面向连接（Synchronous Connection-Oriented，SCO）和异步无连接（Asynchronous Connection-Less，ACL）。这两种方式可以在同一射频上实现多路数据传送。ACL 只适用于数据分组，使用非 SCO 时隙，实现点对多点连接。SCO 适用于语音以及语音与数据的组合，占用保留的固定时隙，实现点对点连接。所有语音与数据分组都附有不同级别的前向纠错（FEC）或循环冗余校验（CRC），而且可进行加密。此外，不同数据类型（包括连接管理信息和控制信息）都分配有一个特殊通道。可使用各种用户模式在蓝牙设备间传送话音，面向连接的话音分组只需经过基带传输，而不到达 L2CAP。话音模式在蓝牙系统内相对简单，只需开通话音连接，就可传送话音。

③ 链路管理协议（LMP） 链路管理协议（LMP）是在蓝牙协议栈中的一个数据链路层协议。链路管理器发现其他远程链路管理器（LM），并与它们通过链路管理协议（LMP）进行通信。链路管理协议（LMP）负责蓝牙各设备间连接的建立。它通过连接的发起、交换、核实，进行身份认证和加密，通过协商确定基带数据分组大小。它还控制无线设备的电源模式和工作周期，以及微微网内设备单元的连接状态。链路管理协议与 L2CAP 都是在基带上层的两个链路级协议，但链路管理信息比用户信息具有更高的优先级。

（7）中间层协议

蓝牙中间层协议完成数据帧的分解与重组、服务质量控制、组提取等功能，为上层应用提供服务，并提供与底层协议的接口。中间层协议主要包括主机控制器接口协议（HCI）、逻辑链路控制与适配协议（L2CAP）、串口仿真协议（RF-COMM）、电话控制协议（TCS）和服务发现协议（SDP）。

① 主机控制器接口协议（HCI） HCI 是位于蓝牙系统的逻辑链路控制与适配协议层和链路管理协议层之间的一层协议。HCI 为上层协议提供了进入链路管理器的统一接口和进入基带的统一方式。在 HCI 的主机和 HCI 主机控制器之间会存在若干传输层，这些传输层是透明的，只需完成传输数据的任务，不必清楚数据的具体格式。蓝牙 SIG 规定了四种与硬件连接的物理总线方式，即四种 HCI 传输层：USB、RS232、UART 和 PC 卡。

② 逻辑链路控制与适配协议（L2CAP） 逻辑链路控制与适配协议（L2CAP）是基带协议的上层协议，可以认为它与 LMP 并行工作，它们的区别在于当业务数据不经过 LMP 时，L2CAP 为上层提供服务。L2CAP 能够产生高层协议与基带协议之间的逻辑连接，它给信道的每个端点分配信道标识符（Channel Identifier，CID）。连接建立的过程包括设备之间期望的 QoS 信息交换。L2CAP 监控资源的使用，确保达到 QoS 要求。L2CAP 也为高层协议管理数据的分段与重组，高层协议数据包要大于 341b 字节的基带最大传输单元（MTU）。L2CAP 向上层提供面向连接的和无连接的数据服务，它采用了多路技

术、分割和重组技术、群提取技术。L2CAP允许高层协议以64K字节收发数据分组。虽然基带协议提供了SCO和ACL两种连接类型，但L2CAP只支持ACL。

③ 服务发现协议（SDP） 服务发现协议（SDP）是蓝牙协议体系中至关重要的一层，它是所有应用模型的基础。任何一个蓝牙应用模型的实现，都是利用某些服务的结果。服务发现协议用于发现一个蓝牙设备上的服务。一个蓝牙设备为了能访问另一个蓝牙设备上的服务，必须要知道一些对方提供服务的必要信息。在蓝牙工作环境中，需要使用服务发现协议。通过该协议，可以知道对方有没有自己想要的服务。如果有的话，还可以获取该服务的一些信息（如该服务所使用的各种协议栈、服务名称、服务提供者和服务的URL等）。在蓝牙无线通信系统中，建立在蓝牙链路上的任何两个或多个设备随时都有可能开始通信，因此，仅仅是静态设置是不够的。蓝牙服务发现协议就确定了这些业务位置的动态方式，可以动态地查询到设备信息和服务类型，从而建立起一条对应所需要服务的通信信道。

服务发现协议工作于L2CAP上，使用L2CAP提供的基于连接的工作方式。它分为客户端部分和服务器端部分，在不同蓝牙设备上工作。需要请求服务的蓝牙设备，运行服务发现协议客户端部分；需要提供服务的蓝牙设备，运行服务发现协议服务器端部分。

④ 串口仿真协议（RFCOMM） 串口仿真协议（RFCOMM）在蓝牙协议栈中位于L2CAP协议层和应用层协议层之间，是基于ETSI 07.10规范的串行线仿真协议，在L2CAP协议层之上实现了仿真9针RS232串口的功能，可实现设备间的串行通信，从而对现有使用串行线接口的应用提供了支持。电缆替代协议在蓝牙基带协议上仿真RS-232控制信号和数据信号，为使用串行线传送机制的上层协议（如OBEX、拨号上网、FAX）提供服务。RFCOMM允许在PC机和GSM手机之间的一条物理链路上提供多个“口”进行传输。它支持模拟串口和远端串口控制。RFCOMM是基于L2CAP层和基带来完成其基本功能的，它提供可靠数据传输、多路同时连接、流量控制和模拟串行电缆线的设置与状态等功能。

⑤ 电话控制协议（TCS） 电话控制协议（TCS）位于蓝牙协议栈的L2CAP层之上，包括二进制电话控制规范协议（TCS Binary）和AT命令集（AT Commands）。TCS Binary定义了在蓝牙设备间建立话音和数据呼叫所需的呼叫控制信令。AT命令集是一套可在多使用模式下用于控制移动电话和调制解调器的命令，由SIG在ITU TQ.931的基础上开发而成。TCS层不仅支持电话功能（包括呼叫控制和分组管理），同样可以用来建立数据呼叫，呼叫的内容在L2CAP上以标准数据包形式运载。

（8）高层协议

蓝牙高层协议位于蓝牙协议栈的上层，主要包括点到点协议（PPP）、用户数据报协议（UDP）、传输控制协议（TCP）、网际协议（IP）、对象交换协议（OBEX）、无线应用协议（WAP）等，下面主要介绍对象交换协议（OBEX）和无线应用协议（WAP）。

① 对象交换协议（OBEX） OBEX是由红外数据协会（IrDA）制定的、用于红外数据链路上数据对象交换的会话层协议。蓝牙SIG采纳了该协议，使得原来基于红外链路的OBEX应用有可能方便地移植到蓝牙上或在两者之间进行切换。OBEX是一种高效的二进制协议，采用简单和自发的方式来交换对象。OBEX是一种类似于HTTP的协议，假设传输层是可靠的，采用客户机/服务器模式，独立于传输机制和传输应用程序接口（API）。它只定义传输对象，而不指定特定的传输数据类型，可以是从文件到商业电子贺卡、从命令到数据库等任何类型，从而具有很好的平台独立性。

② 无线应用协议（WAP） 无线应用协议（WAP）由无线应用协议论坛制定，是由移动电话类设备使用的无线网络定义的协议。WAP综合考虑了无线网络的带宽限制、反应时间较长以及移动设备体积小、处理性能低、内存小、显示屏幕小、电源供应等多种局限，为无线移动网的互联建立了基础。WAP融合了各种广域无线网技术，目标就是将因特网的丰富信息及先进的业务引入到移动电话等无线终端之中。它根据无线网络的特点如低带宽、高延迟进行优化设计，把因特网的一系列协议规范引入到无线网络中。WAP只要求移动电话和WAP代理服务器的支持，而不要求现有的移动通信网络协议做任何的改动。选用WAP，可以充分利用为无线应用环境开发的高层应用软件。

（9）应用模型

蓝牙协议分为三个部分：核心协议（Core）、应用模型（Profile）和测试协议（Test Specification）。为了使不同厂商生产的蓝牙设备之间能够互通，必须符合一定的基本要求，应用模型（Profile）就是为蓝牙核心协议的各种应用提供的解决方案。应用模型明确了为了实现某一种应用必须满足的规定。在实现某一应用时，必须要遵守相应的规则以保证互通性。每个应用模型都要通过相应协议层的组合才能完成其功能，每个蓝牙设备都支持一种或多种应用模型。

蓝牙标准中定义的应用模型基本上涵盖了蓝牙技术的主要应用场合，包括通用接入应用模型、业务发现应用模型、无绳电话应用模型、对讲系统应用模型、串口应用模型、耳机应用模型、拨号网络应用模型、传真应用模型、局域网接入应用模型、通用对象交换应用模型、对象推出应用模型、文件传送应用模型、同步应用模型、高质量音频和视频无线传输应用模型、免提应用模型、基本静态图像应用模型等。需要注意的是，上述模型与实际的应用之间并不一定是一一对应的关系，这些模型之间有一定的依赖关系。

所有应用模型中，通用接入应用模型（GAP）和业务发现应用模型（SDAP）位于最底层，是所有蓝牙应用的基础，任何蓝牙应用都必须符合这两个应用模型的相关规定。

• 通用接入应用模型（GAP）定义了有关蓝牙设备发现的一般过程（空闲模式过程）、蓝牙设备链路管理情况（连接模式过程）和安全级别相关流程。此外，该模型中还包括了在用户界面层次上可以使用的参数的一般格式要求。

• 业务发现应用模型（SDAP）中定义了用于查询在其他蓝牙设备上注册的服务及获取这些设备相关信息的功能及进程。

串口应用模型（SPP，Serial Port Profile）基于通用访问应用规范，定义了蓝牙设备如何使用 RFCOMM 来模拟一个串行电缆连接，包括建立仿真串行链路的过程，以及与串口仿真协议（RFCOMM）、逻辑链路控制与适配协议（L2CAP）、服务发现协议（SDP）、链路管理器协议（LMP）和链路控制层的互操作性要求。串口应用模型（SPP）规定的协议体系结构如图 4-6 所示。

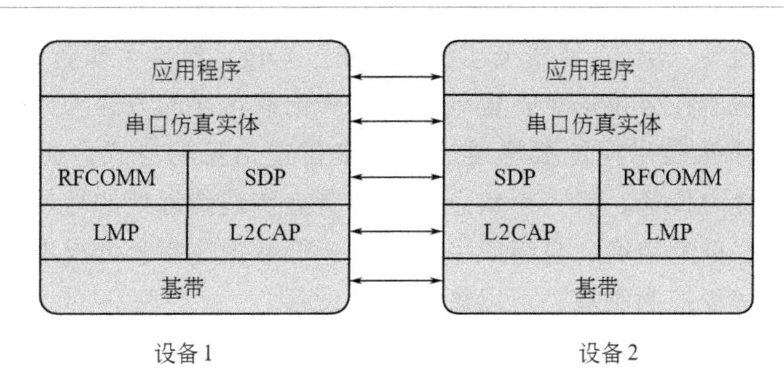

图 4-6 串口应用模型的协议体系结构

蓝牙技术可以应用在语音传输和数据传输两方面。运用串口应用模型（SPP）建立虚拟串行连接，需要设备 A 建立链路和设置虚拟串行连接，设备 B 接受链路的建立和设置虚拟串口连接，以及在本地 SDP 数据中注册服务记录。下面分别介绍它们的步骤。

① 设备 A 建立链路和设置虚拟串口连接的实现步骤如下：

• 使用服务发现协议（SDP）得到远端设备上应用的 RFCOMM 服务器信道号；

• 作为可选项，远端设备可以要求进行自我鉴权，也可以采用加密；

• 请求与远端 RFCOMM 实体建立一条新的 L2CAP 信道；

• 在该 L2CAP 信道上启动一个 RFCOMM 会话进程；

• 使用前面得到的 RFCOMM 服务器信道号在会话上建立新的数据链路连接。

② 设备 B 接受链路和设置虚拟串行连接的实现步骤如下：

• 如果远端设备要求鉴权和加密，就要参与鉴权和加密过程；

• 接受请求建立 L2CAP 新信道；

• 在新建立的信道上建立 RFCOMM 会话；

• 在该 RFCOMM 进程上接受一个新的数据链路的连接。

③ 设备 B 在本地 SDP 数据库中注册服务记录：通过 RFCOMM 可获得的所有服务与应用，都需要向 SDP 数据库提供服务记录，这些服务记录包括访问相应的服务与应用的必要参数。

4.1.1.3 ZigBee 技术

(1) 概述

ZigBee 是一种新兴的短距离、低速率、低功耗无线网络技术，是一种介于无线标记技术和蓝牙之间的技术方案。它此前被称作“HomeRF Lite”或“FireFly”无线技术，主要用于近距离无线连接。ZigBee 这一名称来源于蜜蜂的八字舞，由于蜜蜂（bee）是靠飞翔和“嗡嗡”（zig）地抖动翅膀的“舞蹈”，来与同伴传递花粉所在方位信息，也就是说蜜蜂依靠这样的方式构成了群体中的通信网络[3]。ZigBee 技术模仿蜜蜂通过跳舞来传递信息的方式，通过相邻网络节点之间信息的接力传递，将一个信息从一个节点传输到远处的另外一个节点。其特点是近距离、低复杂度、自组织、低功耗、低数据速率、低成本，主要适合用于自动控制和远程控制领域，可以嵌入各种设备。

ZigBee 技术是一种在 900MHz 及 2.4GHz 频段的无线通信协议，底层基于 IEEE 802.15.4 标准，是基于处理远程监控和控制以及传感器网络需求的技术标准。ZigBee 联盟于 2002 年 11 月成立，2005 年 3 月发布了 ZigBee 1.0 规范。ZigBee 的传输速率最高为 250Kbps，主要用于传输低数据速率的通信。ZigBee 的目标是提供设备控制信道，而不以高速率数据流通信为目的。

ZigBee 采取以下措施来保证超低功率损耗的实现：

• 减少包括报头（地址和其他的头部信息）在内的传输数据量；

• 减少收发机的任务周期，包括断电和睡眠模式中的功率管理机制；

• 30m 左右的有限工作范围。

因此，ZigBee 网络所需功率一般只相当于蓝牙 PAN 功率的 1%，所以电池寿命可长达数月到数年。

ZigBee 技术非常适合于无线监控和控制应用。例如，个人住宅和商业楼的自动化（智能家居）以及工业生产过程的控制。在家庭应用中，ZigBee 可以用来建立家庭网络（Home Area Network，HAN），允许在单个控制单元的命令下用扩散的非协调远程控制器去控制多个设备。

在ZigBee网络中存在三种逻辑设备类型，包括协调器（Coordinator）、路由器（Routor）和终端设备（End-Device）。一个ZigBee网络系统由一个协调器、多个路由器和多个终端设备组成。这三种逻辑设备在网络中的作用如表4-1所示。

表4-1 ZigBee网络中逻辑设备的作用

设备类型	作　用
协调器	主要完成网络的启动和配置，一旦网络启动和配置完成，其功能就像一个路由器
路由器	允许其他的路由器设备或终端设备加入已建立的网络中，实现多跳路由
终端设备	主要负责无线网络数据的采集

（2）协议栈

在网络的软件架构设计时，通常会采用分层的思想，不同的逻辑层负责不同的功能，从而使得数据只能够在相邻的逻辑层之间流动。其中最典型的是以太网中的OSI（开放系统互联）七层参考模型。ZigBee无线通信协议就是在OSI参考模型的基础上，参考无线网络的特点，采用分层开发实现的。ZigBee 1.0规范包括一个高层协议栈，如图4-7所示。该协议栈建立在2003年5月定稿的IEEE802.15.4 PHY和MAC层规范的基础之上，类似于TCP/IP协议栈位于IEEE 802.3标准之上一样。在ZigBee网络中，其逻辑层由上到下依次分为5层：应用层（APL）、应用支持子层（APS）、网络层（NWK）、介质访问控制层（MAC）、物理层（PHY）。采用这种分层设计有许多优点，例如，在网络协议中，如果某一部分发生了变化，那么通过确定相关的层次，可以很容易在某个层中修改，其他的层则不需要改动，这样既减少了工作量，同时又使得协议开发变得规范。逻辑网络控制、网络安全和应用层都为实时要求高的应用进行了优化，优化措施有：设备唤醒速度快；网络连接时间短，一般分别在15ms和30ms的范围内。

网络层负责网络的启动、关联、断开关联、设备地址的分配、网络安全、帧路由等一般工作。网络层可以支持多重的网络拓扑结构。通过使用ZigBee路由器，网状拓扑结构可使网络达到64000个节点，通过请求-响应算法达到高效路由，而不是通过路由表。

通用操作框架（General Operating Framework，GOF）是连接着应用层和网络层的综合层，维护着设备描述、地址、事件、数据格式和其他的一些信息，应用层使用这些信息命令及响应网络层设备。

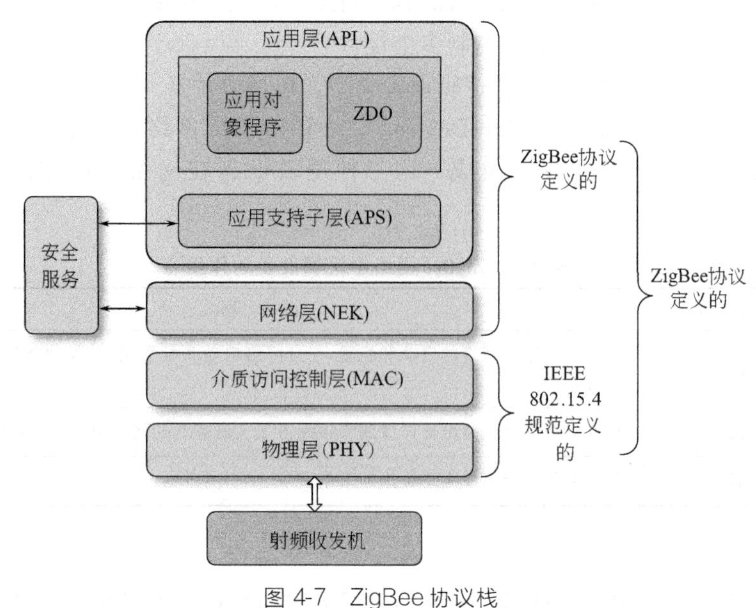

图 4-7 ZigBee 协议栈

最后，与蓝牙相似，在协议栈的顶层，应用层应用模型定义为支持特定的应用模式。例如，照明应用模型包括表示光线等级和覆盖范围的传感器以及负载控制器的开关和变暗。

(3) 物理层

IEEE 802.15.4 规范是 ZigBee 物理层的基础，其使用的 RF 频段和数据速率如表 4-2 所示。

表 4-2 IEEE 802.15.4 的无线频段和数据速率

带宽	覆盖范围	信道数	数据速率
2.4GHz	世界范围	16	250Kbps
915MHz	美洲	10	40Kbps
868MHz	欧洲	1	20Kbps

其中，2.4GHz ISM 频段中的 16 个非重叠信道允许 16 个 PAN 同时工作。在 2.4GHz 频段中，使用的是直接序列扩频，每 16bit 或 32bit 的码片映射为 4bit 的数据符号。码片数据流用 OQPSK 调制方式以 2Mcps (million chips/s) 的传输速率调制到载波上。该码片速率转化为 244Kbps 的原始数据速率。

IEEE 802.15.4 规定发射机的功率最低为－3dBm (0.5mW)，而接收机的灵敏度在 2.4GHz 频段下为－85dBm，在 915/868MHz 频段下为－91dBm。根

据发射机的功率和环境条件，ZigBee网络的有效工作范围为10～70m。

物理层定义了物理无线信道和MAC子层之间的接口，提供物理层数据服务和物理层管理服务。物理层数据服务从无线物理信道上收发数据，物理层管理服务维护一个由物理层相关数据组成的数据库。物理层数据服务包括以下五方面的功能：

- 激活和休眠射频收发器；
- 信道能量检测（energy detect）；
- 检测接收数据包的链路质量指示（link quality indication，LQI）；
- 空闲信道评估（clear channel assessment，CCA）；
- 收发数据。

信道能量检测为网络层提供信道选择依据。它主要测量目标信道中接收信号的功率强度，由于这个检测本身不进行解码操作，所以检测结果是有效信号功率和噪声信号功率之和。链路质量指示为网络层或应用层提供接收数据帧时无线信号的强度和质量信息。与信道能量检测不同的是，它要对信号进行解码，生成的是一个信噪比指标。这个信噪比指标和物理层数据单元-道提交给上层处理。

空闲信道评估判断信道是否空闲。IEEE 802.15.4定义了三种空闲信道评估模式：第一种简单判断信道的信号能量，当信号能量低于某一门限值就认为信道空闲；第二种是通过判断无线信号的特征，这个特征主要包括两方面，即扩频信号特征和载波频率；第三种模式是前两种模式的综合，同时检测信号强度和信号特征，给出信道空闲判断。

(4) 媒体接入和链路控制层

ZigBee使用IEEE 802.15.4 MAC协议的15.4a修订版，支持在各种简单连接的拓扑结构上最多64000个节点。在扩展的网络中，设备接入物理信道由TDMA和CSMA/CA相结合进行控制。在IEEE 802.15.4 MAC规范中可以识别三种设备类型：完全功能设备（Full Function Device，FFD）、网络协调器（PAN，特殊的完全功能设备）、简化功能设备（Reduced Function Device，RFD）。FFD具有IEEE 802.15.4标准的所有特征。它们具有额外的存储器以及能执行网络路由功能的计算能力，当网络与外部设备进行通信时它还能充当边缘设备。PAN协调器是具有最大存储器和计算能力的最复杂的设备，它是维护整个网络控制的完全功能设备。为降低设备的复杂度和成本，RFD只具有有限的功能，它们只能与FFD进行通信，通常作为边缘设备使用。

ZigBee设备既可以是全64bit的地址，也可以是短16bit的地址，传输帧中包括目的地址和源地址。这对于点对点的连接是必要的，同时对网格网络也非常重要。

在IEEE 802系列标准中，OSI参考模型的数据链路层进一步划分为MAC

和 LLC 两个子层。MAC 子层使用物理层提供的服务实现设备之间的数据帧传输，而 LLC 在 MAC 子层的基础上，在设备间提供面向连接和非连接的服务。

MAC 子层提供两种服务：MAC 层数据服务和 MAC 层管理服务（MAC sublayer management entity，MLME）。前者保证 MAC 协议数据单元在物理层数据服务中的正确收发，后者维护一个存储 MAC 子层协议状态相关信息的数据库。

MAC 子层主要功能包括下面六个方面：

- 协调器产生并发送信标帧，普通设备根据协调器的信标帧与协议器同步；
- 支持 PAN 网络的关联（association）和取消关联（disassociation）操作；
- 支持无线信道通信安全；
- 使用 CSMA-CA 机制访问信道；
- 支持时槽保障（guaranteed time slot，GTS）机制；
- 支持不同设备的 MAC 层间可靠传输。

(5) 网络拓扑

ZigBee 的 FFD 实现了全部的协议栈，能够与节点同步，与任何拓扑结构的任意类型的设备相连。而 RFD 实现了简化的协议集，在简单的连接拓扑结构中（星形或点到点结构）只能作为端节点。

根据应用需求，ZigBee 有两种拓扑结构形式：星形拓扑或端到端拓扑。如图 4-8 所示。在星形拓扑中，通信建立在设备和一个中央控制器之间，称为 PAN 协调器。PAN 协调器是 PAN 的主控制器。在网络上的所有设备将具有 64 位的扩展地址。这个地址可以直接用来在 PAN 中通信，或者在设备连通时它可以和 PAN 协调器分配的短地址交换。星形拓扑的应用，包括家庭自动化、个人电脑（PC）外围设备、玩具和游戏以及个人健康护理。

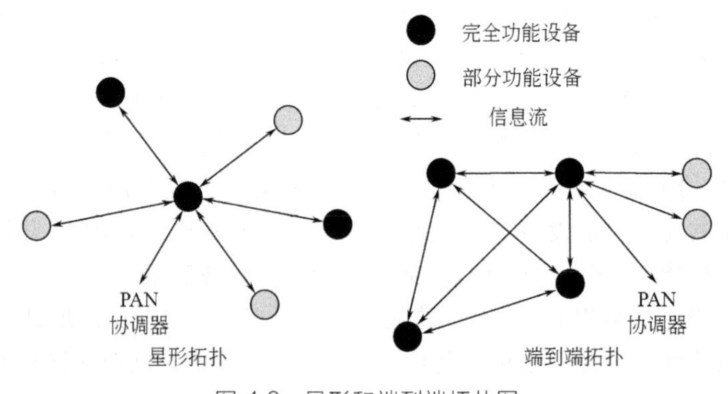

图 4-8 星形和端到端拓扑图

端到端拓扑也有PAN协调器，然而它与星形拓扑不同，任意一个设备可以与在范围内的所有设备通信。端到端拓扑允许使用更复杂的网络形式，例如网状网络拓扑。工业控制和监控、无线传感器网络、目标跟踪、智能农业、安全性等应用将会从这种网络拓扑中获益。一个端到端网络可以以ad h、oc方式进行自组织和自恢复，并且允许从一个设备到其他设备的多重路由。这些功能可以在网络层进行添加，但这个不是标准中的内容。

每一个独立的PAN将选择一个唯一的标识符。这个PAN标识符允许使用短地址的设备进行通信，并且支持跨网传输。因此，每个ZigBee网络都有特定的具有全功能的PAN协调器（与蓝牙网络的主设备相似），这个协调器主要负责网络的管理，例如新设备的关联和信标的传输。在星形网络中，所有设备都与PAN协调器进行通信，而在点到点的通信网络中，每个单独的全功能设备都能够互相通信。

（6）ZigBee组网

① 星形网络构成　一个星形网络的基本结构见图4-8。首先激活FFD，它可以建立自己的网络，并且成为PAN协调器。所有的星形网与其他同时运行的星形网是相互独立的。一旦选定了PAN协调器，PAN协调器可以允许其他设备加入它的网络，FFD和RFD都可以加入网络。

② 端到端网络形成　在一个端到端的拓扑结构中，每一个设备都可以和它通信范围内的其他设备进行通信。有一个设备将被任命为PAN协调器。簇形树状网络是端到端网络的一个特例，如图4-9所示。

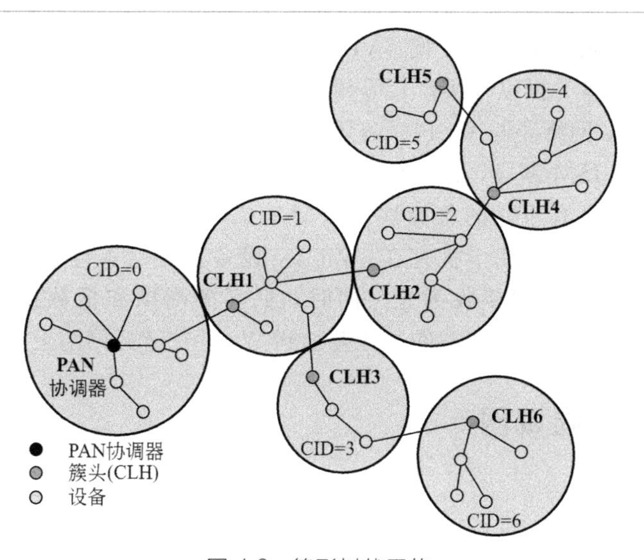

图4-9　簇形树状网络

它的大部分设备是FFD。一个RFD可以作为一支的叶节点连接到簇形树状网络，因为它可能仅在某时连接到FFD。任一个FFD都可以当做一个协调器，并且为其他设备或协调器提供同步服务。这些协调器中仅有一个为全PAN协调器，它可能比PAN中的其他设备拥有更多的计算资源。PAN协调器通过将它自身作为簇头（CLH）并且有一个为零的簇标识符（CID）建立起第一个簇，选取一个没有使用的PAN标识符，并且向相邻设备广播信标帧。一个备用设备收到信标帧后可以要求在CLH加入网络。如果PAN协调器允许设备加入，它将把新设备作为它相邻列表的子设备加入，那么新加入的设备将在相邻列表中把CLH作为它的父节点并且开始传输周期信标；其他的备用设备也可以通过那个设备加入网络。如果初始备用设备不能在CLH加入网络，它将寻找另一个父设备。簇形树状网络最简单的形式是一个簇网络，但是通过多簇的网可以建立更大的网络。一旦预定应用或网络请求相遇，PAN协调器可以命令一个设备为一个新簇的CLH，其他的设备逐渐地加入连接，并且形成了一个多簇的网络结构，如图4-9所示。图4-9中的直线表示设备的父-子关系而不是通信流。多簇结构的优点是可以增加覆盖范围，缺点是增加消息的等待时间。

（7）ZigBee的实际应用

ZigBee主要应用在距离短、功耗低且传输速率不高的各种电子设备之间，典型的传输数据类型有周期性数据、间歇性数据和低反应时间数据。ZigBee的主要应用领域包括工业控制（如自动控制设备、无线传感器网络）、医疗护理（如病人监控、健康监视）、农业控制（土壤和气候信息收集等）、家庭和楼宇智能控制（如空调、温度、照明的自动控制，以及水电气计量及报警等）、消费电子产品（家庭娱乐系统，如电视、VCR、DVD、音响系统等）、PC外设的无线连接（鼠标、键盘、操纵杆接口）等领域。

尽管ZigBee网络要与Wi-Fi、蓝牙网络以及其他一系列的控制和通信设备竞争接入2.4GHz ISM频段，但是由于一般ZigBee设备的任务周期非常短，因此对于潜在的干扰具有很好的鲁棒性。CSMA/CA机制、退避机制以及未收到确认的重传机制，使得即使干扰存在，ZigBee设备也可以等待并不断重传，直到数据包被确认已经正确接收为止。同时，低任务周期和低数据容量，意味着ZigBee设备不太可能产生严重的干扰叠加到Wi-Fi或蓝牙网络上。

4.1.2 无线局域网

4.1.2.1 概述

随着因特网的迅速发展，传统的有线局域网因布线的限制而带来维护和扩容不便等问题。此外，有线网络中的各节点搬迁和移动不便，也限制了移动办公发展。因此，高效快捷、组网灵活的无线局域网应运而生。

无线局域网（Wireless LAN，WLAN）是使用无线连接的局域网，可以在有限的区域（如家庭、学校、办公室）内使用无线通信连接两个或更多设备[3]。它使用无线电波作为数据传送的媒介，传送距离一般为几十米。无线局域网的用户能够在本地覆盖范围内移动，并且仍然可以连接到网络。由于 WLAN 具有诸多方面的优点，其发展十分迅速，已经在医院、商店、工厂和学校等不适合网络布线的场合得到了广泛的应用。大多数现代 WLAN 基于 IEEE 802.11 标准，并以 Wi-Fi 品牌销售。

4.1.2.2 IEEE 802.11 技术

（1）IEEE 802.11 协议族

IEEE WLAN 标准的成长始于 20 世纪 80 年代中期，是由美国联邦通信委员会（FCC）为工业、科研和医学（ISM）频段的公共应用提供授权而产生的。这项政策使各大公司和终端用户不需要获得 FCC 许可证，就可以应用无线产品，从而促进了 WLAN 技术的发展和应用。WLAN 标准的第一个版本发表于 1997 年，其中定义了介质访问接入控制层（MAC 层）和物理层。最初的版本主要用于办公室局域网和校园网，用户与用户终端无线接入，业务主要限于数据存取，速率最高只能达到 2Mbps。

由于 802.11 在速率和传输距离上都不能满足人们的需要，1999 年，IEEE 小组又相继推出了两个补充版本：802.11a 定义了一个在 5GHz ISM 频段上的数据传输速率可达 54Mbps 的物理层，802.11b 定义了一个在 2.4GHz 的 ISM 频段上但数据传输速率高达 11Mbps 的物理层，成为第一个在 Wi-Fi 标志下将产品推向市场的标准。1999 年，工业界成立了 Wi-Fi 联盟，致力解决符合 802.11 标准的产品的生产和设备兼容性问题。2003 年 6 月，IEEE 802.11g 规范正式批准，物理层速率提高到 54Mbps，并提高了与 IEEE 802.11b 设备在 2.4GHz ISM 频段共用的能力。

表 4-3 按字母表顺序概述了 IEEE 802.11 标准的发展步伐，对各种版本的安全、局部灵活性，网状网络和物理层数据速率性能改进等主要特性进行简要概括。

表 4-3 IEEE 802.11 协议族

标准	主要特性
IEEE 802.11	原始标准，支持速率 2Mbps，工作在 2.4GHz ISM 频段
IEEE 802.11a	高速 WLAN 标准，支持速率 54Mbps，工作在 5GHz ISM 频段，使用 OFDM 调制

续表

标准	主要特性
IEEE 802.11b	最初的Wi-Fi标准,提供速率11Mbps,工作在2.4GHz ISM频段,使用DSSS和CCK
IEEE 802.11d	所用频率的物理层电平配置、功率电平、信号带宽可遵从当地RF规范,从而有利于国际漫游业务
IEEE 802.11e	规定所有IEEE 802.11无线接口的服务质量(QoS)要求,提供TDMA的优先权和纠错方法,从而提高时延敏感型应用的性能
IEEE 802.11f	定义了推荐方法和共用接入点协议,使得接入点之间能够交换需要的信息,以支持分布式服务系统,保证不同生产厂商的接入点的共用性,例如支持漫游
IEEE 802.11g	数据速率提高到54Mbps,工作在2.4GHz ISM频段,使用OFDM调制技术,可与相同网络中的IEEE 802.11b设备共同工作
IEEE 802.11h	5GHz频段的频谱管理,使用动态频率选择(Dynamic Frequency Selection,DFS)和传输功率控制(TPC),满足欧洲对军用雷达和卫星通信的干扰最小化的要求
IEEE 802.11i	指出了用户认证和加密协议的安全弱点。在标准中采用高级加密标准(Advanced Encryption Standard,AES)和IEEE 802.1x认证
IEEE 802.11j	日本对IEEE 802.11a的扩充,在4.9~5.0GHz之间增加RF信道
IEEE 802.11k	通过信道选择、漫游和TPC来进行网络性能优化。通过有效加载网络中的所有接入点,包括信号强度弱的接入点,来最大化整个网络吞吐量
IEEE 802.11n	采用MIMO无线通信技术、更宽的RF信道及改进的协议栈,提供更高的数据速率,从150Mbps、350Mbps至600Mbps,可向后兼容IEEE 802.11a、b和g
IEEE 802.11p	车辆环境无线接入(Wireless Access for Vehicular Environment,WAVE),提供车辆之间的通信或车辆和路边接入点的通信,使用工作在5.9GHz的授权智能交通系统(Intelligent Transportation Systems,ITS)
IEEE 802.11r	支持移动设备从基本业务区(Basic Service Set,BSS)到BSS的快速切换,支持时延敏感服务,如VoIP在不同接入点之间的站点漫游
IEEE 802.11s	扩展了IEEE 802.11 MAC来支持扩展业务区(Extended Service Set,ESS)网状网络。IEEE 802.11s协议使得消息在自组织多跳网状拓扑结构网络中传递
IEEE 802.11T	评估IEEE 802.11设备及网络的性能测量、性能指标及测试过程的推荐性方法,大写字母T表示是推荐性而不是技术标准
IEEE 802.11u	修正物理层和MAC层,提供一个通用及标准的方法与非IEEE 802.11网络(如Bluetooth、ZigBee、WiMAX等)共同工作
IEEE 802.11v	提高网络吞吐量,减少冲突,提高网络管理的可靠性
IEEE 802.11w	扩展IEEE 802.11对管理和数据帧的保护以提高网络安全

（2）IEEE 802.11 主要特性

IEEE 802.11 标准的逻辑结构如图 4-10 所示，涵盖了无线局域网（WLAN）的物理层（PHY）和媒体访问控制层（MAC）。数据链路层中的上层部分为 IEEE 802.2 标准规范的逻辑链路控制层（LLC），也用于以太网（IEEE 802.3）中，LLC 为网络层和高层协议提供链路。

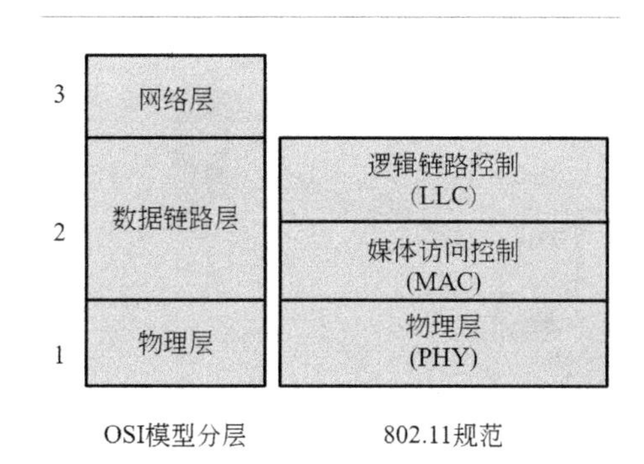

图 4-10 IEEE 802.11 的逻辑结构

IEEE 802.11 网络由 3 个基本部分组成：站点、接入点和分布式系统。

• 站点（Station）：网络最基本的组成部分。指任何采用 IEEE 802.11 MAC 层和物理层协议的设备。

• 接入点（Access Point，AP）：在一组站点［即基本业务区（BSS）］和分布式系统之间提供接口的站点。接入点既有普通站点的身份，又有接入到分配系统的功能。

• 分布式系统（Distribution System，DS）：网络组件，通常是有线以太网，连接接入点和与其相关的 BSS 构成扩展业务区（ESS）。分布式系统用于连接不同的基本业务区。分布式系统使用的媒介（Medium）逻辑上和基本业务区使用的媒介是截然分开的，尽管它们物理上可能会是同一个媒介，例如同一个无线频段。

在 IEEE 802.11 标准中，WLAN 基于单元结构，这种网络中最基本的服务单元被称为基本业务区（Basic Service Set，BSS）。最简单的服务单元可以只由两个站点组成，站点可以动态地链接到基本服务区中。在一个接入点的控制下，当多个基站工作在同一个 BSS 时，表明这些基站使用相同的 RF 信道发送和接收，使用共用的 BSSID（BSS Identity）、同样的数据速率，同步于共用的定时器。这些 BSS 参数包含在信标帧中，定期由站点或接入点广播。

IEEE 802.11 标准定义了 Ad hoc 模式和固定结构模式两种 BSS 的工作模式。当两个及以上的 IEEE 802.11 站点直接相互通信而不依靠接入点或有线网络，则形成 Ad hoc 网络。这种工作模式也称为对等模式，允许一组具有无线功能的计算机之间为数据共享而迅速建立起无线连接，如图 4-11 所示。Ad hoc 模式中的基本业务区称为独立基本业务区（Independent Basic Service Set，IBSS），在同一 IBSS 下所有的站点广播相同的信标帧，使用随机生成的 BSSID。

固定结构模式为站点与接入点通信取代站点间直接通信。举一个固定结构模式 BSS 的例子：家庭 WLAN，有一个接入点及多个通过以太网集线器或交换机连接的有线设备，如图 4-12 所示。在 BSS 内站点间通过接入点实现通信，即使两个站点位于相同的单元中。

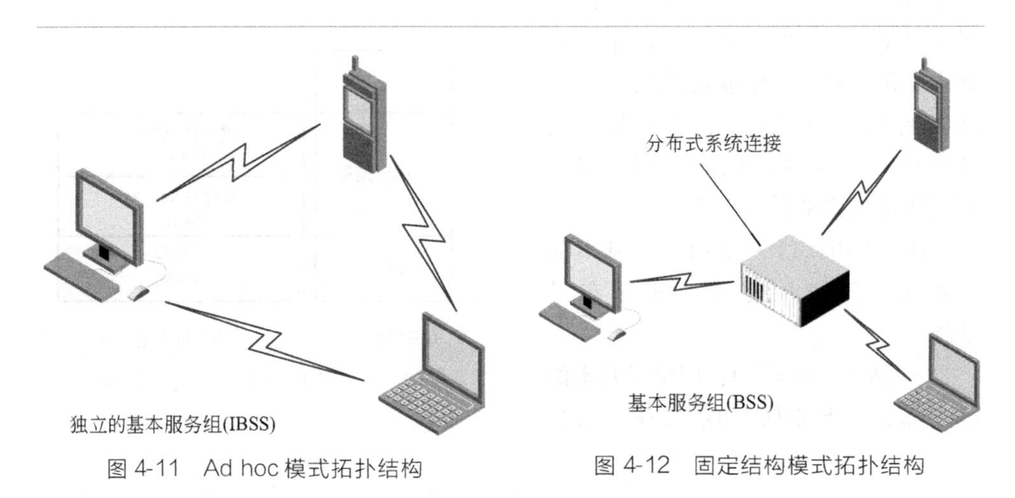

图 4-11 Ad hoc 模式拓扑结构　　图 4-12 固定结构模式拓扑结构

虽然看起来在简单的网络中，采用这种在单元内先从发送站点到接入点、再从接入点到目的站点的通信方式似乎是没有必要的，但是当接收站处于待机模式、临时不在通信范围内以及被切断时，接入点可以缓存数据。这也是 BSS 与 IBSS 相比的优势所在。在固定结构模式中，接入点还可以承担广播信标帧的任务。

可以将接入点连接到分布式系统。分布式系统通常是有线网络，接入点也可以作为连接到其他无线网络单元的无线网桥。在这种情况下，含有一个接入点的单元即为一个 BSS，在一个局域网中的两个或多个这样的单元构成了扩展业务区（Extended Service Set，ESS）。这种组合是逻辑上，并非物理上的——不同的基本业务区有可能在地理位置上相去甚远。

在 ESS 中，AP 利用 DS 将数据从一个 BSS 传送到另一个 BSS，也可以在服务不中断的情况下把站点从一个 AP 移动到另一个 AP。这种数据移动即设备路由的快速变化，网络外部的传输和路由协议是感觉不到的。在 IEEE 802.11 框架内 ESS 对站点提供的这种移动性对网络外部是透明的。

在 IEEE 802.11k 之前，IEEE 802.11 网络的移动性仅限于一个 ESS 内的 BSS 之间的站点移动，叫做 BSS 迁移。IEEE 802.11k 支持 ESS 之间的站点漫游，当感知到某个站点超出覆盖范围时，接入点发出位置报告来确定站点可以连接的可选接入点，以使服务不间断。

IEEE 802.11 没有具体定义分布式系统，只是定义了分布式系统应该提供的服务（Service）。整个无线局域网定义了 9 种服务，其中 5 种服务属于分配系统的任务，分别为连接（Association）、集成（Integration）、再连接（Reassociation）、分配（Distribution）、结束连接（Diassociation），4 种服务属于站点的任务，分别为隐私（Privacy）、鉴权（Authentication）、结束鉴权（Deauthentication）、MAC 数据传输（MSDU delivery）。

无线局域网络技术或许是应用最广泛、最具有商业价值并且发展得最好的无线网络技术。自 1999 年 IEEE 802.11a 和 b 标准发布后，在不到 10 年的时间里，已生产了 2 亿个 IEEE 802.11 芯片，2005 年仅芯片消费就超过了 8 亿美元，开发了能将数据容量提高 600 倍的标准，出现了车行速度漫游和网状网络。

（3）IEEE 802.11 MAC 层

IEEE 802.11 标准规范了一个通用的媒体访问层（MAC），提供了支持基于 802.11 无线网络操作的多种功能。每一个 IEEE 802.11 站点都有 MAC 层实现，通过 MAC 层站点可以建立网络或接入已存在的网络，并传送 LLC 层的数据。上述功能使用了两种服务：站点服务和分布系统服务，并通过通信站点 MAC 层之间的各种管理、控制、数据帧的传输来实现这两种服务。

在使用这两种服务之前，MAC 首先需要接入到 BSS 内的无线传输媒体，同时可能有许多站点也在竞争接入传输媒体。下面介绍 BSS 内的高效共享接入机制。

① 无线媒体接入　由于无线电收发信机不能在既发射又接收的同时还监听其他站点的发射，所以无线网络站点无法检测到自己的发射和其他站点发射的冲突，这就导致了无线网络中多个发射站点的共享媒体接入的实现比有线网络复杂。

在有线网络中，网络接口能够通过感知载波来检测冲突，例如在以太网中，如果在发送数据时检测到冲突，则停止发送。这就是载波监听/冲突检测（CSMA/CD）的媒体接入机制。CSMA/CD 是带有冲突检测的 CSMA，其基本思想是：当一个节点要发送数据时，首先监听信道；如果信道空闲就发送数据，并继续监听；如果在数据发送过程中监听到了冲突，则立刻停止数据发送，等待一段随机的时间后，重新开始尝试发送数据。

IEEE 802.11 标准定义了一些 MAC 层协调功能来调节多个站点的媒体接入。可选择的点协调功能（Point Coordination Function，PCF）可以在时间要求严格的情况下，为站点提供无竞争的媒体接入，而强制性的 IEEE 802.11 分布式协调功能（Distributed Coordination Function，DCF），则对基于接入的竞争采取带有冲突避免的载波检测多路访问（CSMA/CA）机制。上述两种模式可在时间上交替使用，即一个 PCF 的无竞争周期后，紧跟一个 DCF 的竞争周期。

分布式协调功能（DCF）使用的媒体接入方法是载波监听/冲突避免（Carrier Sense Multiple Access/Collision Avoidance，CSMA/CA）。在这种方式下，要发送数据的站点首先检测信道是否繁忙，如果信道正在被使用就继续监测信道，直至信道空闲。一旦信道空闲，站点就再等待一个设定的时间，即分布式帧间间隙（Distributed Inter-frame Spacing，DIFS）（对于 802.11b 网络为 50μs），这一过程如图 4-13 所示。

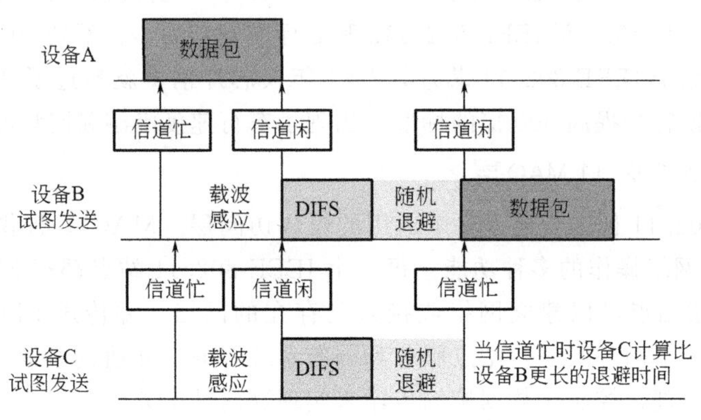

图 4-13 IEEE 802.11 CSMA/CA

如果站点在分布式帧间间隙（DIFS）结束前没有监听到其他站点的发送，则首先将信道时间分为多个时隙单元；然后计算一个介于 Cw_{min} 和 Cw_{max} 数值之间的以时隙为单位的随机退避时间（random back off interval），继续监测信道。

若退避时间为零时信道仍然空闲，则开始发送数据。退避时间是随机的，因此如果有很多站点在等待，它们不会在同一时间重新尝试发送，即有一个站点会有较短的退避时间并能够开始发送数据。如果站点重新尝试发送数据时，每个新的尝试计算出的退避时间会加倍，直到达到每个站点定义的最大值 Cw_{max}。这保证当有很多站点竞争接入时，每个请求被较远地隔开以避免重复冲突。

DCF 的退避机制具有指数特征。对于每次分组传送，退避时间以时隙为单位（即是时隙的整数倍），统一地在 0 至 $n-1$ 之间进行选取，n 表示分组数据传送失败的数目。在第一次传送中，n 取值为 $Cw_{min}=32$，即所谓的最小竞争窗口（minimum contention window）。每次不成功的传送后，n 将加倍，直至达到最大值 $Cw_{max}=1024$。竞争窗口参数 Cw 以多个时隙时间的形式给出，IEEE 802.11b 为 20μs，IEEE 802.11a/g 为 9μs。

如果在 DIFS 结束前监听到另一个站点的发送，则退避间隔保持不变，并且只当检测到在 DIFS 间隔及其下一时隙内信道持续保持空闲，才重新开始减少退避间隔值。因为那个站点可以使用短 IFS（Short IFS，SIFS）来等待发送某个控制帧［CTS（Clear to Send，清除后发送）或ACK（ACKnowledge Character，确认字符］，如图4-14所示，或者继续发送数据包中用来提高传输可靠性的分段部分。

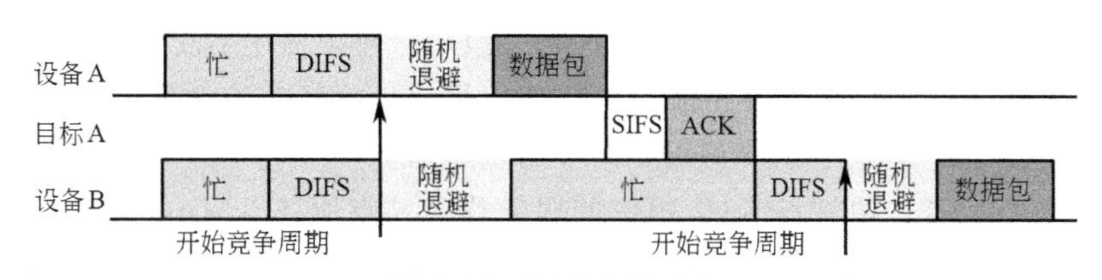

图4-14 DCF传输时序

对于每个成功接收的分组数据，802.11标准要求向接收方发送ACK消息。而且为了简化协议头，ACK消息将不包含序列号，并可用来确认收到了最近发送的分组数据。一旦分组数据传送结束，发送移动站将在SIFS间隔内收到ACK。如果ACK不在指定的ACK_timeout周期内到达发送移动站，或者检测到信道上正在传送不同的分组数据，最初的传送将被认为是失败的，并将采用退避机制进行重传。

CSMA/CA是一种简单的媒体接入协议，由于发送包的同时不能检测到信道上有无冲突，只能尽量避免冲突。当存在干扰时，站点会不停地退避来避免冲突或等待信道空闲，网络的吞吐量会严重下降，也没有服务质量的保证。所有的站点都要竞争接入，所以CSMA/CA是基于竞争的协议。

IEEE 802.11标准也规定了一种可选择的基于优先级的媒体接入机制，即点协调功能（PCF）。在PCF中，通过AP向相关的移动站发送轮询消息，依次对这些移动站进行轮询。AP可以把数据包含在轮询消息中，向被轮询的移动站发送数据。轮询的基站可以把数据包含在轮询响应消息中，向AP发送数据。在适当情况下，确认信息（确认收到了上一个来自AP的数据帧）也可包含在响应消息中。

虽然PCF提供了有限的服务质量保证（QoS）的能力，但PCF功能并没有在IEEE 802.11硬件中广泛应用，只出现在IEEE 802.11e增强版中，QoS和优先访问机制被全面地合并到IEEE 802.11标准中。

② 发现和加入网络　新活跃站点的首要任务是，通过被动或主动扫描判定在覆盖范围内都有哪些可以进行链接的站点。如果新的活跃站点已经被设置了用于链接的首选SSID名称，可以使用主动扫描：新的活跃站点发送探测帧（包含这个首选SSID），等待首选接入点响应探测响应帧。也可以通过广播探测帧，即要求所有在接收范围内的接入点响应一个探测响应帧。通过主动扫描，新的站点

会得到可用接入点的完整列表。判定覆盖范围内的站点后，可以开始对站点的认证和链接，链接的对象可以是首选的接入点、新的站点选择的接入点、或者用户从响应列表中选择的接入点。

被动扫描时，在给定的时期内站点监听每个信道站点，并检测其他站点发送的信标帧。信标帧的负载数据单元由四部分组成：超帧描述字段、待转发数据目标地址字段、GTS 分配字段和信标帧负载数据。信标帧带有时间同步码和其他物理层参数（如跳频模式），可用于两个站点通信。

③ 站点服务　由站点 SAT 提供的服务称为站点服务。MAC 层站点服务提供发送和接收 LLC 层数据单元的功能，并实现站点之间的认证和安全功能。

• 认证：这项服务可以让接收站点在与其他站点链接之前先进行认证。接入点可以配置成开放系统或共享密钥认证。开放系统认证提供最小的安全性，不验证其他站点的身份，任何试图认证的站点都可以收到认证信息。共享密钥认证要求两个站点已经收到一个经由其他安全信道（如直接的用户输入）传输的密钥（如口令）。

• 认证解除：当要与其他站点停止通信时，在解除与其链接之前，站点要先解除认证。认证和认证解除，是通过两个通信站点之间交换 MAC 层的管理帧实现的。

• 保密：这项服务使得数据帧和共享密钥认证帧在传输之前可以选择加密，例如使用有线对等加密（WEP）或 Wi-Fi 保护接入（WPA）。

• MAC 服务数据单元传送：MAC 服务数据单元（MSDU）是 LLC 层传递给 MAC 的数据单元。LLC 访问 MAC 服务的点叫做 MAC 服务访问点（SAP）。这项服务保证了 MSDU 在服务接入点间的传递。RTS（Request to Send，请求发送）、CTS、ACK 之类的控制帧，可用来控制站点间的帧流量，例如 IEEE 802.11b/g 混合节点操作。

④ 分布式系统服务　由 DS 提供的服务称为分布式系统服务。MAC 层分布式系统服务提供的功能与站点式服务截然不同，站点式服务局限于空中接口末端的发送和接收站点，而分布式服务扩展到整个分布式系统。

• 链接：这项服务能够建立站点和接入点之间的逻辑连接。接入点在与站点相链接之前，不能接收或者传送任何数据，链接提供了分布式系统传输数据的必要信息。

• 解除链接：站点在离开网络之前要解除链接，例如当无线链路被禁用、网络接口控制器被手动解除连接或 PC 主机关机时。

• 重新链接：重新链接允许站点改变当前链接的参数（如支持数据速率），或者在 EBSS 内将链接从一个 BSS 改变到另一个 BSS 上。例如，当一个漫游站点感知到另一个接入点发送较强的信标帧时，可改变它的链接。

• 分布式：当一个站点在向同一 BSS 下的另一个站点，或通过分布式系统向另一个 BSS 下的站点发送帧时，使用分布式服务。

• 综合式：是分布式的扩展，在接入点是通向非 IEEE 802.11 网络的接口的，并且 MSDU 必须通过这个网络传递到目的地时，使用该服务。综合式服务提供必要的地址和媒体转换，使得 IEEE 802.11 MSDU 可以在新的媒体上被传送，并被非 IEEE 802.11 MAC 层目的设备接收。

(4) IEEE 802.11 物理层

1997 年完成并公布的 IEEE 802.11 标准的最初版本，支持三种可选的物理层：跳频序列扩频（FHSS）、工作在 2.4GHz 频段的直接序列扩频（DSSS）和扩散红外线（DFIR）。这三种物理层支持数据速率为 1Mbps 和 2Mbps。

跳频序列扩频（FHSS）规定了以 2.44GHz 为中心，间隔为 1MHz 的 78 个跳频信道，这些跳频信道 26 个为一组被分成 3 组。最大跳跃速率为 2.5 跳/s。由物理层管理子层决定具体选用哪一组。FHSS 采用高斯频移键控（GFSK），采用两级和四级 GFSK 分别实现数据速率为 1Mbps 和 2Mbps。

直接序列扩频（DSSS）将工作频段分成 11 个信道，信道相互覆盖且频率间隔是 5MHz。DSSS 使用长度为 11chips 的 Barker 编码，采用差分二进制相移键控（DBPSK）和四相差分相移键控（DQPSK）实现数据速率为 1Mbps 和 2Mbps。

红外物理层（DFIR）规定工作波长为 800～900nm。与 IrDA 的红外线收发器阵列不同，DFIR 采用漫射的传播模式，通过天花板反射红外线波束实现站点之间的连接，根据天花板的高度不同，连接范围为 10～20m。DFIR 采用脉冲位置调制（PPM），用 16-PPM 和 4-PPM 分别实现数据速率为 1Mbps 和 2Mbps。

IEEE 802.11 标准的物理层标准主要有 IEEE 802.11b、IEEE 802.11a 和 IEEE 802.11g，这些标准分别定义了不同的物理层传输方式和调制方式。IEEE 802.11 标准的扩充版本集中在高速率 DSSS（IEEE 802.11b）、OFDM（IEEE 802.11a 和 g）、OFDM 加 MIMO（IEEE 802.11n）。

4.1.3 无线城域网

4.1.3.1 概述

为了应对 xDSL 和电缆调制解调器对家庭和小型商业的无线宽带接入方案的补充需要，为 IEEE 802.11 热点提供回程，从 1998 年开始提出了 IEEE 802.16 系列标准。“最后一英里”的宽带无线接入方案，可以以最小的基础设施费用提供广阔的地理覆盖，因此也同时加快了宽带技术的兴起。

IEEE 802.16 标准不仅解决了传统的“最后一英里”的接入问题，而且还支持游牧和移动节点的传输。因此，在城域范围内，便携电脑和个人数字助理（PDA）作为用户站（Subscriber Station，SS），可以随时随地快速高效地接入网络成为可能。IEEE802.20 WWAN 则定位于提供一个基于 IP 的全移动网络，它将直接和现在的 3G（尤其是正在发展中的增强型 3G）竞争，使用和 3G 同样的频率，占用同样的带宽，但能提供更高的通信速率，这种系统也被称为移动宽带无线接入（MBWA，Mobile Broadband Wireless Access）系统[3]。

无线城域网的推出是为了满足日益增长的宽带无线接入（Broadband Wireless Access，BWA）市场需求。尽管多年来 IEEE 802.11 技术与许多其他专有技术一起被用于 BWA，并且获得了很大的成功，但是 WLAN 的总体设计及其提供的服务并不能很好地适用于室外的 BWA 应用。当其用于室外时，在带宽和用户数量方面将受到限制，同时还存在着通信距离等其他一些问题。基于上述情况，一种新的、更为复杂的全球标准 IEEE802.16 产生了，它能同时解决物理层环境（室外射频传输）和 QoS 两方面的问题，以满足 BWA 和“最后一英里”接入市场的需求。

WiMAX（Worldwide Interoperability for Microwave Access，全球互通微波接入）技术，是以 IEEE 802.16 系列标准为基础的宽带无线接入技术，可以在固定和移动的环境中提供高速的数据、语音和视频等业务，兼具了移动、宽带和 IP 化的特点，近年来发展迅速，逐渐成为宽带无线接入领域的发展热点之一[7]。

IEEE 802.16 是为制定无线城域网标准而专门成立的工作组，主要负责固定无线接入的空中接口标准制定，WiMAX 与 IEEE 802.16 之间有着非常紧密的联系与合作，同时又有着分工的不同，前者是标准的推动者，后者是标准的制定者，可以说 IEEE 802.16 标准和 WiMAX 技术是宽带移动的重要里程碑，促进了移动宽带的演进和发展。

4.1.3.2 IEEE 802.16 无线城域网标准

IEEE 802.16 标准有着一系列的协议，到目前发布的标准包括 802.16、802.16a、802.16c、802.16d、802.16e、802.16f、802.16g。除以上版本外，正在发展和计划发展的 802.16 系列标准还包括 802.16h、802.16i、802.16j、802.16k、802.16m 等版本，基于这些标准的 WiMAX 技术也将被逐步完善。各标准相对应的技术领域如表 4-4 所示[3]。

表 4-4 IEEE 802.16 系列标准

标准	主要特征
802.16	最初的标准，2001 年批准通过，10～66GHz 上视距传输，速率可达 134Mbps

续表

标准	主要特征
802.16a	2002年2月批准通过，11GHz上非视距传输，速率可达70Mbps
802.16b	802.16a的升级版本，解决在5GHz上非授权应用问题
802.16c	802.16的升级版本，解决在10～66GHz上系统的互操作问题
802.16d	WiMAX的基础，802.16a的替代版本，支持高级天线系统(MIMO)。2004年6月批准通过802.16—2004
802.16e	2005年12月发布，扩展后能提供移动服务，包括对时变传输环境的快速自适应，2～6GHz固定和移动宽度无线接入系统空中接口
802.16f	扩展后能支持网状网要求的多跳能力，固定宽度无线接入系统空中接口管理信息库
802.16g	对移动网络提供高效转发和QoS，固定和移动宽度无线接入系统空中接口管理平面流程和服务要求
802.16h	增强的MAC层使得基于802.16的非授权系统和授权频带上的主用户能够共存
802.16i	宽度无线接入系统空中接口移动管理信息库要求
802.16j	移动多跳中继系统规范
802.16k	局域网和城域网MAC网桥IEEE 802.16
802.16m	以ITU-R所提的4G规格作为目标来制定的

IEEE 802.16标准定义的空中接口由物理层和MAC层组成，如图4-15所示。MAC层独立于物理层，能支持多种不同的物理层规范，以适应各种应用环境。

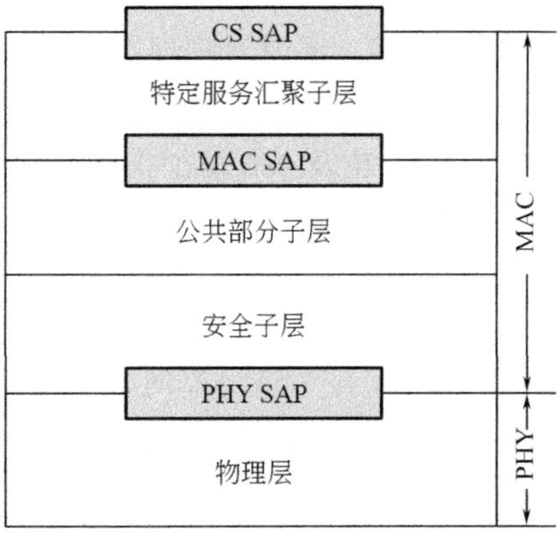

IEEE 802.16的设计目标是在物理层提供相当大的灵活性，从而在不同的规则下能适应不断变化的需求（比如信道带宽）。这些不同的空中接口由共同的MAC层支持，而MAC层就是用来提供城域网的关键需求——可伸缩性、灵活的服务类型和服务质量。

CS SAP
特定服务汇聚子层
MAC SAP
公共部分子层
安全子层
PHY SAP
物理层
MAC
PHY

图4-15 IEEE 802.16协议栈参考模型

（1）物理层

IEEE 802.16支持时分双工和频分双工，两种模式下都采用突发格式发送。上行信道基于时分多用户接入和按需分配多用户接入相结合的方式，被划分为多个时隙，初始化、竞争、维护、业务传输等都通过占用一定数量的时隙来完成，由基站（Base Station，BS）的MAC层统一控制，并根据系统情况动态改变。下行信道采用时分复用方式，BS将资源分配信息写入上行链路映射（UL-MAP）广播给用户站（Subscriber Station，SS）。系统可采用1.25～20MHz之间的带宽，对于10～66GHz，还可以采用28MHz载波带宽，以提供更高接入速率。系统有两种调制方式：单载波和正交频分复用OFDM，分别工作在10～66GHz频段和2～11GHz频段。

物理层由传输汇聚子层（TCL）和物理媒质依赖子层（PMD）组成，通常说的物理层主要是指PMD。TCL将收到的MAC层数据分段，封装成TCL协议数据单元（PDU）。PMD则具体执行信道编码、调制解调等一系列处理过程。物理层支持基于单载波（SC）、正交频分复用（OFDM）和正交频分多址（OFDMA）的接入技术。

（2）MAC层

MAC层采用分层结构，分为3个子层：特定服务汇聚子层（CS）、公共部分子层（CPS）和安全子层（Privacy Sublayer，PS）。

• CS子层负责和高层接口，汇聚上层不同业务。它将通过服务访问点（SAP）收到的外部网络数据转换和映射为MAC业务数据单元，并传递到MAC层的SAP。协议提供了多个CS规范作为与外部各种协议的接口，可实现对ATM、IP等协议数据的透明传输。

• CPS子层实现主要的MAC功能，包括系统接入、带宽分配、连接建立和连接维护等。它通过MAC层SAP接收来自各种CS层的数据，并分类到特定的MAC连接，同时对物理层上传输和调度的数据实施QoS控制。

• PS子层的主要功能是提供认证、密钥交换和加解密处理。该子层支持128位、192位及256位加密系统，并采用数字证书的认证方式，以保证信息的安全传输。

4.1.3.3 WiMAX无线组网方案

WiMAX有WiMAX网络单独组网或与现有网络融合组网两种组网方式，而后者更能适应当今网络的形势。WiMAX基站可以采取与现有GSM/CDMA网络相似的蜂窝状网络，其无线接入模式主要有PMP接入模式、Mesh接入模式、backhaul模式、终端接入模式、驻地网接入模式、无线桥接模式。根据无线接入模式的特点，WiMAX主要有以下三种无线网络结构。

（1）星形网络结构

星形网络结构以BS为核心，采用点到多点的连接方式，网络结构如图4-16所示。这种网络结构的基本思想：中心基站BS唯一可以接入互联网，其他远端基站 SS 通过无线方式连接到中心基站。远端基站的上行数据通过中心基站发送到互联网；互联网将发向中心基站及相连的远端基站的下行业务数据合并发送到中心基站，由中心基站向各远端基站转发，完成数据中继功能。基站间通信采用 5.8GHz 频段；每个基站的服务区范围是 5～7km，远端基站与中心基站间的距离可以为 30～50km。这种结构的特点是网络结构简洁，应用模式与 xDSL 等线缆接入形式相似，是一种线缆替代的理想选用方案。

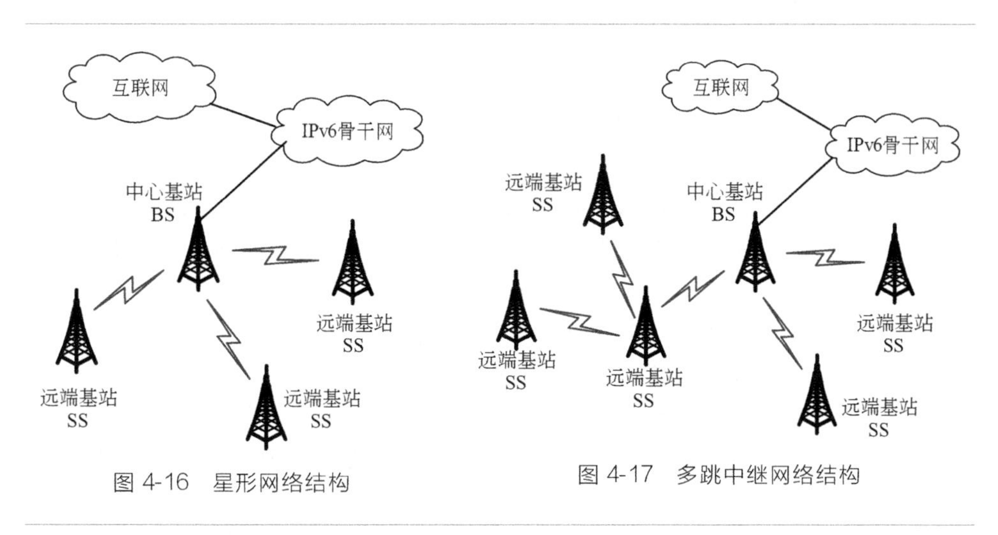

图 4-16 星形网络结构

图 4-17 多跳中继网络结构

(2) 多跳中继网络结构

多跳中继结构是基于星形网络结构而来的一种新的结构，网络结构如图 4-17 所示。星形网络结构的远端基站与中心基站之间是直接相连的，但当服务区域与中心基站的距离增大到一定范围，覆盖范围无法到达服务区，那么多跳中继结构便是一种很好的选择。

多跳中继网络结构的思想是中心基站通过有线链路与 IP 网相连，离中心基站较远的远端基站，通过中继基站 BS 与中心基站相连，同时中继基站还提供对其所属的远端基站业务的汇聚和转发，中心基站负责对下属的所有基站的数据进行调度。这种结构的网络采用多跳方式，能扩展网络的覆盖范围，但也提高了对网络安全和网络管理的要求。

(3) 网状网络结构

无线 MAN 标准利用在专门基站提供中心控制，能够解决 MAN 中的点对点或点对多点的问题。虽然目前没有开发出城域网状网络标准，但是 IEEE 802.11 任务组 TGs 模糊了 LAN 和 MAN 的界限，使得基于 IEEE 802.11 的网状网络在城市区域内能够高效地运行。

与传统 MAN 拓扑结构相比，基于网状的方法有许多优点，例如，可以通过网状选择一条最优路径以最大化网络吞吐量，以及能够自动利用在网状区域内任何新的变为活跃状态的回程链路。

私有（比如不基于任何标准的）设备可以运行伪 802.16b 网状，该网状具有固定的“网状路由器”，为移动 802.11b 设备提供城市范围覆盖。

4.1.4 无线广域网

4.1.4.1 概述

无线广域网（Wireless Wide Area Network，WWAN）是指覆盖全国或全球范围内的无线网络，提供更大范围内的无线接入，与无线个域网、无线局域网和无线城域网相比，它更加强调的是快速移动性。随着现代科技和社会的不断发展，人们可能随时处于大范围的移动中，并且希望随时随地能够接入网络，使得移动数据业务增长迅速。无线广域网技术就是解决在大范围内移动环境中的无线接入问题。移动通信系统是典型的无线广域网通信系统。

在移动通信领域，“代”（generation）通常是指业务基本性质的变化、非向后兼容的传输技术、更高的峰值比特率、新的频带、更高的信道带宽以及更高的系统频谱效率。自第一代基于模拟技术的移动通信系统（1G）向基于数字技术的第二代移动通信系统（2G）过渡以来，大约每 10 年就出现一次移动通信系统的换代更新。2001 年，3G 的商用使得移动通信网络支持多媒体传输和扩频传输，最低峰值速率达到 200Kpbs。2011/2012 年，4G 网络全面商用，采用了全 IP 分组交换技术，可以为用户提供超宽带的移动接入。表 4-5 列出了从 2G 到 4G 的制式和速率对比情况。

表 4-5　2G、3G、4G 对比情况

类型	制式	下行速率	上行速率
2G	GSM	236Kbps	118Kbps
	CDMA	153Kbps	153Kbps
3G	CDMA2000	3.1Mbps	1.8Mbps
	TD-SCDMA	2.8Mbps	2.2Mbps
	WCDMA	42Mbps	23Mbps
4G	FDD-LTE	150Mbps	50Mbps
	TDD-LTE	100Mbps	50Mbps

4.1.4.2 3G 技术

3G 即第三代移动通信技术，是指支持高速数据传输的蜂窝移动通信技术。

3G 服务能够同时传送声音及数据信息，速率-般在几百 Kbps 以上。ITU 一共确定了全球 3G 四大标准，它们分别是 WCDMA（宽带码分多址技术）、CDMA2000（即 CDMA2000 1xEV）、TD-SCDMA（时分同步码分多址技术）和 WiMAX（Worldwide Interoperability for Microwave Access，微波存取全球互通）。其中 WCDMA、CDMA2000 和 TD-SCDMA 是三种主流技术[3]。表 4-6 给出了 WCDMA、CDMA2000 及 TD-SCDMA 的主要技术参数。在这三种技术中，WCDMA 和 CDMA2000 采用频分双工（FDD）方式，需要成对的频率规划。两者最主要的区别在于：WCDMA 的扩频码速率为 3.84Mchip/s，载波带宽为 5MHz，而 CDMA2000 的扩频码速率为 1.2288Mchip/s，载波带宽为 1.25MHz；另外，WCDMA 的基站间同步是可选的，而 CDMA2000 的基站间同步是必需的，因此需要全球定位系统（GPS）。除此以外，在其他关键技术方面，例如功率控制、软切换、扩频码以及所采用的分集技术等，两者都是基本相同的，只有很小的差别。TD-SCDMA 是我国提出的一种 3G 标准，它采用时分双工（TDD）和 TDMA/CDMA 多址技术，扩频码速率为 1.28Mchip/s，载波带宽为 1.6MHz，基站间必须同步。与其他两种 3G 技术相比，TD-SCDMA 采用了智能天线、联合检测、上行同步及动态信道分配、接力切换等技术，具有频谱使用灵活、频谱利用率高等特点，适合非对称数据业务。

表 4-6　TD-SCDMA、WCDMA 与 CDMA2000 主要技术参数

参数	TD-SCDMA	WCDMA	CDMA2000
载频间隔	1.6MHz	5MHz	1.25MHz
码片速率	1.28Mchip/s	3.84Mchip/s	1.2288Mchip/s
帧长	10ms	10ms	20ms
基站同步	需要	不需要	需要
下行发射分集	支持	支持	支持
频率间切换	支持	支持	支持
检测方式	相干解调	相干解调	相干解调
信道估计	DwPCH、UpPCH、中间码	公共导频	前向、反向导频
编码方式	卷积码、Turbo 码	卷积码、Turbo 码	卷积码、Turbo 码

（1）TD-SCDMA 技术

TD-SCDMA 是由工业和信息化部电信研究院提出并与西门子公司合作开发的第三代移动通信标准。它作为我国拥有自主知识产权的第三代移动通信国际标准，于 2000 年 5 月伊斯坦布尔的 ITU-R 全会上，被正式接纳为 CDMA TDD 制式的方案之一，成为与 WCDMA 和 CDMA2000 并列的第三代移动通信三大主流标准之一。TD-SCDMA 是以我国知识产权为主的、被国际上广泛接受和认可的新一代无线通信国际标准，是我国电信史上重要的里程碑。与 WCDMA 和 CDMA2000 相比，TD-SCDMA 系统采用的关键技术如下。

• 智能天线　智能天线引入了一种新的多址方式——空分多址（Space Division Multiple Access，SDMA），在相同时隙、相同频率、相同码字的情况下，用户仍然可以根据信号不同的空间传播路径加以区分。智能天线相当于空域滤波器，在多个指向不同用户的并行天线波束的控制下，可以显著降低用户之间的干扰。智能天线技术可以扩大系统的覆盖区域，提高系统容量，提高频谱利用率，降低基站功率，节省系统成本，减少信号干扰。在 TD-SCDMA 系统中，基站系统通过数字信号处理技术与自适应算法，使智能天线动态地在覆盖空间中形成针对特定用户的定向波束，充分利用下行信号的能量并最大程度地抑制干扰信号。基站通过智能天线可在整个小区内跟踪终端的移动，这样终端得到的信噪比得到了极大的改善，提高业务质量。

• 上行同步　在 CDMA 系统中，下行一般都是同步系统，所谓的同步 CDMA 系统主要指上行链路的同步。在 TD-SCDMA 系统中，移动台根据测量结果动态调整上行链路信号的发射时间，使小区内各个接入用户的上行信号到达基站时保持同步，从而能够较好地保证上行信号的正交性，降低多址干扰和码间干扰，提高系统的容量，同时简化基站接收机的复杂度。

• 联合检测　对 CDMA 系统来说，由于无线信道的时变性以及多径效应等，码字不可能完全正交，因此系统中必然会存在多址干扰（MAI）和码间干扰（ISI）。WCDMA 系统和 CDMAZ000 系统由于采用的扩频码码长较大，故接收机采用了结构相对简单的 Rake 接收机。在 TD-SCDMA 系统中采用了联合检测算法，把同一时隙中多个用户的信号及多径信号一起处理，不仅是多个用户一起接收，并且将多个符号也一起接收，利用所有与多址干扰和码间干扰相关的先验信息，在一步之内就将所有用户信号分离出来，将多址干扰和码间干扰一并消除。理论上，使用联合检测和智能天线相结合的技术，可以完全抵消多址干扰和码间干扰的影响，大大提高系统的抗干扰能力和系统容量。

• 动态信道分配　根据用户的需要进行实时动态的资源（频率、时隙、码字等）分配。采用动态信道分配，能够灵活地分配时隙资源，动态地调整上下行时隙个数，适应 3G 业务的需要，尤其是高速率的上、下行不对称的数据业务和多媒体业务，能够使系统的频带利用率提高，可以自适应网络中负载和干扰的变化，较好地避免干扰。

• 接力切换技术　WCDMA 与 CDMA2000 都采用了“软切换”技术，即当手机发生移动或目前与手机通信的基站话务繁忙、手机需要与一个新的目标基站通信时，手机先不中断与原基站的联系，而是与新的基站连接后，再中断与原基站的联系。软切换在瞬间同时连接两个基站，对信道资源占用较多。相对于软切换而言，FDMA和TDMA系统采用的是先中断与原基站的联系，再与新的基站进行连接的“硬切换”技术，容易造成通信中断。接力切换是一种改进的硬切换技术，手机在与目标基站取得联系的同时中断与原基站的联系，可提高切换成功率。与软切换相比，可以克服切换时对邻近基站信道资源的占用，使系统容量得以增加，同时具有比硬切换更高的切换成功率。

（2）WCDMA技术

WCDMA，全称为Wideband CDMA，也称为CDMA Direct Spread，意为宽带码分多址技术，是基于GSM发展出来的3G技术规范。欧洲电信标准委员会（ETSI）在GSM之后就开始研究3G标准，其中有几种备选方案是基于直接序列扩频码分多址技术的，而日本的第三代移动通信系统研究也是使用宽带码分多址技术的，因此，以两者为主导进行融合，在3GPP组织中发展成了第三代移动通信系统UMTS并提交给ITU，最终接受UMTS作为IMT-2000 3G标准的一部分。WCDMA的支持者主要是以GSM系统为主的欧洲厂商，已是当前世界上采用的国家及地区最广泛的、终端种类最丰富的一种3G标准。

WCDMA技术具有以下主要特点。

• WCDMA支持异步基站操作，网络侧对同步没有要求，因而易于完成室内和密集小区的覆盖。

• 射频部分是传统的模拟结构，实现射频和中频信号的转换。射频上行通道部分主要包括自动增益控制（AGC）、接收滤波器和下变频器。射频的下行通道部分主要包括二次上变频、宽带线性功放和射频发射滤波器。中频部分主要包括上行的去混叠滤波器、下变频器、ADC和下行的中频平滑滤波器、上变频器和DAC。

• WCDMA采用发送数据为10ms的帧长，码片速率为3.84Mchip/s。其3.84Mchip/s的码片速率要求上下行链路分别使用5MHz的载波带宽，实际载波间距离的要求根据干扰的不同在4.4～5MHz之间变化，变化步长为200kHz。对于人口密集地带，可选用多个载波覆盖。其10ms帧长允许用户的数据速率可变，虽然在10ms内用户比特率不变，但10ms帧之间用户的数据容量可变。

• WCDMA的发射分集方式有TSTD（时间切换发射分集）、STTD（时空编码发射分集）和FBTD（反馈发射分集）。

• WCDMA的核心网络是基于GSM/GPRS网络的演进，并保持与GSM/GPRS网络的兼容性。

• WCDMA 支持软切换。

• WCDMA 允许不同 QoS 要求的业务进行复用。

WCDMA 系统一般采用 FDD 模式，可以获得很高的码片速率，有效地利用了频率选择性分集和空间的接收和发射分集，解决多径和衰落问题。WCDMA 采用了 Turbo 信道编解码技术，可以提供较高的数据传输速率。WCDMA 采用连续导频技术，能够支持高速移动终端。相比第二代的移动通信制式，WCDMA 具有更大的系统容量、更优的话音质量、更高的频谱效率、更快的数据速率、更强的抗衰落能力、更好的抗多径性，而且能够从第二代 GSM 系统进行平滑过渡，保证运营商的投资，为 3G 运营提供了良好的技术基础。

(3) CDMA2000 技术

CDMA2000 也称为 CDMA Multi-Carrier，由美国高通公司为主导提出。CDMA2000 由窄频 CDMA One 标准衍生而来，可以从原有的 CDMA One 结构直接升级到 3G，建设成本低廉。但目前使用 CDMA 的地区只有日、韩、北美和中国，所以相对于 WCDMA 来说，CDMA2000 的适用范围要小一些。

CDMA2000 采用的主要新技术如下。

• 多种射频信道带宽。CDMA2000 在前向链路上支持多载波（MC）和直扩（DS）两种方式，反向链路仅支持直扩方式。当采用多载波方式，能支持多种射频带宽，射频信道带可以是 $N\times1.25$MHz，其中 $N=1$、3、5、9 或 12，即可选择的带宽有 1.25MHz、3.75MHz、7.5MHz、11.25MHz 和 15MHz。

• Turbo 码。为了适应高速数据业务的需求，CDMA2000 中采用 Turbo 编解码技术。Turbo 编码器由两个递归系统卷积码（RSC）成员编码器、交织器和删除器构成，每个 RSC 有两路校验位输出，两个 RSC 的输出经删除复用后形成 Turbo 码。Turbo 译码器由两个软输入软输出的译码器、交织器和去交织器构成，两个成员译码器对两个成员编码器分别交替译码，并通过软输出相互传递信息，进行多轮译码后，通过对软信息作过零判决得到译码输出。Turbo 码纠错性能优异，但译码复杂度高、时延大，因此主要用于高速率、译码时延要求不高的数据传输业务。在 CDMA2000 中，Turbo 码仅用于前向补充信道和反向补充信道中。

• 快速前向和反向功率控制。CDMA2000 采用新的前向快速功率控制（FFPC）算法，使用前向链路功率控制子信道和导频信道，使移动台（MS）收到的全速率业务信道保持恒定。功率控制命令比特由反向功率控制子信道传送，功率控制速率可达 800bps。采用前向快速功率控制，能尽量减小远近效应，降低基站发射功率和系统的总干扰电平，提高系统容量。

• 发射分集方式。可以采用正交发射分集（OTD）和空时扩展分集（STS），能减少每个信道要求的发射功率，增加前向链路容量，改善室内单径瑞利衰落环境和慢速移动环境下的系统性能。

• 反向相干解调。CDMA2000的基站可以利用反向导频帮助捕获移动台的发射，实现反向链路上的相干解调，显著降低了所需的信噪比，从而降低了移动台发射功率，提高了系统容量。

• 反向空中接口波形。在反向链路上，所有速率的数据都采用连续导频和连续数据信道波形。连续波形可以把对其他电子设备的电磁干扰（EMI）降到最低。通过降低数据速率，能扩大小区覆盖范围。通过允许在整个帧上实现交织，可以改善搜索性能。连续波形还支持移动台，为快速前向功率控制连续发送前向链路质量测量信息，以及基站为反向功率控制连续监控反向链路质量。

• CDMA2000支持软切换。

4.1.4.3 4G技术

4G是继3G之后的第四代宽带蜂窝网络技术，必须提供由ITU定义的IMT Advanced中的功能。2008年3月，国际电信联盟无线电通信部门（ITU-R）制定了一套4G标准的要求，被称为IMT-Advanced规范。IMT-Advanced的蜂窝网络系统必须满足以下要求[8,9]：

• 基于全IP（All IP）分组交换网络；

• 在高速移动性的环境下达到约100Mbps的速率，如移动接入，在低速移动性的环境下高达约1Gbps的速率，例如静态/固定无线网络接入的数据传输；

• 能够动态地共享和利用网络资源来支持每单元多用户同时使用；

• 使用5～20MHz可扩展的信道带宽，最高可达40MHz；

• 链路频谱效率的峰值为15bps/Hz（下行）和6.75bps/Hz（上行）（即1Gbps的下行链路速率应在小于67MHz的带宽中实现）；

• 室内场景下系统的频谱效率下行高达3bps/Hz/cell，上行达2.25bps/Hz/cell；

• 异构网络之间的平滑切换；

• 提供高质量的服务QoS（Quality of Service），支持新一代的多媒体传输能力。

4G系统与3G系统的对比如表4-7所示。

表4-7 4G系统与3G系统的对比

主要特征	3G	4G
数据速率	384Kbps～2Mbps	20～100Mbps
频带范围	1.8～2.4GHz	2～8GHz
带宽	5MHz	约100MHz
无线接入技术	WCDMA、CDMA2000等	OFDMA、MC-CDMA等
IP协议	IPv4.0、IPv5.0、IPv6.0	IPv6.0

从运营商的角度看，除了与现有网络的可兼容性外，4G 有更高的数据吞吐量、更低时延、更低的建设和运行维护成本、更高的鉴权能力和安全能力、支持多种 QoS 等级。从融和的角度看，4G 意味着更多的参与方，更多技术、行业、应用的融合，不再局限于电信行业，还可以应用于金融、医疗、教育、交通等行业；通信终端能做更多的事情，例如除语音通信之外的多媒体通信、远端控制等；或许局域网、互联网、电信网、广播网、卫星网等能够融为一体组成一个通播网，无论使用什么终端，都可以享受高品质的信息服务，向宽带无线化和无线宽带化演进，使 4G 渗透到生活的方方面面。从用户需求的角度看，4G 能为用户提供更快的速度并满足用户更多的需求。移动通信之所以从模拟到数字、从 2G 到 4G 以及将来的 xG 演进，最根本的推动力是用户需求由无线语音服务向无线多媒体服务转变，从而激发营运商为了提高 ARPU、开拓新的频段支持用户数量的持续增长、更有效的频谱利用率以及更低的营运成本，不得不进行变革转型。

(1) 特点

① 传输速率高　4G 通信系统研制的最初目的，就是提高蜂窝电话和其他移动装置无线访问因特网的速率，因此高速率是 4G 通信系统的一大特征。相比于前几代移动通信系统，4G 网络在速度上面占绝对的优势，大范围高速移动用户(250km/h)，数据速率为 2Mbps；对于中速移动用户（60km/h)，数据速率为 20Mbps；对于低速移动用户（室内或步行者)，数据速率为 100Mbps。

② 良好的兼容性　要使 4G 尽快被接受，除了考虑它的功能强大外，还应该考虑到已有通信的基础，以便让更多的通信用户在投资最少的情况下很轻易地过渡到 4G 通信。从这个角度来看，4G 移动通信系统应当具备全球漫游、接口开放、能跟多种网络互联、终端多样化以及能从第二代平稳过渡等特点，能够真正地实现全球标准化服务，兼容 2G、3G，使所有移动通信的用户都能享受 4G 服务。

③ 灵活性较强　4G 通信使人们不仅可以随时随地通信，更可以双向下载传递资料、图像、视频等。由于新技术的应用，4G 移动通信系统能根据用户通信中变化的业务需求而进行相应的处理，自适应地分配资源。

④ 多类型用户并存　4G 移动通信系统能根据网络信道条件的动态变化进行自适应处理，能够使低速与高速用户以及各类型用户设备共存互通，从而满足系统中多种类型用户的各种需求。

⑤ 多种业务融合　4G 网络的高速使多种业务的承载成为可能。4G 网络可以支持更丰富的媒体，例如视频会议、高清图像业务、实时在线播报等，使用户不受时间、地点的限制了解所需信息。

⑥ 智能程度高　4G 通信的智能程度更高，不仅表现在 4G 核心网设备的智

能化，更体现在4G终端设备的智能化。有了4G网络的支持，4G智能手机可以实现许多难以想象的功能。

（2）4G标准

2009年9月，IMT-Advanced技术提案被提交给国际电信联盟（ITU）为4G候选者。基本上所有的建议都是基于LTE-Advanced和WirelessMAN-Advanced这两种技术，下面简要介绍这两种技术。

① LTE-Advanced（长期演进技术升级版，3GPP Release 10）　LTE-Advanced是LTE的升级演进，由3GPP所主导制定，完全向后兼容LTE，通常通过在LTE上通过软件升级即可，升级过程类似于从WCDMA升级到HSPA。峰值速率：下行1Gbps，上行500Mbps。LTE-Advanced是第一批被国际电信联盟承认的4G标准，根据主要技术的不同，可分为LTE FDD和LTE TDD。LTE FDD（频分双工长期演进技术）是最早提出的LTE制式，目前该技术最成熟，全球应用最广泛，终端种类最多。下行峰值速率为150Mbps，上行为40Mbps。LTE TDD（时分双工长期演进技术）又称TD-LTE，是LTE的另一个分支。下行峰值速率达到100Mbps，上行为50Mbps。由上海贝尔、诺基亚西门子通信、大唐电信、华为技术、中兴通信、中国移动、高通、ST-Ericsson等共同开发。

② WirelessMAN-Advanced（无线城域网升级版，IEEE 802.16m）　WirelessMAN-Advanced又称WiMAX-Advanced、WiMAX 2，即IEEE 802.16m，是WiMAX的升级演进，由IEEE所主导制定，接收下行与上行最高速率可达到100Mbps，在静止定点接收可高达1Gbps。WirelessMAN-Advanced也是国际电信联盟承认的4G标准，不过随着Intel于2010年退出，WiMAX技术也已经被运营商放弃，并开始将设备升级为TD-LTE。

（3）核心技术

4G移动通信系统主要采用了以下几种核心技术。

① 多输入多输出（MIMO）技术　MIMO技术是指利用多发射、多接收天线进行空间分集的技术。通过采用分立式多天线，能够有效地将通信链路分解成为许多并行的子信道，从而大大提高容量。信息论表明，当不同的接收天线和不同的发射天线之间互不相关时，MIMO能够有效提高系统的抗衰落能力和抗噪声性能，从而获得巨大的容量增益和超高的频谱效率。在功率带宽受限的无线信道中，MIMO技术是实现高数据速率、提高系统容量、提高传输质量的空间分集技术。

② 正交频分复用（OFDM）技术　OFDM是一种多载波并行调制传输技术，主要思想是在频域内将给定信道划分成许多正交的子信道，在每个子信道上

使用一个子载波进行调制，各子载波采用频分复用的思想进行并行传输。如果总的信道特性是非平坦的，即具有频率选择性，但是对每个子信道来说，只要信号带宽小于信道的相干带宽，每个子信道就是相对平坦的，在每个子信道上进行的是窄带传输。OFDM 技术可以减小或消除信号的码间干扰，对多径衰落和多普勒频移不敏感，有效地提高了频谱利用率。

③ 基于 IP 的核心网　4G 移动通信系统的核心网是一个基于全 IP 的网络，可以实现不同网络间的无缝互联。核心网独立于各种具体的无线接入方案，能提供端到端的 IP 业务，并同已有的核心网和 PSTN 兼容。核心网具有开放的结构，能允许各种空中接口接入核心网；同时核心网能把业务、控制和传输等分开。IP 与多种无线接入协议相兼容，因此在设计核心网络时具有很大的灵活性，不需要考虑无线接入究竟采用何种方式和协议。

④ 开放无线架构和软件无线电（SDR）技术　4G 关键技术之一被称为开放无线架构（Open Wireless Architecture，OWA），即在开放式架构平台中支持多个无线空中接口。软件无线电是开放式无线架构的一种形式。软件无线电的基本思想，是把尽可能多的无线及个人通信功能通过可编程软件来实现，使其成为一种多工作频段、多工作模式、多信号传输与处理的无线电系统。也可以说，是一种用软件来实现物理层连接的无线通信方式。由于 4G 是无线标准的集合，4G 设备的最终形式将构成各种标准，这可以使用软件无线电技术来有效地实现。

⑤ 智能天线技术　无线电通信的性能取决于天线系统，称为智能天线。智能天线具有抑制信号干扰、自动跟踪以及数字波束调节等智能功能，是未来移动通信的关键技术。智能天线采用数字信号处理技术，产生空间定向波束，使天线主波束对准用户信号到达方向，旁瓣或零陷对准干扰信号到达方向，达到充分利用移动用户信号并消除或抑制干扰信号的目的。这种技术既能改善信号质量，又能增加传输容量。

4.2 核心网技术

4.2.1 概述

核心网是电信网的核心部分，也被称为主干网，是将业务提供者与接入网，或者将接入网与其他接入网连接在一起的网络，能够为接入网互联的用户提供多种服务[10]。简单来说，可以把移动网络划分为三个部分：基站子系统、网络子系统和系统支撑部分等[11]。核心网部分位于网络子系统内，主要功能是将呼叫请求或数据请求接续到不同的网络上。用于核心网的设备通常是路由器和交换机。核心设备所采用的技术主要是网络和数据链路层技术，包括异步传输模式（Asynchronous Transfer Mode，ATM）、IP 技术、同步光网络（Synchronous Optical Networking，SONET）技术和密集波分复用（Dense Wavelength Division Multiplexing，DWDM）技术。

核心网络通常提供以下功能：

• 聚合　在服务提供商网络中可以看到最大程度的聚集度，其次是在核心节点的层次结构中的分布网络，然后是边缘网络；

• 身份验证　确定从电信网络请求服务的用户是否允许在网络中完成任务；

• 呼叫控制或交换　根据呼叫信令的处理确定呼叫的未来跨度；

• 计费　对多个网络节点创建的数据进行收费处理和核对；

• 服务调用　核心网络为客户执行服务调用任务，服务调用可以根据用户的某些精确活动（例如呼叫转发）发生，也可以无条件地进行（例如呼叫等待）；

• 网关　应用于核心网络访问其他网络，网关的功能取决于它所连接的网络类型。

当前，核心网已全面进入 IP 时代，IP、融合、宽带、智能、容灾和绿色环保是其主要特征。

4.2.2 IP 网络

IP 网络是使用 Internet 协议（IP）在一台或多台计算机之间发送和接收消息的通信网络。IP 网络要求所有主机或网络节点都遵循 TCP/IP 协议。作为最常用的全球网络之一，IP 网络已在因特网、局域网和企业网络中广泛应用。因特网是最大和最知名的 IP 网络。

IP 核心网是整个网络的核心，作为城域网的上一级网络，承担着城域网访问外网的出口以及城域网之间互通的枢纡作用。由于 IP 网络承载的业务类型越来越丰富，网络内流量越来越大，网络的重要性也日益提高。各大运营商在提供传统 Internet 上网业务的同时，都在积极开展增值业务。为了承载这些增值业务，构建一个稳定的、承载多业务的、具有 QoS 保证的 IP 核心网越发显得重要。

互联网的发展打破了传统电信领域的疆界，改变了移动通信的演进规则，网络融合、业务融合以及运营转型等一系列与移动互联网发展密切相关的产业因素，深刻地影响着移动通信的发展方向。因此，网络 IP 化的趋势不可逆转，IP 化的移动网络已经成为适应全业务运营时代业务多元化、打造移动互联网新时代的基础。下一代 IP 网络将采用基于 IP 的核心技术，结合电信网的设计理念，建立一个更大、更快、更安全、可信任、可提供灵活业务的可管理网络，为运营商提供一个达到电信网服务质量保证的 IP 网络。

（1）移动 IP

移动通信和 Internet 的飞速发展，使得在任何时间、任何地点都可以享用 Internet 成为了可能，移动计算已逐步成为未来网络发展的趋势。移动 IP 技术是在传统网络中实现下一代网络应用的核心技术，是 IP 技术发展的新领域，实现了无线通信技术和 IP 技术的融合。移动 IP 技术是指移动节点以固定的网络 IP 地址，实现跨越不同网段的漫游功能，并保证了基于网络 IP 的网络权限在漫游过程中不发生任何改变，满足了移动节点在移动中保持连接性的要求，可以为用户提供网络漫游服务[12]。

移动 IP 具有以下特点。

• 兼容性　因特网上运行 TCP/IP 协议的计算机节点数量巨大，新的标准无法对已有的应用或协议进行修改，因此，移动 IP 必须集成到现有的操作系统中。移动 IP 必须与所有底层标准、非移动性标准、IP 协议等保持兼容。移动 IP 不能要求特殊的 MAC/LLC 协议，必须与 IP 协议访问底层一样使用相同的接口和机制。最后，采用移动 IP 技术的终端系统，应该仍然能够在没有移动 IP 的情况下与固定系统进行通信。

• 透明性　对于高层协议和应用来说，节点的移动性仍然是“看不见”的。对于 TCP 协议来说，这意味着节点必须保留其 IP 地址。当前许多高层应用没有被设计用于移动环境中，因此，节点移动性的影响是更高的延迟和更低的带宽。

• 可扩展性　向因特网引入新的机制必须以不影响其效率为前提。增强 IP 的移动性不能生成太多新消息而充斥整个网络。需要特别考虑低带宽无线链路的情况。移动 IP 的可扩展性，对于拥有大量用户的全球范围因特网是至关重要的。

• 安全性　移动性带来许多新的安全问题。对安全的最低要求是，所有与移动 IP 管理有关的消息都是经过认证的。IP 层必须确保它将数据包转发给主机接收数据包的移动主机。IP 层只能保证接收方的 IP 地址是正确的，没有办法防止假冒 IP 地址或其他攻击，这需要在更高层次的协议中来解决。

综上，移动 IP 的目标可以概括为：支持终端系统的移动性，同时在各方面与现有的应用和互联网协议保持可扩展性、效率和兼容性。

未来移动用户的高速接入、网络用户的灵活移动，将成为通信的最主要的业务途径，移动 IP 将发展成为通信产业应用最为普及的主流技术。

（2）全 IP 网络

随着网络的演进，IP 为核心的趋势已势不可挡，3GPP 早在 2001 年的第三代移动通信标准 R4 版中就提出了基于全 IP 网的核心网架构。全 IP 网络是一个普遍基于IP的网络，包括网络控制、接入系统内部和接入系统之间的传输、移动性管理等，都将采用IP技术。全IP网络的目标就是要将通信网络从接入侧到核心侧全线IP化，以使通信网络在未来能够满足通信业务发展的需要。全IP网络可以看成是3GPP系统与IP技术相融合的产物，这种融合不仅仅是在3GPP系统中使用IP来进行传输，更注重的是在系统整体理念上基于IP及相关技术的革新。全IP网络与IP技术密切融合，使网络获得极大的扩展，便于搭载各类新业务，降低运营商的重复投资及运维成本。全IP网络兼容多种接入方式，并且能够提供高性能的移动管理机制，使用户能够灵活自由地选择接入终端。全IP网络具有高可靠性的安全机制，为用户提供高质量服务的同时，保障用户信息的私密性。

全IP网络作为通信网络的发展蓝图，是当前通信网络的进化目标。除3GPP外，3GPP2、IEEE等国际标准组织纷纷提出全IP的演进趋势，全IP网络正逐渐地成为现实。在未来的全IP移动通信系统中，运营商能够基于IP开展更丰富多彩的业务，开放性的架构将带来更多的全新的商业机会；基于IP能够使运营商简化网络的控制和管理，降低运维成本；使用IP技术后，网络的承载将更灵活，扩容更方便；用户使用基于IP的融合智能终端，能够支持丰富的多媒体应用，带来更好的用户体验。在全IP网络中，语音、短信和其他通信业务基于IP交换技术，可以有效降低通信成本，用户可以支付更少的费用来享受更高质量的服务。此外，全IP网络能够处理各种实时、非实时的业务。即便对于那种由大量终端发出的大量的、高频率低负载的数据，全IP网络也能够很好地处理。

在物联网中，全IP网络能够支持多种传输模式，包括物-物、物-人、客户-服务器、人-组以及泛在传输的模式。泛在传输是一种将多种通信技术相融合的传输模式，该传输模式使得人们能够随时随地获得所需要的服务。随着业务类型和资源利用方式的多样化，业务的传输模式也在发生变化，会从以“人-服务器”模式为主，逐渐转变为以“人-人”与“物-物”模式，以及泛在传输模式为主，而全IP网络能够逐步支持并适应这种变化。

4.2.3 全IP核心网的体系结构

为了整合IP和无线技术，3GPP提出了UMTS（Universal Mobile Telecommunications System）的全IP架构。这个架构从GSM、GPRS、UMTS（UMTS R99）和UMTS Release 2000（UMTS R00）演变而来[13~15]。从UMTS R99演进到全IP网络具有以下优点：首先，移动网络不仅将直接受益于所有现有的互联网应用，而且也将直接受益从互联网发展背后的巨大动力并推出新的服务；其次，该演进可以使得电信运营商为所有类型的接入访问部署同一个通用核心网成为可能，从而大大降低资金和运营成本；最后，新一代应用将在全IP环境下发展，这保证了不断成长的移动互联网与因特网之间的最佳协同效应[16,17]。

全IP核心网由GPRS演进而来，同时支持增强无线接入网（ERAN）和通用陆地无线接入网（UTRAN）的无线移动接入，也要考虑对EDGE（GSM增强数据）的支持[11,18]。就业务需求来说，全IP网络不但要支持新业务，还应支持现有的话音、数据、多媒体、短消息、补充业务、虚拟归属环境等业务，并且不排除对现有业务进行扩充。全IP网络还应支持多方呼叫和数据通信会话。业务平台应提供通用的应用程序编程接口，以便应用程序能够利用移动网络或IT系统提供的业务能力。为保持足够的网络覆盖，全IP网应支持GSM、R99、R4、R5网络技术之间的切换和漫游。全IP核心网将电路交换域和包交换域相分离，以便两个域独立发展。如把包交换域与基于同步传输模式（STM）的电路交换域组合在一起，甚至可以基于IP实现电路交换域，这样可以把R99平滑地迁移到全IP网络。

全IP下一代网络的分层结构如图4-18所示，由叠加层、控制层、核心层和接入层组成[19]。下一代网络体系结构包括一个核心IP网络，大部分核心网络功能（如路由）是由现有的和即将出现的IP技术来完成的[20]。在核心网络之上是高级控制层，它无法提供路由和呼叫路径建立功能，而是将这些功能转移到了核心网络。高级控制层主要关注那些能够为应用和叠加网络要素所用的功能，如移动性管理代理、策略管理的作用与规则等。控制层和核心网络之间的疏耦合意味着高级控制层通常不参与分组转发和处理的快速路径建立过程。

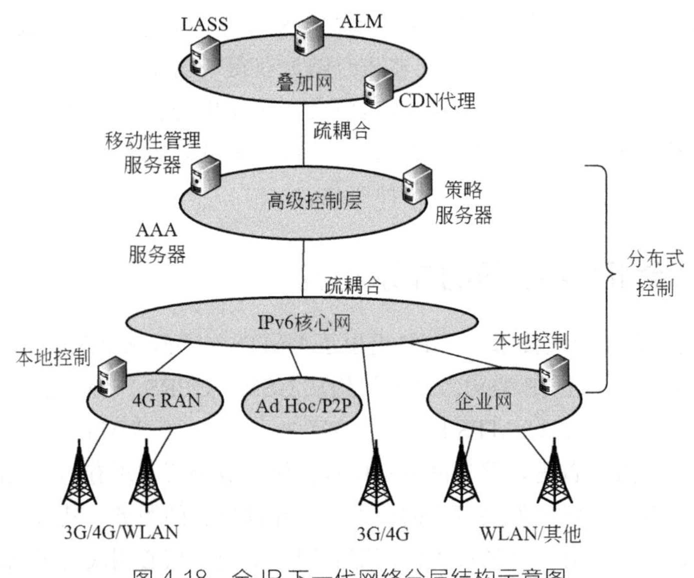

图4-18 全IP下一代网络分层结构示意图

核心网下面是接入网络集合，这些网络用于满足不同的市场机会和需求。4G无线接入网是无线接入网向更高数据速率进化的产物，支持互操作业务、多媒体业务以及通过IP网络互连的分布式控制要素[21]。由于实时限制条件在该层非常关键，因而在核心网络和接入网络之间需要相对严格的协调和耦合。核心网络也为专门网络提供支持业务和连接，如由下一代网络运营商运营的企业网、多跳/Ad hoc网等。这些专门的网络可能需要本地控制，尤其是对鉴权、授权、计费（Authentication，Authorization，Accounting，AAA）等关键特征的控制。

在高级控制层之上还有一个叠加层，提供高层功能并为应用提供业务，如应用层组播（ALM）、位置业务和内容分发业务。叠加层可以分为两个等级，靠近核心网络的ALM等低等级功能和提供位置业务等高等级功能。

对多类型接入系统的支持，以及在此基础上接入系统内部和接入系统之间的无缝移动性，是全IP网络的一大重要特征。全IP网络支持各种类型的接入系统，包括固定接入系统和移动接入系统、3GPP接入系统和非3GPP接入系统、传统接入系统和新型接入系统等。在所提供的多接入系统环境中，用户可以同时通过多个接入系统与网络相连。网络不仅可以向用户提供业务，而且能够提供跨接入系统的认证、授权、寻址和加密机制等。接入系统发现机制让用户终端在接入到全IP网络后，能立即获知所有可用接入系统的信息，不管这些接入系统的类型和其所属的运营商。接入系统选择机制，使得用户和网络能够对接入系统进行手动或自动的选择，在选择时可基于运营商策略、用户参数、业务需求、接入系统条件等，而且还允许随时在接入系统间进行切换。

全IP网络通过高性能、高可靠的移动性管理机制来保障用户移动性、终端移动性和会话移动性。用户移动性，意味着用户可自由选择终端设备。终端移动性，是指终端可以自由移动，而不受接入系统的限制。在接入系统内部和接入系统之间，全IP网络都能提供无缝的终端移动性，让用户拥有不间断的业务体验。即便是在接入系统间进行切换时，全IP网络也能保持业务的进行，而不会让用户感知到有明显的中断。全IP网络可根据接入系统的实际能力，自适应地提供业务来保障终端移动性。会话移动性，就是让会话可以在终端之间进行移动，并且具有自适应性，这种自适应性体现了在终端性能、用户参数、订阅优先级、网络条件以及运营商特制标准上的适应能力，不仅如此，运营商还能对这些适应力进行控制。

在服务质量方面，除了在3GPP的系统内部和系统之间，全IP网络还能进一步做到在不同类型的接入系统之间以及在“用户-组”模式中进行端到端服务质量的保障。此外，全IP网络在切换的同时也能保持服务质量的连续性。全IP网络能为各种终端业务提供好的性能，包括实时交互式应用程序（如语音、视频、实时游戏类应用程序）、非实时交互式应用程序（如网页浏览、远距离登录、聊天)、流媒体应用程序和对话业务。

在系统安全性与私密性保护方面，全 IP 网络拥有适应能力很强的安全机制，能够为用户和运营商提供高级别的安全性保障。此外，全 IP 网络还具有很强的防卫能力以避免遭受威胁和攻击，会通过信息认证机制来保障接收信息的可信度，通过流量保护机制来保障流量的稳定，还可以通过提供合法的拦截机制来满足特定的需求。全 IP 网络能够支持多种用户私密性，包括通信私密性、位置私密性和身份私密性。

4.2.4 全 IP 核心网的关键技术

(1) MPLS 技术

多协议标签交换（Multi-Protocol Label Switching，MPLS）是一种在开放的通信网上利用标签引导数据高速、高效传输的新技术，是新一代的 IP 高速骨干网络交换标准，由因特网工程任务组（Internet Engineering Task Force，IETF）提出，由 Cisco、ASCEND、3Com 等网络厂商主导[22]。MPLS 利用标记（label）进行数据转发。当分组进入网络时，要为其分配固定长度的短的标记，并将标记与分组封装在一起，在整个转发过程中，网络路由器只需要判别标记后即可进行转发处理。多协议的含义是指 MPLS 不但可以支持多种网络层层面上的协议，还可以兼容第二层的多种数据链路层技术。

IETF 在 1997 年成立 MPLS 工作组，目标是开发出一种将第三层的路由选择功能和面向连接的第二层的交换功能综合在一起的新的协议标准，以便使得 IP 和 ATM 技术结合得更好一些。MPLS 是一种用于快速数据包交换和路由的体系，它为网络数据流量提供了目标、路由地址、转发和交换等能力[23]。MPLS 整合了 IP 选径与第二层标记交换为单一的系统，因此可以解决 Internet 路由的问题，使数据包传送的延迟时间减短，增加网络传输的速度，更适合多媒体信息的传送。MPLS 最大的技术特色为可以指定数据包传送的先后顺序，能够在一个无连接的网络中引入连接模式的特性。MPLS 减少了网络复杂性，兼容现有各种主流网络技术，能降低网络成本，在提供 IP 业务时能确保 QoS 和安全性，支持流量工程，平衡网络负载，有效支持 VPN，支持多种网络协议。

① MPLS 的体系结构　MPLS 网络的基本结构如图 4-19 所示。MPLS 网络的基本构成单元是标记交换路由器（Label Switch Router，LSR），由 LSR 构成的网络称为 MPLS 域。按照它们在 MPLS 网络中所处位置的不同，可划分为 MPLS 标记边缘路由器（Label Edge Router，LER）和 MPLS 核心 LSR[22]。顾名思义，LER 位于 MPLS 网络边缘，连接其他网络或者用户相连，而核心 LSR 位于 MPLS 网络内部。两类路由器的功能因其在网络中位置的不同而略有差异。核心LSR可以是支持MPLS的路由器，也可以是由ATM交换机等升级而成的

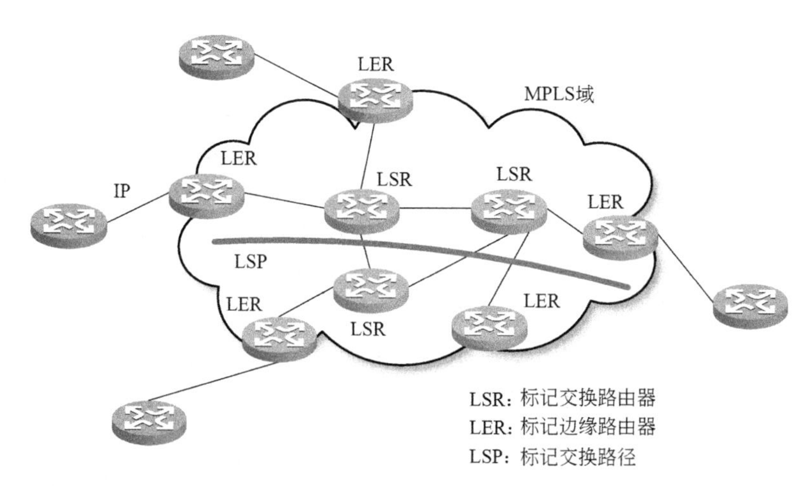

图 4-19 MPLS 网络结构

ATM-LSR。MPLS 域内部的 LSR 之间使用 MPLS 通信，MPLS 域的边缘由 LER 与传统 IP 技术进行适配。

MPLS 节点的机构如图 4-20 所示，主要由两部分组成：

- 控制平面（Control Plane） 负责标签的分配、路由的选择、标签转发表的建立、标签交换路径的建立、拆除等工作；
- 转发平面（Forwarding Plane） 依据标签转发表对收到的分组进行转发。

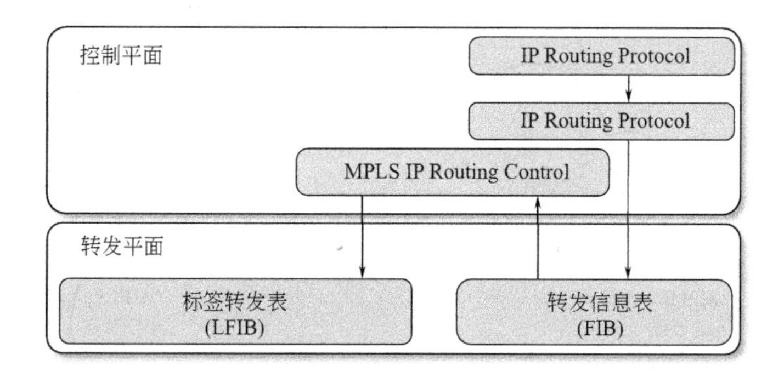

图 4-20 MPLS 节点结构

对于核心 LSR，在转发平面只需要进行标签分组的转发，需要使用到标签转发表（Label Forwarding Information Base，LFIB）。对于 LER，在转发平面不仅需要进行标签分组的转发，也需要进行 IP 分组的转发，所以既会使用到

LFIB，也会使用到转发信息表（Forwarding Information Base，FIB）。控制平面之间基于无连接服务，利用现有 IP 网络实现，拥有 IP 网络强大灵活的路由功能，可以满足各种新应用对网络的要求。转发平面也称为数据平面（Data Plane），是面向连接的，可以使用 ATM、帧中继等二层网络。MPLS 使用短而定长的标签（label）封装分组，在数据平面实现快速转发。

② MPLS 的工作原理　传统的 IP 网络中，分组每到达一个路由器，路由器每接收一个分组，都必须拆开主干 IP 包，检查其中的目的地址，然后查找路由表，按照“最长前缀匹配”的原则找到下一跳的 IP 地址。由于每个 IP 目的地址的前缀长度不是相等的，也就是前缀的长度是不确定的，当网络很大时，查找规模很大的路由表就比较费时，甚至于一旦出现突发性的通信量时，会引起时延大大增加，导致服务质量下降，甚至分组的丢失。

MPLS 的出发点，就是舍弃通过长度可变的 IP 地址前缀查找转发器中下一跳地址的办法，使用一个很简单的“转发算法”，给分组打上固定长度的“分组标记”，在转发分组时，用硬件进行转发。这就省去了分组每到达一个路由器都需要拆包、到第三层用软件查找路由表这一过程，使转发效率大大提高。在第二层给分组打上“标记”，用硬件技术给分组转发，这就是“标记交换”，可以大大节省转发时间，提高 QoS。这种“标记交换”不仅可用于 ATM，也可以使用多种链路层的协议，如 IPX、DECnet、PPP 以及以太网、帧中继等，故称之为“多协议标记交换”。

MPLS 的工作过程如图 4-21 所示。

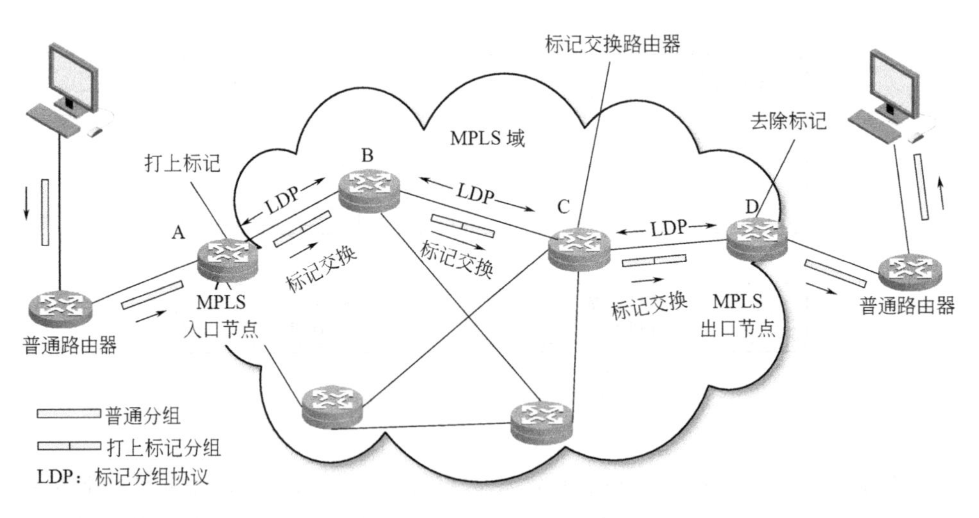

图 4-21　MPLS 的工作原理

• 首先，标记分组协议（Label Distribution Protocol，LDP）和传统路由协议（如OSPF、ISIS等）一起，在各个LSR中为有业务需求的FEC建立路由表和标签信息表（Label Information Base，LIB）。

• 入口LER接收分组，完成第三层功能，判定分组所属的FEC，并给分组加上标签，形成MPLS标签分组。

• 接下来，在LSR构成的网络中，LSR根据分组上的标签以及LFIB进行转发，不对标签分组进行任何第三层处理。

• 最后，在MPLS出口LER去掉分组中的标签，继续进行后面的IP转发。

MPLS域中各LSR使用专门的LDP交换报文，找出与特定的标记相对应的路径，这一路径称之为标记交换路径（Label Switch Path，LSP），如图4-21中的A→B→C→D，各个LSR根据这一路径确定构造适应MPLS的分组转发表。此过程与路由器的分组转发表类似。分组在入口LER被压入标签后，沿着由一系列LSR构成的标记交换路径（Label Switch Path，LSP）传送，其中，入口LER被称为Ingress，出口LER被称为Egress，中间的节点则称为Transit或者Intermediate。LSP定义了三种操作：

• Ingress　数据从用户设备进入MPLS网络边缘设备，数据报文要进行封装；

• Egress　数据从MPLS网络核心设备进入边缘设备，MPLS标签要被剥离；

• Intermediate（Transit）　数据在MPLS网络核心内从一个设备进入另一个设备，标签要被交换。

由此可以看出，MPLS并不是一种业务或者应用，它实际上是一种隧道技术，也是一种将标签交换转发和网络层路由技术集于一身的路由与交换技术平台。这个平台不仅支持多种高层协议与业务，而且在一定程度上可以保证信息传输的安全性。

MPLS技术被广泛地应用于IP核心网上，也被应用于接入网上。由于它是快速地面向连接的，它的最大优点是可以保障数据传送的QoS。它根据QoS要求，在通信之前先建立一条逻辑LSP，从而保证了QoS。

③ MPLS的技术特点

• MPLS简化了分组的转发，基于MPLS易于制造高速路由器。

• MPLS支持有效的显式路由。显式路由在网络负载调节、保证QoS等方面起着重要作用，而在传统IP网络中，每个分组都携带显式路由是不可能的。由于MPLS只是在LSP建立时使用，因此使得MPLS显式路由成为可能。

• MPLS网络的数据传输和路由计算分开，是一种面向连接的传输技术，能够提供有效的QoS保证。

• MPLS 支持从 IP 分组到转发等价类的映射。MPLS 只需要在其域的入口进行一次从 IP 分组到 FEC 的映射，使得 IP 分组到 FEC 的复杂转换得以简化。

• MPLS 支持多网络功能划分。MPLS 引入了标记粒度的概念，使其能分层地将处理功能划分给不同的网络单元，让靠近用户的网络边缘节点承担更多的工作。与此同时，核心网则尽可能地简单。

• MPLS 实现了用户不同服务级别要求的单一转发规范。

• MPLS 支持大规模层次化的网络拓扑结构，具有良好的网络扩展性。

• MPLS 支持流量工程和大规模的虚拟专用网。

(2) QoS 技术

QoS（Quality of Service）即服务质量。对于网络业务，服务质量包括传输的带宽、传送的时延、数据的丢包率等。在网络中可以通过保证传输的带宽、降低传送的时延、降低数据的丢包率以及时延抖动等措施来提高服务质量[24]。电信网采用 IP 技术，主要是因为 IP 技术不需要复杂的信令，只需 IP 地址就能实现端到端连接，因而实现简单。由于采用 IP 地址经路由器逐跳连接，因而可实现点对点、点对多点、多点对多点等多种连接，连接的灵活性好。由于采用 IP 技术，网络可以同时承载数据、语音、图像等多种业务。但是，IP 网络是基于分组的统计复用网络，而且是开放的，谁都可以使用，缺乏管理，因此高带宽、轻载的网络中也有突发拥塞的可能，进而引起 IP 网络 QoS 问题[25]。

网络资源总是有限的，只要存在抢夺网络资源的情况，就会出现服务质量的要求。服务质量是相对网络业务而言的，在保证某类业务的服务质量的同时，可能就是在损害其他业务的服务质量。因此，网络管理者需要根据各种业务的特点，对网络资源进行合理的规划和分配，从而使网络资源得到高效利用。

IETF 定义 QoS 为网络在传输数据流时要满足的一系列服务要求。QoS 技术是 IP 网络技术能否成为未来统一承载网络技术的关键，使得网络能够提供电信级的服务质量。QoS 体现在多个层面上，在传送层上主要体现在时延、抖动和误码率等；在承载层上体现在 IP 包的时延、抖动和丢包率等；而在业务层上针对不同的业务有不同的体现。在网络研究中重点需要解决承载层的服务质量问题。

研究表明，解决 IP 网络中 QoS 问题的核心技术是差分服务，即将 IP 网络中的业务按其 QoS 要求、重要性等分成若干类，对不同的业务采取不同的措施。例如，在网络资源足够的条件下对每一类业务分配合适的带宽，为了保证 QoS，对于某些业务则拒绝接入网络。而有些业务在通信过程需要采用链路自适应机制重新分配带宽，以充分利用 IP 网络资源。

IETF 建议的 QoS 技术方案主要有相对优先级标记、综合服务/资源预留、差分服务、多协议标记交换、流量工程等[23]。

① 相对优先级标记模型 相对优先级标记模型（Relative Priority Marking）是最早的 QoS 模型，它的机制是通过终端应用或代理对其数据流设置一个相对的优先级，并对相应的包头进行标记，然后网络节点就会根据包头的标记进行相应的转发处理。这种模型实现起来非常简单，但是颗粒度较粗，并且缺少高级 QoS 处理流程，无法实现细致多样的 QoS 保证。目前采用这种模型的技术有 IPv4 Precedence（RFC791）。另外，令牌环优先级（IEEE 802.5）和以太网流量等级（802.1p）也是采用这种架构。

② 综合服务模型 综合服务模型（Integrated service，Inter-serv）的主要特征就是资源预留，它使用资源预留协议（Resource ReSerVation Protocol，RSVP）作为信令协议来建立通道和进行资源预留。其设计思想是在 Best Effort 服务模式的基础上定义一系列的扩展特性，可以为每一个网络连接提供基于应用的 QoS，并且使用信令协议在网络中的每个路由器中创建和维护特定流的状态，以满足相应网络服务的需求。综合服务模型可以满足多种 QoS 需求。RSVP 运行在从源端到目的端的每个设备上，可以监视每个流，以防止其消耗资源过多。这种体系能够明确区分并保证每一个业务流的服务质量，为网络提供最细粒度化的服务质量区分。

但是，Inter-Serv 在 IP 核心网络中的实施存在问题，因为 Inter-Serv 的实施要求在每个网络节点为每个流提供相当的计算处理量，这包括端到端的信令和相关信息来区分每个流，跟踪、统计资源占用，策略控制，调度业务流量。当网络中的数据流数量很大时，Inter-Serv 信令的处理和存储对路由器的资源消耗也在飞速地增加，而且也极大地增加了网络管理的复杂性，所以这种模型的可扩展性较差，难以在 Internet 核心网络实施。目前采用这种模型的技术有 MPLS-TE（RSVP），另外较为典型的还有 ATM 和帧中继。

③ 差分服务模型 差分服务（Differentiated Services，Diff-Serv）通过给分组打上不同的标记，把分组分成不同的类别，对不同类别的分组采用不同的转发方案。分组在进入 MPLS 域时被赋予一个标签，以后就根据这个标签对分组流进行分类、转发、服务[25]。与作用于每个流的 Inter-Serv 相比，在 Diff-Serv 体系结构中，业务流被划分成不同的差分服务类（最多 64 种）。一个业务流的差分服务类由其 IP 包头中的差分服务标记字段（DiffServ CodePoint，DSCP）来标示。在实施 Diff-Serv 的网络中，每一个路由器都会根据数据包的 DSCP 字段进行相应的转发处理，也就是 PHB（Per Hop Behavior）。虽然 Diff-Serv 不能对每一个业务流都进行不同服务质量保证，但由于采用了业务流分类技术，也就不需要采用信令协议来在每个路由器上建立和维护流的状态，节省了路由器的资源，

因此网络的可扩展性要高得多。另外，Diff-Serv 技术不仅能够在纯 IP 的网络中使用，也能通过 DSCP 和 MPLS 标签以及标签头部的 EXP 字段的映射，应用在 MPLS 网络中。

Diff-Serv 的主要架构分为两层：边缘层与核心层。边缘层主要完成如下工作：

• 流量识别和过滤　当用户流量进入网络的时候，边缘层设备会先对流量进行识别，根据预先定义的规则过滤掉非法的流量，然后再根据数据包中所包含的信息，如源/目的地址、端口号、DSCP 等，将流量映射到不同的服务等级；

• 流量策略和整形　当用户的业务流量被映射到不同的服务等级之后，边缘层设备会根据和用户所签订的 SLA 中的 QoS 参数，如 CIR（Commit Information Rate）、PIR（Peak Information Rate），来对流量进行整形，以确保进入网络的流量不会超过 SLA 中所设定的范围；

• 流量的重新标记　经过整形的流量会由边缘层设备根据其服务等级来设定其数据包中服务等级标记，如 IP 包头中的 DSCP 字段或是 MPLS 包头中的 EXP 字段等，以便核心层设备进行识别和处理。

相对于边缘层，核心层所要完成的工作就简单得多。核心层设备主要是根据预先设定的 QoS 策略，对数据包中的相关的 QoS 字段进行识别，并进行相应的 QoS 处理。

通过这种分层次的结构，形成了“智能化边缘＋简单核心”的 QoS 网络架构，不但提高了网络的可扩展性，而且大大提高了 QoS 处理的灵活性。

Diff-Serv 定义了一个相对简单而力度较粗的框架系统，为流量提供有区别的业务级别，并对流量聚合后的每一类 QoS 进行控制，它可以满足不同的 QoS 需求。与 Inter-Serv 不同，它不需要通知网络为每个业务预留资源，实现简单，扩展性较好。

④ 流量工程　流量工程是指根据各种数据业务流量的特性选取传输路径的处理过程[26]。流量工程用于平衡网络中不同交换机、路由器以及链路之间的负载。流量工程就是一种能将业务流映射到实际物理通路上，同时又可以自动优化网络资源，以实现特定应用程序服务性能要求的、具有宏观调节和微观控制能力的网络工程技术。从本质上说，流量工程是一种网络控制技术，通过平衡 QoS 流量与尽力而为传输方式的流量，来寻找面向应用和面向网络之间的异构最优平衡点。

流量工程理念最初起源于互联网，在 20 世纪 90 年代末提出。其原理是在 MPLS 环境中，充分利用标签交换系统来为不同的业务流着色，通过 LDP 来传递 LSP 中间链路网络状态，不同颜色的业务流，根据不同的网络中间状态，动态地在网络中间传递，并且LSP能够传递RSVP网络控制信令，因此可以实现端到端的QoS或Diff-Serv服务。ISP通过流量工程，可以在保证网络运行高效、可靠的同时，对网络资源的利用率与流量特性加以优化，从而便于对网络实施有效的监测管理措施。

流量工程可以说是一种间接实现QoS的技术，它通过对资源的合理配置和对路由过程的有效控制，使得网络资源能够得到最优的利用，目标是让网络上的业务流量更加均衡。流量工程安排流量如何均匀地使用网络，不至于大家都使用最短路径导致阻塞，当网络资源得到了充分的利用时，网络的各项QoS指标也将随之大大改善。

（3）安全性技术

IP核心网安全性最重要的是保障业务的安全，特别是业务流的安全。IP核心网的位置非常重要，一旦关键业务中断，造成的重大损失和影响难以估量。IP核心网的工作方式，是在通信过程中确定信任关系的不面向连接的方式。这种工作方式为用户之间相互攻击对方网络、攻击对方的应用和业务提供了方便。在目前的IP核心网中，没有对安全性要求高的电信级业务与安全性要求低的Internet业务进行很好的物理或逻辑上的隔离，而使两者混杂在一起，这对业务的安全性产生了很大的影响。因此IP核心网必须要具有端到端服务的安全性，从网络设备抗攻击、用户业务保护、避免非法用户业务盗用等方式保护网络业务安全，避免或减少黑客或其他恶意攻击对网络业务的影响。

为解决网络的安全性问题，人们进行了大量的研究，提出了很多安全策略，包括防火墙、加密算法等。IP核心网需要对不同业务实施安全隔离，分配独立的逻辑专网，避免业务之间的互相影响。为保护关键业务流，防止拒绝服务（Denial of Service，DOS）流量攻击，可以在安全隔离的基础上应用安全子隧道技术，非法流量无法抢占安全子隧道的资源。从长期发展来看，IP核心网还需要建立一个动态安全防御体系，边缘节点可与业务管理系统协作，实现动态安全认证、病毒防御和入侵防御。其中业务管理系统提供安全认证、病毒检测、入侵检测策略的动态刷新，边缘节点实现用户隔离和动态防御。

对于IP核心网，需要保证业务系统、核心网和用户三个层面上的安全性，从而解决IP核心网的病毒、操作系统漏洞攻击、非法IP、非法用户、核心网安全设备等一系列的安全问题。移动核心网建议采用MPLS VPN承载，通过不同的MPLS VPN隔离信令流和媒体流，VPN出口建议部署防火墙。IP核心网的安全层次主要包括三个部分：控制平面、转发平面和管理平面。

• 控制平面的安全威胁来自IP核心网外部，包括协议安全和设备安全。协议安全启动对非信任设备认证、路由数目进行限制。设备安全协议控制采用独立通道，并且进行分类控制，防止对CPU的攻击。

• 转发平面非常重要的安全技术就是所有业务 MPLS VPN 安全隔离，安全能力等同 ATM/FR。

• 管理平面安全技术主要涉及网管设计，在可管理性方面，IP 承载网管理工具非常重要，需要部署能够监控网络的端到端性能的管理工具，以便提高网络的服务质量。

4.3 网络层关键技术

4.3.1 泛在无线技术

泛在技术，也被称为“泛在网络技术”，即广泛存在的网络，它以无所不在、无所不包、无所不能为基本特征，以实现在任何时间、任何地点、任何人、任何物都能顺畅地通信为目标，利用现有的和新的网络技术，能够实现人与人、人与物、物与物之间的信息获取、传递、存储、认知、决策、使用等综合服务。泛在无线网络也被称为 U 网络，U 来源于拉丁语的 Ubiquitous，指无所不在的网络，又称泛在网络[27]。日本和韩国最早提出 U 网络的概念，并给出定义：无所不在的网络社会将是由智能网络、最先进的计算技术以及其他领先的数字技术基础设施武装而成的技术社会形态。泛在网是在异构网络融合和频谱资源共享的基础上实现的无所不在的网络覆盖，是一种基于个人和社会的需求。泛在网通过泛在无线技术完成与物质世界的连接，并且实现环境感知、内容感知以及智慧性，为个人和社会提供泛在的、无所不含的信息服务和应用。

物联网的技术思想可以定义为利用“泛在网络”实现“泛在服务”，是一种广泛深远的未来网络应用形态。物联网的原意是用网络形式将世界上的物体都连接在一起，使世界万物都可以主动上网。它的基本方式是将射频识别设备（RFID）、传感设备、全球定位系统或其他信息获取方式等各种创新的传感科技，嵌入到世界的各种物体、设施和环境中，把信息处理能力和智能技术通过互联网注入到世界的每一个物体里面，令物质世界被极大程度地数据化，并赋予生命。物联网最为明显的特征是物物相连，而无需人为干预，从而极大程度地提升效率，同时降低人工带来的不稳定性。

物联网可以理解为是泛在网的应用形式，而不是传统意义上的网络概念。泛在网具有比物联网更广泛的内涵。作为泛在无线技术重要组成部分的传感网，可以看作是物联网的一种末梢网络和感知延伸网。传感网是多个由传感器、数据处理单元和通信单元组成的节点，通过自组织方式构成范围受限的无线局域网络。

传感网为物联网提供事物的连接和信息的感知[28]。

随着经济发展和社会信息化水平的日益提高，物联网技术已渗透到社会各领域，成为很多行业的支撑，并形成新的经济增长点。随着无线通信网络发展所呈现出的高速化、宽带化、异构化、泛在化趋势，泛在无线技术成为近年来无线通信领域关注的热点之一。构建“泛在网络社会”，带动信息产业的整体发展，已经成为发达国家和城市追求的目标。当前，基于异构网络融合的泛在通信，成为下一代宽带移动通信系统的基本特征之一。

本节将对目前常见的几种泛在无线技术进行阐述，主要包括 OFDM 技术、MIMO 技术、UWB 技术、NFC 技术等。

4.3.1.1 OFDM 技术

无线通信中，发射信号在传播过程中往往会受到环境中各种物体所引起的遮挡、吸收、反射、折射和衍射的影响，形成多条路径信号，并到达接收机。不同路径的信号分量具有不同的传播时延、相位和振幅，并叠加了信道噪声，使得接收机的接收信号产生失真、波形展宽、波形重叠和畸变等现象。无线信道对传输信号的影响主要表现为三个方面：衰落、多径效应和时变性。衰落作用使接收信号的功率减小，路径损耗与阴影损耗造成的大尺度衰落导致信号的慢衰落；多径效应会引起信号幅度的小尺度衰落，即快衰落；多径时延扩展则会引起平坦衰落和频率选择性衰落，同时频率选择性衰落导致数字信号传输出现符号间干扰(ISI)；无线信道的时变性，是由发射机和接收机的相对运动或者信道中其他物体的运动引起的，主要体现在多普勒频移和多普勒扩展上。

在现代通信系统中，如何高速和可靠地传输信息成为信息社会的迫切需求。以正交频分复用（Orthogonal Frequency Division Multiplex，OFDM）为代表的多载波传输技术，受到人们的广泛关注。OFDM 的主要思想，是将高速数据流分解为若干个独立的低速子数据流，分别调制到相应的子载波上，从而构成多个并行发送的低速数据传输系统[29～31]。OFDM 在频域上将信道划分成多个正交子信道，减小了子信道间干扰，有效克服了多径信道的频率选择性衰落，提高了频谱利用率。虽然整个信道特性是非平坦的和频率选择性的，但在每个子信道上信号带宽小于信道相干带宽，每个子信道是相对平坦的，可以大大减小符号间干扰。OFDM 采用并行数据及频分复用（FDM）的方式来克服噪声及多径干扰，可以最大限度地利用可用频带，具有抗多径能力强、频谱利用率高的优点，适用于多径衰落和频率选择性衰落信道中，成为未来移动通信系统的关键技术之一[32]。

目前 OFDM 技术已经被广泛应用于广播式的音频、视频领域和民用通信系统中，主要的应用包括非对称的数字用户环路（ADSL)、ETSI 标准的数字音频广播（DAB）、数字视频广播（DVB）、高清晰度电视（HDTV）、无线局域网（WLAN）、无线城域网（WMAN）和LTE移动通信系统等。

（1）OFDM基本原理

OFDM是一种特殊的多载波传输方式，可以被看作是一种调制技术，也可以看成多个子载波信号的频分复用技术。其主要思想是通过串并转换，将待传数据流分解成若干个独立的低速子数据流，分别调制到相应的子载波上，构成多个低速符号并行发送。每个OFDM符号由多个经过调制的子载波信号组成，每个子载波的调制方式可以是相移键控（PSK），也可以是正交幅度调制（QAM）。如果用N表示子载波个数，T表示OFDM符号持续时间，$x_{l,k+N/2}$表示经过星座映射后，调制在第l个符号第$k+N/2$个子载波上的数据。假设OFDM符号数据流是连续的，则发送端信号可以写成：

$$s(t)=\sum_{l=-\infty}^{\infty}\sum_{k=-N/2}^{N/2}x_{l,k+N/2}g_k(t-lT)=\sum_{l=-\infty}^{\infty}s_l(t) \tag{4-1}$$

其中，$s_l(t)$为t时刻第l个OFDM符号，即：

$$s_l(t)=\sum_{k=-N/2}^{N/2}x_{l,k+N/2}g_k(t-lT) \tag{4-2}$$

$g_k(t)$表示第k个子载波的调制波形：

$$g_k(t)=\exp\left(\mathrm{j}2\pi\frac{k}{T}t\right),t\in[0,T) \tag{4-3}$$

各个子载波的正交性可由下式说明：

$$\langle g_k(t),g_i(t)\rangle_T=\int_T g_k(t)g_i^*(t)=T\delta(k-i) \tag{4-4}$$

从时域来看，每个子载波在一个OFDM符号时间内都有整数个周期，且各相邻的子载波之间相差一个周期，所以各子载波信号之间满足正交性。从频域来看，每个子信道的频谱可看成周期为T的矩形脉冲的频谱与各子载波频率上δ函数的卷积，所以每个子信道上的频谱都是以子载波频率为中心的sinc函数。虽然各子信道是相互重叠的，但在频率理想同步的条件下，任一子载波频率处所有其他子信道的频谱幅值都为零，满足了各子载波之间的正交性，并且部分重叠的子载波大大提高了频谱利用率。

假设信道为理想传输特性，接收端的接收信号为$s(t)$，未叠加干扰和噪声，则经过OFDM解调后的信号$y_{l,k}$为：

$$y_{l,k}=\frac{1}{T}\int_{lT}^{(l+1)T}s(t)g_k^*(t)\mathrm{d}t=x_{l,k} \tag{4-5}$$

OFDM调制和解调的基本原理如图4-22所示。

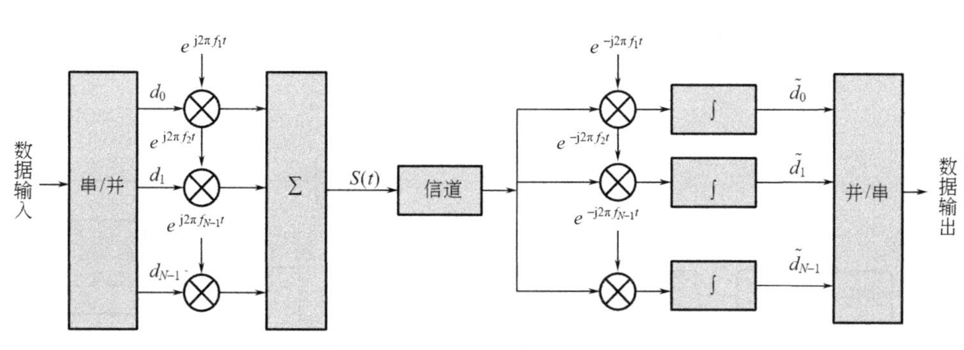

图 4-22 OFDM 调制和解调原理

(2) OFDM 的实现

图 4-22 所示的 OFDM 系统需要大量的正弦波发生器、滤波器、调制解调器等设备，系统设备复杂，较为昂贵。为了降低 OFDM 系统的复杂度和成本，OFDM 信号的调制和解调可以分别由 IDFT 和 DFT 来实现[32]。在实际应用中，一般采用更加方便快捷的快速傅立叶变换/反变换（FFT/IFFT），大大减少了计算量。在进行 IFFT 运算时，只需将输入序列取共轭进行 FFT 运算，然后将输出结果再取一次共轭即可，所以在实际 OFDM 系统中发送和接收一般都复用同一个 FFT 运算器件，从而减小了系统复杂度和调试难度，提高了系统可靠性。采用 IFFT 和 FFT 实现的 OFDM 系统如图 4-23 所示。

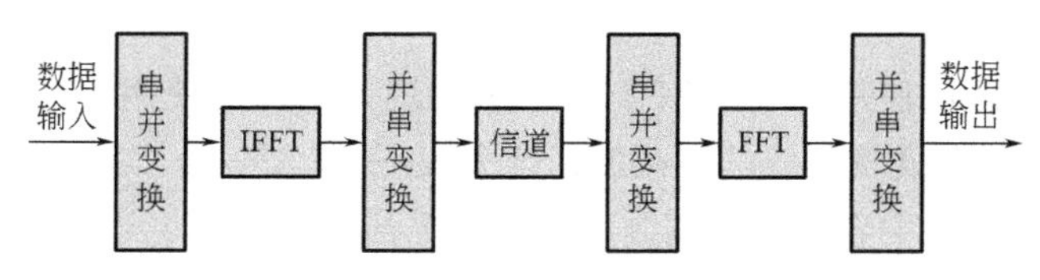

图 4-23 用 IFFT 和 FFT 实现的 OFDM 调制和解调框图

为了最大限度地消除符号间干扰，且保持子载波之间的正交性，还可以在每个 OFDM 符号之间加入循环前缀（Cyclic Prefix，CP）。插入 CP 就是将 OFDM 符号结尾处的若干采样点复制到此 OFDM 符号之前，CP 长度必须长于主要多径分量的时延扩展。

典型的 OFDM 系统收发机的基本结构如图 4-24 所示。上半部分为发送端，下半部分为接收端。发送端产生基带信号，经过编码、交织、数字调制、插入导频、串并变换、IFFT、并串变换、插入循环前缀和加窗等环节，由 DAC 输出到射频端。接收端相应地对接收的基带信号进行同步、去除循环前缀、串并变换、FFT、并串变换、信道校正、数字解调、解交织、解码等环节。

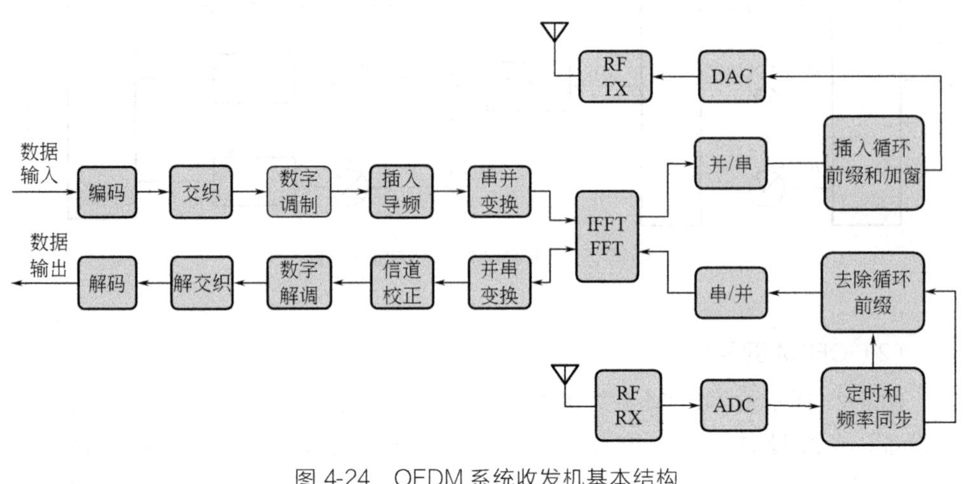

图 4-24 OFDM 系统收发机基本结构

（3）OFDM 的特点

OFDM 技术与传统的单载波或一般的多载波传输技术相比，具有以下优势：

• OFDM 使用并行的正交多载波传输，子载波上的符号时间大大增加，减小了信道时延扩展造成的码间干扰的影响，具有很强的抗衰落能力；

• OFDM 使用频谱重叠的正交多载波传输，与传统的多载波传输相比频谱效率更高；

• OFDM 可以使用 IFFT/FFT 处理来实现，不需要使用多个发送和接收滤波器组，设备复杂度较传统的多载波系统大大下降；

• OFDM 技术中各子载波调制方式可以灵活控制，容易通过动态调制方式，充分利用衰落小的子载波信道，避免深衰落子载波信道对系统性能带来的不利影响。

但是 OFDM 也有其固有的缺点。

• 对频率偏移和相位噪声比较敏感。由于子信道的频谱互相重叠，这就对它们之间的正交性提出了严格的要求。由于无线信道的时变性，在传输过程中出现的无线信号频率偏移，或收发机本地振荡器之间存在的频率偏差，都会使子载波之间的正交性遭到破坏，导致子信道间干扰。

• 信号峰值功率与平均功率的比值较大。OFDM 系统的发送信号是多个子载波上的发送信号的叠加，当多个信号相位一致时，所得到的叠加信号的瞬时功率将远远超出信号的平均功率，产生比较大的峰值平均功率比（PAPR）。高PAPR对发送滤波器的线性范围要求提高，增加了设备的代价，降低了射频发射器的功率效率。如果放大器的动态范围不能满足信号的变化，则会导致信号畸变和频谱泄漏，各子载波之间的正交性也会遭到破坏，使系统性能恶化。

4.3.1.2 MIMO技术

多输入多输出（Multi-input Multi-output，MIMO）是一种用来描述多天线无线通信系统的抽象数学模型，能利用发射端的多个天线各自独立发送信号，同时在接收端用多个天线接收并恢复原信息，从而改善通信质量[33]。MIMO是相对于普通的单天线系统，即单输入单输出系统（Single-Input Single-Output，SISO）来说的。MIMO技术采用多个发射和接收天线，对信号的多径传播加以利用，实现了提高无线信道容量的目的[34]。MIMO技术能够充分利用空间资源，通过多个天线实现多发多收，在不增加频谱资源和天线发射功率的情况下，可以成倍地提高系统信道容量，大幅增加系统的数据吞吐量和发送距离，被视为下一代移动通信的核心技术。MIMO的核心思想为利用多根发射天线与多根接收天线所提供的空间自由度，来有效提升无线通信系统的频谱效率，以提升传输速率并改善通信质量。

MIMO技术的概念最早由马可尼于1908年提出，他利用多天线来抑制信道衰落。真正用于无线通信系统，始于20世纪70～80年代贝尔实验室的一批学者对MIMO技术的研究。Teladar于1995年给出了衰落情况下的MIMO系统容量。1996年，贝尔实验室的Foshinia给出了一种多入多出处理算法——对角-贝尔实验室分层空时（Diagonal-Bell Laboratories Layered Space-Time，D-BLAST）算法。1998年，Tarokh等人讨论了用于MIMO的空时码。1998年，贝尔实验室的Wolniansky等采用垂直-贝尔实验室分层空时（Vertical-Bell Laboratories Layered Space-Time，V-BLAST）算法建立了一个MIMO实验系统。MIMO技术吸引了越来越多学者的关注，研究成果不断涌现。时至今日，MIMO已经成为包括IEEE 802.11n（Wi-Fi）、IEEE 802.11ac（Wi-Fi）、HSPA+（3G）、WiMAX（4G）和4G LTE等无线通信标准的关键技术。

（1）MIMO基本原理

假设传输信息流 $S(k)$ 经过空时编码形成 M 个子信息流 $C_i(k), i=1,2,\cdots,M$，这 M 个子流由 M 个天线发送出去，经过信道后由 N 个接收天线接收，多天线接收机能够利用先进的空时编码处理技术，将这些数据子流互相分离并分别译码，从而实现最佳处理。MIMO技术在收发两端使用多个天线，每个收发天线之间形成一个MIMO子信道，如图4-25所示。在收发天线之间形成一个 $M\times N$ 的信道矩阵 $\boldsymbol{H}$，在某一时刻 t，信道矩阵 $\boldsymbol{H}$ 可以记为：

$$H(t)=\begin{bmatrix} h_{1,1}^{t}\ h_{2,1}^{t}\cdots h_{M,1}^{t} \\ h_{1,2}^{t}\ h_{2,2}^{t}\cdots h_{M,2}^{t} \\ \cdots\quad\cdots \\ h_{1,N}^{t}\,h_{2,N}^{t}\cdots h_{M,N}^{t} \end{bmatrix} \tag{4-6}$$

其中矩阵 $\boldsymbol{H}$ 的每个元素是任意一对收发天线之间的信道衰落系数。

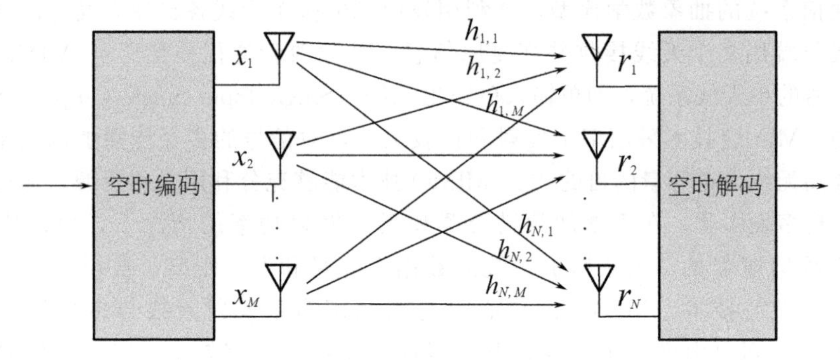

图 4-25 MIMO 原理框图

发送信号可以用一个 $M\times1$ 的列向量 $\boldsymbol{x}=[x_1, x_2, \cdots, x_M]$ 来表示，其中 x_i 表示第 i 个天线上发送的数据。接收信号 $\boldsymbol{y}$ 可以表示为有用信号和噪声的叠加，即

$$\boldsymbol{y}=\boldsymbol{Hx}+\boldsymbol{n} \tag{4-7}$$

其中 $\boldsymbol{n}$ 是 $N\times1$ 的列向量，其元素是独立的零均值高斯复数变量，各个接收天线的噪声功率均为 σ^2。

M 个子流同时发送到信道，各发射信号占用同一个频带，因而并未增加带宽。若各发射天线间的信道冲激响应相互独立，则 MIMO 系统可以产生多个并行空间信道，通过这些并行的信道独立传输信息，必然可以提高数据传输速率。对于信道矩阵参数 $\boldsymbol{H}$ 确定的 MIMO 信道，假定发射端总的发射功率为 P，与发送天线的数量 M 无关，ρ 为接收端平均信噪比。此时，发射信号是 M 维统计独立、能量相同、服从高斯分布的复向量。发射功率平均分配到每一个天线上，则 MIMO 信道的信道容量为：

$$C=\log_2\left[\det\left(\boldsymbol{I}_N+\frac{\rho}{M}\boldsymbol{HH}^H\right)\right] \tag{4-8}$$

其中，det 表示行列式，$\boldsymbol{I}_N$ 代表 N 维单位矩阵。$\boldsymbol{H}^H$ 表示 $\boldsymbol{H}$ 的共轭转置。令 N 固定，M 增大，使得 $\frac{1}{M}\boldsymbol{HH}^H\rightarrow\boldsymbol{I}_N$，此时可以得到信道容量的近似表达式：

$$C=N\log_2(1+\rho) \tag{4-9}$$

从式(4-9)可以看出，在接收信噪比一定的情况下，MIMO系统的信道容量随着天线数的增加而线性增大。也就是说，在不增加带宽和天线发射功率的情况下，MIMO系统可以通过增加天线数成倍地提高无线信道容量，频谱利用率得到成倍的提高。

（2）MIMO的特点

无线电信号被反射时，会产生多份信号，每份信号都可以看成是一个空间流。在单输入单输出（SISO）系统中，一次只能发送或接收一个空间流。MIMO系统允许多个天线同时发送和接收多个空间流，并能够区分发往或来自不同空间方位的信号。MIMO技术将多个空间流的资源加以利用，使空间成为一种可以用于提高性能的资源。

总的来说，MIMO技术的最大优点，就是可以提高系统的可靠性和扩大系统的容量，这也是MIMO技术两个重要的核心思想，即空间分集技术和空分复用技术[35]。前者用来解决可靠性问题，后者用来解决容量问题。

• 提高系统的可靠性，主要由空间分集技术来实现。空间分集就是利用发射或接收端的多根天线所提供的多条路径发送相同的数据，以增强传输的可靠性，从而使信号在接收端获得最大的分集增益和编码增益。利用MIMO信道提供的空间复用增益及空间分集增益，可以利用多天线来抑制信道衰落。多天线系统的应用，使得并行数据流可以同时传送，可以显著克服信道的衰落，降低误码率。

• 扩大系统的容量，主要由空分复用技术来实现。MIMO系统的发送端到接收端之间，能够在时域和频域之外额外提供空域的维度，使得在不同发射天线上传送的信号之间能够相互区分，而不需付出额外的频率或者时间资源。因此，MIMO系统可以同时发送和接收多个空间流，并且信道容量随着天线数的增大而线性增加。空分复用技术在高信噪比条件下，能够极大地提高信道容量和频谱利用率。

4.3.1.3 UWB技术

超宽带（Ultra-wideband，UWB）技术是一种新型的无线通信技术，能够在短距离范围内，以非常低的功率谱密度，在非常宽的频谱范围内传输信息。UWB具有低功耗和和速率高的特点，适用于需要高质量服务的无线通信场景，可以用在无线个人局域网、家庭网络连接和短距离雷达等领域。与其他无线通信方式相比，UWB不采用连续的正弦波，而是利用脉冲信号来传送，对具有很陡上升和下降时间的冲激脉冲进行直接调制，直接传输基带信号，信号带宽达到GHz量级。

超宽带技术的研究起源于20世纪60年代，其概念源于脉冲无线电（Impulse Radio，IR）技术。早期 UWB 技术的研究焦点主要集中在雷达系统，并一直被美国军方严格控制，主要用于军事通信中。随着无线通信的发展和市场的需求，UWB 技术逐渐受到广泛重视，成为一种可以民用的无线通信技术。UWB 与传统的“窄带”和“宽带”系统不同，根据信号带宽与中心频率的比值不同，可以将信号分为窄带信号、宽带信号和超宽带（UWB）信号，分别对应于信号带宽与中心频率的比值小于 1%、1%～25%和大于 25%。美国联邦通信委员会（Federal Communications Commission，FCC）对于 UWB 的定义则为：−10dB 绝对带宽大于 500MHz 或者相对带宽大于 20%的无线电信号，即

$$B \geqslant 500\text{MHz} \tag{4-10}$$

或者

$$\frac{f_h - f_l}{f_c} > 20\% \tag{4-11}$$

式中，f_h 和 f_l 分别为信号功率谱较峰值下降 10dB 时所对应的上截止频率和下截止频率，f_c 为信号功率谱的中心频率，且 $f_c = (f_h + f_l)/2$，B 为频带宽度且 $B = f_h - f_l$。

（1）UWB 基本原理

UWB 技术最初的定义是来自于 20 世纪 60 年代兴起的脉冲通信技术，又称为脉冲无线电（Impulse Radio）技术[36,37]。与当今通信系统中广泛采用的载波调制技术不同，这种技术用上升沿和下降沿都很陡的基带脉冲直接通信，所以又称为基带传输（baseband transmission）或无载波（carrierless）技术。UWB 利用纳秒（ns）至皮秒（ps）级的非正弦波窄脉冲传输数据，而时间调变技术令其传送速度可以大大提高，而且耗电量相对较低，并有较精确的定位能力。与常见的通信使用的连续载波方式不同，UWB 采用极短的脉冲信号来传送数据。这些脉冲所占用的带宽甚至达到几吉赫兹，比任何现有的无线通信技术的带宽都大得多，所以被美国国防部称为超宽带技术。因为使用的是极短脉冲，在高速通信的同时，UWB 设备的发射功率却很小，仅仅只有目前的连续载波系统的几百分之一，可以与其他无线通信系统“安静地共存”。

目前，UWB 信号的生成有多种方法。常用的方法有两种，分别为时间调制 UWB（time modulated-UWB，TM-UWB）和直接序列相位编码 UWB（direct sequence phase coded UWB，DSC-UWB）。两种方法都可以产生很宽的频谱带宽。此外，两种方法的传播特性和应用范围差别很大[38]。

• TM-UWB 技术。TM-UWB 系统使用一种称为脉冲位置的调制技术。TM-UWB 技术的一般工作原理，是发送和接收脉冲间隔严格受控的高斯单周期超短时脉冲，脉冲宽度通常在 0.2～1.5ns 之间，对应的中心频率在 600MHz～5GHz 之间。脉冲与脉冲之间的间隔即重复周期通常在 25～1000ns 之间，超短

时单周期脉冲决定了信号的带宽很宽。超宽带接收机直接将射频信号转换为基带数字信号和模拟输出信号。只用一级前端交叉相关器，就把电磁脉冲序列转换成基带信号，不用传统通信设备中的中频级，极大地降低了设备复杂性。单比特的信息常被扩展到多个单脉冲上，接收机将这几个脉冲相加以恢复发射信息。

• DSC-UWB 技术。DSC-UWB 的通信方法类似于基于射频载波的 DS-CDMA 方式。DSC-UWB 采用直接序列编码方式，由此获得高的编码增益，来提高系统的抗多径干扰能力。DSC-UWB 系统通过极窄脉冲进行通信，通过伪随机序列实现了频谱扩展、调制和多址。

(2) UWB 的特点

UWB 技术与常规无线通信技术相比，具有如下特点。

• 分辨率高。UWB 由于其极高的工作频率和极低的占空比而具有很高的分辨率，不同路径的分辨率可降到纳秒量级，因此较适合使用在室内等多径密集的场合。

• 传输速率高，系统容量大。由于 UWB 工作频带宽，携带信息量大，因此能够提供很高的数据传输速率。如果利用 Ad hoc 进行组网，可以进一步提高 UWB 系统的空间容量。

• 能耗低。UWB 使用非连续性的窄脉冲，设备发射功率小。

• 保密性好。UWB 抗多径衰落固有的鲁棒性，使得它的发射功率可以很低。这样，一方面 UWB 功率低，不会干扰其他通信系统；另一方面，它的信号频谱如同噪声，具有很好的隐蔽性，不容易被截获，保密性好。

• 成本低。UWB 可以实现全数字化结构，具有电路简单、成本低廉等特点。根据实际应用需求，UWB 既可以工作在多用户低速率模式，也可以工作在少用户高速率模式，具有很强的灵活性。

4.3.1.4 NFC 技术

近场通信（Near Field Communication，NFC），又称近距离无线通信，是一种短距高频无线通信技术，由非接触式射频识别（RFID）及互联互通技术整合演变而来，允许电子设备之间进行非接触式点对点数据传输交换数据[39]。NFC 由飞利浦半导体（现恩智浦半导体公司）、诺基亚和索尼共同研制开发，目前已经发展成国际性的非营利组织——NFC Forum。该组织不仅负责 NFC 标准的制定，同时也负责 NFC 认证，以促进 NFC 技术的实施和标准化，确保设备和服务之间协同合作。目前，NFC Forum 在全球拥有数百个成员，包括 SONY、Phlips、LG、摩托罗拉、NXP、NEC、三星、atoam、Intel 等公司。

NFC 的工作频率为 13.56MHz，运行于 10cm 距离内，在单一芯片上结合感应式读卡器、感应式卡片和点对点的功能，能在短距离内与兼容设备进行识别和数据交换。其传输速度有 106Kbps、212Kbps 和 424Kbps 三种。目前近场通信已通过成为 ISO/IEC IS 18092 国际标准、ECMA-340 标准与 ETSI TS 102 190 标准。

(1) 概述

NFC 融合了三条主要的技术发展路线[39]，如图 4-26 所示。

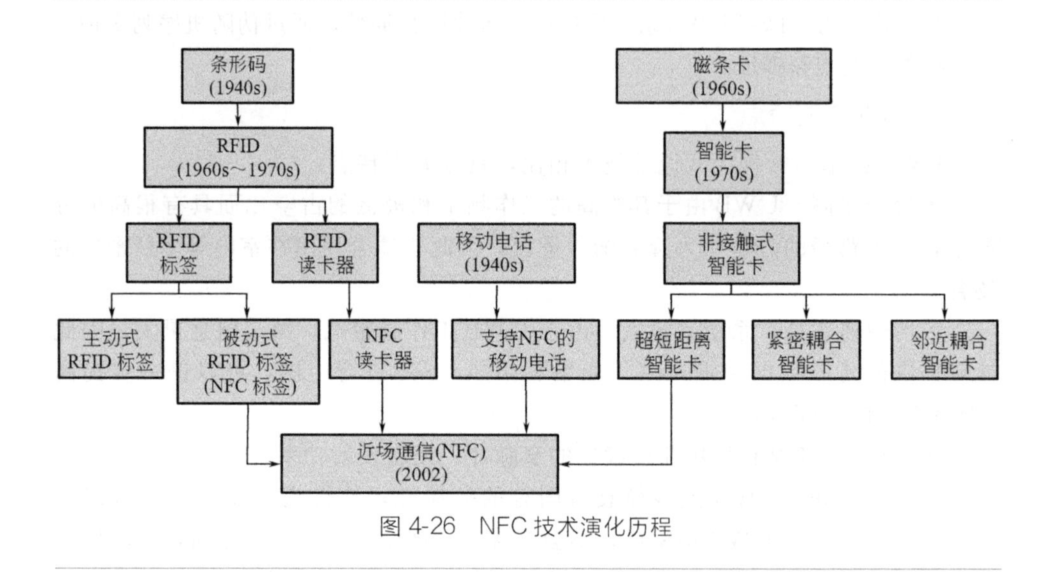

图 4-26 NFC 技术演化历程

• RFID 技术路线，即无线射频识别技术（图 4-26 左边）。该技术路线发源于条形码（Barcodes），然后发展出了 RFID，最终出现了 NFC 中的两个重要组件 NFC Tag（标签）和 NFC Reader（读卡器）。NFC 标签的作用和条形码类似，是一种用于存储数据的被动式（Passive）RFID 标签，其最重要的特征就是 NFC 标签自身不包含电源组件，所以它工作时必须依靠其他设备（比如 NFC 读卡器）通过电磁感应的方式向其输送电能。和 NFC 标签相对应的组件是 NFC 读卡器，它首先通过电磁感应向 NFC 标签输送电能使其工作，然后根据相关的无线射频通信协议来存取 NFC 标签上的数据。

• 磁条卡（Magnetic Strip Cards）技术路线（图 4-26 右边）。该路线最终演化成了 NFC 使用的超短距离智能卡（Proximity Coupling Smart Card）技术，其有效距离为 10cm，对应的规范为 ISO/IEC 14443。注意，图 4-26 中的紧密耦合智能卡（Close Coupling Smart Card）的有效距离为 1cm，对应的规范为 ISO/IEC 10536。邻近耦合智能卡（Vicinity Coupling Smart Card）的有效距离为 1m，对应的规范为 ISO/IEC 15693。总体来看，智能卡和 RFID 标签类似，例如两者都只存储一些数据，并且自身都没有电源组件，但智能卡在安全性上的要求远比 RFID 标签严格。另外，智能卡上还能运行一些小的嵌入式系统（如 Java Card OS）或者应用程序（Applets）以完成更复杂的工作。

• 移动终端路线，演化为携带 NFC 功能的终端设备（图 4-26 中间）。随着移动终端越来越智能，NFC 和这些设备也融合得更加紧密，使得 NFC 的应用场景得到了较大的拓展。智能手机可通过 NFC 来和 AP 交换安全配置信息。

（2）技术特点

与 RFID 一样，NFC 信息也是通过频谱中无线频率部分的电磁感应耦合方式传递，但两者之间还是存在很大的区别。首先，NFC 是一种提供轻松、安全、迅速的通信的无线连接技术，其传输范围比 RFID 小，RFID 的传输范围可以达到几米，甚至几十米，但由于 NFC 采取了独特的信号衰减技术，相对于 RFID 来说具有距离近、带宽高、能耗低等特点。其次，NFC 与现有非接触智能卡技术兼容，目前已经成为越来越多主要厂商支持的正式标准。再次，NFC 还是一种近距离连接协议，提供各种设备间轻松、安全、迅速而自动的通信。与无线世界中的其他连接方式相比，NFC 是一种近距离的私密通信方式。最后，RFID 更多地被应用在生产、物流、跟踪、资产管理上，而 NFC 则在门禁、公交、手机支付等领域内发挥着巨大的作用。NFC、红外、蓝牙同为非接触传输方式，它们具有各自不同的技术特征，可以用于各种不同的目的，其技术本身没有优劣差别。

NFC 技术的主要特点有：

• 以 13.56MHz RFID 技术为基础；
• 近距离感应，通信安全可靠；
• 兼容现有的非接触式智能卡国际标准；
• 数据传输速率为 106Kbps、212Kbps 或 424Kbps；
• 多种通信模式的切换；
• 快速的处理速度。

NFC 采用两个感应线圈进行数据交互，其中至少必须有一个设备产生 13.56MHz 的磁场，该场被调制以方便数据传输。通信中，一个设备处于 initiator 模式（就是发起通信），另外一个设备则工作在 target 模式（等待 initiator 命令），进行通信至少应该有两个设备。一般情况下，NFC 设备默认都处于 target 模式，设备周期性地切换为 initiator 模式。切换为 initiator 模式后，处于发起者的设备搜索场中是否有 nfc target（这就是轮询的概念），然后再次切回到 target 模式。如果 initiator 发现 target，则发出一串初始命令，用于建立通信，然后再进行数据传输。

与其他无线个域网技术相比，NFC 设备之间的接触距离极短，主动通信模式下为 20cm，被动通信模式下为 10cm，让信息能够在 NFC 设备之间点对点快速传输。表 4-8 将 NFC 技术与蓝牙和红外技术做了具体比较。

表 4-8　NFC 与蓝牙和红外主要参数对比

参数	NFC	蓝牙	红外
网络类型	点对点	单点对多点	点对点
使用距离	≤0.1m	≤10m	≤1m
速率	106Kbps、212Kbps、424Kbps	2.1Mbps	1.0Mbps
建立时间	<0.1s	6s	0.5s
安全性	具备，硬件实现	具备，软件实现	不具备
通信模式	主动-主动/被动	主动-主动	主动-主动
成本	低	中	低

(3) 通信模式

NFC 有主动模式和被动模式两种通信模式[39]。

• 主动通信模式，如图 4-27 所示。NFC 设备的双方都产生 RF 场，每方通过采用幅移键控方法调制自己的场进行数据传输。与被动模式相比，操作距离可以达到 20cm，且有更高的传输速率。为了避免冲突，发送数据的设备发起 RF 场，接收设备关掉自己的场当 listening，如果必要，这些作用可根据需要改变。

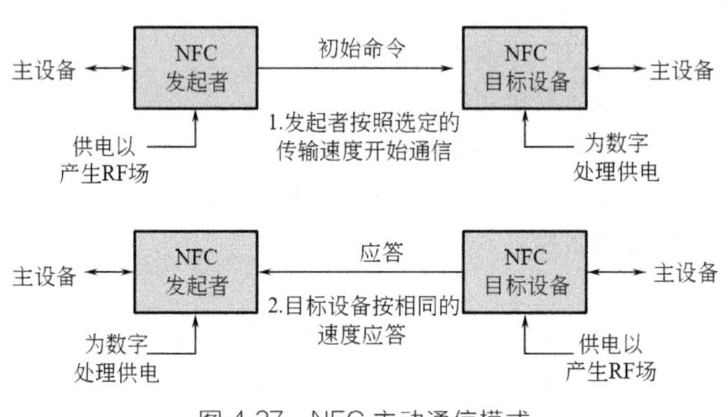

图 4-27　NFC 主动通信模式

• 被动通信模式，如图 4-28 所示。处于 initiator 模式的设备发起通信，并产生 13.56MHz 的场，target 采用该场为自己充电，但不能产生自己的场，发起者通过直接场调制进行传输数据，target 通过负载调制进行数据传输，双方通过 ISO 14443 或者 Felica 进行编码。这种模式使得 NFC 设备可以和现有的非接触智能卡进行通信。负载调制描述了负载变化对 initiator 场幅度的影响，这些变化可被 initiator 察觉并翻译为有用信息。实现这种功能需依赖于线圈的大小，通信距离可以达到 10cm，数据通信速率有 106Kbps、212Kbps 和 424Kbps。

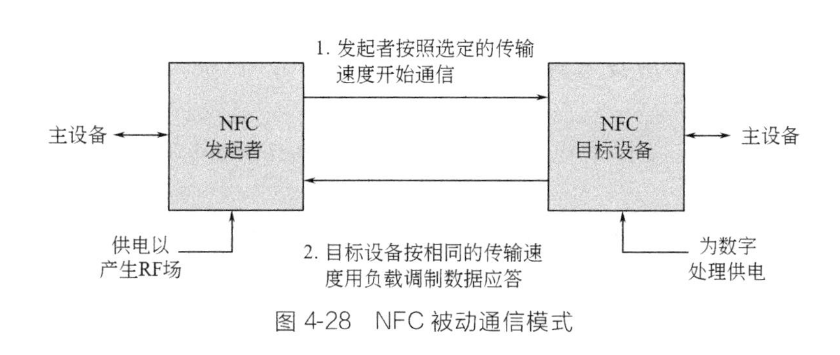

图 4-28 NFC 被动通信模式

(4) 业务工作模式

从用户角度（即 Applications 层之上）来看，NFC 有三种运行模式（operation mode）：读写器模式（Reader/Write Mode）、点对点模式（Peer-to-Peer Mode）和卡模式（Card Emulation Mode）。下面分别介绍这三种模式。

• 读写器模式（Reader/Write Mode） 简称 R/W，和 NFC Tag/NFC Reader 相关。作为非接触读卡器使用，比如从海报或者展览信息电子标签上读取相关信息，也可实现 NFC 手机之间的数据交换，对于企业环境中的文件共享，或者对于多玩家的游戏应用，都将带来诸多的便利。

• 点对点模式（Peer-to-Peer Mode） 简称 P2P，它支持两个 NFC 设备交互。此模式和红外线差不多，可用于数据交换，只是传输距离较短，传输创建速度较快，传输速度也快些，功耗低（蓝牙也类似）。该模式可以将两个具备 NFC 功能的设备无线连接，能实现数据点对点传输，如下载音乐、交换图片或者同步设备地址簿。因此通过 NFC，多个设备如数位相机、PDA、计算机和手机之间都可以交换资料或者服务。

• 卡模式（Card Emulation Mode） 简称 CE，它能把携带 NFC 功能的设备模拟成 Smart Card，这样就能实现诸如手机支付、门禁卡之类的功能。这个模式其实就是相当于一张采用 RFID 技术的 IC 卡，可以替代大量的 IC 卡（包括信用卡）使用的场合，如商场刷卡、公交卡、门禁管制、车票、门票等。此种方式下有一个极大的优点，那就是卡片通过非接触读卡器的 RF 场来供电，即使寄主设备（如手机）没电也可以工作。

(5) 协议规范

NFC Forum 成立至今已推出了一系列的技术标准和规范，推动了 NFC 的发展普及和规范化。这些标准和规范可以分成以下五大类技术规范：

• 协议技术规范（Protocol Technical Specification）；

• NFC 数据交换格式技术规范（NFC Data Exchange Format Technical Specification）；

• NFC 标签类型技术规范（NFC Forum Tag Type Technical Specifications）；

• 记录类型定义技术规范（Record Type Definitionf Technical Specifications）；

• 参考应用技术规范（Reference Application Technical Specifications）。

其中，前四大类规范在技术开发中处于核心位置，下面分别介绍这四大类规范。

① 协议技术规范　NFC Forum 的协议技术规范包含以下 3 个技术规范。

• NFC 的逻辑链路控制协议技术规范［NFC Logical Link Control Protocol（LLCP）Technical Specification］定义了 OSI 模型中第二层的协议，以支持两个具有 NFC 功能的设备之间的对等通信。LLCP 是一个紧凑的协议，基于 IEEE 802.2 标准，旨在支持有限的数据传输要求，如小文件传输或网络协议，这反过来又会为应用程序提供可靠的服务环境。NFC 的 LLCP 与 ISO/IEC 18092 标准相比，同样为对等应用提供了一个坚实的基础，但前者加强了后者所提供的基本功能，且不会影响原有的 NFC 应用或芯片组的互操作性。

• NFC 数字协议技术规范　本规范强调了用于 NFC 设备通信所使用的数字协议，提供了在 ISO/IEC 18092 和 ISO/IEC 14443 标准之上的一种实现规范。该规范定义了常见的特征集，这个特征集可以不做进一步修改就用于诸如金融服务和公共交通领域的重大 NFC 技术应用。它还涵盖了 NFC 设备作为发起者、目标、读写器和卡仿真器这四种角色所使用的数字接口以及半双工传输的协议。NFC 设备间可以使用该规范中给出的位级编码、比特率、帧格式、协议和命令集等来交换数据，并绑定到 LLCP 协议。

• NFC 活动技术规范　该规范解释了如何使用 NFC 数字协议规范与另一个 NFC 设备或 NFC Forum 标签来建立通信协议。参考应用技术规范包括了 NFC Forum 连接切换技术标准（NFC Forum Connection Handover Technical Specification），其中定义了两个 NFC 设备使用其他无线通信技术建立连接所使用的结构和交互序列。该规范一方面使开发人员可以选择交换信息的载体，如两个 NFC 手机之间选择蓝牙或 WiFi 来交换数据；另一方面与 NFC 兼容的通信设备，可以定义在连接建立阶段需要在 NFC 数据交换格式报文中承载的所需的信息。

② NFC 数据交换格式技术规范（NDEF）　NDEF 定义了 NFC 设备之间以及设备与标签之间传输数据的一种消息封装格式。该协议认为设备之间传输的信

息可以封装成一个 NDEF 消息，而一个消息可以由多个 NDEF 记录构成，如图 4-29 所示。

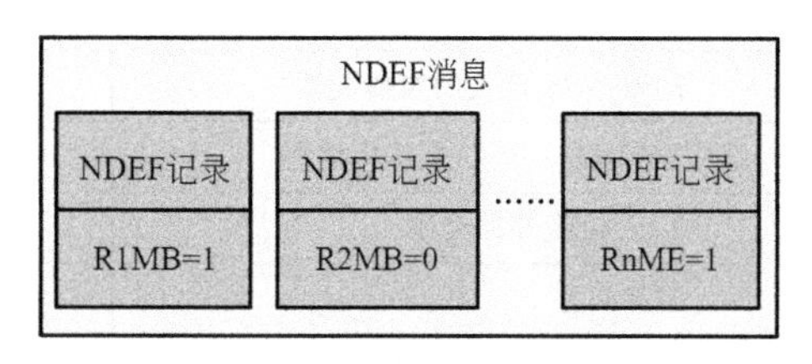

图 4-29 NDEF 消息格式

单个 NDEF 记录包含了多部头域和有效载荷域。首部包含了 5 个标志位（MB，ME，CF，SR，IL）、标签类型分类 TNF（Type Name Format）、长度可变区域的长度信息、类型识别位、一个可选的记录标识符（ID），如表 4-9 所示。

表 4-9 NDEF 记录格式

7	6	5	4	3	2	1	0
MB	ME	CF	SR	IL	TNF		
Type Length							
Payload Length							
ID Length							
TYPE							
ID							
Payload							

各标志位的意义如下：

• R1 至 Rn 表示有 n 个记录，其中 R1 的 MB 位值为 1 是表示一个消息开始，Rn 记录的 ME 位为 1 表示消息结束，中间的记录两位值为 0；

• MB 和 ME 位用于标志一个消息相对应的开始和结束的记录；

• CF 值为 1 时，说明存在下一个记录；

• SR 定义了负载域（Payload）的长度，为 0 值表示 Payload Length 域的大小是一个 4 字节的无符号整数，为 1 值表示一个字节的无符号整数，该标志位用于减少短记录的内存浪费；

• IL 为 1，则需要给出可选 ID 域以及它的相关长度域的值；

• TNF 的定义如表 4-10 所示。

表 4-10 TNF 定义

TNF	值
记录中 ID 和负载域为空	0x00
NFC 论坛已定义的记录类型	0x01

续表

TNF	值
RFC 2046 定义的媒体类型	0x02
RFC 3986 定义的 URI 类型	0x03
NFC 论坛外部类型	0x04
未知类型	0x05
不可随意改变的类型	0x06
保留值	0x07

③ NFC 标签类型技术规范　NFC Forum 目前提出的标签类型规范可兼容下面四类 NFC 标签。

• 第一类型标签是基于 14443A 协议，标签内存最小为 96 个字节，可动态扩充。如果标签只涉及到简单的读写存储，例如实现简单的智能海报功能，该类标签是完全可用的。此类标签主要用于实现读取信息，具有操作简单、成本小等优点。

• 第二类标签同样基于 14443A 协议，但仅支持 Phlips 公司提供的 MIFARE UltraLight 类型卡。

• 第三类型标签是由 SONY 独家提供的 Fecila 技术类型。

• 第四类型标签兼容 14443A/B 协议。该类标签属于智能标签，接收应用协议数据单元（Application Protocol Data Unit，APDU）指令，拥有较大的存储空间，能完成一些认证或安全算法，可用于实现智能交互和双界面标签的相关操作。此类标签应用范围广泛，可以适应未来不断地研究开发。

④ 记录类型定义技术规范　NFC Forum 给出了类型不同的五种 RTD，分别是："U"——URI 记录、"Sp"——Smart Poster 记录、"Sig"——Signature 记录、"T"——简单文本记录和"Gc"——控制类型记录。

• URI 记录（"U"——NFC URI RTD Technical Specification）提供了一种有效的方法，通过使用 RTD 机制和 NDEF 格式，以多种语言存储统一资源描述符 URI（Uniform Resource Identifier）。该记录涵盖了 URL、e-mail 地址、电话号码以及 SMS 信息。

• Smart Poster 记录（"Sp"——NFC Smart Poster RTD Technical Specification）定义了一种用来在 NFC 标签上存放或是在设备之间传输 URL、SMS 或电话号码的类型。Smart Poster RTD 构建在 RTD 机制和 NDEF 格式的基础之上，并使用了 URI RTD 和 Text RTD 作为构建模块。

• 简单文本记录（"T"——NFC Text RTD Technical Specification）提供了一种有效的方法，通过使用 RTD 机制和 NDEF 格式，以多种语言存储 text 字符串。它包含了描述性文本，以及语言和编码信息。一般和别的记录一起使用，用于描述记录的内容或功能。

• Signature记录（“Sig”——NFC Signature RTD Technical Specification）规定了对单个或多个NDEF记录进行签名时所使用的格式。定义了需要的和可选的签名RTD域，并提供了一个合适的签名算法和证书类型，以用来创建一个签名。并没有定义或强制使用某个特定的PKI或证书系统，也没有定义Signature RTD使用的新算法。证书的验证和撤销过程超出了该规范的范围。

• 控制类型记录（“Gc”——NFC Generic Control RTD Technical Specification）提供了一个NFC设备、标签或卡（源设备），通过NFC通信，以一种简单的方式向另一个NFC设备（目标设备）请求一个特定动作（例如启动一个应用或设置一种模式）。

（6）NFC技术的应用

针对NFC的三种业务工作模式，可以归纳出NFC技术的基本应用领域，如表4-11所示。

表4-11　NFC的应用领域

模式	应用类别	应用场景
卡模拟模式	电子钱包卡类	银行卡(电子钱包)、加油卡、停车卡、公交付费
	磁条卡类	优惠券、折扣券、磁条银行卡
	票务类	影剧票、飞机票、火车票、优惠券
	ID类	门禁、会员卡、积分卡
阅读器模式	标签	广告、信息查询
点对点模式		信息交换、游戏

读写器模式是NFC设备的基本工作模式。随着NFC的普及，目前越来越多的手机内置了NFC功能，其中一个实用功能就是NFC读写器模式。手机可以与NFC卡片进行数据交互，实现读余额或获取少量标签信息。具体应用场景举例如下：

• 读银行卡、交通卡余额和交易记录，手机读取余额后通过手机屏幕显示给用户，有了这种手机，用户就无需到地铁站或公交上才能查到自己的余额，更可以时刻查询交易记录，检查是否被误扣费了，十分方便；

• 读取非接触式标签的内容，可以用在获取海报信息、商家位置、机场地图、折扣券信息等场合；

• 食堂、停车场等场合的发卡、充值、扣费等。

点对点模式允许两个NFC设备之间建立通信链接并交换数据，与读写器、卡模式不一样的是，点对点模式下数据交互是双向的。点对点模式可以实现名片交换、蓝牙配对、社交网络、设备间数据交换等。通过NFC多个设备，如手机、数码相机、游戏机，都可以进行无线互通，交换资料或服务。以蓝牙为例，利用NFC点对点方式进行蓝牙配对，可以大为简化蓝牙配对过程。

门禁卡、停车卡、公交卡工作于NFC的卡模式，是目前日常生活中接触得最多的NFC应用场合。一张小小的卡片，轻触读卡器便可开门禁锁、进出停车场、支付车资，既快捷方便，又安全，易于管理。由于近场通信具有天然的安全性，因此，NFC技术被认为在手机支付等领域具有很大的应用前景。NFC手机内置NFC芯片，比原先仅作为标签使用的RFID更增加了数据双向传送的功能，这个进步使得其更加适合用于电子货币支付；特别是RFID所不能实现的，相互认证、动态加密和一次性钥匙（OTP）能够在NFC上实现。NFC技术支持多种应用，包括移动支付与交易、对等式通信及移动中信息访问等。通过NFC手机，人们可以在任何地点、任何时间，通过任何设备，与他们希望得到的娱乐服务与交易联系在一起，从而完成付款，获取海报信息等。NFC设备可以用作非接触式智能卡、智能卡的读写器终端以及设备对设备的数据传输链路。

4.3.2 异构网络融合与协同技术

网络的异构性主要体现在以下几个方面[40]：

• 不同的无线频段特性导致的频谱资源使用的异构性；

• 不同的组网接入技术所使用的空中接口设计及相关协议，在实现方式上的差异性和不可兼容性；

• 业务的多样化；

• 终端的多样化；

• 不同运营商针对异构网络所实施的相应的运营管理策略不同。

以上几个方面交叉联系，相互影响，构成了无线网络的异构性。这种异构性对网络的稳定性、可靠性和高效性带来了挑战，同时给移动性管理、联合无线资源管理、服务质量保证等带来了很大的问题。

网络融合的主要策略可以理解为各种异构网络之间，在基础性网络构建的公共通信平台之上，实现共性的融合与个性的协同。所谓“融合”是在技术创新和概念创新的基础上，对不同系统间共性的整合，具体是指各种异构网络与作为公共通信平台的移动通信网或者下一代网络的融合，从而构成一张无所不在的大网。所谓“协同”则是在技术创新和概念创新的基础上，对不同系统间个性的整合，具体是指大网中的各个接入子网，通过彼此之间的协同，实现共存、竞争与协作的关系，以满足用于的业务和应用需求。不同通信网络的融合，是为了更好地服务于异构通信网络的协同。协同技术是实现多网互通及无线服务的泛在化、高速化和便捷化的必然选择，也是未来的物联网频谱资源共享亟待解决的问题。

具体来说，异构网络融合的实现分为两个阶段：一是连通阶段，二是融合阶段。连通阶段指各种网络，如传感器网络、RFID网络、局域网、广域网等，都能互联互通，感知信息和业务信息传送到网络另一端的应用服务器进行处理，以支持应用服务。融合阶段是指在网络连通层面的网络平台上，分布式部署若干信息处理的功能单元，根据应用需求而在网络中对传递的信息进行收集、融合和处理，从而使基于感知的智能服务实现得更为精确。从该阶段开始，网络将从提供信息交互功能扩展到提供智能信息处理功能乃至支撑服务，并且传统的应用服务器网络架构向可管、可控、可信的集中智慧参与的网络架构演进。因此，异构网络融合不是对现有网络的革命与颠覆，而是对现有网络分阶段地演进、有效地规划异构网络融合的研究与应用[41]。

异构网络融合是未来网络发展的必然趋势。一般来说，在研究异构网络的互联结构的时候，需要考虑以下一些问题：

• 提供网络间相互协作的同时，要折中考虑网络之间的公平性；

• 建立一种能提供费用低廉、频谱效率高的架构方案，为移动用户提供种类多样的服务；

• 合理定义结构实体，使异构网络之间以一种性能耗费比更优的方式通信；

• 定义总的容量、指标和每个网间架构实体的功能；

• 互联架构应当是灵活的，能够在不引入太多新节点和接口的条件下，支持其他新型网络的协作。

异构网络融合涉及到多种技术[42,43]，其关键技术主要如下。

• 异构网络融合架构　网络的异构性和业务种类的多样性，对无缝融合的网络架构设计提出了更高的要求。为了支持全球漫游，下一代移动通信网络必须能够完全兼容无线设备的各种基本结构，并且保持高度的灵活性。要实现真正意义上的异构网络融合，需要首先设计异构网络融合的理论模型，合理选择网络的互联互通的接口。IP多媒体子系统（IP Multimedia Subsystem，IMS）作为网络融合的核心网解决方案，是一个与接入技术无关的基于IP的架构，其通信不依赖于任何接入技术和接入方式，基于SIP会话控制协议，构成了一个灵活开放、可管可控的通信网络。IMS提供统一的会话控制中心和统一的用户数据中心，以及完全开放的业务架构，能够保证用户的漫游性、接入无关性、统一的业务触发和一致的业务体验。IMS采用分层开放结构，进一步发扬了软交换结构中业务与控制分离、控制与承载分离的思想，网络结构更加清晰合理，层间采用标准化的开放接口，有利于新业务的快速生成和应用。

• 异构网络的移动性管理　未来无线网络是一种基于全IP的无缝融合异构系统，支持多种无线接入技术和漫游功能。在此异构网络体系中，不同无线接入网络在业务能力和技术方面有很大的区别，目前还没有通用的网络基础结构以及协议转换支持在不同类型接入网络之间漫游。为了提供给移动用户泛在的网络接入服务，实现任何时间（anytime）、任何地点（anywhere）、任何人（anyone）、任何物（anything）都能顺畅地通信，需要一种通用的协议，在网络层提供系统间的位置管理、寻呼、切换和无线资源分配等管理操作，屏蔽不同种类的无线网络差异，而不需要针对每一种接入网络，单独提供信令系统进行移动性管理。

• 协同传输技术　流控制传输协议（Stream Control Transmission Protocol，SCTP）是 IETF 推荐的传输层协议，其重要特点是支持多宿。多宿是指一个主机拥有多个网络接口，可以连接到一个或多个网络服务提供商。如果一个主机拥有多个 IP 地址，通常就称这个主机是多宿的。随着网络接入技术的多样性和接入设备的廉价性，越来越多的移动终端具备多宿特性，而目前广泛使用的传输层协议 TCP 和 UDP 都无法支持多宿。SCTP 的多宿允许关联的一端绑定多个 IP 地址，这种绑定允许发送者将数据通过不同路径发送到接收端，从而提高了关联的可靠性。但当前 SCTP 协议只允许同时使用其中一条路径进行数据传输。如果关联中的多条路径能够同时进行数据传输，即协同传输，将会大大提高系统的吞吐量，极大提高网络资源利用率。

4.3.3 无线资源管理技术

无线资源管理（Radio Resource Management，RRM）是异构网络中的一个重要研究课题。作为网络互联及协作的关键技术之一，RRM 主要完成网络间无线资源的协调管理。它的功能目标是高效利用受限的无线频谱、传输功率以及无线网络的基础设施，扩展容量和业务覆盖范围，最优化无线资源的利用率和最大化系统容量，能够支持智能的联合会话及接入控制，以及不同无线接入技术间的切换和同步，从而完成异构系统中的无线资源分配。传统意义的无线资源管理，包括接入控制、切换、负载均衡、功率控制、信道分配等，而在未来异构网络中，无线资源管理的目标还包括为用户提供无处不在的服务和进行无缝切换，并提高无线资源的利用率。异构网络中无线资源管理是传统无线资源管理的一种扩充。

无线资源管理主要有集中式和分布式控制两种实现方式。集中式的协同无线资源管理，能对资源进行统一的管理，每个无线接入都由一个集中的 RRM 控制实体来统一管理，这个集中的控制实体能够获得所管理区域内的所有无线接入的流量、负荷以及阻塞状态等。这种模式容易达到全局资源最优使用和最大化系统收益的目标，但两个相邻的无线接入之间会产生边缘效应，不便于扩展，灵活性较差。分布式管理可以将系统的目标分配给每个分布式的 RRM 实体，由它们分担管理和计算的功能，这样可以降低每个节点的计算复杂度，并且提高系统的可靠性。分布式无线资源管理可以很好解决可扩展性问题，但缺点是很难达到资源的最优使用。为进行有效的资源管理，需考虑众多参数：网络拓扑、网络容量、链路条件、业务 QoS、用户要求、运营策略等。无线资源管理从功能上又包括多接入选择（Multi-Radio Access Seleetion）、负载均衡（Load Balancing）、动态频谱控制（Dynamic Spectrum Alloeation）等。下面分别介绍这几种技术。

• 多接入选择是异构无线网络中如何充分利用异构性获取多接入增益的一个关键点。在异构互联网络中，对于一个支持多种模式的终端用户来说，可以选择接入多个无线网络。但是接入选择不仅直接影响用户的服务质量，同时还对网络侧的最优资源利用和负载均衡产生影响。根据决策点（用户、网络）的不同，可以设计不同的多接入选择机制，网络选择算法应在保护用户服务质量的前提下，把最大化异构系统资源利用率作为目标。在多接入选择方法设计中，多种因素需要考虑：信号强度，覆盖范围，网络负载，业务需求，用户喜好等。另外，由于不同接入技术的差异性，不同无线接入网络中影响资源分配的因素不易统一量化表示，难于进行比较。上述因素的特点，给网络选择的算法的设计带来一定难度，需要借助一定的数学方法及模型来设计动态的优化的多接入选择策略。

• 负载均衡是指两个网络或者两个系统中，负载较重的一方将部分负载转移到另一方中去，达到一种负载均匀分布的状态。负载均衡可以提高整体网络无线资源的利用率，扩大系统容量，为用户提供多样化的服务及更好的服务质量。两种基本的负载均衡的方法：信道借用和负载转移。信道借用主要用于有着固定信道分配的蜂窝系统中，一个负载较重小区只能向轻载小区借用信道。基于负载转移的负载均衡，是超载的小区迫使一部分终端切换到邻近小区中去，以实现整个系统内负载的均匀分布。负载均衡机制可以分为集中式的和分散式的。在一个集中式的负载均衡系统内，全部网络或系统的负载信息被集中于一个中央节点。其余的节点负责将负载信息传递到中央节点，所有的负载均衡方案，都是由中央节点根据收集的信息制定的。集中式负载均衡方案的主要缺点，是相对较小的可靠性，中央节点的瘫痪将导致负载均衡策略无法执行。在分散式负载均衡方案里，每一个节点都有能力执行负载均衡的算法，但是，由于节点间需要交换大量的负载信息，这便要花费更多的开销。

几乎所有的无线通信网络，都具有负载随时间变化和区域性变化的特性，也就是说，由于业务模式不同，对带宽需求的峰值出现在不同时刻或地区。如果采用固定的频谱分配方法，为满足峰值时间或地区通信质量的需求，传统的方法就是预留相应满足峰值流量的频谱，而这部分分配出去的频谱，在大多数业务需求少的时间段或地区将被空闲，造成闲时频谱的严重浪费。此外，为避免干扰，政府部门对无线电频谱资源进行统一的宏观管理，这样的固定无线电频谱分配，虽然避免了不同应用间的干扰，却带来了极低的频谱利用率和频谱资源匮乏问题，造成目前固定无线频谱分配的频谱利用率只有5%～10%。在网络协作的基础上，动态频谱分配方案（Dynamic Spectrum Allocation，DSA）可以解决以上问题。对于两个相互协作的网络，可随时随地将业务稀薄网络的剩余频谱分配到业务稠密的网络中，可以有效地减少固定分配带来的闲时频谱浪费，更好地利用有限的频谱资源。一般来说，动态频谱分配可以分为基于时间和基于空间的动态分配方案。采用动态频谱分配后，将会产生较大的频谱增益，可以提高频谱资源利用率和解决用户终端网络的电磁兼容问题。

4.3.4 海量信息处理与云计算技术

在物联网中，传感设备种类繁多，数据量巨大，来自不同网络、不同子系统的海量异构数据，需要进行统一的处理及存储，并对这些数据进行高效快速的处理，从中获取有价值的信息，进而提供智能决策，实现各种不同的应用需求。于是，海量信息处理与云计算技术应运而生。根据泛在无线网络中数据信息的特点，可以采用数据时间对准技术、集中式数据融合算法及分布式数据融合算法等技术进行数据融合，采用分类、估值、预言、相关性分组或关联规则、聚集、描述和可视化、复杂数据类型（Text、Web、图形图像、视频、音频等）挖掘等进行数据挖掘[41,44]。

（1）海量数据融合技术

按照数据抽象的不同层次，融合可分为三级，即像素级融合、特征级融合和决策级融合。

• 像素级融合是指直接在采集到的原始数据层上进行的融合，即各种传感器对原始信息未做预处理之前就进行的数据综合分析，是最低层次的融合。

• 特征级融合属于中间层次，先对来自传感器的原始信息进行特征提取（特征可以是目标的边缘、方向、速度等），然后对特征信息进行综合分析和处理。特征层融合可分为两大类：分布式目标状态融合和目标特性融合。

• 决策级融合是一种高层次融合，其结果为指挥控制决策提供依据。决策级融合通过不同类型的传感器观测同一个目标，每个传感器在本地完成基本的处理，包括预处理、特征抽取、识别或判决，以建立对所观察目标的初步结论。然后通过关联处理进行决策层融合判决，最终获得联合推断结果。决策级融合是三级融合的最终结果，直接针对具体决策目标，融合结果直接影响决策水平[45]。

根据泛在无线网络中数据信息的特点，可以采用诸如数据时间对准技术、集中式数据融合算法及分布式数据融合算法等技术进行数据融合。

① 数据时间对准技术　对于分布在不同平台的相同或不同类型传感器，在

对其观测数据进行数据融合前，由于其所在位置各不相同，所选的观测坐标系不一样，加上传感器的采样频率也有很大差别，因此即使是对同一个目标进行观测，各传感器所得到的目标观测数据也会有很大的差别。所以在进行多传感器数据融合时，首先要做的工作就是统一来自不同平台的多传感器的时间和空间参考点，以形成融合所需的统一时空参考系，并统一量测单位，也就是进行数据预处理或数据对准。

由于从各传感器得到的信息不是同时的，所以必须进行时间上的同步。时间对准是指应用内插、外推、拟合等算法，对各传感器的观测序列进行处理，使得各传感器能在同一时刻提供对同一目标的观测数据。在多传感器数据融合系统中，要求融合处理的各传感器数据必须是同一时刻的，这样才可能计算出目标的正确状态，所以必须进行时间配准。目前解决的方法有很多，典型算法有泰勒展开修正法、内插外推法等[46]。

内插外推法[47]和泰勒展开修正法具有一样的解决思路，即将高精度的观测数据推算到低精度的时间点上，不同之处在于它简单，不必求一阶导数。它的具体算法是：取定时间片，在同一时间片内将各传感器观测数据按测量精度进行增量排序，然后将高精度观测数据分别向最低精度时间点内插、外推，形成一系列等间隔的目标观测数据，以进行融合处理。

经过时空对准，多传感器的数据都统一到同一坐标系中，且数据在时间上得到了对齐，可提高目标融合信息的一致性、准确性和可靠性，为数据融合的后续工作，如数据联合、数据关联、目标识别与跟踪、态势评估等打好了基础。

② 数据融合算法　在物联网中，负责采集信息的各节点分布广泛，且数量庞大，因此，对采集的海量数据进行融合处理是很有必要的。下面介绍几种常用的数据融合算法。

a. 加权平均算法　加权平均算法与算数平均法类似，基本原理是将所有传感器的输出值和与其相对应的权重值相乘，然后把乘积相加，再根据传感器的个数取平均值，所得到的结果即作为融合结果。其中，权重可看成不同传感器准确性的度量。该方法简单直观，但是必须事先对各个传感器进行详细的分析，获取每个节点数据的确切的权重信息。由于在不同特征维度上每个传感器的准确性都不一样，所以权重的获取成为主要难点，限制了该算法的使用范围[48]。

b. 贝叶斯估计算法　贝叶斯方法经常在非动态的数据融合中使用。贝叶斯算法将多传感器提供的各种不确定信息表示为概率，将数据阐述为概率的分布，并利用概率论中贝叶斯条件概率公式对其进行处理[49]。该算法会根据具体情况设置限制条件，通过这些限制条件来对多个传感器节点的数据进行优化。当采集的数据具有模糊性时，就可以用条件概率的性质来表示。在先验概率已知的情况下，贝叶斯准则是最佳的融合准则，可给出精确融合的结果。但是在实际应用中，各个传感器很难获得所需的先验概率，因此大大限制了贝叶斯准则的应用。

c. 神经网络算法　神经网络算法首先根据智能系统的要求以及传感器的融合形式，选择神经网络模型和学习规则，同时将传感器的输入信息综合处理为一个总体输入函数，并将此函数映射定义为相关单元的映射函数，通过神经网络与环境的交互作用，把环境的统计规律反映到网络本身的结构中来[50]。然后对传感器输出信息进行学习、理解，确定权值分配，完成知识获取和信息融合，进而对输入模式做出解释，将输入数据向量转换成高层逻辑概念。神经网络算法可以采用两种学习模式：无监督学习和监督学习。无监督学习将所有的传感器得到的特征全部作为三层神经网络的输入，让输出层等于输入层，隐层节点即为所融合的特征。监督学习方法同样采用三层神经网络，将所有的传感器得到的特征全部作为神经网络的输入，但是第三层作为决策层，通过带标签样本训练神经网络，隐层节点即为融合后特征。

神经网络利用外部环境的特征信息，可以实现知识的自动获取，能够将不确定性的复杂关系经过学习模拟出来，得到更高一层次的融合特征。由于神经网络具有并行大规模处理能力，使得系统信息处理加快。该算法具有容错性高、健壮性好以及适应能力强的优势。难点在于神经网络模型的建立，如隐层节点的个数如何确定等。

d. D-S 证据推理算法　贝叶斯算法在应用时需要知道先验概率的信息，但在具体的应用中，这种概率往往不易获取，而 D-S 证据推理算法可以解决这一问题[51]。该算法可以在数据不完全或是具有模糊性的条件下，使数据信息更加清晰化。D-S 算法将存在于全部目标集上的各传感器节点数据的概率进行“悬挂”。在多传感器系统中数据需要融合的时候，每个传感器节点都可以看做一个证据体，所有的证据体按照特定的规则进行合并，最终形成一个融合之后的证据体，而且该证据体的可靠度也可以获得。系统根据具体的情况决定选用哪一规则得到最终的融合结果。D-S 算法不一定要事先知道先验概率，对模糊性数据信息采取的描述方式是“区间式”的估计，能够很灵活地分辨信息的不知道以及信息的模糊方面。该算法还能够很好地解决传感器数据与最终决策产生冲突的情况。D-S 证据推理要求证据独立，但很多时候这一条件并不满足。另外，证据合成规则的理论支持还不够坚固，并且在计算上存在指数爆炸问题。

e. 分簇路由模型的 LEACH 算法　LEACH（Low-Energy Adaptive Clustering Hierarchy）算法是一种非常典型的分簇式路由算法，本身的能耗不高，适用于无线传感网中，最早是由 Heinzelman 等人为了改善热点问题提出的。Heinzelman 等人在无线传感器网络中使用分簇的概念，将网络分为不同层次的 LEACH 算法[52]。通过某种方式周期性随机选举簇头，簇头在无线信道中广播信息，其余节点检测信号并选择信号最强的簇头加入，从而形成不同的簇。簇头之间的连接构成上层骨干网，所有簇间通信都通过骨干网进行转发。簇内成员将数据传输给簇头节点，簇头节点再向上一级簇头传输，直至目标节点。这种方式降低了节点发送功率，减少了不必要的链路和节点间干扰，达到了保持网络内部能量消耗均衡、延长网络寿命的目的。但是，分簇的实现以及簇头的选择都需要相当一部分的开销，且簇内成员过多地依赖簇头进行数据传输与处理，使得簇头的能量消耗很快，因此需频繁选择簇头。同时，簇头与簇内成员为点对多点的一跳通信，可扩展性差，不适用于大规模网络。

（2）海量数据挖掘技术

数据处理的根本目的，是利用有效的手段快速准确地获取数据、加工数据、应用数据。其中，数据挖掘技术是将收集到的数据得以有效应用的核心技术。数据挖掘（Data Mining）技术又被称为数据库中的知识发现（Knowledge Discovery in Data Base，KDD），其核心就是从存放在数据库、数据仓库或其他信息库中的，大量杂乱无章的、难以理解的数据中，获取有效的、新颖的、潜在有用的、最终可理解的模式的非平凡过程[53]。

数据挖掘的思想部分来自于统计学的抽样、估计和假设检验，也借鉴了人工智能、模式识别和机器学习的搜索算法、建模技术和学习理论。此外，数据挖掘也迅速地接纳了包括最优化、进化计算、信息论、信号处理、可视化和信息检索的最新技术思想。这些其他领域的技术对数据挖掘也起到重要的支撑作用。例如，数据挖掘技术需要数据库系统提供有效的存储、索引和查询处理支持，海量数据的处理需要高性能（并行）计算和分布式计算技术的支撑。

数据挖掘有以下分析方法。

① 分类（Classification） 首先从数据中选出已经分好类的训练集，在该训练集上运用数据挖掘分类的技术，建立分类模型，对于没有分类的数据进行分类。

② 估计（Estimation） 估计与分类类似，不同之处在于，分类描述的是离散型变量的输出，而估计处理连续值的输出。分类的类别数目是确定的，估计的量是不确定的。一般来说，估计可以作为分类的前一步工作。给定一些输入数据，通过估计得到未知的连续变量的值，然后根据预先设定的阈值进行分类。

③ 预测（Prediction） 预测通常是通过分类或估计起作用的，也就是说，通过分类或估计得出模型，该模型用于对未知变量的预测。预测的目的是对未来未知变量的预估，这种预测是需要时间来验证的，即必须经过一定时间后才能判断预测的准确性是多少。

④ 相关性分组或关联规则（Affinity grouping or association rules） 从大量数据中发现数据项集之间的关联和相关联系。

⑤ 聚类（Clustering） 聚类是对记录分组，把相似的记录放在一个聚类里。

聚类和分类的区别是聚类不依赖于预先定义好的类，不需要训练集。聚类通常作为数据挖掘的第一步。

⑥ 描述和可视化（Description and Visualization） 一般只是指数据可视化工具，是对数据挖掘结果的表示方式，将数据挖掘的分析结果更形象更深刻地展现出来。

数据挖掘的分析方法，可以分为直接数据挖掘和间接数据挖掘两类。直接数据挖掘的目标是利用可用的数据建立一个模型，对所有的数据或一个特定的变量进行描述。间接数据挖掘没有选出某一具体的变量用模型进行描述，而是在所有的变量中建立起某种关系。分类、估计和预测属于直接数据挖掘，而后三种分析方法属于间接数据挖掘。

数据关联是数据库中存在的一类重要的可被发现的知识。若两个或多个变量的取值之间存在某种规律性，就称为关联。关联可分为简单关联、时序关联、因果关联。关联分析的目的是找出数据库中隐藏的关联网。有时并不知道数据库中数据的关联函数，即使知道也是不确定的，因此关联分析生成的规则带有可信度。关联规则挖掘发现大量数据中项集之间有趣的关联或相关联系。Agrawal 等于 1993 年首先提出了挖掘顾客交易数据库中项集间的关联规则问题，以后诸多的研究人员对关联规则的挖掘问题进行了大量的研究。他们的工作包括对原有的算法进行优化，如引入随机采样、并行的思想等，以提高算法挖掘规则的效率；对关联规则的应用进行推广。关联规则挖掘在数据挖掘中是一个重要的课题，最近几年已被业界所广泛研究。

关联规则挖掘过程主要包含两个阶段：第一阶段必须先从资料集合中找出所有的高频项目组（Frequent Itemsets）；第二阶段再由这些高频项目组中产生关联规则（Association Rules）。

关联规则挖掘的第一阶段必须从原始资料集合中找出所有高频项目组（Large Itemsets）。高频的意思是指某一项目组出现的频率相对于所有记录而言，必须达到某一水平。一项目组出现的频率称为支持度（Support），以一个包含 A 与 B 两个项目的 2-itemset 为例，求得包含｛A，B｝项目组的支持度，若支持度大于等于所设定的最小支持度（Minimum Support）门槛值时，则｛A，B｝称为高频项目组。一个满足最小支持度的 k-itemset，则称为高频 k-项目组（Frequent k-itemset），一般表示为 Large k 或 Frequent k。算法从 Large k 的项目组中再产生 Large k+1，直到无法再找到更长的高频项目组为止。

关联规则挖掘的第二阶段是要产生关联规则（Association Rules）。从高频项目组产生关联规则，是利用前一步骤的高频 k-项目组来产生规则，在最小信赖度（Minimum Confidence）的条件门槛下，若一规则所求得的信赖度满足最小信赖度，称此规则为关联规则。

按照不同情况，关联规则可以进行分类如下。

① 基于规则中处理的变量的类别，关联规则可以分为布尔型和数值型。布尔型关联规则处理的值都是离散的、种类化的，它显示了这些变量之间的关系；而数值型关联规则可以和多维关联或多层关联规则结合起来，对数值型字段进行处理，将其进行动态的分割，或者直接对原始的数据进行处理。当然数值型关联规则中也可以包含种类变量。

② 基于规则中数据的抽象层次，可以分为单层关联规则和多层关联规则。在单层的关联规则中，所有的变量都没有考虑到现实的数据是具有多个不同的层次的；而在多层的关联规则中，对数据的多层性已经进行了充分的考虑。

③ 基于规则中涉及到的数据的维数，关联规则可以分为单维的和多维的。在单维的关联规则中，只涉及到数据的一个维，如用户购买的物品；而在多维的关联规则中，要处理的数据将会涉及多个维。换成另一句话，单维关联规则是处理单个属性中的一些关系；多维关联规则是处理各个属性之间的某些关系。

④ 关联规则挖掘的相关算法，包括 Apriori 算法、基于划分的算法、FP-树频集算法等。

⑤ Apriori 算法　使用候选项集找频繁项集。Apriori 算法是一种最有影响的挖掘布尔关联规则频繁项集的算法。其核心是基于两阶段频集思想的递推算法。该关联规则在分类上属于单维、单层、布尔关联规则。在这里，所有支持度大于最小支持度的项集称为频繁项集，简称频集。该算法的基本思想是：首先找出所有的频集，这些项集出现的频繁性至少和预定义的最小支持度一样。其次，由频集产生强关联规则，这些规则必须满足最小支持度和最小可信度。然后使用第 1 步找到的频集产生期望的规则，产生只包含集合的项的所有规则，其中每一条规则的右部只有一项，这里采用的是中规则的定义。一旦这些规则被生成，那么只有那些大于用户给定的最小可信度的规则才被留下来。为了生成所有频集，使用了递推的方法。可能产生大量的候选集，以及可能需要重复扫描数据库，是 Apriori 算法的两大缺点。

⑥ 基于划分的算法　Savasere 等设计了一个基于划分的算法。这个算法先把数据库从逻辑上分成几个互不相交的块，每次单独考虑一个分块，并对它生成所有的频集，然后把产生的频集合并，用来生成所有可能的频集，最后计算这些项集的支持度。这里分块的大小选择要使得每个分块可以被放入主存，每个阶段只需被扫描一次。而算法的正确性，是由每一个可能的频集至少在某一个分块中是频集保证的。该算法是可以高度并行的，可以把每一分块分别分配给某一个处理器生成频集。产生频集的每一个循环结束后，处理器之间进行通信来产生全局的候选 k-项集。通常这里的通信过程是算法执行时间的主要瓶颈；而另一方面，每个独立的处理器生成频集的时间也是一个瓶颈。

⑦ FP-树频集算法　针对 Apriori 算法的固有缺陷，J. Han 等提出了不产生候选挖掘频繁项集的方法：FP-树频集算法。采用分而治之的策略，在经过第一遍扫描之后，把数据库中的频集压缩进一棵频繁模式树（FP-tree），同时依然保留其中的关联信息，随后再将 FP-tree 分化成一些条件库，每个库和一个长度为 1 的频集相关，然后再对这些条件库分别进行挖掘。当原始数据量很大的时候，也可以结合划分的方法，使得一个 FP-tree 可以放入主存中。实验表明，FP-growth 对不同长度的规则都有很好的适应性，同时在效率上较之 Apriori 算法有巨大的提高。

(3) 云计算技术

云计算（Cloud Computing）是一种全新的计算模式，是近年来 IT 领域的研究热点之一。到目前为止，云计算没有统一的定义。维基百科认为，云计算是一种基于互联网的计算方式，通过这种方式，共享的软硬件资源和信息可以按需求提供给计算机各种终端和其他设备。中国云计算网认为，云计算是分布式计算（Distributed Computing）、并行计算（Parallel Computing）和网格计算（Grid Computing）的发展，或者说是这些科学概念的商业实现。美国国家标准与技术实验室认为，云计算是一种按使用量付费的模式，这种模式提供可用的、便捷的、按需的网络访问，进入可配置的计算资源共享池（包括网络、服务器、存储、应用和服务等），这些资源能够快速部署，只需投入很少的管理工作，或与服务供应商进行很少的交互。

云计算将 IT 相关的能力以服务的方式提供给用户，允许用户在不了解提供服务的技术、没有相关知识以及设备操作能力的情况下，通过 Internet 获取需要服务。云计算不仅仅是普通计算工具，而且越来越成为处理千万亿次级（Petascale）数据的计算技术。结合上述多种定义和理解，可以总结出云计算的一些本质特征，如分布式计算和存储特性、高扩展性、高可靠性、通用性、用户友好性、良好的管理性等。

总体来说，云计算技术具有以下特点。

① 云计算系统提供的是服务　服务的实现机制对用户透明，用户无需了解云计算的具体机制，就可以获得需要的服务。

② 用冗余方式提供可靠性　云计算系统由大量商用计算机组成机群，向用户提供数据处理服务。随着计算机数量的增加，系统出现错误的概率大大增加。在没有专用的硬件可靠性部件的支持下，采用软件的方式，即数据冗余和分布式存储来保证数据的可靠性。“云”使用了数据多副本容错、计算节点同构可互换等措施，来保障服务的高可靠性，使用云计算比使用本地计算机可靠。

③ 高可用性　通过集成海量存储和高性能的计算能力，云能提供一定满意度的服务质量。云计算系统可以自动检测失效节点，并将失效节点排除，不影响

系统的正常运行。

④ 高层次的编程模型　云计算系统提供高级别的编程模型。用户通过简单学习，就可以编写自己的云计算程序，在“云”系统上执行，满足自己的需求。现在云计算系统主要采用 Map-Reduce 模型。

⑤ 经济性　组建一个采用大量的商业机组成的机群，相对于同样性能的超级计算机，花费的资金要少很多。

云计算可以提供以下几种服务模式。

① 软件即服务（Software as a Service，SaaS）　它是一种通过 Internet 提供软件的模式，用户无需购买软件，而是向提供商租用基于 Web 的软件，来管理企业经营活动。客户不需要管理或控制底层的云计算基础设施，包括网络、服务器、操作系统、存储，甚至单个应用程序的功能。SaaS 是最高层，其特色是包含一个通过多重租用（Multitenancy）、根据需要作为一项服务提供的完整应用程序。所谓“多重租用”是指单个软件实例运行于提供商的基础设施，并为多个客户机构提供服务。

② 平台即服务（Platform as a Service，PaaS）　PaaS 提供给客户的是，将客户用供应商提供的开发语言和工具创建的应用程序，部署到云计算基础设施上去。客户不需要管理或控制底层的云计算基础设施，包括网络、服务器、操作系统、存储，但客户能控制部署应用程序，也能控制应用的托管环境配置。PaaS 实际上是指将软件研发的平台作为一种服务，以 SaaS 的模式提交给用户。因此，PaaS 也是 SaaS 模式的一种应用。但是，PaaS 的出现可以加快 SaaS 的发展，尤其是加快 SaaS 应用的开发速度。

③ 基础设施即服务（Infrastructure as a Service，IaaS）　IaaS 提供给客户的是出租处理能力、存储、网络和其他基本的计算资源，用户能够部署和运行任意软件，包括操作系统和应用程序。消费者通过 Internet 可以从完善的计算机基础设施获得服务。IaaS 处于最低层级，而且是一种作为标准化服务在网上提供基本存储和计算能力的手段。

云计算是一种新型的超级计算方式，以数据为中心，是一种数据密集型的超级计算。云计算在编程模式、数据存储、数据管理等方面具有自身独特的技术。

① 编程模式　云计算不只是硬件问题，还是一场编程革命。为了使用户能更轻松地享受云计算带来的服务，让用户能利用该编程模型编写简单的程序实现特定的目的，云计算上的编程模型必须十分简单，必须保证后台复杂的并行执行和任务调度向用户和编程人员透明。

云计算采用了一种思想简洁的分布式并行编程模型 MapReduce。MapReduce 是一种编程模型，也是一种高效的任务调度模型，主要用于数据集的并行运算和并行任务的调度处理。在该模式下，用户只需要自行编写 Map 函数和

Reduce 函数，即可进行并行计算。其中 Map 函数中定义各节点上的分块数据的处理方法，而 Reduce 函数中定义中间结果的保存方法以及最终结果的归纳方法。MapReduce 这种编程模型不仅适用于云计算，在多核和多处理器、cell processor 以及异构机群上同样有良好的性能。

② 海量数据分布式存储技术　云计算环境中的海量数据存储，既要考虑存储系统的 I/O 性能，又要保证文件系统的可靠性和可用性。云计算采用分布式存储的方式存储数据，采用冗余存储的方式保证存储数据的可靠性，即为同一份数据存储多个副本。另外，云计算系统需要同时满足大量用户的需求，并行地为大量用户提供服务，因此，云计算的数据存储技术必须具有高吞吐率和高传输率的特点。云计算的数据存储技术主要有 Google 的非开源的 GFS（Google File System）和 Hadoop 开发团队开发的 GFS 的开源实现 HDFS（Hadoop Distributed File System）[54]。

GFS 是一个管理大型分布式数据密集型计算的可扩展的分布式文件系统。它使用廉价的商用硬件搭建系统，并向大量用户提供容错的高性能的服务。GFS 系统由一个 Master 和大量块服务器构成。Master 存放文件系统所有的元数据，包括名字空间、存取控制、文件分块信息、文件块的位置信息等。在 GFS 文件系统中，采用冗余存储的方式来保证数据的可靠性，每份数据在系统中保存 3 个以上的备份。为了保证数据的一致性，对于数据的所有修改需要在所有的备份上进行，并用版本号的方式来确保所有备份处于一致的状态。客户端从 Master 获取目标数据块的位置信息后，直接和块服务器交互进行读操作，而不通过 Master 读取数据，避免了大量读操作使 Master 成为系统瓶颈。客户端在获取 Master 的写授权后，将数据传输给所有的数据副本，在所有的数据副本都收到修改的数据后，客户端才发出写请求控制信号。在所有的数据副本更新完数据后，由主副本向客户端发出写操作完成控制信号。总的来说，GFS 对其应用环境有以下假设：

- 系统架设在容易失效的硬件平台上；
- 需要存储大量 GB 级甚至 TB 级的大文件；
- 文件读操作以大规模的流式读和小规模的随机读构成；
- 文件具有一次写、多次读的特点；
- 系统需要有效处理并发的追加写操作；
- 高持续 I/O 带宽比低传输延迟更加重要。

③ 海量数据管理技术　云计算系统对大数据集进行处理、分析，并向用户提供高效的服务，因此，数据管理技术必须能够高效地管理大数据集。其次，如何在规模巨大的数据中找到特定的数据，也是云计算数据管理技术所必须解决的问题[55]。

云计算的特点是对海量的数据存储、读取后进行大量的分析，数据的读操作频率远大于数据的更新频率，云中的数据管理是一种读优化的数据管理。因此，云系统的数据管理往往采用数据库领域中列存储的数据管理模式，将表按列划分后存储。云计算的数据管理技术，最著名的是谷歌的 BigTable 数据管理技术，同时 Hadoop 开发团队正在开发类似 BigTable 的开源数据管理模块。BigTable 对数据读操作进行优化，采用列存储的方式，提高数据读取效率。BigTable 中的数据项按照行关键字的字典序排列，每行动态地划分到记录板中。每个节点管理大约 100 个记录板。BigTable 在执行时需要三个主要的组件：链接到每个客户端的库，一个主服务器，多个记录板服务器。主服务器用于分配记录板到记录板服务器以及负载平衡、垃圾回收等。记录板服务器用于直接管理一组记录板、处理读写请求等。由于采用列存储的方式管理数据，如何提高数据的更新速率以及进一步提高随机读速率，是未来的数据管理技术必须解决的问题。

④ 虚拟化技术　虚拟化不受物理限制的约束，是资源的逻辑表示，进行虚拟化就是要将某种形式的东西以另外一种形式呈现出来。虚拟化技术是指计算元件在虚拟的基础上、而不是真实的基础上运行。它可以扩大硬件的容量，简化软件的重新配置过程，减少软件虚拟机相关开销，支持更广泛的操作系统。虚拟化是实现云计算的最重要的技术基础，实现了物理资源的逻辑抽象和统一表示[56]。计算系统虚拟化是一切建立在“云”上的服务与应用的基础。

虚拟化平台可分为三层结构：最下层是虚拟化层，提供基本的虚拟化能力支持；中间层是控制执行层，提供各控制功能的执行能力；最上层是管理层，对执行层进行策略管理和控制，提供对虚拟化平台统一管理的能力。

参考文献

[1] Rackley S. Wireless Networking Technology: From Principles to Successful Implementation[M]. 2007.

[2] 彭木根，王文博. 无线资源管理与 3G 网络规划优化[M]. 北京：人民邮电出版社，2008.

[3] Rackley Steve，吴怡，朱晓荣，等. 无线网络技术原理与应用[M]. 北京：电子工业出版社，2012.

[4] Shen X，Guizani M，Qiu R C，et al. Ultra-Wideband Wireless Communications and Networks[M]. Wiley，2006.

[5] Muller NathanJ. 蓝牙揭密[M]. 北京：人民邮电出版社，2001.

[6] 马建仓，罗亚军，赵玉亭. 蓝牙核心技术及应用[M]. 北京：科学出版社，2003.

[7] 郝建军，刘丹谱，乐光新. 宽带无线接入技术 WiMAX[J]. 信息通信技术，2008,（4）：43-50.

[8] 维基百科. 4G[EB/OL]. https：//zh. wikipedia. org/zh-cn/4G.

[9] 百度百科. 4G[EB/OL]. https：//baike. baidu. com/item/4G/523884# 4.

[10] 朱晓荣，齐丽娜，孙君. 物联网与泛在通信技术[M]. 北京：人民邮电出版社，2010.

[11] 赵慧玲. 核心网的发展及融合应用[J]. 网络电信，2010,（3）：62-64.

[12] 毕厚杰. 多业务宽带 IP 通信网络[M]. 北京：人民邮电出版社，2005.

[13] 张传福，吴伟陵. 第三代移动通信系统 UMTS 的网络结构[J]. 电子技术应用，2002，28（6）：6-8.

[14] 孔松，张力军. 3G 移动核心网向下一代网络的演进分析[J]. 移动通信，2005，29（7）：103-106.

[15] Kaaranen Heikki，彭木根，李安平，等. 3G 技术与 UMTS 网络[M]. 北京：人民邮电出版社，2008.

[16] 郎为民，王金泉. 全 IP 网络体系结构研究[J]. 邮电设计技术，2007,（9）：12-16.

[17] 郎为民，张昆，宋壮志. 下一代网络体系结构研究[J]. 信息工程大学学报，2007,（3）：411-414.

[18] 周进怡. 从全 IP 网络特征看 3G 发展方向[J]. 通信世界，2008,（3）：20-21.

[19] 韩玲，段晓东，曾志民. 下一代核心网络体系结构的分析与研究[J]. 无线电工程，2003，33（10）：1-3.

[20] 双锴，杨放春. 增强型 3G 核心网络体系结构的研究[J]. 电子学报，2006，34（7）：1189-1193.

[21] Tang X，Chen W，Feng X U. Solution of Metropolitan Area Network Broadband Access [J]. Modern Electronic Technique，2005.

[22] MPLS 基本技术介绍[EB/OL]. http：//www. h3c. com/cn/d _ 200805/606207 _ 30003_0. htm.

[23] 张凌苗. 下一代 IP 承载移动通信网络关键技术的研究[D]. 北京：北京邮电大学，2007.

[24] QoS 技术介绍[EB/OL]. http：//www. h3c. com/cn/d_200805/605881_30003_0. htm# _Toc277150956.

[25] 胡钧. QoS-IP 业务的根本保证[J]. 邮电设计技术，2005,（2）：33.

[26] 王超，赵文杰. IP 骨干网络流量控制系统分析及方案部署[J]. 山东科技大学学报（自然科学版），2009，28（2）：88-91.

[27] 泛在技术[EB/OL]. http：//www. baike. com/wiki/泛在技术.

[28] 续合元. 泛在/物联网研究[J]. 中兴通讯技术，2010，16（b08）：13-16.

[29] 王文博，郑侃. 宽带无线通信 OFDM 技术[M]. 北京：人民邮电出版社，2007.

[30] Chang R W. Synthesis of band-limited orthogonal signals for multichannel data transmission [J]. Bell System Technical Journal，1966，45（10）：1775-1796.

[31] Weinstein S B，Ebert P M. Data Transmission by Frequency Division Multiplexing Using the Discrete Fourier Transform[J]. IEEE Transactions on Communication Technology，1971，19（5）：628-634.

[32] Rohling H. OFDM：Concepts for Future Communication Systems [M]. Springer Publishing Company，Incorporated，2013.

[33] 康桂华. MIMO 无线通信原理及应用[M]. 北京：电子工业出版社，2009.

[34] Huang H，Papadias C B，Venkatesan S. MIMO Communication for Cellular Networks [M]. Springer US，2012，35-78.

[35] Stuber G L，Barry J R，McLaughlin S W，et al. Broadband MIMO-OFDM

wireless communications[J]. Proceedings of the IEEE, Vol. 92, Iss. 2, 2004, 92(2): 271-294.

[36] Win M Z, Scholtz R A. Impulse radio: How it works[J]. IEEE COMMUNICATIONS LETTERS, 1998, 2(2): 36-38.

[37] Verdu S. Spectral efficiency in the wideband regime[J]. Information Theory IEEE Transactions on, 2002, 48(6): 1319-1343.

[38] Agrawal D P, Zeng Q. Introduction to wireless and mobile systems[M]. Cengage Learning, 2003, 105-115.

[39] Coskun V, Ok K, Ozdenizci B. Near Field Communication: From Theory to Practice[M]. 2012, 816-825.

[40] 林克章. 无线网络异构融合机制的研究[D]. 西安: 西安电子科技大学, 2007.

[41] 朱洪波, 杨龙祥, 朱琦. 物联网产业化发展思路与泛在无线通信技术研究[J]. 中兴通讯技术, 2012, 18(2): 1-4.

[42] 关占旭. 异构网络融合中若干关键技术的研究[D]. 北京: 北京邮电大学, 2011.

[43] 韩小燕. 异构网络融合方案的设计及应用[D]. 南京: 南京邮电大学, 2010.

[44] 胡海东. 物联网中的海量数据处理技术[J]. 科技创新导报, 2013, (3): 182.

[45] 莫琼. 基于物联网的数据融合算法研究[D]. 沈阳: 辽宁大学, 2014.

[46] 魏福领, 毛征. 数据融合中时间对准方法的研究[J]. 电子测量与仪器学报, 2008, 22(z2).

[47] 王宝树, 李芳社, WangBaoshu, 等. 基于数据融合技术的多目标跟踪算法研究[J]. 西安电子科技大学学报(自然科学版), 1998, 25(3): 269-272.

[48] 杨万海. 多传感器数据融合及其应用[M]. 西安: 西安电子科技大学出版, 2004.

[49] 吴小俊, 曹奇英, 陈保香, 等. 基于Bayes估计的多传感器数据融合方法研究[J]. 系统工程理论与实践, 2000, 20(7): 45-48.

[50] Benmokhtar R, Huet B, Berrani S A. Low-level feature fusion models for soccer scene classification[C]. IEEE International Conference on Multimedia and Expo, 2008: 1329-1332.

[51] Shafer G. A mathematical theory of evidence[M]. Princeton University Press, 1976.

[52] Heinzelman W R, Chandrakasan A, Balakrishnan H. Energy-efficient routing protocols for wireless microsensor networks[C]. Hawaii Int'l Conf. on System Sciences, 2000: 3005-3014.

[53] 张健. 云计算概念和影响力解析[J]. 电信网技术, 2009, (1): 21-24.

[54] 任崇广. 面向海量数据处理领域的云计算及其关键技术研究[D]. 南京: 南京理工大学, 2013.

[55] Chang F, Dean J, Ghemawat S, et al. Bigtable: A Distributed Storage System for Structured Data[J]. ACM TRANSACTIONS ON COMPUTER SYSTEMS, 2008, 26(2): 1-26.

[56] 李明栋, 孟昱, 胡捷. 云计算关键技术及标准化[J]. 电信网技术, 2010, (9): 1-7.

第5章

物联网综合服务平台

5.1 云计算平台

5.1.1 概述

云计算（Cloud Computing，CC）是基于互联网的计算模式，将计算过程从用户终端集中到“云端”，是网格计算、分布式计算、并行计算、网络存储、虚拟化、数据分析与处理等传统计算机技术、网络和通信技术发展融合的产物。云计算的服务模式具有规模经济性，所有应用通过互联网提供给多个外部用户进行使用，使多个用户可以共享同一个应用，进而将计算、存储等功能在用户间实现共享，大幅度提高处理器和存储设备的利用率。

云计算平台（Cloud Computing Platform，CCP）又称为云平台，云计算提供商使用云计算平台，向用户提供基于“云”的各种服务。云平台中的组件，主要包括云服务器、云网站、云关系数据库、云缓存和云存储等。根据云计算平台服务模式的不同，开发者可以在云平台中创建应用进行运营，也可以使用云平台中提供的应用服务，按照云计算平台的运营模式，用户只需关心应用的功能，而不必关注应用的具体实现方式，即各取所需，按需定制自己的应用。

NIST 给出了云计算的服务模型，包含一些基本特征，如按需自助服务、宽带网络访问、资源池化、快速弹性伸缩、服务可度量[1]。

（1）按需自助服务

按需自助服务是指用户可以根据需求使用云计算资源，如计算资源和存储资源等，在此过程中不需要与云服务提供商进行交互。云计算平台一般具有面向用户的自助服务界面，平台提供商和用户可以使用自助服务界面对提供的云计算服务进行管理。通过按需自助服务机制，平台提供商和用户可以方便地对云计算服务的使用进行规划、管理和部署等，这种服务方式能够提高用户的工作效率，并降低云服务提供商的服务成本。

(2) 宽带网络访问

云计算服务具有宽带网络访问的能力，由于不同种类的云计算客户端（如手机、平板电脑、笔记本电脑和工作站等）需要通过远程接入的方式访问云计算平台，使用平台提供的云服务，因此，云计算服务需要具备高带宽的通信链路，以满足海量用户的接入需求。

(3) 资源池化

资源池化是云计算服务的一个重要特征。云计算服务提供商需要为多个用户同时提供服务，这就需要其拥有资源池。该资源池需要包含大规模物理资源和虚拟资源，同时可以灵活动态地供用户使用。云计算的资源是与位置无关的，用户通常无需了解所提供资源的具体位置，不需要对资源进行控制。在应用程序执行时，根据用户的需求，不同的物理资源和虚拟资源可以进行灵活、动态分配和再分配，以实现系统的性能优化。

(4) 快速弹性伸缩

快速弹性伸缩能力是指为了满足云计算的需求，云计算平台所具备的对所分配资源进行快速增加或缩减的能力。这种资源的增加或缩减过程可以是自动实现的。对于用户而言，云平台的快速弹性伸缩能力，表现为该平台能够随时提供大量资源的大规模动态资源池，可以快速满足用户的服务需求，这对于提升用户体验非常重要。

(5) 服务可度量

服务可度量是指云计算平台可以对其提供的各种资源和服务类型（例如计算、存储、带宽等）进行计量，对资源的使用情况进行监控、控制和上报，让服务提供者和使用者及时了解服务使用情况，以实现自动控制和优化资源使用。同时，服务可度量能力可以保证用户动态分配和监控所使用的云计算资源的数量，并通过可度量的使用方式，为特定服务所分配的云计算资源支付使用费用。

5.1.2 云计算的部署模式

云计算服务具有多种部署模式，其中，典型的云计算服务部署模式包括公有云、私有云和混合云[1]。

(1) 公有云

公有云由云服务提供商（企业、学术机构、政府组织等）拥有、管理和运营。公有云的基础设施由云服务提供商部署，向公众开放使用。例如，亚马逊AWS、阿里云和微软通过丰富的基础设施和平台产品组合，以及全面的应用开发服务和强大的企业战略，在企业级公有云平台市场处于领先地位；华为企业云、腾讯云等通过稳定的基础设施，以及广泛而深入的平台运营产品组合，在企业级公有云平台市场表现强劲。

公有云的主要特征有：

① 公有云一般由大型IT服务商提供服务，IT服务商通过构建云计算基础架构设施或使用已有的云计算基础架构设施，向用户提供云计算服务；

② 公有云中的用户可以根据特定的需求，通过互联网访问公有云中的服务，服务使用完毕后需要及时释放资源，以实现资源的充分利用；

③ 公有云一般提供通用性服务。

（2）私有云

私有云由特定的组织机构、企业或第三方拥有，并负责云服务的管理和运行，供该组织机构、企业或第三方授权用户使用。与公有云和混合云相比，私有云能够提供对数据、安全性和服务质量的最有效控制，服务质量更高，可以充分利用云服务提供商现有硬件资源和软件资源，且不影响现有IT管理的流程。随着大型企业数据中心的集中化，私有云逐渐成为部署IT系统的重要模式，成为云计算演进的一个重要过程。大型的组织机构和企业通常会建立自己的私有云，如华为的FusionSphere云、H3C的H3Cloud OS云等。

私有云的主要特征有：

① 私有云提供的服务具有针对性，组织机构、企业或第三方为内部或特定授权客户搭建云计算基础架构设施并提供相应服务；

② 组织机构、企业或第三方对其搭建的云计算平台具有自主权，负责云服务的管理和运行，可以根据自身和客户的需求，对云服务进行创新和改进。

（3）混合云

混合云由两个或两个以上的云（私有云或公有云）组成，不同的云服务之间独立设置，具有数据和应用程序的可移植性，使用一定的技术或标准化机制进行融合并提供服务。对于企业而言，出于安全考虑，企业更愿意将数据存放在私有云中，但是同时希望可以使用公有云的强大的计算和存储等资源，因此，企业更倾向于使用混合云的模式。

混合云的主要特征有：

① 组织机构、企业等在使用混合云的部署模式时，可以同时使用公有云和私有云；

② 组织机构、企业等在使用混合云的部署模式时，这些机构对私有云具有自主权，但对公有云没有自主权；

③ 组织机构、企业等在使用混合云的部署模式时，可以在公有云提供的通用服务的基础上，利用拥有的私有云，面向自身的需求开发混合云。

上述三种云计算服务部署模式中，私有云的使用比例较高，许多企业针对自身的需求部署了私有云，供企业内部使用。然而，私有云的比例在逐年下降。越来越多的企业在部署云计算的过程中，需要在云计算的需求与管理内部资源之间寻找平衡，同时要保证数据的安全性，混合云的部署模式更满足市场的需求，并逐渐成为最重要的云计算部署方式。同时，现有的私有云业务，也逐渐通过混合云的部署方式拓展到公有云[2]。根据 RightScale 发布的 2017 年云计算状态的调查报告，95％的受访企业表示使用云，私有云的采用率从 77％下降到了 72％。有 85％的受访者表示他们的公司有多云战略，其中，混合云的采用率由 55％上升至 58％[3]。使用混合云的部署模式企业，可以把常规数据和业务部署在公有云上，核心业务相关数据部署在私有云上，由公司自主维护，通过这种模式部署云计算服务，不仅能够以最小的代价、最低的风险来推进企业的业务增长，又可以利用公有云的优势，将其云服务的成本降低并增加可扩展性，是目前企业的首选策略。目前云服务商和设备厂商也采用虚拟私有云、托管云等多种方式进军混合云市场，提供多种混合云的解决方案，未来几年混合云市场仍将快速增长。

5.1.3 云计算的体系结构

下面从云计算的层次架构、组成架构和技术架构三个角度分别介绍云计算的体系结构。

（1）云计算的层次架构

根据云计算所提供的服务层次，云计算一般可以划分成三层：应用层、平台层、基础设施层。

① 基础设施层　基础设施层以云计算资源为中心，包含硬件资源和相关管理功能软件，其中硬件资源包括了计算、存储和网络等资源。基础设施层通过虚拟化技术对资源进行抽象，向用户提供动态、灵活的基础设施服务，实现内部管理、操作流程自动化和资源管理优化。

② 平台层　平台层处于基础设施层和应用层之间，以中间件和平台软件为中心，包含具有通用性和可复用性的软件资源。平台层提供了应用程序的开发、部署、运行、管理和监控相关的中间件和基础服务，满足应用层在可伸缩性、可用性和安全性等方面的要求。

③ 应用层　应用层构建于基础设施层提供的硬件资源和平台层提供的软件环境之上，通过网络为用户提供服务，是云计算应用软件的集合。云计算应用的种类很多，其中包括面向大众群体的标准应用，如文档编辑、日历管理等；面向企业的定制化应用，如企业财务管理和供应链管理等；面向具体行业用户开发的多元应用，如金融行业的台账系统等。

（2）云计算平台的组成架构

云计算平台连接了大量并发的网络计算和服务，利用虚拟化技术形成虚拟化资源池，将硬件资源进行虚拟化管理和调度，把存储于个人电脑、服务器设备、移动设备等各种设备的计算、存储等资源集中起来协同工作，提供超强的计算和存储能力。云计算平台具有多种组成架构，一种常用的云计算平台由云客户端、服务目录、管理系统与部署工具、资源监控和服务器集群组成。

① 云客户端　云客户端提供用户向云平台请求服务的交互界面，是用户使用云平台的入口。用户通过云客户端注册、登录和制定服务，同时使用云客户端对用户进行配置和管理。

② 服务目录　用户在获取云平台使用权限后，服务目录在用户端界面生成相应的图标或列表，为用户展示所选择或定制的服务，用户可以对已有服务进行退订等操作。

③ 管理系统与部署工具　管理系统与部署工具提供云平台的管理和服务功能。该工具可以实现用户的授权、认证、登录等管理功能，同时可以管理可用的计算资源和服务，接收用户请求，将用户请求提交到相应的应用程序，动态地调度、部署、配置和回收资源。

④ 资源监控　资源监控主要用于监控和计量云计算服务系统的资源使用情况，根据资源的使用情况，实现节点的同步配置、负载均衡配置和资源监控，针对系统和用户的需求，进行资源的优化配置。

⑤ 服务器集群　服务器集群由虚拟的或物理的服务器构成，负责处理高并发量的用户请求、高性能计算、用户 Web 应用服务、云数据存储等。

（3）云计算的技术架构

从技术角度考虑，云计算技术体系结构可以分为 4 层：物理资源层、资源池层、管理中间件层和面向服务的架构（Service-Oriented Architecture，SOA）构建层。资源池层和管理中间件层是云计算技术的关键部分，SOA 构建层的功能通常依靠外部设施提供。

① 物理资源层　物理资源层包括云计算服务使用的各种物理资源，例如计算机、存储器、网络设施、数据库和软件等。

② 资源池层　资源池层将大量相同类型的资源抽象为虚拟资源池，如计算资源池、数据资源池等；实现物理资源的集成和管理工作，实现资源的合理有效调度，使资源能够高效、安全地为应用提供服务。

③ 管理中间件层　管理中间件层包含资源管理、任务管理、用户管理和安全管理等功能。资源管理功能负责云计算资源节点的负载均衡，检测、恢复或屏蔽节点的故障，并对资源的使用情况进行监视统计；任务管理功能负责执行用户

或应用提交的任务，包括完成用户任务的部署和管理、任务调度、任务执行、任务生命期管理等；用户管理功能包括提供用户交互接口、管理和识别用户身份、创建用户程序的执行环境、对用户的使用进行计费等，是实现云计算商业模式的重要环节；安全管理保障云计算设施的整体安全，包括身份认证、访问授权、综合防护和安全审计等。

④ SOA构建层 SOA构建层将云计算能力封装成标准的Web服务，并纳入到SOA体系进行管理和使用，包括服务注册、查找、访问和构建服务工作流等。

5.1.4 云平台服务模式

云平台包含三种服务模式，即基础架构即服务（Infrastructure-as-a-Service，IaaS）、平台即服务（Platform-as-a-Service，PaaS）和软件即服务（Software-as-a-Service，SaaS），基础架构在最下端，平台在中间，软件在顶端。下面简要介绍这三种模式[4]。

（1）基础架构即服务（IaaS）

IaaS模式的云服务是指用户通过租用计算、存储、网络和其他基本资源，在云计算平台上部署和运行操作系统、应用程序等软件。用户无需管理或控制底层的云计算基础设施，但可以控制操作系统、存储、部署的应用，同时对某些网络组件具有一定的控制能力。典型的IaaS提供商包括亚马逊的Amazon Web Services（AWS）、微软公司的Azure、谷歌的Google Compute Engine和IBM的SmartCloud Enterprise等。

IaaS服务主要用于部署PaaS和SaaS服务以及相应的应用程序，提供软硬件基础。IaaS服务把云计算供应商提供的计算单元、存储设施、接口、网络等软硬件资源整合为大规模的资源池，并将该资源池作为服务提供给用户。IaaS服务采用资源虚拟化技术对资源进行调度、管理和优化，可以通过这些基础设施使虚拟机支持大量的应用。通过IaaS模式，用户可以从云服务提供商处获取所需要的虚拟机或者存储等资源，能够部署和运行操作系统和应用程序等软件，可以在“云”中操作虚拟数据中心，获取所需的计算能力。同时，用户不用管理或控制云计算的基础设施，不用对基础设施支付成本，这些基础设施的管理工作将由IaaS提供商来处理。IaaS服务模式的主要优势[4]如下。

① IaaS服务支持用户或用户所在的组织对开发的软件进行版本更新和升级，用户可以按需对软件的功能和版本进行控制。在某些应用场景中，该特性提高了用户的灵活性。

② IaaS服务支持用户或用户所在的组织对平台工具、数据库系统和底层基

础架构的维护和升级。在某些应用场景中，该特性使得用户可以更加灵活地对平台底层基础架构进行控制。

③ IaaS具有多样化的定价模式，允许用户仅为自己使用的服务进行付费。这种模式允许个人或者小型组织和企业有机会使用更加高级的平台开发软件。

④ 很多IaaS服务提供商为多种平台提供了应用开发工具，如移动平台、Web平台等。多平台的支持能力，可以通过不同的平台接入到云平台中，使用用户所开发的软件。

⑤ IaaS服务模式具有云计算的快速弹性伸缩的能力。由于一些用户在不同的时期对平台使用程度不同，平台的快速弹性伸缩能力为此类用户提供便利。

⑥ IaaS服务平台的安全性非常重要。IaaS服务提供商可以为服务平台提供更好的安全性。

⑦ IaaS服务提供商负责发布开发底层软件的新版本，用户无需参与此项工作。

⑧ IaaS服务提供商负责底层数据中心的管理，用户无需参与此项工作。

⑨ 通常情况下，IaaS服务提供商负责管理系统备份工作，用户无需进行管理。

⑩ IaaS服务提供商负责提供故障转移功能，当IaaS服务软件或数据中心发生故障时，可以实现故障转移，用户无需参与此项工作。

对于某些应用或者用户而言，IaaS服务模式仍然存在一些问题，其中包括：

① IaaS服务需要用户自己进行软件版本更新和升级工作，该特性在某种程度上增加了用户使用平台服务的工作量和使用门槛；

② IaaS服务需要用户对平台工具、数据库系统和底层基础架构进行维护和升级，该特性在一定程度上增加了用户使用IaaS平台服务的难度；

③ IaaS服务需要配置特定的底层硬件或者修改底层软件，以支持服务所部署的应用程序；

④ IaaS服务提供商为IaaS服务制定了安全策略，其中某些安全策略有可能会对用户的使用带来一定的限制；

⑤ 在IaaS服务中，用户内部或安装在其他云中的软件，可能需要和IaaS服务提供商进行信息的高速交互，但是目前的网络连接可能无法提供交互所需要的网络性能。

(2) 平台即服务（PaaS）

PaaS在三层中的中间，为IaaS层、SaaS层和用户提供云组件和平台运行环境。用户通过使用PaaS服务提供商提供的开发平台（包含软件开发工具、开发文档和测试环境等），进行程序的快速开发、测试、部署、管理和数据库的使用，PaaS负责提供开发平台或开发环境。在平台使用过程中，用户可以配置应用程序运行环境，对应用程序进行部署，用于部署和运行应用程序所使用的服务器、操作系统、网络和存储等资源，由 PaaS 服务提供商负责搭建并管理，用户无需控制或管理平台底层基础架构。

通用电气公司开发的 Predix、霍尼韦尔公司的 Uniformance Suite 和西门子的 MindSphere 是 PaaS 的典型工业应用。IT 公司如新浪云、阿里云、Bosch IoT 也为行业提供 PaaS。PaaS 服务部署的优势如下[4]：

① 与 IaaS 类似，在 PaaS 服务模式中，用户或用户所在的组织可以对所开发的软件进行版本更新和升级，这在一定程度上增加了用户在软件开发方面的灵活性；

② PaaS 服务提供商负责对平台工具、数据库系统和底层基础架构进行维护和升级，用户无需参与；

③ PaaS 服务同样具有多样化的定价模式，用户仅为自己使用的服务进行付费，这种模式可以使得个人用户或者小型组织和企业可以使用更加先进的软件开发环境和工具；

④ 很多 PaaS 提供商为移动平台、Web 平台等多种平台提供了开发选项，多平台的支持能力可以使用户方便地开发接入到多种平台的应用软件；

⑤ 作为云计算服务模式的一种，PaaS 服务模式同样具备云计算的快速弹性伸缩的能力，某些用户在平台使用程度方面具有时间不均衡的特点，平台的快速弹性伸缩能力为此类用户提供更有效的服务；

⑥ 保证服务的安全性是 PaaS 服务的重要内容，PaaS 提供商将保证安全性作为其重要的业务，PaaS 可以提供更好的安全性；

⑦ PaaS 服务平台底层软件新版本的开发和管理由 PaaS 服务提供商负责，用户无需参与；

⑧ PaaS 服务平台的服务器配置工作由 PaaS 服务提供商负责，用户无需参与；

⑨ PaaS 服务平台的底层数据中心由 PaaS 服务提供商负责进行管理，用户无需参与；

⑩ 系统备份是云服务平台的重要工作之一，在 PaaS 服务平台中，系统的备份工作由云服务提供商负责，用户无需参与；

⑪ 当 PaaS 服务平台的软件或数据中心发生故障时，PaaS 服务提供商负责提供故障转移功能。

对于某些用户或者应用场景，IaaS 服务模式仍然存在一些问题，其中包括：

① PaaS 服务平台需要用户负责软件版本更新和升级工作，对于部分用户和应用场景而言，这在一定程度上增加了用户的平台使用难度和工作量；

② 为了支持平台所属的某些应用程序，PaaS 服务平台需要配置特定的底层

硬件或者修改底层软件；

③ PaaS 服务提供商从平台的角度为 PaaS 服务制定安全策略，然而，某些安全策略有可能并不能满足用户的需求；

④ 在一些应用场景中，用户的内部软件或其他云服务中的软件，需要 PaaS 云服务提供商进行高速交互，然而，目前网络性能可能无法满足信息交互的需求。

(3) 软件即服务（SaaS）

SaaS 服务是云服务提供商提供的运行在云基础设施上的应用程序，用户可以通过不同种类的客户端设备访问这些应用程序。通常情况下，用户使用 SaaS 服务时，不用直接管理或控制网络、服务器、操作系统、存储等底层基础设施，甚至无需管理和控制某个应用的功能。

SaaS 服务提供商将服务软件放在自己的服务器中，通过 Web 浏览器或程序界面，向用户提供基于云的应用服务，用户只需通过终端的客户界面下载相应的软件，并支付相关费用，即可使用该软件进行工作。用户可以通过不同设备访问应用程序，不需要在特定的设备上运行或安装某种特定应用程序。这种服务模式不仅节省了时间和开销，还简化了系统的支持和维护过程。SaaS 服务提供商负责软硬件的开发、维护，并通过收取软件使用费用实现盈利。

SaaS 服务方式具有科技含量高、价格低的优点，适合中小企业使用。常见的 SaaS 示例包括 Google Apps、Microsoft Live 等。SaaS 服务模式的优势包括[4]：

① 用户在使用 SaaS 服务时，不仅可以使用集成的软件套装，还可以使用服务提供商提供的最小定制软件，在某些应用场景中，这种机制对于用户而言是有益的；

② SaaS 服务平台同样采用多样化的定价模式，允许用户仅为自己使用的软件和服务进行付费，这种模式允许个人或者小型组织和企业可以通过较小的投入使用高级应用软件进行工作；

③ SaaS 服务提供商会提供面向不同平台的软件服务，如移动平台、Web 平台等，多平台的支持能力，可以使用户很方便地通过不同平台使用服务，特别是 SaaS 服务提供商会提供 APP 以支持移动设备；

④ SaaS 服务模式同样具有云计算的快速弹性伸缩的能力，为用户在不同的时间、不同程度的软件使用提供便利；

⑤ 保证服务的高安全性是服务提供商非常重要的工作，与普通用户相比，SaaS 服务提供商可以更好地保证服务的内部安全；

⑥ SaaS 服务提供商负责管理软件新版本的发行，用户无需参与；

⑦ SaaS 服务提供商负责服务器的配置工作，用户无需参与；

⑧ SaaS 服务提供商负责管理底层数据中心，用户无需参与；

⑨ 通常情况下，SaaS 服务平台的备份工作由 SaaS 服务提供商负责完成，用户无需参与；

⑩ SaaS 服务的软件或数据中心可能会出现故障，SaaS 服务提供商会提供故障迁移机制，以保证系统的正常运行和数据的安全，用户无需关注此工作。

对于某些应用或者用户而言，IaaS 服务模式仍然存在一些问题，其中包括：

① 用户在使用 SaaS 服务时，SaaS 服务可能会要求用户使用提供商提供的原始或最小定制软件，在某些应用场景中，这种机制限制了用户软件使用的灵活性，增加了用户进行软件使用的难度；

② SaaS 服务提供商针对一些服务所设置的安全配置，可能无法满足用户的需求；

③ 在 IaaS 服务中，网络性能不足，可能会给用户软件和 SaaS 服务提供商之间的高速交互带来影响。

全球云计算平台市场的发展保持平稳上升趋势，目前，以 IaaS、PaaS 和 SaaS 为代表的典型云计算服务市场规模达到数百亿美元，预计 2020 年将达到千亿美元的市场规模。对云计算的细分市场进行分析，全球 IaaS 市场保持稳定增长，云主机仍是最主要产品，预计未来几年将持续增长，但增幅会略有下降；PaaS 市场总体增长放缓，但数据库服务和商业智能平台服务增长较快，预计未来几年仍将高速增长，远超过应用开发、应用基础架构和中间件等其他 PaaS 产品；SaaS 仍然是全球公有云市场的最大构成部分，同时产品呈现多元化的发展趋势，数字内容制作、企业内容管理、商业智能应用等产品规模较小、增长快，CRM、ERP、网络会议及社交软件占据主要市场[2]。

5.2 物联网应用平台

5.2.1 概述

物联网作为目前信息通信领域新技术和应用的典型代表，在全球范围内快速发展，成为新一轮科技革命与产业变革的核心动力。物联网领域涵盖了物联网平台系统、短距离连接、物联网架构、物联网应用、物联网安全和隐私等重要方面，其发展呈现出平台化、云化、开源化的特征，并与移动互联网、云计算、大数据融为一体，成为 ICT 生态中重要的一环。随着物联网应用的不断发展和技术的逐步成熟，物联网平台作为设备、信息、数据交互和处理的核心节点，在全球范围内的发展持续升温，成为产业生态构建的核心关键环节，同时，云计算的成熟、开源软件等有效降低了企业构建生态的门槛，推动全球范围内物联网平台的兴起[5]。

物联网平台是一种集成的物理/虚拟实体系统，包括网络、物联网环境、物联网设备和相关物理设备、物联网操作和管理、与无线网服务供应商之间的外部连接等。物联网平台系统采用各种应用和网络组件提供物联网服务，并能够对服务进行管理[6]。物联网平台主要提供设备管理、连接管理、应用使能和业务分析等主要功能。一般情况下，平台服务提供商根据自身的特点和需求，构建特定的功能性平台，例如，设备制造商专注设备管理平台；网络运营商专注连接管理平台；IT 服务商和各行业领域服务商等专注应用使能平台和业务分析平台。同时，为了实现端到端完整的解决方案，一些大型企业，如通用电气、亚马逊、IBM 等构建的平台，功能不断丰富，呈现多功能一体化发展趋势。利用物联网平台，可以打破垂直行业的“应用孤岛”，促进大规模开环应用的发展，形成新的业态，实现服务的增值化。同时利用平台对数据的汇聚功能，可以在平台上挖掘物联网数据价值，衍生新的应用类型和应用模式。随着物联网在行业领域的应用不断深化，平台连接设备量巨大、环境复杂、用户多元等问题将更为突出，不断提升连接灵活、规模扩展、数据安全、应用开发简易、操作友好等平台能力，也成为未来平台主要发展方向[5]。

物联网云平台提供了实现物联网解决方案所需的软件基础架构和服务。物联网云平台通常在云基础架构设施上或在企业数据中心内部运行。典型的物联网平台需要具有以下核心功能[7]。

（1）连接性和消息路由功能

物联网平台需要能够使用不同的协议和数据格式与大量的设备和网关进行交互，对设备进行规范化处理，与企业的其他组成部分进行有效集成和协同工作。

（2）设备管理和设备注册功能

物联网平台中需要设置注册中心部分，该注册中心用于识别在物联网解决方案中运行的设备和网关，提供软件更新和设备管理的能力。

（3）数据管理和存储功能

物联网平台需要具备可扩展的数据存储，支持不同种类的海量物联网数据，同时可以对数据进行有效管理。

（4）事件管理和分析功能

物联网平台需要具有可扩展的事件处理功能，具备整合、管理和分析数据的能力。

（5）应用使能功能

物联网平台需要具有创建报告、图表和仪表盘的功能，可以对数据进行可视化分析和处理，并使用API进行应用程序集成。

（6）用户界面功能

物联网平台需要具有友好的用户界面，实现管理人员、用户与平台之间的互操作。

随着物联网技术的快速发展，物联网平台同样面临多种挑战[8]。

（1）云计算提供商之间的同步问题

由于物联网服务通常由不同的云计算提供商提供，建立在各种不同的云计算平台之上，所以不同的云计算提供商之间的同步对于提供实时的物联网服务非常重要。

（2）云计算的标准化问题

由于物联网平台的应用需要在不同的云计算服务提供商之间进行协作，然而不同的服务提供商可能采用不同的技术方案，因此云计算的标准化是物联网平台提供服务的重要条件。

（3）服务环境与需求之间的平衡问题

由于云平台的基础设施存在差异，物联网平台的建立需要在通用云服务环境和物联网需求之间取得平衡，这是物联网云平台发展的重要挑战。

（4）云平台的可靠性问题

由于物联网设备与云平台之间的安全机制不同，如何保证物联网云服务的安全性，是物联网平台需要重点关注的问题。

（5）物联网平台的管理问题

因为云计算平台和物联网系统有着不同的资源和组件，如何对云计算平台和物联网系统进行统一、有效的管理，是物联网平台中的重要挑战。

5.2.2 物联网应用平台现状

随着物联网市场的蓬勃发展，物联网平台领域发展迅速，国内外很多企业都在加大物联网平台的投入，通用电气（General Electric，GE）、美国参数技术公司（PTC）、思科、IBM、微软、亚马逊、阿里巴巴、中国移动等全球知名企业，均从不同环节布局物联网。作为制造业巨头，GE构建了Predix平台和工业应用，重构旗下业务，提高了生产效率；同时，GE通过与微软建立战略合作伙伴关系，推动Predix平台与Azure IoT Suite、Cortana智能套件的深入整合，获得人工智能、自然语言处理、高级数据可视化等技术和企业应用方面的支持。PTC收购ThingWorx设备管理平台等，在连接性、应用生成、大数据和机器智能等物联网各方面有着重要的话语权。PTC和Bosch成立技术联盟，整合ThingWorx和Bosch IoT Suite，实现了设备管理平台与应用使能平台之间的整合，为用户提供更全面的平台服务。IBM对物联网平台进行了大量的投入和建设，与传感器、处理器、传输芯片、IP技术等厂商进行广泛合作，使各种海量设备连接到IBM云端的Watson IoT Platform。微软推出Azure IoT套件，同时通过收购物联网服务企业，重点布局制造、零售、食品饮料和交通等垂直行业物联网应用市场，协助企业简化物联网在云端的应用部署及管理。Amazon通过硬件合作伙伴计划，与博通、英特尔、联发科、微芯、高通、瑞萨、艾睿电子等厂商合作，推出Amazon AWS IoT平台，将物联网设备与云连接，实现安全的数据交互、处理和分析，促进了物联网产品和服务的快速开发。阿里巴巴公司借助阿里云生态中的云计算、大数据等资源，以YunOS和云平台为核心推出物联网平台，为物联网企业构建打通上下游全产业链的生态系统。中国移动推出了自主研发的OneNET平台，向合作伙伴提供了开放API、应用开发模板、组态工具软件等能力，帮助合作伙伴降低应用开发和部署成本，打造开放、共赢的物联网生态系统[5]。

综上所述，IT服务商、互联网企业、电信运营商等阵营依托各自优势，围绕物联网平台加速布局，从不同切入点展开物联网平台产业生态建设[5]。

(1) IT服务商以云生态圈为基础，以数据驱动构建生态

依托我国互联网产业取得的巨大进步，互联网企业在可穿戴、智能硬件、车联网等领域和大数据处理、云平台、操作系统技术等方面均有着自身优势。IT服务商具备强大的基础设施支撑、丰富的分析计算工具、成熟的定价体系和全面的安全保障策略，已形成了成熟的云服务系统。互联网企业加速探索物联网发展新空间，并以原有平台为基础积极拓展物联网业务，通过联合上下游企业，布局物联网产业生态。

(2) 行业企业利用垂直行业优势，围绕工业应用智能化构建生态

行业巨头通过开放资源和能力向平台化服务转型。制造业等传统行业巨头相继推出面向具体行业的物联网平台，实现行业资源和能力的开放共享，推动了行业整体创新发展。通用电气、西门子等制造行业巨头根植于工业制造领域，拥有工业应用研发和实施优势，以平台和应用为重点，联合IT服务商、应用开发商、制造业企业三大类产业力量共同布局工业互联网生态。

(3) 电信运营商发挥连接优势，立足通信管道构建生态

电信运营商积极布局物联网平台，构建产业合作生态，向行业用户提供端到

端的综合服务方案。电信运营商以“连接”为基础，以“平台”为核心，运用广阔的网络覆盖和强大的连接能力，促进终端、网络和平台的协同发展，构架以M2M应用为核心着手布局物联网平台生态。

（4）各阵营之间竞争与合作并存

目前，各巨头企业均处在物联网产业布局阶段，企业之间竞争与合作并存。竞争方面，一是围绕产业链上下游企业和应用开发者，巨头企业积极争取更多产业力量，共同构建产业生态，提升物联网平台价值；二是围绕市场，通过提供端到端完整的解决方案，培育产业生态的固定用户群体。合作方面，单一物联网平台企业难以从底层到上层，提供包括设备管理、连接管理、应用使能和业务分析在内的完整平台功能，不同平台企业之间积极展开合作，实现优势互补。

随着各方对物联网平台的重视，围绕物联网平台的竞争将更加激烈，物联网平台市场走向整合是大势所趋。一方面，巨头企业均已布局物联网平台，中小企业建设物联网平台的趋势将逐渐放缓，物联网平台数量增长将趋于稳定。另一方面，物联网平台成为产业界兼并热点，大型平台企业积极兼并小型平台企业以增强实力，平台市场正在逐步整合。与互联网平台相似，随着平台聚合的上下游企业、应用开发者等资源增加，物联网平台价值不断提升，对其进一步吸引资源产生正反馈促进作用，形成强者更强的发展格局。以平台化服务为核心的产业生态很可能走向类似移动互联网的发展路径，形成少数几家物联网平台为核心的产业生态，主导产业发展方向的格局。在此趋势下，物联网平台市场整合将加速，竞争将更加激烈。

5.2.3 物联网应用平台架构

从功能的角度来说，物联网平台的主要功能是支持“物”或设备之间的连接，通常包含以下功能模块[9,10]。

（1）连接和规范化模块

连接和规范化功能模块将不同的协议和数据格式整合为统一的“软件”接口，保证设备数据流的准确性和设备之间的信息交互。

物联网平台中连接层的主要功能，是将设备之间的不同协议和数据格式转换为统一的“软件”接口，保证所有设备之间可以进行正常的信息交互，同时保证设备数据读取的正确性。将所有设备的数据按照统一的格式存储在统一的位置，将不同设备的功能、协议和数据集成到统一的平台中，是实现物联网设备监控、管理和分析的基本和必要条件。实现上述功能，需要平台提供商开发软件代理并预先安装在平台的基础设施中，以保证物联网平台与设备之间能够建立稳定的连接；部分设备会根据需要为物联网平台提供标准化的API接口。

(2) 设备管理模块

设备管理模块的主要功能，是保证与平台连接的“物”或设备可以正常工作，保证运行在设备或者物联网网关上的软件应用可以无缝地进行更新和版本升级。

物联网平台的设备管理模块，用于保证平台所连接的对象能够正常工作，其软件和应用程序能够正常地运行和更新升级。该模块执行的任务包括设备配置、远程配置、固件/软件更新管理以及故障排除。由于物联网平台需要支持的设备数目巨大，种类繁多，因此设备管理模块需要具有一定的自动化和批处理的能力。

(3) 数据库模块

数据库模块主要用于存储连接至物联网平台的设备数据。数据存储是物联网平台的核心，由于物联网平台需要支持大量不同种类的设备，因此平台数据库需要具备存储海量、异构数据的能力，这对数据库的容量、类型、速度和准确性提出了更高的要求。

① 存储容量　物联网平台中的设备会产生的海量数据，目前许多物联网解决方案仅通过存储设备产生的部分数据缓解数据量对平台系统的压力。设备数目的不断增多和大数据技术对数据的需求等，对物联网平台数据库的存储容量提出了更高的要求。

② 存储类型　物联网平台需要支持多种设备接入，不同种类的设备产生不同类型和结构的数据，因此需要物联网平台的数据库系统具备存储异构数据的能力。

③ 存储速度　在某些应用场景中，物联网平台应用需要对设备数据进行快速分析，以做出即时决策，因此需要物联网平台数据库具有快速存取数据的能力，以满足平台对数据的分析需求。

④ 准确性　物联网平台在使用设备数据的过程中，首先要保证数据的准确性。然而，在某些情况下设备产生的数据可能是模糊的、不准确的，这就需要物联网平台的数据库系统具有判定数据准确性、保证数据准确性的能力，保证平台数据使用的准确性。

基于上述需求，物联网平台通常使用基于“云”的数据库解决方案，该方案可以对大数据进行扩展，并且应该能够存储结构化和非结构化数据。

(4) 处理和操作管理模块

物联网平台可以根据设备数据，通过基于规则的事件动作触发，实现智能的数据处理和操作管理工作。

物联网平台的处理和操作管理模块，负责对存储在平台数据库中的设备数据进行处理。该模块使用基于规则的事件动作触发机制，对数据进行智能的处理和操作管理。例如，在智慧家居的物联网应用中，平台通过定义事件动作触发机制，可以实现房间中的灯在人离开房间时自动关闭等功能。

（5）分析模块

物联网平台可以对数据进行各种复杂的分析，如数据聚类、深度机器学习和预测分析等。通过数据分析，可以从物联网数据中获取更大的价值。

许多物联网应用不仅需要对数据进行操作管理，而且需要对数据进行复杂的分析，充分利用物联网数据信息，可以实现智能的决策。因此，物联网平台需要具备分析引擎。分析引擎可以提供数据聚类、深度机器学习等多种数据分析算法，负责设备数据的计算和分析功能。

（6）可视化模块

可视化模块使得用户可以通过可视化仪表盘或用户界面等形式，形象地观察数据的模式和走势，通过线性图、堆栈图等方式，以二维或三维的图形化形式，对数据进行形象的表示。

人的眼睛和大脑的相互配合所能实现的对数据的处理和分析能力，优于传统的数据分析处理算法。物联网平台的数据可视化功能，可以将数据通过线形图、堆叠图、饼状图、2D图、3D图等方式展示给用户，使用户可以直观地获取数据的模式和趋势，从而对数据进行处理和分析。因此，数据可视化是物联网平台的一个重要功能。通常，在物联网平台提供可视化仪表盘等工具，供物联网平台管理员使用。

（7）开发工具模块

物联网平台通常提供其他的开发工具，允许平台开发人员开发原型物联网用例，并对其进行测试和营销，从而构建完整的物联网平台生态圈，为可视化、管理和控制所连接的设备提供服务支持。

高端的物联网平台，通常为物联网解决方案的开发人员和管理人员提供完备的开发工具。使用此类开发工具，物联网开发人员可以对物联网案例进行原型设计和测试，允许开发人员通过所见即所得的形式，创建简单的智能手机应用程序，用于可视化和控制连接的设备。部分以管理为目的的开发工具，则用于支持物联网解决方案的日常管理和运作。

（8）外部接口模块

物联网平台提供应用程序接口、软件开发工具包和网关，与第三方系统以及其他的IT生态圈进行集成。

对于物联网平台企业而言，物联网平台与现有的企业资源计划系统（Enterprise Resource Planning，ERP）、管理系统、制造执行系统以及其他的IT生态系统进行集成非常重要。因此，物联网平台中的内置应用程序编程接口、软件开发工具包和网关，是物联网平台与第三方系统和应用程序集成的关键。定义良好的外部接口，可以有效地减少物联网企业在进行系统集成时的成本。

物联网平台可以在云端和本地部署，或者进行混合部署。平台可以由单个服务器或多个服务器组成，服务器可以是物理服务器或/和虚拟服务器。物联网平台通常情况下由多个“域”构成，即控制域、操作域、信息域、应用域和业务域。无论物联网平台部署什么位置或采用何种体系架构，构成物联网平台的每一种“域”都包含相关的数据流和控制流。物联网平台还可以提供一些附加服务，如物联网系统内和系统外的资源交互服务，网络服务、云集成服务以及由特定平台供应商定义的其他多种服务。下面简要介绍物联网平台的组成域[6]。

（1）控制域

控制域主要负责完成物联网平台控制机制的功能，包括 IoT 设备的感知、执行、通信、资产管理、运行等功能。在行业应用环境中，控制系统通常采用近场方式部署，即位于与物理装置连接的物联网设备附近。在用户环境中，控制系统可以采取近场或远程方式部署。在公共环境中，控制系统通常是近场或远程相结合的方式部署。

（2）操作域

操作域通常在物联网平台上进行部署，可以跨多个控制域以实现优化操作。操作域的功能包括预测、优化、监控和诊断、设置和部署以及管理等。

（3）信息域

信息域通常可以在物联网平台上进行部署，也可以在系统边缘部署。信息域的主要功能包括核心物联网数据和相关分析，负责数据收集、转换和建模；支持对决策进行制定和优化、系统运行和系统模型的改进。

（4）应用域

应用域通常在物联网平台上进行部署，通常由应用程序接口、用户界面、逻辑和规则组成，同时包含业务域的部分组件，负责物联网系统功能的实现。

（5）业务域

业务域通常在物联网平台上进行部署。业务域在一定程度上与控制域、操作域、信息域、应用域分离，它负责将物联网的功能与后端应用程序进行集成。

5.2.4 物联网应用平台的分类

随着各巨头在物联网平台的投入不断加强，市场上各种物联网平台层出不穷。但是由于国际上对物联网平台没有统一的标准和定义，不同的物联网平台提供商对物联网本身有着不同的理解，导致目前市场上物联网平台种类繁多、功能各异，有些平台归属不同领域。下面分别从技术深度、应用场景两个角度对现有的物联网平台进行分析[10]。

(1) 从技术深度的角度分析物联网平台

深度集成的 IoT 平台需要包含许多功能模块，并集成大量的物联网标准，开发此类平台的技术难度较大，成本很高。由于物联网平台提供商专注的技术类型和拥有的技术水平不同，导致其开发物联网平台本身的技术深度和功能不同。从技术深度的层次考虑，物联网平台主要可以分为连接平台、操作平台和全方位平台三个级别。

① 第一级别：连接平台　连接平台是一种简单的物联网平台，使用的技术较为简单，成本较低。此类平台通常功能较为单一，其主要功能是采集数据和提供简单的消息总线。目前大部分的物联网平台提供商所提供的平台处在这一级别，即仅仅提供消息总线功能。比较典型的如思科公司的 Jasper 平台、爱立信公司的物联网设备连接平台（Device Connection Platform，DCP）、PTC 公司的 Thingworx 等。

② 第二级别：操作平台　与连接平台不同，操作级别的物联网平台不仅可以提供和管理连接，还允许基于特定事件触发完成相关的操作工作。

③ 第三级别：全方位平台　此类平台的技术深度最高，开发成本高，但功能非常强大且全面。该级别的物联网平台使用独立的平台模块，不仅可以实现基本的连接和操作功能，还可以与外部接口进行无缝集成，支持各种物联网协议和标准。同时可以提供高级的数据库解决方案，通过平台扩展支持大量设备和大数据集。

上述三种级别的物联网平台，客户需要认真评估物联网平台的技术深度，根据用户本身的应用需求，选择合适的物联网平台使用。需要指出的是，从技术深度对物联网平台进行区分，并不意味着不同级别的平台有优劣之分。例如，某些大型的物联网平台提供商专注于平台的设备连接技术，其开发的物联网平台的设备连接功能完善且强大，对于一些以连接作为主要用途的平台用户而言，此类物联网平台就是最佳的选择。

(2) 从应用场景和用户的角度分析物联网平台

物联网平台提供商根据不同的应用场景和用户需求，开发相应的物联网平台。由于面向不同的场景和用户，不同的物联网平台在设计和运营过程中存在多方面的差异，如支持不同类型的设备和协议，支持不同类型的分析和可视化功能，具有不同的外部接口，关注不同类型的安全基础设施等。因此，可以根据特定的应用场景和用户群体对物联网平台进行分析。

① 智慧家居应用　面向智能家居应用的物联网平台，支持 WiFi、ZigBee、蓝牙等家庭互联标准。由于视频监控是智能家居应用场景中的重要功能，因此，此类平台的特点之一是平台会预置具有可视功能的应用程序，并对室内的监控设备和控制设备进行进一步优化。

② 车载互联应用　面向车载互联的物联网平台，需要兼容传统的汽车标准以及下一代 V2V 通信协议。车载应用的安全性非常重要，车载互联平台一旦受到入侵，将会对驾驶员和乘客的生命造成威胁，因此，面向汽车互联的物联网平台，在实现基本的车载信息娱乐一体化功能、集成远程信息处理服务的同时，还需要严格保证平台的安全性，以此保证乘车安全。

③ 智能零售应用　面向智能零售的物联网平台，需要支持不同类型的设备以管理各种零售商品。零售业的特点是零售商数量巨大，零售产品种类丰富，因此，此类物联网平台通常支持包含大量代理商和库，同时集成用于连接企业服务的软件系统。

④ 智慧城市应用　面向智慧城市的物联网平台，需要支持丰富的智慧城市应用，如智能泊车或在线垃圾管理等。此类应用的特点是需要相关设备具有较低的功耗并长时间在线的能力，因此，此类平台通常使用低功率网络实现设备接入，如 Mesh 网或低功耗广域网（Low-Power Wide-Area Network，LPWAN）。同时，基于位置信息的服务是城市服务的重要组成部分，面向智慧城市的物联网平台，还需要针对地图服务（例如 Google 地图）和本地街道信息显示进行优化。

⑤ 工业应用　面向工业应用的物联网平台（通常也称之为工业物联网平台），将专用网关与现有的数据采集与监视控制系统（Supervisory Control And Data Acquisition，SCADA）和自动化系统相集成，为工业企业提供服务。工业数据完整性和安全性对工业生产非常重要，因此，工业物联网平台通常要求具有很强的安全机制。

⑥ 其他应用　除了上述应用领域，物联网平台还在其他一些领域，如智慧农业、智慧健康或智能电网领域有所应用，针对不同的应用领域，物联网平台会具有特定的功能。

5.2.5 工业物联网平台

(1) 工业物联网

根据中国电子技术标准化研究院发布的《工业物联网平台白皮书（2017）》中所表述，工业物联网的定位是：工业物联网是支撑智能制造的一套使能技术体系。其定义为：工业物联网是通过工业资源的网络互连、数据互通和系统互操作，实现制造原料的灵活配置、制造过程的按需执行、制造工艺的合理优化和制造环境的快速适应，达到资源的高效利用，从而构建服务驱动型的新工业生态体系。

工业物联网表现出五大典型特征：智能感知、泛在连通、数字建模、实时分析、精准控制[11]。

① 智能感知　利用传感器、射频识别等设备和感知手段，获取工业全生命周期内的不同维度的信息数据，例如设备、原料、人员、工艺流程和环境等工业相关资源的状态信息。智能感知是工业物联网的实现基础。

② 泛在连通　各种工业资源通过有线或无线的方式相连，或与互联网进行连接，实现工业资源数据之间的互联互通。工业物联网的泛在连通性，加强了机器与人、机器与机器之间连接的广度和深度，是工业物联网的应用前提。

③ 数字建模　数字建模将工业相关资源映射到数字空间中，用于模拟工业生产流程，实现对工业生产过程全要素的抽象建模。数字建模是工业物联网的使用方法。

④ 实时分析　工业物联网需要在数字空间中对所感知的工业资源数据进行实时处理，对抽象的数据进一步直观化和可视化，实现对外部物理实体的实时响应和分析。实时分析是工业物联网采用的手段。

⑤ 精准控制　基于数据分析和处理结果，产生相应的决策，并将决策转换成工业资源实体可以理解的控制命令，实现工业资源精准的信息交互和无缝协作，并通过不断的优化实现最优的控制目标。精确控制是工业物联网的目的。

(2) 工业物联网平台

工业物联网云平台在制造生产过程中实现数据收集和故障预测等功能，提高工业生产的性能。工业物联网平台成为工业物联网产业发展的重要部分，同时也是工业物联网应用的重要支撑载体，其产业现状呈现出三个特点[11]。

① 工业制造企业积极布局工业物联网平台　工业自动化企业凭借在工业领域的沉淀和积累，通过搭建工业物联网平台，推动制造业转型。典型的有西门子的 MindSphere、通用电气的 Predix、菲尼克斯电气的 ProfiCloud、ABB 公司的 ABB Ability。国内制造企业也在积极推进工业物联网平台的部署，如三一重工的根云、海尔集团的 COSMOPlat、徐工集团的工业云、航天科工的 INDICS 平台等。

② IT 企业借助于云平台的优势积极发展工业物联网平台　IT 公司具备强大的基础设施支撑、丰富的分析计算工具、成熟的定价体系和全面的安全保障策略，已经形成了成熟的云服务系统。因此，以原有平台为基础，IT 企业可以通过联合上下游工业企业布局工业物联网产业平台。例如，微软的 Azure 平台、亚马逊的 AWS IoT 平台、IBM 的 Watson 平台等。国内的百度、阿里巴巴、京东和腾讯也推出了面向工业物联网的平台。

③ 企业之间展开优势互补合作扩建工业物联网生态圈　工业物联网平台目前仍面临设备连接的兼容性和多样性的难题，因此，不同企业之间利用自身优

势，通过开展互补协作完善平台功能。通用电气将 Predix 登录微软 Azure 云平台；ABB 依托于微软平台提供工业云服务，同时与 IBM 在工业数据计算和分析方面开展合作。西门子的 MindSphere 在云服务方面已跟亚马逊的 AWS、微软的 SAP 开展合作。

目前，GE、西门子、霍尼韦尔、施耐德电气等工业制造巨头和亚马逊、IBM、微软等国际 IT 公司，均布局工业物联网云平台。

① Predix 平台　通用电气为工业数据和分析而设计的平台即服务（PaaS）平台。该平台负责将各种工业资产设备和供应商相互连接并接入云端，提供资产性能管理和运营优化服务。Predix 平台能同步捕捉机器运行时产生的海量数据，对这些数据进行分析和管理，做到对机器的实时监测、调整和优化，提升运营效率。

② Uniformance Suite 平台　霍尼韦尔公司（Honeywell）开发的新型物联网数字智能分析平台，是该公司工业物联网战略中的重要组成部分。该平台具有强大的数据分析功能，帮助客户获取所需要的数据，进行可视化的发展趋势分析，实现与其他用户的协作，预测和防止设备故障，做出正确的商业决策。

③ AWS IoT 平台　亚马逊公司开发的云平台，可以使互联设备轻松安全地与云应用程序及其他设备进行交互。AWS IoT 可支持大量终端设备和海量消息，并且可以对这些消息进行处理，并将其安全可靠地路由至 AWS 终端节点和其他设备。AWS IoT 平台支持企业和用户将设备连接到 AWS 服务和其他设备，保证数据和交互的安全，处理设备数据并对其执行操作，以及支持应用程序与即便处于离线状态的设备进行交互。

④ MindSphere　西门子公司构建的开放平台 MindSphere 平台，是一个开放的生态系统，允许开发人员协调、扩展和运行基于云的应用程序。该平台可以作为工业企业数字化服务的基础，设备制造商和应用程序开发人员可以通过开放接口访问平台，通过该平台监测其设备机群，以便在全球范围内有效提供服务，缩短设备停工时间，并据此开创新的商业模式。MindSphere 还允许客户使用生产过程中的实际数据创建其工厂的数字模型。

⑤ Bluemix　IBM 公司开发的云平台。该平台将平台及服务（PaaS）和基础设施及服务（IaaS）相结合，通过使用与 PaaS 和 IaaS 相集成的丰富的云服务，快速建立商业应用。

我国也高度重视工业云发展，在工业云领域已具备一定的技术和产业基础。通过近年来的实践，我国企业已经具备了一定的工业云平台的建设和运营经验，相应的技术和产业已经具备发展基础，构建了很多优秀的工业云平台。

① Smart-Plant 平台　华源创世公司开发的基于全球产业协同与设备互联的开放智造云平台。该平台集工厂远程运维管理系统、订单数字制造管控系统、智

能工业云服务体系、项目管理协同云工作平台、产业地图与智能交互、工业大数据分析与应用等功能模块于一体，并逐步建立起投资项目工程前期咨询、项目管理以及工厂运维支持在内的全产业链工业服务体系。

② 徐工“工业云”平台　徐工集团和阿里云共同搭建的工业云平台。徐工集团经过多年积累，形成了完整的信息化体系，积累了海量工业大数据，并运用于智能制造、远程故障诊断、后市场服务等多个环节。“徐工云平台”基于阿里云平台的开发技术规范，通过“工业云”开放企业的资源。该云平台采用了云计算、大数据等前沿信息技术，具有“平台化、可配置、高扩展性”等特点，可接纳全球用户的访问及在线互动。

③ 海尔 COSMOPlat 平台　海尔推出的支持大规模定制的互联网智能制造解决方案平台。该平台是在海尔互联工厂实践的基础上，把互联工厂模式产品化，形成可进一步指导海尔互联工厂实践，并可对外服务的平台。COSMOPlat 将海量资源纳入到平台中来，能够有效连接人、机、物，不同类型的企业可快速匹配智能制造解决方案。

5.3 典型工业物联网平台

5.3.1 Predix 平台

5.3.1.1 平台简介

Predix 是通用电气公司（General Electric，GE）及其合作伙伴为工业生产和智能制造打造的工业云服务平台。该平台提供了一套完整的产品组合、解决方案和服务，帮助工业企业推动数字化改造。Predix 工业云平台，可以将各种工业资产设备和供应商相互连接并接入云端，提供资产性能管理和运营优化服务，有效地指导工业制造企业完成复杂的技术和业务转型，让企业可以充分地享用工业物联网所带来的变革。企业和用户能够使用 Predix 工业云平台，快速地组织开发、部署和运行创新性的应用程序，提高企业资产产出，获得更高的企业运营效率。

GE 向所有工业物联网开发者全面开放 Predix 平台，吸引了大量软件开发者加入。全面开放后的 Predix 允许开发者上传自己开发的应用程序，使得其他企业都能通过 Predix 开发定制化行业的应用程序，充分释放大数据的隐藏价值，进一步发挥 Predix 平台的潜能，扩大工业互联网生态系统。

Predix 平台使用分布式计算、大数据分析、资产数据管理和 D2D 通信（Device-to-Device）等先进技术。该平台提供大量工业微服务，可以帮助企业有效提高生产效率。Predix 平台具有以下特点[12]：

① 实现工业应用程序的快速开发；

② 缩短开发人员扩展硬件和管理系统性的时间；

③ 快速响应客户需求；

④ 为客户资产提供单一控制点；

⑤ 为公司和开发人员生态系统提供基础，为工业互联网提供支持。

从服务层次的角度而言，Predix 是一种基于平台及服务概念（PaaS）设计的工业云平台，该平台包含从设备至云端的各类组件来支撑工业化应用，其中，Predix 云平台组件包括[12]：

① Predix 机器（Predix Machine） 负责从工业资产处收集数据，并将其推送到 Predix 云端的软件层，同时能够运行本地应用程序，例如边缘分析，Predix 机器可以安装在网关、工业控制器和传感器节点处；

② Predix 云（Predix Cloud） 全球范围内安全的云基础设施，针对工业场景进行了优化，以满足工业生产中严格的监管需求；

③ Predix 连接（Predix Connectivity） 当因特网连接不可用时，设备可以使用 Predix 连接服务，通过由蜂窝网、固定链路和卫星技术组成的虚拟网络和 Predix 云端进行通信；

④ Predix 边缘管理器（Predix EdgeManager） Predix 边缘管理器可以对运行在 Predix 机器上的边缘设备提供全面的集中化监控和管理；

⑤ Predix 服务（Predix Services） Predix 提供开发人员用于构建、测试和运行工业互联网应用程序的工业服务，Predix 服务支持分类的服务市场，开发者能够在其中发布自己的服务或者购买来自第三方的服务。

5.3.1.2 Predix 平台架构[12,13]

（1）Predix 机器

Predix 机器是一种嵌入到工业控制系统或网络网关等设备的软件栈，用于保证安全的、双向的云端连通性和工业资产管理，同时支持工业因特网边缘的各类应用。Predix 机器有着广泛的硬件运行平台，如传感器、控制器、网关等，实现终端设备的安全性、鉴权和管理服务；允许对安全性配置文件进行审查和集中管理，从而在保证安全的前提下实现资产的连接、受控，并进行严格的数据保护。该组件提供标准化方式对机器应用进行开发和部署，GE 和非 GE 设备均可使用 Predix 机器提供设备支持、管理、监测、数据收集和边缘分析。

① Predix 机器的边缘连接方式 为了满足工业级连接的需求，Predix 支持使用不同的工业标准协议，通过网关与多个边缘节点进行连接。Predix 机器中提供了使用云网关、机器网关和移动网关实现边缘连接的方式。

a. 云网关组件实现 Predix 机器到 Predix 云端的连接，该组件支持 HTTPS 或 WebSockets 等常用协议。

b. 机器网关组件是一种可扩展的插件框架，基于多种工业协议。该框架可以为资产提供“开箱即用”的连接方式。

c. 除了机器到云端的连接，移动网关能够使用户绕开云端，直接建立到某个资产的连接。这种建立连接的能力，对于一些场景（如机器维护）非常重要。在特定的工业环境下，机器很难直接与云端建立连接，此时绕开云端建立设备直连是解决问题的关键所在，通过这种方式可以在维护或者修理机器时直接连接机器并开始操作。

② Predix 机器的功能　Predix 机器可以提供大量的核心功能，其中包括边缘分析功能、文件和数据传输功能、存储和转发功能、本地数据存储和访问功能、传感器数据集成功能、证书管理功能、设备部署功能、设备解除功能和配置管理功能等。

a. 边缘分析功能　在一些工业场景中，工业级数据的数据量巨大，且具有持续性的特点，此时一些数据可能无法实时、有效地传输到云端进行处理。Predix 边缘分析提供一种数据的预处理方法，使用该方法可以仅将相关的数据传输到云端进行处理。

b. 文件和数据传输功能　文件和数据传输功能，允许用户将数据以流批处理的方式或者通过上传文件的方式推送到云端。

c. 存储和转发功能　存储和转发功能针对间歇性连接丢失情况提供支持。当连接丢失情况发生时，数据首先在本地进行存储，当连接重新建立以后，再通过转发将数据传输到云端。

d. 本地数据存储和访问功能　此功能允许机器数据存储在设备上，通过这种方式，技术人员可以直接访问数据。

e. 传感器数据集成功能　Predix 机器可以连接多个传感器，将反映所有传感器收集数据的“集成指纹”传输给云端。

f. 证书管理功能　Predix 机器支持证书管理，提供端到端的安全，通过基于安全套接层（Secure Sockets Layer，SSL）连接到 Predix 云。

g. 设备部署功能　当 Predix 机器安装在边缘设备中时，设备部署功能可以呼叫 Predix 云进行设备登记，从而获得设备管理和软件更新。

h. 设备解除功能　当 Predix 机器离线时，设备解除功能可以通知 Predix 取消对该机器的管理。

i. 配置管理功能　配置管理功能对 Predix 机器进行远程配置，并且在机器生命全周期内跟踪配置的变化。

③ Predix 机器的部署模型　在 Prefix 平台中，工业应用被存放在云端，这

些应用需要与机器相连，并对数据进行处理。部署 Predix 机器，可以实现传感器数据的采集、处理，并将数据传送至 Predix 云端。Predix 机器可以部署在网关、控制器和传感器节点中，下面简要介绍 Predix 机器的三种部署方式。

a. Predix 机器在网关中部署　网关是云端和机器之间的“智能管道”，Predix 机器的软件可以部署在网关设备上，通过 IT/OT 协议保证云端与机器或其他资产间的连接。

b. Predix 机器在控制器中部署　Predix 机器软件可以直接部署在控制器单元中，该部署方式能够使机器的硬件与软件之间实现解耦，保证云端应用与机器之间的连通性、可升级性和兼容性，实现机器的远程接入和远程控制。

c. Predix 机器在传感节点中部署　通过这种部署方式，资产内部或者资产附近的传感器负责采集机器和环境中的数据，直接或间接地通过物联网网关回传数据到云端，云端对数据进行存储、分析和可视化处理。

(2) Predix 云

Predix 云端是 Predix 工业物联网平台的中心，由可拓展的云基础设施构成，是 PaaS 架构的基础。Predix 云端使用新型的软件技术，提供统一的企业入口，开发者通过 PaaS 创建各种工业应用。Predix 平台是基于 Cloud Foundry 云平台的。Cloud Foundry 是一个开源 PaaS 应用服务的生态系统，能够支持多开发者框架，可以帮助开发者方便快捷地创建、测试或者拓展应用。

(3) Predix 连接

Predix 连接组件为 Predix 机器和 Predix 云之间提供了快速安全的连接。Predix 连接通过固定网络、蜂窝网络和卫星通信网络等不同的接入方式，提供 Predix 边缘网关、控制器、Predix 云端之间实现无缝的、安全的和可靠的连接。用户可以将已有的基础设施和新部署的设施安全地连接到云端，实现数据的采集、分析、远程设备管理和监测，这种连接对于企业来说是透明的。Predix 连接具有统一的入口，可以对服务订购、终端节点管理和可视化等进行收费。Predix 连接可以提供以下服务[13]：

① 实现边缘到云端的端到端路由和流量管理；

② 为机器与机器之间的通信（Machine to Machine，M2M）和机器与云之间的通信（Machine to Cloud，M2C）连接，提供协议无关的网络配置和管理；

③ 提供集中式管理策略驱动的服务质量（Quality of Service，QoS）和带宽优化；

④ 在多个云端和本地之间提供基于策略驱动的数据转发；

⑤ 与通信服务提供商合作，通过蜂窝网、固网和卫星网络，建立全球范围的物理连接；

⑥ 在边缘到网络之间提供安全的虚拟专用网（Virtual Private Network，VPN），确保数据的隐私性和资产保护；

⑦ 通过提供远程连接，实现边缘资产的管理和控制能力；

⑧ 对 Predix 云端和边缘资产之间连接情况，提供端到端的监测和通知；

⑨ 对所有的连接和 IP 服务，提供一站式计费和报告服务。

（4）Predix 边缘管理器

Predix 边缘管理器能够全方位、集中式地监测运行在 Predix 机器上的边缘设备，大幅度减轻边缘设备、应用、用户的管理和配置工作。通过 Predix 边缘管理器，管理员不仅可以管理应用和配置文件，还能够快速确定设备的情况和连接状态。设备可以实现自动登记和退订，技术人员可以实现设备连接和执行相关指令，可以根据部署需求制定配置文件。

5.3.1.3 Predix 工业服务[12,14]

工业服务是 Predix 平台的核心功能。Predix 提供了一整套的工业服务，其中包括资产服务、数据服务、分析服务、应用安全服务、可视化服务和移动性服务。资产服务主要用于资产模型和相关业务规则的创建、导入和组织；数据服务用于数据的提取、整理、合并，通过使用相关技术对数据进行存储，使数据能够以最适合的方式供应用使用；分析服务主要提供建立、登记和编排分析的服务，是创建相关工业资产分析应用的基础；应用安全服务负责保证端到端连接和数据传输的安全性，主要包括认证和授权操作；可视化服务帮助用户通过直观的方式获取信息并作出决策；移动性服务用于建立移动应用，为移动设备、笔记本电脑等提供跨平台、多种形式的支持。

（1）资产服务

Predix 资产服务使开发人员能够创建、存储和管理资产模型，以及资产和其他模型元素之间的分层和网络关系。资产模型是资产的数字表示，用于定义资产的各种属性，支持使用不同的方式对资产进行识别和搜索，提供丰富的业务资产生命周期视图。Predix 资产服务具备可扩展性，允许开发人员创建满足自身需求的资产模型。

Predix 资产服务提供表述性状态传递（Representational State Transfer，REST）API。应用程序开发人员可以使用 REST API 创建和存储资产模型，资产模型中定义了资产的属性以及资产与其他建模元素之间的关系，利用资产服务存储资产实例的数据。Predix 资产服务由 API 层、查询引擎和图形数据库组成。

① REST API 层　应用程序可以使用 REST 端点访问建模对象层，该端点提供 JS 对象标记（JavaScript Object Notation，JSON）接口对其中的对象进行

描述。Predix资产服务将数据格式转换为资源描述框架（Resource Description Framework，RDF）三元组，使用该三元组在图形数据库中进行存储和查询，然后再转换为JSON格式。

② 查询引擎　查询引擎允许开发人员使用图形表达式语言（Graph Expression Language，GEL）检索资产服务数据存储中的对象数据和对象属性数据。

③ 图形数据库　资产服务数据存储是一个图形数据库，该数据库使用RDF三元组的方式存储数据。

资产建模是Predix资产服务的重要组成部分，用于表示应用程序开发人员存储的资产内容、资产组织方式、资产之间的关系等信息。应用开发人员使用资产服务API定义一致的资产模型和数据层次结构。资产服务API支持资产、分类和定制建模对象功能。

① 资产　资产通过分层结构进行定义，由父资产、一个或多个伙伴和子女组成。资产可以与分类或多个定制建模对象相关联，可以具有多个客户定义的属性。资产也可以在系统中独立存在，即不与任何其他建模元素相关联。

② 分类　分类使用树状结构进行组织，提供一定的方法用于相似资产的分类，并跟踪这些资产共有的属性。分类可以与资产相关联，可以指向多个资产，可以在分类层次结构中的任何级别分配属性。

③ 定制建模对象　定制建模对象是一种用于提供更多资产信息的层次结构。例如，可以为资产位置、制造商创建定制化对象。位置信息可以和多个资产相关联，同时，一个资产也可以与多个位置信息相关联。

（2）数据服务

Predix数据服务提供快速数据访问和数据分析功能，最大限度地减少数据存储和计算开销。该服务提供安全的多租户模型，具有网络级的数据隔离和加密密钥管理能力。该服务同时支持嵌入到分析引擎和语言中进行数据的交互和处理。Predix的数据服务有下列关键组成部分[14]。

① 建立与源的连接　与GE和非GE机器传感器、控制器、网关、企业数据库和历史数据库建立连接。

② 数据摄取　从数据源实时获取数据，允许用户使用一定的工具识别特定数据源，并为所有数据集和数据类型（包括非结构化、半结构化和结构化）创建默认数据流。这些工具可以加快代码的设计、测试和生成，更方便进行数据的管理和监控。

③ 管道处理　摄取管道可以有效地从资产中获取大量的数据。由于数据可能来源于不同的数据源和具有不同的格式，导致很难对这些数据进行预测和分析。管道处理允许将数据转换为正确的格式，以便对数据进行实时的预测分析和数据建模。管道策略框架提供管理和编排服务，允许用户执行数据清理，提高数

据质量、数据标签化能力和实时数据处理能力。

④ 数据管理 Predix 数据包括机器传感器数据的时间序列、二进制对象数据（Binary Large Object，BLOB）和关系数据库管理系统数据（Relational Database Management System，RDBMS）等类型，存储在相应的数据存储中。数据管理服务可以对不同类型的数据进行操作、分析和管理。数据管理服务还提供数据融合功能，用户可以使用一定的工具从数据源中获取需要的信息，以实现模式查找和复杂事件的处理。Predix 提供 PostgreSQL 作为服务对象关系数据库管理系统，用于数据的安全存储，响应其他应用程序的检索要求。

⑤ 时间序列服务 时间序列是指在连续的时间段内，以设定的时间间隔收集的一系列数据点。这些数据点为工业设备信息的离散单位，用户可以使用时间序列对数据点进行有效的管理、分发、摄取、存储和分析。Predix 平台专注于工业互联网应用，汇聚到分析平台的数据大部分来自于工业资产的传感器数据。时间序列服务提供了一种针对时间序列数据查询，和效率优化的柱状格式存储服务，该服务针对连续传感器数据流进行优化，基于可扩展数据模型，实现有效存储和快速分析。时间序列服务具有获取大量数据的能力，解决了海量数据的多样性所带来的运营挑战。时间序列服务具有以下功能和特点[13]：

➢ 时间序列数据的有效存储；
➢ 对数据进行索引以实现快速检索；
➢ 高可用性；
➢ 水平可扩展性；
➢ 毫秒级数据点精度。

(3) 分析服务

Predix 分析服务提供了业务运营中开发、管理分析的框架，该框架通过配置、抽象和可扩展模块，对分析进行管理和分析。在分析服务中，处理机器数据的函数或小程序被定义为“分析”，应用程序不仅可以直接使用分析服务，还可以先对多个分析服务进行编排，然后再使用这些服务，分析和编排按照分类学结构进行组织并存储在目录中。分析服务的输入和输出通常以参数的形式表示，其中，分析服务的输出可以作为另一个分析的输入，这样可以使分析在多个不同的用例中实现重用。

分析服务简化了业务分析的开发过程。Predix 分析服务支持用 Java、Matlab 和 Python 编写的“分析”，所有这些分析都可以上传到分析目录，由运行时服务来执行。Predix 的分析服务框架包含以下内容。

① 分析目录 分析目录提供了一个软件目录，该目录可用于共享可重用分析。在 Predix 平台上，分析目录服务有助于将分析部署到具体的生产环境中。Predix 支持 REST API 管理目录中的条目、日志检索 API 和模板文件，支持与

时间序列服务相集成。开发人员可以创建自定义的分析，可以使用 Java、Matlab 或 Python 语言对分析进行开发，并发布到分析目录，用于对分析进行管理和重用，分析目录可以维护每个分析的多个版本。分析的作者可以向目录条目中添加元数据，通过指定分析类别中需要分配的分析的位置以改进搜索性能，使用具体的分类方法进行浏览或搜索分析。

② 分析运行环境　分析运行环境是一个基于云的框架，开发人员可以在该框架上实施、测试和部署新的分析组合。用户可以通过使用框架的配置和参数化功能，执行分析业务流程。分析运行环境框架是一种高效、可扩展的基于云的方法，用于高级商业分析的开发和产品使用。随着业务需求的发展和新的分析的开发，使用分析运行环境可以实现分析的快速更新和重新部署。

③ 分析用户界面　分析用户界面为数据分析人员提供了一个 Web 应用。用户使用该应用，可以方便快捷地使用 Web 接口上传和测试分析，避免了传统的使用命令行调用 REST API 的方式处理分析。分析用户界面与分析目录和分析运行环境协同工作，对分析目录中存储的分析进行管理。

(4) 应用安全服务[12]

工业互联网对网络端到端的安全要求非常严格，应用安全服务是建立工业互联网应用的关键。Predix 提供多种应用安全服务，认证服务和授权服务是其中的重要组成部分。

① 用户账号和认证服务　用户账号和认证服务（User Account and Authentication，UAA）为应用提供用户认证。UAA 包括身份管理、OAuth2.0 认证服务器、登录、登出 UAA 认证等功能。应用程序开发人员可以绑定 UAA 服务，然后使用工业标准 OAuth 等实现身份管理和身份认证，为应用提供基本的登录和注销功能。另外，UAA 支持安全断言标记语言（Security Assertion Markup Language，SAML），允许用户使用第三方身份登录。UAA 服务还具有用户白名单的功能，该功能保证只有授权用户有资格登录应用。

② 访问控制服务　访问控制服务（Access Control Server，ACS）是一种策略驱动的授权服务。用户被授权后，应用程序需要控制资源的获取，该服务能够使应用程序基于一定标准创建和设置某些资源访问的限制。用户账户和身份验证服务集成了访问控制服务，提供了一个弹性的安全扩展，使应用程序可以弹性启动并做出访问决定。访问控制服务，可以帮助应用程序开发人员添加授权机制，用以访问 Web 应用程序和服务，避免在代码中添加复杂的授权逻辑。同时，与用户账户和认证服务相结合，访问控制服务在云计算服务中能够对访问决策数据的策略和属性进行维护[14]。

(5) 移动性服务[12]

Predix 移动性服务框架可以简化移动应用程序的建立过程，以安全的方式提供广泛的移动服务，为移动设备、笔记本电脑等提供跨平台、多形式的支持。该服务具有一致的用户体验，通过丰富的Web组件，支持各种环境中的工业互联网应用程序。该服务提供了软件开发工具包和丰富的跨平台应用组件，开发人员可以快速构建移动应用程序。

Predix移动性架构是基于跨平台的分布式引擎设计的，可在远程设备和企业数据域之间、Predix机器之间实现数据的同步。在客户端，Predix移动性服务是一种灵活的分层组件系统，该系统具有可扩展的服务，支持包括远程工作流和分析等高级应用程序行为，支持标准的Web组件以及Predix设计系统。Predix移动性应用程序还支持Web视图，使开发人员能够创建真正的跨平台应用程序，可以在手机或Web浏览器上运行此类程序。

5.3.2 Uniformance Suite平台

5.3.2.1 平台简介

Uniformance Suite是霍尼韦尔（Honeywell）公司开发的新型物联网分析平台，是该公司构建工业物联网生态中的重要组成部分。Uniformance Suite平台具有良好的数据分析能力，提供了系统化的数据处理软件和解决方案，实现数据的收集、可视化、预测和执行，满足客户获取数据的需求。通过智能化操作，用户可以使用该平台将工业数据转为可执行的信息。Uniformance Suite采用常见的资产模型收集并存储各种类型的数据，参考关键绩效指标（Key Performance Indicator，KPI）对事件进行检测和预测，与工业物联网、移动性、云计算和大数据相结合，为用户提供各种形式全方位分析，满足Honeywell平台客户的需求。

Uniformance Suite使用以资产为中心的分析方式，通过事件数据的采集和处理、以事件为中心的分析和强大的可视化技术，为用户提供了实时的数字化智能服务，将工业数据转换成可操作信息，实现智能化的操作。使用该平台，可以有效地获取和存储各种数据，在后续的信息检索等工作中使用。同时，该平台可以基于层叠图样和相关性，对事件进行预测和检测，通过将过程指标和业务关键绩效指标相关联，实现智能流程处理，帮助企业实现更优的决策。为了满足复杂多样的用户需求，Honeywell通过使用Uniformance Suite平台，提供高级数据分析和可视化产品，进而拓展平台的核心商业价值并降低平台开销。使用Uniformance Suite平台，工业企业可以实现高效运行、最小化工作开销并降低风险，从而实现安全稳定的生产[15]。

Uniformance Suite将成熟的Honeywell产品与新兴的解决方案相结合，包含四个重要的组成部分，分别为Uniformance过程历史数据库、Uniformance资产警卫、Uniformance 洞察力、Uniformance 关键绩效指标[15,16]。

(1) Uniformance 过程历史数据库

Uniformance 过程历史数据库（Uniformance Process History Database，PHD）是一个实时信息管理系统，用于获取和存储企业实时的过程和事件数据。该系统的主要功能是：

① 实现稳定的数据采集功能，采用跨站点的分布式架构，服务对象可从单一个体扩展至整个企业，同时，通过使用系统监控，确保数据采集的有效性；

② 使用联合时间日志（Consolidated Event Journal，CEJ），为事故报告和调查提供操作警报、事件和过程变化的历史数据；

③ 将工程知识应用于原始数据，实现综合计算。

(2) Uniformance 资产警卫

Uniformance 资产警卫（Uniformance Asset Sentinel）是 Honeywell 公司推出的资产管理系统，用于检测工厂状况和设备性能。Uniformance 资产警卫的主要功能是：

① 为工程设计、维护和操作提供实时的、以资产为中心的分析；

② 对设备健康情况和过程性能进行持续监测；

③ 对资产和操作失误进行预测和预防。

(3) Uniformance 洞察力

Uniformance 洞察力（Uniformance Insight）提供数据集成和工厂运行状况的可视化监测功能，提升数据的可视化能力，使用户更加直观地对数据进行观察、监测和分析。该产品可以通过传统的网页浏览器，实现事件调查和处理情况的可视化。Uniformance 洞察力的主要功能是：

① 实现过程和事件的可视化；

② 提供强大的动态显示环境；

③ 支持第三方数据源。

(4) Uniformance 关键绩效指标

Uniformance 关键绩效指标（Uniformance Key Performance Indicator，KPI）为平台定义、追踪、分析和提升 KPI，以便及时采取有效措施来满足商业目标。Uniformance KPI 的主要功能是：

① 计算、展示和存储 KPI；

② 为移动设备提供 Web 接口；

③ 为不同级别的用户安全地接入 KPI 数据。

下面对上述四个组件进行简要介绍。

5.3.2.2 平台组件

(1) Uniformance PHD[17]

Uniformance PHD是用于制造过程的实时信息管理系统，该系统可以收集、存储和回放工厂生产过程中的历史数据和当前不断产生的数据，在产品和企业范围内实现实时数据的可视化，提高数据的安全性，改进生产过程的性能。PHD可以帮助工程师和工厂管理人员，通过数据管理更好、更快地做出决策。通过PHD实时数据的授权，大量有着重要价值的过程数据可以实时地呈现在用户面前，各种类型的用户、事件处理系统和与生产相关的应用程序，可以方便、快捷地访问和利用这些数据，提高事件处理的灵活性，帮助用户更好地做出决策，实现生产能力的提升和利润的增加。PHD架构支持多个工厂和站点的控制系统的集成和应用的集成，具有无缝的数据接口、可容错的数据收集能力以及自动历史数据恢复功能，可以保证大量数据长期、稳定地进行存储，支持用户对这些数据的实时访问和实现应用集成。

PHD为用户提供了灵活的数据库服务器。数据库服务器可以通过分布式的方式安装在多个服务器平台上，任何客户端都可以直接读取服务器的数据和信息，不同服务器的数据可以在任何一个客户端上显示，共同完成某一个计算任务。在上述过程中，用户对数据的使用体验与使用一台服务器是一样的，但数据使用的效率、速度都有着显著的提高，同时可以方便用户对数据进行维护和管理。分布式系统结构有助于建立可扩展的工业生产管理信息系统。

PHD具有强大的数据采集功能。PHD通过CIM-IO标准接口，从分布式控制系统（Distributed Control System，DCS）或可编程逻辑控制器（Programmable Logic Controller，PLC）以及其他的实时数据库系统中读写实时数据和历史数据。由于大多数DCS厂商采用用于过程控制的对象连接与嵌入技术（Object Linking and Embedding for Process Control，OPC）作为系统集成的开放标准，PHD在系统中配置了CIM对OPC服务器的接口程序，通过这个接口，PHD可以与任何支持该OPC标准的控制设备通信。

PHD可以提供丰富的历史内容，将数据转化为知识。PHD的计算标签功能允许用户将相关工程和商业知识应用到现有数据和历史数据中，同时使用工程单元转换功能帮助用户有效地查看数据。PHD将数据从简单的数据操作上升到更高级别的商业分析层次，确保用户获得更好的决策。下面对Uniformance PHD的主要功能和优势进行简要介绍。

① Uniformance PHD主要功能

a. 分布式数据采集　PHD分布式架构具有很广的适用范围，可用于简单系统，也可以用于企业级系统；PHD具有稳定的数据采集功能，该功能保证平台不会因为通信失败而造成数据丢失。

b. 自动标签管理　标签同步功能可以减少标签配置的时间。

c. 报警和事件历史　PHD 的 CEJ 可以对多种系统中的警报和事件进行长期的存储和分析。

d. 集成智能计算　PHD 内建的虚拟标签能力，可以实现周期性的或自组织的计算。

e. 连接性设计　PHD OPC 服务器可以保证与第三方系统的开放连接性，OPC 数据采集，使 PHD 能够适用于分布式控制系统（Distributed Control System，DCS）或监控与数据采集系统（Supervisory Control And Data Acquisition，SCADA）。

② Uniformance PHD 特色

a. 可拓展性　PHD 支持分布式可扩展的系统架构。PHD 分布式架构保证系统从离散的数据源收集数据，并将数据存放在特定的数据库中。PHD 数据库可以进行扩展，实现更多用户和标签的处理。

b. 安全性　PHD 为常规的防火墙配置提供支持，对历史数据进行保护，防止未授权的接入。

c. 健壮性　PHD 提供数据收集和历史恢复功能。该功能可以在数据采集过程中发生中断时保证数据的完整性。

d. 开放性　PHD 具有丰富的接口，使用这些接口可以从 Honeywell 和第三方系统中采集数据。每一个 PHD 服务器包括一个 OPC 服务许可，为第三方的应用提供开放集成。

(2) Uniformance 资产警卫[18]

设备发生故障和处理效率的降低，会导致设备综合效率（Overall Equipment Effectiveness，OEE）降低，增加用户的设备维护成本，造成用户的潜在收益损失。同时，产品处理过程复杂度增加等因素，也会影响企业对资产情况和处理性能的预测和检测。Uniformance 资产警卫可以对关键操作和设备情况进行持续监控，使用户更快、更早地发现设备的异常情况，及时对设备问题进行处理。

Uniformance 资产警卫是 Uniformance Suite 的关键组成部分，资产警卫能提供实时、集中式的资产分析、时间检测、存储和操作，用以识别、处理和解决设备存在的问题。使用资产警卫，可以对设备进行持续检测，并获取相关设备处理情况，使工业设施能够及时地预测和预防资产故障，从而尽快解决资产问题。资产警卫提供统一的平台检测流程和设备处理，通过建立“数字对”，对当前情况和预期情况进行比较，快速发现、定位和传输系统警报，减少警报发生的频率，降低故障带来的影响。Uniformance 资产警卫的主要特点如下。

① 灵活的工厂参考模型 Uniformance资产警卫提供多级别的设备层次结构，对工厂和设备进行建模。基于不同工厂的需求，Uniformance资产警卫提供多角度的建模和解决方案。

② 多样化的数据接入 Uniformance资产警卫支持多种数据接口。通过这些接口，用户可以获取其资产的数据信息，其中包括实时数据、历史数据、事件数据、相关数据和基于文件的数据。资产警卫同样提供灵活的“插件”，用于实验样本数据、工作指令数据等各类源数据的接入。

③ 强大的计算引擎 Uniformance资产警卫支持第四代脚本语言，可以实现复杂的统计计算和数据操作，为工程人员提供简单易用的开发环境。Uniformance资产警卫可以提供实时计算功能，同时支持用户按照一定的计划使用计算功能。在用户部署计算工作的过程中，资产警卫可以提供平台进行连续的计算工作。

④ 实时的事件检测和提醒 Uniformance资产警卫的事件检测机制，能够识别用户自定义的规则，在检测到问题时触发警报或进行预警。当用户所关注和跟踪的事件被触发时，系统会生成邮件通知用户，同时执行初始化或维护指令来保证系统运行的稳定性。

根据上述特点，Uniformance资产警卫具有以下优势。

① 资产利用率高

a. 通过故障预测，提供预行动响应，减少响应时间。

b. 缩短了意外故障时间。

② 维修成本低

a. 通过预行动响应，减少设备损失。

b. 基于真实资产的情况进行系统优化和维护。

c. 提高设备的可靠性和寿命。

③ 操作效率高

a. 通过检测使用情况，降低用户开销。

b. 通过持续监控、远程协作，提高效率。

c. 通过集成决策支持环境，提高效率。

④ 安全性增强 确保正常稳定的操作，降低风险。

(3) Uniformance关键业绩指标[19]

关键业绩指标（Key Performance Indicators，KPI）用于企业根据不同的目标追踪商业运作情况。典型的KPI根据一些业务指标来定义例如安全性、可靠性、质量、运营效率或其他的商业指标。KPI应该是可以在规定时间内获得、可测量、可执行的指标，同时可以与企业目标进行比较。企业通常定义多层KPI，其中第一层KPI通常基于商业对象来定义，而二层和三层KPI提供支持。

大型企业需要从大量的数据中获取有用信息以做出正确的决策。Uniformance KPI可以以小时、天、周和月为单位收集数据和目标，并将数据结果与目标相比较，提供清晰的、一致的比较分析结果呈现给用户，并根据分析结果对用户进行提醒。所有记录和存储的关键指标和计算结果，会上报和长期保存。Uniformance KPI使用Uniformance-Insight为用户提供精确趋势和图表，对KPI数据进行分析，Uniformance-Insight是基于Web界面的可视化环境。同时，Uniformance KPI中的Excel插件，可以将KPI数据存储到Excel表格中，供用户进行深入的数据分析。Uniformance KPI具有以下特点。

① 配置和使用简单　Uniformance KPI通过建立容器的方式，从Honeywell和第三方系统收集数据。基于Excel的配置功能，提供了一种更为快捷的整体配置KPI的方式，缩短了系统配置时间。基于Web界面的控制面板，使用户能够随时随地使用笔记本电脑、平板或手机接入。Uniformance KPI的配置灵活性表现在以下几个方面。

a. Uniformance KPI可以定义多维度的KPI，包括目的、拥有者、类别、种类、时间周期、位置，并且可以对数值、目标、方向和时间周期进行设置。

b. Uniformance KPI的数据输入可以来自处理的历史数据、其他Honeywell应用或第三方数据源，可以人工手动输入数据。

c. 随着商业需求的增长，Uniformance KPI可以追踪大量的KPI，同时可以将历史记录保持数年。

d. Uniformance KPI可以通过Honeywell公司的Intuition Executive进行集成，也可以使用独立的KPI接口。

e. Uniformance KPI采用简单的管理接口实现KPI的使能、禁用和重新计算等功能。

② 提供丰富的信息　Uniformance KPI能够让用户在用户界面上看到第一层的KPI，其中涉及安全性、操作、可靠性、经济、工业扩展或人事等丰富的配置信息。第二层和第三层KPI能够提供更多的支持。

③ 提供安全、一致的数据　Uniformance KPI简化了KPI的创建和计算过程，避免由于人工操作所带来的问题，不同的组织之间使用一致的规则和指标，不同组织的用户都使用同一版本进行工作，保证版本的一致性。同时，Uniformance KPI使用了基于规则的安全机制，允许用户分配个人KPI或者对KPI进行分类以保证数据安全。

④ 提供数据可追溯和长期存储能力　Uniformance KPI中通过使用KPI，可获得该KPI的所有历史记录、输入信息和计算结果。所有的KPI以及测量数据可以长时间存储，方便实现数据追溯。

⑤ 提供高度集成能力　Uniformance KPI使用开放性的标准，集成了警告

管理系统、操作管理系统和企业资源规划系统的指标。该特性使用户可以在系统中获取完整的数据。通过使用 Honeywell 发布的 Intuition Executive 软件，用户只需要简单地在运行屏幕上点击 Uniformance 的 KPI 接口，就能够生成相应的 KPI 数据。

⑥ 提供广泛的支持服务　通过 Honeywell 公司的 BGP 软件程序，Uniformance KPI 可以在全球范围内提供支持服务。BGP 能够帮助客户提升和拓展他们的软件应用，增加客户收益，从根本上维护用户软件投资的安全。

（4）Uniformance 洞察力[20]

对于工业企业而言，获得实时的、有意义的数据，有助于工厂提高运行效率、减小工作开销、降低风险和保证规范化，维持安全稳定的生产。工业企业需要快速获取准确的性能指标数据，并使用这些数据提高生产力。然而，企业需要将获取的数据转化成有效的、动态的信息才可以用于实现上述功能。

Uniformance 洞察力是一种运行在客户端上的软件。使用现有的 IT 系统和数据系统，Uniformance 洞察力实现数据集成、性能信息和可视化等要求。Uniformance 洞察力软件连接了大量不同类型的信息源，提高了数据的可视化能力。它提供了可配置的接口，使用户能够轻松检测当前数据，获取数据的走势，绘制相关图表，生成数据报告。Uniformance 洞察力通过浏览器为用户提供工业生产的可视化服务，用户能够快速利用现有的显示设备绘制数据图表，帮助工程师、操作团队和其他核心人员在分析、排除故障时能够轻松地检测和获取相关信息。该产品使用了完善的智能流程技术，使用户能够实现更加灵活和快捷的商业决策。Uniformance 洞察力的主要特点如下。

① Uniformance 洞察力提供了数据可视化服务，用户只需要通过网络使用设备上的浏览器，即可实现数据的可视化。用户能够方便地使用不同的设备共享信息，完成信息处理工作。

② Uniformance 洞察力使用了人机接口界面 Web（HMIWeb）显示技术，用户可以使用简单的方式来监测和分析工厂的处理过程。

③ Uniformance 洞察力的所有软件的安装过程都在服务器上进行，便于管理。用户不需要安装软件，工作时只需点开一个链接，即可使用 Uniformance 洞察力的软件服务。

④ Uniformance 洞察力适用于常规的过程处理监控和复杂的分析过程。Uniformance 洞察力具有简单的设计趋势曲线能力，使用户能够根据不同的应用场景，方便地使用其创建不同的动态曲线。

⑤ Uniformance 洞察力和 Uniformance PHD 能够实现完美匹配，并向其他数据库和应用提供开放接口。在基于开放标准的前提下，工厂能够使用现有的数据库和先进的应用架构，向第三方系统提供全连接，不需要花费高额费用即可实

现项目数据的迁移。

⑥ Uniformance洞察力具有快速响应能力。它通过放大、隐藏和加入趋势曲线等常规操作，为数据赋予了新的意义。对于初学者来说，经过简单的培训就能够轻易地使用该软件完成数据的观测和趋势曲线的构建。Uniformance洞察力软件具有很多功能，用户也可以通过定制的方式获得所需的趋势图。

⑦ Uniformance洞察力通过使用先进的可视化技术，通过提供基于HTML5的解决方案和通用模块，为企业用户、商业团体和制造执行系统（MES）应用程序提供服务。

5.3.3 AWS IoT平台

5.3.3.1 平台简介

AWS IoT是亚马逊公司开发的基于PaaS的物联网云平台。AWS IoT可以将不同种类的设备连接到AWS云，使用云中的应用程序与联网设备进行交互，从而使用户方便地使用亚马逊网络服务（Amazon Web Services，AWS）。同时，通过AWS loT，用户可以使用AWS服务构建IoT应用程序，收集、处理和分析联网设备生成的数据并对其执行相关操作，无需管理任何基础设施。AWS IoT提供了软件开发包，让开发者能够方便地通过联网设备、移动应用和Web应用使用AWS IoT平台的各种功能。

AWS IoT平台的主要特点[22] 如下。

① AWS IoT支持多种设备和海量数据，可以帮助制造企业在全球范围内存储、分析互联设备生成的数据，对这些数据进行处理，并将数据安全可靠地路由至AWS终端节点和其他设备。按照用户定义的规则，用户可以使用AWS IoT对设备数据进行快速筛选、转换和处理；用户还可以随时根据需要对规则进行更新，用以使用新的设备和应用程序功能。

② AWS IoT支持HTTP、WebSockets和消息队列遥测传输（Message Queuing Telemetry Transport，MQTT）等协议，最大限度地减少设备上的代码空间，降低带宽需求。AWS IoT同时支持其他行业标准和自定义协议功能，使用不同协议的设备同样可以完成相互之间的通信。

③ AWS IoT提供所有连接点的身份验证和端到端加密服务，使用可靠标识实现设备和AWS IoT之间的数据交换。用户可以通过应用权限保护功能，对设备和应用程序设置访问权限。

④ AWS IoT保存设备的最新状态，随时可以对设备状态进行读取或设置，通过为每个联网设备和设备状态信息创建虚拟版本或“影子”的方式，对应用程序而言，设备似乎始终处于在线状态。此时，即使设备处于断开状态，应用程序

依然可以读取设备的状态，同时允许用户进行设备状态设置，在设备重新连接后，将对该状态进行加载。

5.3.3.2 平台组件[22]

AWS IoT 平台由以下组件构成：

① 设备网关　实现设备与 AWS IoT 之间安全、高效的通信；

② 消息代理　为设备和 AWS IoT 应用程序发布和接收消息提供安全的通信机制；

③ 规则引擎　与其他 AWS 服务一起实现消息的处理和集成；

④ 安全和身份认证服务　为 AWS 云中的数据安全性提供保证；

⑤ 事件注册表　负责管理和组织与设备相关的资源；

⑥ 设备“影子”和服务　在 AWS 云中提供设备的持久表征。

(1) 设备网关

AWS IoT 设备网关可以实现设备与 AWS IoT 平台进行安全、有效的通信，使设备之间实现互联互通，不受所使用协议的限制。设备网关使用发布/订阅模型交互消息，实现一对一和一对多通信。通过一对多的通信模式，AWS IoT 支持互联设备向具有特定主题的多个订阅用户广播数据。设备网关支持专用协议和传统协议，如消息队列遥测传输协议、WebSockets 协议和超文本传输协议（HTTP 1.1）。AWS IoT 设备网关可以随着设备数量增长而自动扩展，能够在全球范围内提供低延迟和高吞吐量的连接。

(2) 消息代理

AWS IoT 消息代理是一种发布/订阅代理服务，能够发送和接收 AWS IoT 消息。当客户端设备与 AWS IoT 进行通信时，客户端会发送某一主题消息，消息代理会将该消息发送给所有注册接收该主题消息的客户端。在这个过程中，发送消息的行为称为“发布”，注册接收该主题消息的行为称为“订阅”。

消息代理包含所有客户端的会话列表和每个会话的订阅。当发布某个主题的消息时，消息代理首先对所有的会话进行检查，找出订阅该主题的会话，然后消息代理将发布的消息，转发给当前连接该客户端的所有会话中。消息代理支持直接使用 MQTT 协议或 WebSocket 上的 MQTT 协议，进行发布和订阅消息，并可以使用 HTTP REST 接口发布消息。

(3) 规则引擎

AWS IoT 可以收集来自联网工业设备的大量数据，但这些数据并非全部有用。AWS IoT 规则引擎允许客户定义规则对数据进行过滤和处理，并在设备、AWS 服务和应用之间按照一定的规则发送数据。

使用规则引擎可以构建 IoT 应用程序，用于在全局范围内收集、处理和分析互联设备生成的数据，并根据数据分析和处理结果执行相关操作，用户无需管理任何基础设施。规则引擎根据用户定义的业务规则，对发布到 AWS IoT 中的消息进行评估和转换，将其传输到其他设备或云服务中。规则引擎可以对来自一个或多个设备的数据应用该规则，并行执行一个或多个操作。规则引擎提供多种数据转换的功能，并且可以通过 AWS Lambda 实现更多的功能。在 AWS Lambda 中，可以执行 Java、Node. js 或 Python 代码，为用户提供灵活处理设备数据的能力。规则引擎可以将消息路由到 AWS 终端节点。外部终端节点可以使用 AWS Lambda 等进行连接。

用户可以利用 AWS 管理控制台、AWS 命令行界面（Command Line Interface，CLI）或 AWS IoT 应用编程接口（API）创建规则，对各种设备的数据应用该规则。用户可以在管理控制台中创建规则，或使用类似 SQL 的语法编写规则，根据不同的消息内容，可以创建具有不同表示形式的规则。用户同样可以在不干预实体设备的情况下更新规则，降低更新和维护大量设备所需要的成本和工作。规则的使用，使用户的设备能够与 AWS 服务进行充分交互，用户可以使用规则来支持以下任务：

① 从设备接收数据或过滤数据；

② 将从设备接收的数据写入到 Amazon Dynamo DB 数据库；

③ 将文件保存到 Amazon S3；

④ 使用 Amazon SNS 向所有用户发送推送通知；

⑤ 将数据发布到 Amazon SQS 队列；

⑥ 使用 Lambda 提取数据；

⑦ 使用 Amazon Kinesis 处理来自设备的消息；

⑧ 将数据发送到 Amazon Elasticsearch Service；

⑨ 捕获 CIoudWatch 指标；

⑩ 更改 CIoudWatch 警报；

⑪ 从 MQTT 消息发送数据到 Amazon Machine Learning，实现基于 Amazon ML 模型的预测。

在 AWS IoT 执行上述操作之前，用户必须授予其访问 AWS 资源的权限。执行操作时，用户将承担使用 AWS 服务的费用。

(4) 安全和身份认证服务

每个连接的设备必须具有访问消息代理或设备影子服务的证书。为了将数据安全地发送到消息代理，必须保证设备证书的安全性。经过 AWS IoT 的所有数据流，必须通过传输层安全协议（Transport Layer Security，TLS）进行加密。当 AWS IoT 和其他设备或 AWS 服务之间传输数据时，AWS 安全机制可以有效地保证数据的安全。AWS安全机制包括如下内容。

① 用户负责管理AWS IoT中的设备证书，为每个设备分配唯一的身份，管理设备或设备组的许可。

② 根据AWS IoT连接模型，设备通过安全的连接、用户选择的身份建立连接。

③ AWS IoT规则引擎根据用户定义的规则，将设备数据转发到其他设备和其他AWS服务，使用AWS访问管理系统实现数据的安全传输。

④ AWS IoT消息代理程序对用户的所有操作进行身份认证和授权。消息代理将负责对用户设备进行认证，安全地获取设备数据，并遵守用户制定的设备访问权限。AWS IoT支持四种身份认证：

a. X.509证书用户身份；

b. 身份识别与访问管理（Identity and Access Management，IAM）用户身份；

c. Amazon Cognito用户身份；

d. 联合身份。

用户可以在移动应用程序、Web应用程序或桌面应用程序中，通过AWS IoT CLI命令使用上述四种身份认证方式。AWS IoT设备使用X.509证书；移动应用程序则使用Amazon Cognito身份认证；Web和桌面应用程序使用IAM或联合身份认证；CLI命令使用IAM。

AWS IoT在连接处提供双向身份验证和加密。未经身份验证的设备和AWS IoT之间不会交换任何数据。AWS IoT支持AWS中的身份认证（称为“SigV4”）和基于身份验证的X.509证书认证。使用MQTT的连接时，可以使用基于证书的身份验证；使用Web Sockets连接时，可以使用SigV4进行身份认证；使用HTTP的连接时，可以使用两种认证方法中的任意一种。AWS IoT全面集成AWS身份与认证管理机制，客户能够方便地向单个设备或设备群设置许可，并且在整个设备生命周期对其进行管理。当设备被首次激活时，由AWS IoT生成新的安全凭证。用户可以使用AWS IoT在现有联网设备中生成并嵌入证书，同时也可以选择使用证书颁发机构（CA）签署的证书。用户可以从控制台或API创建、部署和管理设备的证书，对这些设备证书进行配置、激活和使用，并与AWS IAM配置的相关策略相关联。可以将所选的用户角色或/和策略映射到每个证书中，用于授予设备或应用程序访问权限或撤销访问权限。

（5）事件注册表

AWS IoT提供了事件注册表，帮助用户管理事件。“事件”是特定设备或逻辑实体的表示形式。事件可以是物理设备或传感器，也可以是一个逻辑实体，例如一些应用程序或物理实体的实例。注册表为每个设备分配唯一身份，通过元数据的形式描述设备的功能。注册表允许用户观察设备的元数据，无需额外费用。只要用户在一定时间内访问或更新一次注册表项，注册表中的元数据就不会过期。

(6) 设备“影子”和服务

AWS IoT 为每个设备创建永久性的虚拟版本或“影子”，用以存储设备的最新状态。即使设备处于离线状态，设备影子也会为每台设备保留其最后报告的状态和期望状态。基于此服务，应用程序或其他设备可以随时读取来自设备的消息，并与其进行交互，应用程序可以设置设备在未来某时刻的期望状态。AWS loT 将对设备的期望状态和当前报告的状态之间进行比较，找出它们之间的差异，并指导设备消除差异。用户可以通过 API 或使用规则引擎来检索设备的最后报告状态或设置期望状态。

使用 AWS IoT 设备 SDK，可以实现用户设备的状态与其“影子”的状态同步，并通过“影子”设置期望状态。设备的“影子”功能可以让用户在一段时间内，通过免费的方式存储设备的状态，但是用户需要每隔一段时间更新一次设备“影子”，否则它们会过期。

5.3.3.3 平台接口[21,22]

AWS IoT 提供四类接口。

① AWS 命令行接口（AWS Command Line Interface，AWS CLI） 适用于 Windows、OS X 和 Linux 上的 AWS IoT 的命令。这些命令允许用户创建和管理事件、证书、规则和策略。

② AWS IoT API 使用 HTTP 或 HTTPS 请求构建用户的 IoT 应用程序。这些 API 允许用户以编程方式创建和管理事件、证书、规则和策略。

③ AWS SDK 使用 API 构建用户的 IoT 应用程序。这些 SDK 对 HTTP/HTTPS API 进行封装，允许用户使用任何支持的语言进行编程。

④ AWS IoT 设备 SDK 用于构建在用户设备上运行的应用程序，向 AWS IoT 发送消息并从 AWS IoT 接收消息。

下面重点对 AWS 命令行接口 AWS IoT 设备 SDK 进行简要介绍。

(1) AWS 命令行接口

AWS 命令行接口（AWS CLI），是一种建立在 Python AWS SDK 上的开源工具，它提供了与 AWS 服务进行交互的命令。通过最小配置式，用户可以使用 AWS 管理控制台提供的所有功能。用户可以使用下面几种方式运行 AWS 命令：

① Linux shell 方式 使用常见的 shell 程序在 Linux、macOS 或 Unix 等系统中运行命令；

② Windows 命令行方式 在 Microsoft Windows 的 Powershell 或 Windows Command Processor 中运行命令；

③ 远程方式　通过远程终端或 Amazon EC2 系统管理器，在 Amazon EC2 实例上运行命令。

AWS CLI 可直接访问 AWS 服务的公共 API，通过使用 AWS CLI 服务功能和开发 shell 脚本来管理资源。用户可以使用 AWS SDK 开发其他语言的程序。

（2）AWS IoT 设备 SDK

AWS IoT 为开发者提供了 SDK，帮助用户方便、快捷地将用户设备连接至 AWS IoT，使用户设备无缝、安全地与 AWS IoT 提供的设备网关和设备影子进行协作。AWS IoT 设备 SDK 包含开源库和开发指南，用户可以使用开源的代码，同时也可以自己编写 SDK，可以在选择的硬件平台上构建新的物联网产品和解决方案。

用户的设备能够通过 AWS IoT 设备 SDK 使用 MQTT、HTTP 或 WebSockets 协议与 AWS IoT 进行连接、验证和消息交换，支持 Android、嵌入式 C、Java，iOS、JavaScript 和 Python。

① AWS 移动 SDK-Android　应用于 Android 的 AWS 移动 SDK，包含开发人员使用 AWS 构建连接的移动应用程序库、示例和文档。AWS 移动 SDK-Android 还支持调用 AWS IoT API。

② AWS 移动 SDK-iOS　应用于 iOS 的 AWS 移动 SDK，是一类开源软件开发工具包，可以在 Apache 开源许可下使用。iOS SDK 提供了库、代码示例和文档，以帮助开发人员使用 AWS 构建移动应用程序。iOS SDK 还包括支持调用 AWS IoT API。

③ AWS 设备 SDK-嵌入式 C　应用于嵌入式 C 的 AWS IoT 设备 SDK，是嵌入式应用程序中使用的 C 源文件的集合，使用该 SDK 可以安全地连接到 AWS IoT 平台，包括传输客户端、TLS 实现和使用示例。嵌入式 C SDK 还支持特定的 AWS IoT 功能，例如访问设备影子服务的 API。

④ AWS 设备 SDK-Java　Java 开发人员可以通过 MQTT 或 WebSocket 协议上的 MQTT 访问 AWS IoT 平台。该 SDK 支持构建 AWS IoT 设备“影子”。用户可以使用 GET、UPDATE 和 DELETE 等 HTTP 方法访问设备影子。SDK 还支持简化的影子访问模式，它允许开发人员与设备影子交换数据。

⑤ AWS 设备 SDK-JavaScript　提供的 aws-iot-device-sdk. js 软件包，允许开发人员编写 JavaScript 应用，这些应用可以使用 MQTT 协议或 WebSocket 上 MQTT 访问 AWS IoT 平台。该 SDK 可以在 Node. js 环境和浏览器应用程序中使用。

⑥ AWS 设备 SDK-Python　用于 Python 的 AWS IoT 设备 SDK，允许开发人员编写 Python 脚本，使设备使用 MQTT 或通过 WebSocket 协议的 MQTT 访问 AWS IoT 平台。通过将设备连接到 AWS IoT，用户可以安全地使用 AWS IoT 和其他 AWS 服务提供的消息代理、规则和设备“影子”。

参考文献

[1] Peter Mell, Timothy Grance, N/ST Sp 800-145, The NIST Definition of Cloud Computing, Computer Security Division, Information Technology Laboratory, National Institute of Standards and Technology, N/ST Sp 800-145, September 2011.

[2] 中国信息通信研究院（工业和信息化部电信研究院），云计算白皮书，2016.

[3] RightScale, Inc. State of the clo-ud Report, RightScale 2017.

[4] Douglas K Barry, Categories of Cloud Providers, Barry & Associates, Inc., Available: https://www.service-architecture.com/.

[5] 中国信息通信研究院（工业和信息化部电信研究院），物联网白皮书，2016.

[6] International Electrotechnical Commission (IEC), White Paper: IoT 2020: Smart and secure IoT platform, 2016.

[7] Eclipse Foundation, Inc., The Three Software Stacks Required for IoT Architectures, 2017.

[8] Ala Al-Fuqaha, Mohsen Guizani, Mehdi Mohammadi, Mohammed Aledhari, Moussa Ayyash, Internet of Things: A Survey on Enabling Technologies, Protocols, and Applications, IEEE Communication Surveys & Tutorials, 2015, 17(4): 2347-2376.

[9] Padraig Scully, 5 Things To Know About The IoT Platform Ecosystem, 2016, Available: https://iot-analytics.com.

[10] IoT Analytics GmbH, White paper: IOT PLATFORMS, The central backbone for the Internet of Things, 2015.

[11] 中国电子技术标准化研究院，工业物联网白皮书，2017.

[12] General Electric Company, TECHNICAL WHITEPAPER, Predix Architecture and Services, 2016.

[13] General Electric Company, Platform Brief, Prefix, The platform for the Industrial Internet, 2016.

[14] General Electric Company, Platform Brief, Prefix, The Industrial Internet Platform, 2016.

[15] Honeywell International Inc., Uniformance Suite Real-time Digital Intelligence Through Unified Data, Analytics and Visualization, 2016.

[16] Honeywell International Inc., White Paper, Performance Management in Process Plants: Seven Pitfalls to Avoid, 2015.

[17] Honeywell International Inc., Uniformance PHD, Product Information Note, 2017.

[18] Honeywell International Inc., Uniformance Asset Sentinel, A Real-time Sentinel for Continuous Process Performance Monitoring and Equipment Health Surveillance, 2017.

[19] Honeywell International Inc., Product Information Note, Uniformance KPI-Real time insights to improve your operational performance, 2015.

[20] Honeywell International Inc., Uniformance Insight, Product Information Note, 2017.

[21] Amazon Web Services, Inc. and/or its affiliates, AWS IoT Developer Guide, 2017.

[22] Amazon Web Services, Inc. and/or its affiliates, AWS IoT API Reference, 2015.

第6章

基于工业物联网的智能制造系统

6.1 离散工业环境中的智能制造系统

6.1.1 离散制造

制造业按其产品制造工艺过程特点，总体上可概括为连续制造和离散制造[1]。相对于连续制造，离散制造的产品往往由多个零件经过一系列不连续的加工最终装配而成。离散型制造业的特征，是在生产过程中物料的材质基本上没有发生变化，只是改变其形状和组合，即最终产品是由各种物料装配而成，并且产品与所需物料之间有确定的数量比例。离散加工的生产设备布置是按照工艺进行编排的，由于每个产品的工艺过程的差异，且一种工艺可能由多台设备进行加工，因此，需要对加工的物料进行分配，对过程产品进行搬运。基于离散型制造业的特点，呈现出对供应物流响应速度快、产品上市周期短、生产效率高、产品质量高、生产成本低，以及柔性生产等需求[2]。

离散制造是以零配件组装或加工为主的离散式生产活动，由零件或材料经过多个环节的加工或装配过程，生产出最终的产品。离散制造具有可控的零部件加工进度、较强的协调性、更复杂的生产管理等特点。参阅图 6-1。

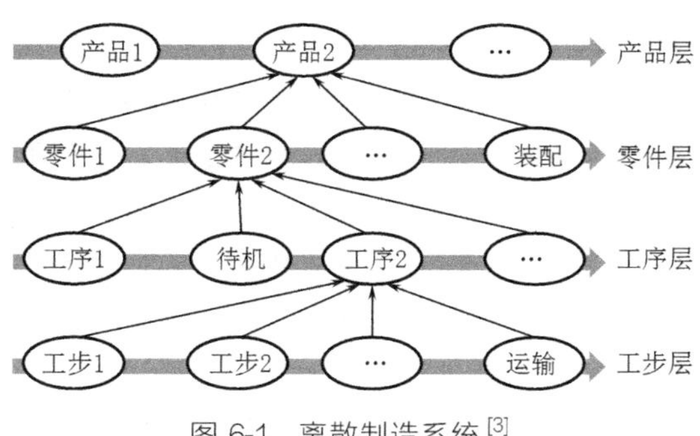

图 6-1 离散制造系统[3]

随着制造业在自动化和信息化等方面的不断发展，离散制造过程的多源异构信息的获取以及生产过程的可视化监测和预警等，提出了更高的要求。另一方面，物联网为解决制造过程中的各种问题提供了新的思路和可行的模式（如设备追踪、生产过程的预警和优化等）。基于物联网的可视化监控，通过采用射频识别技术、无线摄像头、涡流旋转器等技术，来实现动态可视化监控，同时也为离散制造系统的数字化、信息化奠定了基础[3]。

当前，制造业正面临客户需求的日益多样化和个性化，人工、材料与管理成本急剧攀升，对离散制造过程的生产控制管理效率提出了更高的要求。离散制造具有分散的能源消耗、大批次、污染重的特点，这使得离散制造车间中对低碳生产的能耗监测具有十分重要的意义。一般来说，为了实现对能源消耗的精细监控和控制，需要对工厂进行优化，有三种方法：监测、分析和管理。监测：要求进行近实时监测，以便能够了解每个机器的能量消耗。分析：能量测量的实时性及有效性（以及它们在特定环境下的意义），为提出解决能源效率的方法基础。管理：一旦实施最佳的能耗策略，就必须在基础设施上实行，因此做好基础设施的维护以及管理是必需的。目前，减少能源消耗是许多离散制造企业的目标之一。许多公司通过重组生产流程、改进生产结构等方法来减少总能耗。

智能制造系统是一种由智能机器和人类专家共同组成的人机一体化智能系统，它在制造过程中能进行智能活动，诸如分析、推理、判断、构思和决策等。离散制造智能化具有如下特点：自律能力、人机一体化、虚拟现实技术、自组织和超柔性、学习能力和自我维护能力。

“以信息化带动工业化”——把国民经济的信息化提高到一个前所未有的高度、深度和广度。不难看出，信息化对于现代企业的发展起到了巨大的促进作用。面对日趋激烈的市场竞争和瞬息万变的市场环境，信息化作为一种先进的技术手段，能促使企业更加快速地响应客户的需求和市场的变化。对于离散制造的快速信息化，建立良好的产品数据管理（PDM）系统，对于满足客户各种各样的要求，具有重要的作用。

信息化在离散制造业的发展现状，本身包括以下几个层面：一是设施层面信息化及基础设施建设，也就是网络硬件建设，这在很多企业是很成熟的；二是工具层面信息化，即在网络硬件基础上的工具软件推广；三是流程层面信息化，这是离散制造业信息化实施的难点[4]。

物联网即利用局部网络或互联网等通信技术，把传感器、控制器、机器、人员和物等，通过新的方式连在一起，形成人与物、物与物相连，实现信息化、远程管理控制和智能化的网络。物联网可分为三层：感知层、网络层和应用层。感知层由各种传感器以及传感器网关构成，主要负责识别物体、采集信息。网络层由各种私有网络、互联网、有线和无线通信网、网络管理系统和云计算平台等组成，负责传递和处理感知层获取的信息。应用层是物联网和用户（包括人、组织和其他系统）的接口，它与行业需求结合，实现物联网的智能应用。

离散制造具有产品相对较为复杂、物料多种多样、控制过程复杂多变等特点，这些特点易造成离散制造系统信息传递滞后、数据不准确等特点。物联网技术可以使生产系统中的人、材、物通过网络技术成为相互联系的整体，计算机信息技术具有数据存储量大、处理速度快、管理效率高的特点，通过网络信息传输系统，可以实现生产信息的实时、准确的传输。因此，在离散制造系统引入物联网技术，是提高生产效率、实现制造技术集成化的有效方法。离散制造通过利用RFID、传感器、传感器网关等技术，实现识别、数据采集等功能[5]。

虽然研究人员已经利用物联网技术实现离散制造的可视化监控，然而随着离散制造业的发展，人们仍希望发挥物联网技术的潜能，并通过扩展系统功能，使可视化监控能够适应于不同车间布局的过程监测。此外，也可通过过程检测与其他制造业信息系统，如 MES、PDM 的结合的研究，实现功能更强大的可视化监测。

在标准的网络协议下，网络中每个设备具有唯一的地址编码。每个设备都会接收到上级设备发出的命令，只有符合相应地址编码的下级设备才会遵从通信命令。离散型制造系统由于同一车间的设备比较集中，车间与车间之间的设备间隔较大，因此可以充分应用有限连接与无线连接方式的优点，车间内设备采用有线连接的方式，车间之间的设备采用无线连接的方式，这样就可以形成设备 A、虚拟串口连接设备和设备 B 串行网络连接。各设备的数据采集仪表，通过 RS-485 现场总线通信模式进行连接，最终连接到数据采集设备上，实现设备之间的网络通信。

根据离散制造业的特点，在信息采集过程中，采用多种采集技术综合应用的方式，实现车间的完全网络化管理，为不同车间生产需求搭建多样的车间网络系统，消除车间数控设备之间的信息孤岛，彻底改变以前数控设备的单机通信方式，全面实现数控设备的集中管理与控制。常用的数据采集方法，主要有 DNC 网卡采集方式、宏指令采集方式、PLC 采集方式以及 RFID 采集方式。

这种架构是对制造系统车间建模的一种新型方法。模型在一个过程的功能链中分配并建立，这个模型考虑到了每个车间元素的技术和工艺规范，从而能够在生产阶段之前的设计阶段实现离散制造的可靠仿真。同时该模型利用每个 POP 自身的传感器、预执行器和执行器，实现信息的分配。

这种架构基于车间的分配信息，将一个车间分为几个部分车间，而这些车间在组成（预执行器、执行器、传感器）和标准（电机、气缸等）的局部元件等方面是有区别的。POP 通过传统的定时摩尔自动机来建模，以实现模型之间的通信。如今，最常用的 POP 库已经建立，可以利用该库推断其模型库。

该模型基于实时获得的数据（该数据与生产车间 WIP 的追踪和管理特点相结合）。RFID 技术和其他技术（如智能数据载体等），通过从实时信息采集和对生产产品实时追踪两个方面，突破底层数据采集的瓶颈，从而实现更加高效、准确、完整和丰富地采集信息。为了提高效率、准确性、及时性以及数据的详细程度，智能化的数据源网络通过信息数据的自动转换，实现与物理世界的紧密结合。通过实现数据采集、数据发送、数据转换和数据处理，以及通过基于企业物理实现（如原材料库、车间生产线、成品存储产品等）的智能数据网络，实现信息追踪的方法，RT-WIPM 可以将收集的数据和追踪信息发送到数据处理中间软件和商务信息系统。

联机实时监控 WIP 的状态，使得生产管理者能够彻底熟悉系统的操作，并及时发现和解决问题。另外，该模型提供了通信网络服务的功能，从而促进了管理者和经营者的交流。

6.1.2 典型离散型制造行业分析

在传统生产理念的基础上，精益生产是一个经验积累的过程，是基于经验对单一和重复生产操作的标准化，它的零库存理念是依靠精准的计算和调度实现的。精益生产不适用于产品更新快、生产技术变动多的行业，也不适用于生产流程复杂、线路差别大、调度困难和瓶颈众多的工厂，于是提出了数字化制造理念。数字化制造的设计与生产管理是单向驱动的，有限范围的资源组织，无法实现产线实时动态优化、针对灵活多变的市场需求做出快速响应。

面对生产理念及模式的瓶颈，全球制造业格局正面临重大调整，新一代信息技术与制造业的深度融合，正在引发影响深远的产业变革，智能制造成为这场变革中的主攻方向。美国“工业互联网”、德国“工业 4.0”和中国“中国制造 2025”都是针对智能制造提出的国家战略。智能制造是基于新一代信息技术，贯穿设计、生产、管理、服务等制造过程的各个环节，具有信息深度自感知、智慧优化自决策、精准控制自执行等功能的先进制造过程、系统与模式的总称，具有以智能工厂为载体，以关键制造环节智能化为核心，以端到端数据流为基础，以网络互连为支撑等特征，可有效缩短产品研制周期，降低运营成本，降低资源能源消耗，提高生产效率，提升产品品质。

典型行业要具有一定的代表性和体量，通过以下三个指标筛选出典型行业：第一个指标是国民经济地位，对各大行业的利润和增长率进行分析；第二个指标是离散型制造业的类型，选取的典型行业应覆盖离散型制造业的三种类型（离散行业根据业务的特点和重心可分为离散加工型企业、离散装配型企业和离散综合型企业）；第三个指标是行业的智能化基础。下面以汽车制造业、电子家电制造业和纺织工业作为离散型制造业的典型行业进行分析研究[10]。

(1) 汽车行业的智能制造探索

图 6-2 为汽车装配流水线。汽车行业的特点是产品结构复杂、更新快、品质要求高，如何降低成本和提升价值，是其在发展中亟须解决的问题。汽车的生产流程主要分为设计和制造。在设计方面，传统的汽车开发周期是 18～48 个月，难以满足现在市场对汽车更新换代的频率需求，因此，缩短产品上市周期是汽车行业的刚性需求。在制造方面，基于对场内物流、设备管理等方面的优化，实现生产效率和产品质量的双重提升。如何满足新型商业模式所需的个性化定制和柔性生产，是汽车企业开展智能制造探索的方向。汽车迭代周期是影响其市场竞争力的重要因素之一，激烈的市场竞争引发产品生命周期逐年递减，数字化手段成为缩短产品上市周期的核心路径。在产品设计环节，利用数字化开发工具的全球资源整合，长安汽车建立了全球协同设计开发平台，在此平台开发的长安朗逸，通过应用数字化开发工具，将研发周期由 42 个月缩减至 34 个月。在性能仿真环节，基于数字化模拟测试的系统集成仿真，宝马汽车将传统的虚拟车辆建模仿真与控制系统建模仿真进行集成，基于 Google 地图的道路数据，对车辆的油耗、安全性等性能进行模拟测试，通过数字化模拟测试的方式，大幅缩短了物理测试优化的次数和时间。在样机试制环节，基于数字化自动记录的样机测试优化，大众汽车将 RFID 技术应用在样机生产和测试优化环节，实现了零部件数据的自动识别和记录，缩短研发测试改善的时间。

图 6-2 汽车装配流水线

基于数据和流程的智能优化，是“提质增效”的保障。在加工环节，奔驰发动机气缸盖生产线将时间、温度、预设工具等特征通过预测分析技术，对数据进行挖掘和预测分析，车间主任根据评估结果进行指导和措施部署，生产效率提高25%。北京现代对重要工艺进行实时自动检测和图形化展示，当出现异常趋势时，及时给予干预，提高加工质量控制水平，保证加工质量的稳定性。在装配环节，奔驰研发出 Carset 生产系统，无人驾驶工具车自动筛选出工位所需零件，并运送到相应的工位，生产时间缩短了10%，传送带旁的占用率节省了33%，工人的充分利用率提高了8%。奥迪开发了一个现代化的装配表，在生产过程中基于移动识别和投影的效率增强和辅助系统，及时发现装配环节的错误，显著降低复杂工作的难度，并确保人工装配质量的一致性[13]。

柔性混线生产是基于现有产能提升产线灵活性。新工厂的规划和建设是一项耗时耗资的工程，如何在短时间内保证工厂的现有产能，对产线的灵活性进行改造，来满足产品多样化的需求是车企面临的一大难题。在加工环节，基于柔性加工中心和柔性设备实现柔性生产，北京现代的发动机曲轴生产线，通过柔性夹具、加工中心、自动生产线等方式，实现了 GAMMA 和 THETA 曲轴的混线生产。在装配环节，基于模块化组装实现柔性装配。奥迪用独立生产平台替代传统的组装流水线，将装配工艺分为个人工作区域，待装车辆固定在具有升降功能的自动引导车上，通过无人驾驶运输系统，自动引导到待装工位，提升效率和柔性。通过新型设备提升装配的柔性，奥迪正在研发仿生柔性气爪作为通用夹具，替代专用夹具；大众将4个轻型机器人集成在移动平台上，组建成移动加工单元，增加装配柔性。

(2) 电子行业的智能制造探索

电子行业产品零部件品种多、型号复杂，产品升级换代迅速，整体自动化率超过50%，具有实施智能制造的良好基础。智能生产管理是电子行业的智能化基础应用。中兴自主研发生产管理系统 UTS，实现了设备、产品数据的自动采集和生产数据的全工序智能监测与管控，提升班组整体效率超过95%。关键指标监测的过程中，对异常趋势实时预警，减少批次故障发生，预防不合格品的产生，产品保修期内的返还率下降55%。图6-3为电子焊接流水线。

通过生产数据的打通，优化生产过程，有效提升生产效率。西门子安贝格工厂以 Smatic IT 和 Team-center 为核心，集成产品、设备、工艺等生产数据，将数据分析和优化运用到生产全过程，实现透明、精确的生产。当工件进入烘箱时，自动判断温度、时间等加工参数，根据下一个待加工工件信息，适时调节加工参数。通过查阅当天的生产过程信息，找出生产环节中的短板，经过进一步的相关性分析，降低产品的缺陷率，良品率达到99.9986%。

智能检测是电子生产中的关键智能化应用。中兴建立模块化电源自动检测系

图 6-3 电子焊接流水线

统，针对需求较大且操作重复性较高的检测对象，通过工业机械手臂、自动检测仪器以及定制化工装进行自主检测，大幅提升检测效率，与 AGV 小车进行配合，实现送检、检测、成品配送的全过程智能化。良品率分析，有效降低了产品质量诊断时间。富士康收集产品测试、标号等数据，通过大数据分析方式，大幅提升了电子产品的良品率分析效率，缩短了 90%的良率诊断时间，目前 70%～80%的良品率异常事件，都可以在 1 小时内找到明确的风险因素。在分析效率方面，工程师可以将大部分精力聚焦于 20%的产品，进行深度分析。

（3）纺织行业的智能制造探索

纺织行业当前“去库存”问题严重，手工操作的比重较大，由于工序较多，难以及时掌握半制品和成品的质量。随着新《环保法》《纺织染整工业水污染物排放标准》的相继出台，污染能耗对纺织行业提出了更高要求。图 6-4 为纺织印染流水线。

“互联网＋”提升纺织行业供应链效率，降低库存。目前，纺织行业存在以下痛点：纺织品的同质化、产能过剩；原料采购及成品分销链条长，过程成本高；棉花等原材料价格波动大，提高库存与管理成本。因此，出现了一些利用“互联网＋”解决纺织行业供应链痛点的平台：找纱网通过“以销定产”的模式，聚集下游布料厂的需求数据与上游纱厂比价采购，提升下游的议价权；纱线宝提供纱线检测服务和纱线仓储服务，通过大宗商品采购，纱线销售环节的利润提高了 600～700 元/吨；布联网提供完善的代运营服务，“以布换布”专区提供了资

图 6-4 纺织印染流水线

源置换服务来盘活库存；搜布网通过需求匹配和供应链整合，解决传统交易过程中信息不对称问题，降低采购成本。

纺织机械远程监控，节省人力，提高设备管理水平。基于 Wi-Fi、工业以太网等通信方式，实现设备的远程监控，通过分析控制器的各种数据，实现对设备的故障预警及诊断。在纺织企业和纺织设备制造企业之间建立远程通信网络，设备的运行参数等信息实时传送到现场的智能终端，再发送至设备制造商，设备制造商对数据进行分析后，提供可视化维护提示。

通过智能工厂降低用工成本，提高管理效率。通过机器替代人力、工序连续化和管控一体化，解决纺织企业用工成本的大幅上升和由于工序繁多导致管理难度大等问题。棉纺设备通过自动识别和智能检测装置，实现了产品质量的自动在线检测；将不同工序设备进行有机的自动连接，实现了棉纺工序的连续化；利用传感器、工业以太网等技术，将单机设备的运转、产量、质量等数据集成于同一平台，开展透明化管理，实现工厂管控一体化。

提升纺织印染的精细化管理水平，降低污染排放。杭州凡腾印染行业智慧工厂解决方案，包括了前处理、染色、固色、智能配液系统等环节，能够大幅提高印染行业的生产效率，有效降低能耗和污染排放；康平纳全自动筒子纱染色生产线，通过热能回收系统和冷凝水、降温水回收系统，每吨纱约能回收 7t 水，节约蒸汽 1.7t；利用在线智能调湿设备，克服环境变化对原料纱回潮影响，降低回染率，减少资源重复消耗，节约资源。

个性化定制具有能满足客户的特殊需求、增强客户黏性、提升客户体验等优点，离散型制造企业纷纷开展个性化定制的实践，个性化定制也逐渐成为企业的新型竞争力，呈现出离消费者越近且技术门槛越低的产业，个性化定制发展程度越深的趋势。其发展程度可大致分为三个阶段：模块定制，2015 年长安新奔奔开展个性配车新业务，推出的首批 PPO 版已上市，新奔奔（PPO 版）是基于 8 种个性化配置选装包，各选装包之间具有联动、互斥机制，以保证整体协调与美观度；众创定制，海尔挂机空调，将用户需求转化为工程模块，通过模块研发和配置满足个性化需求，N 系列挂机划分为 5 大系统 18 类模块，其中基础模块 13 类，可选模块 5 个，可满足用户在外观、智能、健康方面的需求，开放用户配置化，产生自己需求的产品；专属定制，红领集团的私人订制平台 RCMTM，为用户提供专属定制服务，以西服定制为例，如果对自己的制衣需求和身形特征有清楚的了解，在客户端输入身体 19 个部分的 25 个数据，便可以根据配图提示，按照自己的想法制作专属服装，包括不同的样式、扣子种类、面料，乃至每条缝衣线的颜色等。

汽车和电子产业的产品种类、数量增长迅猛，如何基于原有产线和产能，实现多品种混线生产，成为企业的部署方向。2015 年，富士康引入柔性机器人，应用于布局紧凑、精准度高的柔性化生产线。海尔的总装线由传统的一条长线分为四条柔性生产专业短线，根据市场需求，调整、关闭生产线数量，节约能源，减少用人数量。通用汽车的标准化柔性生产线，基于标准化小型高精度定位台车、高精度定位机器人和标准工位的夹具系统，构成柔性总装生产线。北京奔驰柔性化输送链系统，基于车身与底盘的自动运行体系，实现多种车型发动机、底盘与车身合装的精准定位和自动合装。

6.1.3 离散制造中的控制系统

1999 年 1 月，美国 IMTR 项目组（Integrated Manufacturing Technology Roadmapping）发表了工业智能控制报告，扩展了 JimAlbus 给出的“智能控制系统是那些在不确定环境下增加成功可能性的系统”的定义，给出了工业智能控制功能模型，如图 6-5 所示[8]。

在报告中，IMTR 项目组按上述功能模型，分析了目前检测、通信、数据转换和决策、驱动 4 个方面智能控制的现状、愿景、目标和任务。报告中的智能控制是广义的“智能”，相当于我们通常所说的智能化，但对于我们理解工业智能控制系统还是很有启发的。

（1）检测

未来愿景是高性价比的任何环境下的过程参数的直接测量。达成愿景的目标和智能控制研究任务：

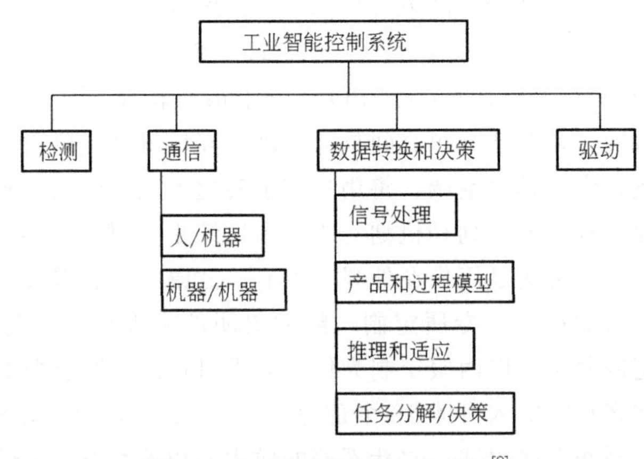

图 6-5 工业智能控制功能模型[8]

① 扩展的属性感知 研制进行非常规测量（如嗅觉、味觉等）的传感器，提供特殊的定量信息，用于评估产品的特性/质量；

② 软测量 开发更实用、准确的建模技术，以证明推理传感的价值，混合建模工具将过程数据和工艺知识结合起来，进行推理和过程性能监视；

③ 传感融合 通过不同传感器输入的集成和融合支持多相系统，开发一般的传感融合算法，开发多用途传感融合处理器[17]。

（2）通信

① 人-机通信 未来愿景是清晰、准确、快速、明确地交换性能和指令信息。达成愿景的目标和智能控制研究任务如下。

a. 在需要决策的时候，将各种领域数据综合，以人能理解的语言提供实时正确的信息。开发控制系统、企业控制模型和通信的自适应集成；开发数据关系管理工具，接受文本语言查询，从各种数据中抽取信息进行应答；开发用于报警模式识别和能提出合理化建议的专家系统；开发新的低成本的显示和表达技术，操作员提供通信信息。

b. 高级感知交互。在工艺设计者/操作员和过程之间，提供新方式的交互。开发生物耦合反馈技术（如声音指令、生物测定等）。

② 机-机通信 未来愿景是及时、准确、自组态地与过程无缝连接接口。达成愿景的目标和智能控制研究任务如下。

a. 真正的即插即用。自主集成控制元件；建立接口库；研究生物学习技术，作为人机交互新方法的基础。

b. 鲁棒控制体系结构。提供高频带通信架构、策略和系统组态工具，用于智能传播。

(3) 数据转换和决策

① 感知处理。未来愿景是无缝、高速、准确的多传感融合。达成愿景的目标和智能控制研究任务：

a. 提供鲁棒软测量，用于基于科学的过程状态估计；

b. 实时感知处理。

② 产品和过程建模。未来愿景是以产品模型为输入形式，过程模型为主过程控制器。达成愿景的目标和智能控制研究任务：

a. 混合建模，将机理知识与数据组合成混合模型，开发新的混合模型范例，开发建模集成协议、多专业协作环境和模型移植工具；

b. 多智能体系架构；

c. 自动建模技术，建立过程知识库，支持无专业建模经验人员；

d. 动态、自进化模型，支持实时优化。

③ 推理和适应。未来愿景是用于优化操作的控制器。达成愿景的目标和智能控制研究任务有：

a. 支持集成产品/过程开发（IPPD）概念；

b. 集成控制开发环境，根据产品/过程特性自动形成控制器；

c. 经验/知识获取，将其并入到智能操作控制系统；

d. 智能自适应控制系统，提供对未计划/未预见事件的控制逻辑，减少管理和操作过程中人的干预。

④ 任务分解和决策。未来愿景是在实时环境下给出正确的指令。达成愿景的目标和智能控制研究任务：

a. 集成决策处理，鲁棒决策处理递阶结构；

b. 开发经济的控制策略优化和实施技术；

c. 全面工具集成[19]。

(4) 驱动

未来愿景是直接过程驱动。达成愿景的目标和智能控制研究任务：

① 自诊断、自整定、自主集成，即插即用的执行元件；

② 提供广义工厂控制模型；

③ 软执行器，带推理功能，为下一代执行器奠定基础。

通过对工业智能控制系统功能的分析，信息获取、系统建模、动态控制是重要的几个功能，也是智能控制技术能充分发挥作用的环节。下面尝试给出几种常用智能控制系统应用的实现模式，以便根据具体应用背景设计各种工业智能控制系统。

（1）信息获取

① 智能软测量　在冶金工业生产中，有很多工艺变量难以在线连续测量，但却非常重要。软测量即采集过程中容易测量的辅助变量（SV），然后估计出上述难以测量的变量（PV），前提是找出 PV 与 SV 之间的关系。通常的软测量基于统计分析，有主元分析（PCA）、主元回归（PCR）、部分最小二乘法（PLS）等。对于非线性问题，可以考虑将人工神经元网络（ANN）等智能方法与这些统计分析相结合，提高软测量的学习和适应能力，如图 6-6 所示。首先利用常规统计方法压缩数据和提取信息的能力，将高维输入数据集交换为低维数据集，再用 ANN 逼近非线性映射函数。采用这种方法，可以大大减小人工神经网络的复杂程度，节省计算时间[7]。

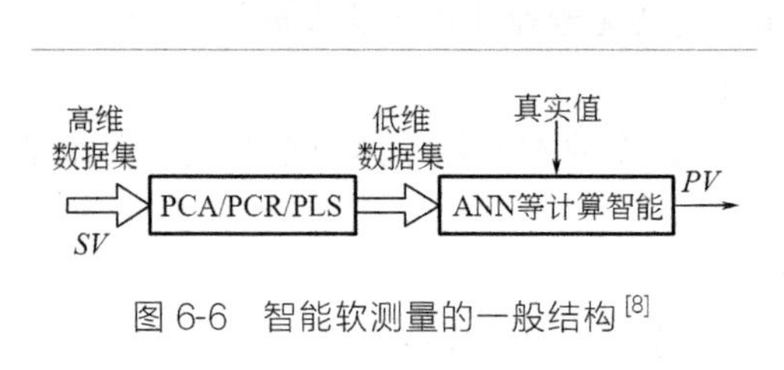

图 6-6　智能软测量的一般结构[8]

② 智能数据融合　数据融合是对人类通过感知和认知进行信息处理能力的一种模仿，即充分利用不同时间与空间的多传感器信息资源，采用计算机对按时序获得的信息，在一定规则下加以分析、结合、支配和使用。数据融合可以在不同的信息抽象层次上出现，如数据层、特征层和决策层，因而有必要引入智能技术进行智能数据融合。数据融合可分为低层次数据融合（LLFS，Low Level Fusion System）和高层次数据融合（HLFS，High Level Fusion System），如图 6-7 所示。低层次数据融合将采集到的各种传感器数据与存储数据结合，产生一个全局假设 Y 送到高层次数据融合，高层数据融合使用匹配案例形成推测，然后用推测测试系统（CTS，Conjecture Testing System）通过推理机验证，推测各方面与当前事实是否一致，此推测通过增加、删除或改变一个或多个局部状态变量进行修改。同时，高层次数据融合指导传感器检测并获取更多数据，以形成更合适的假设[8]。

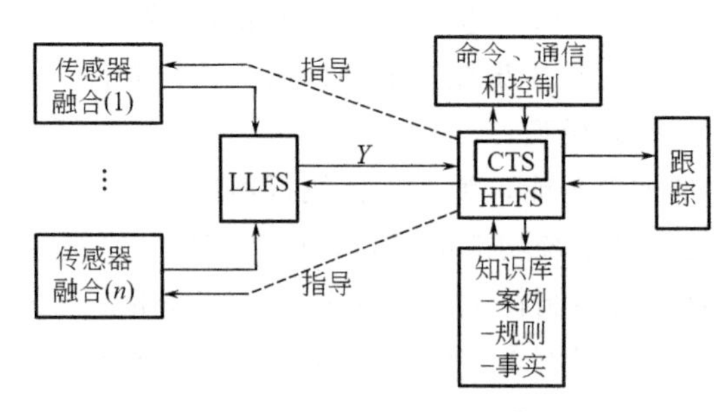

图 6-7　数据融合过程[8]

(2) 系统建模

在前面分析了常规控制建模的局限性，要实现复杂过程的系统建模，必须拓宽系统模型的表征形式，丰富系统建模的方法手段，而智能建模则是解决问题的有效途径之一。图 6-8 给出了常规建模向智能建模的三维演变过程。

常规建模的机理分析法，用以解决系统内部工作机制完全清楚，各相关变量间的关系可以利用有关定律进行数学描述的系统建模问题。在智能建模中，数学描述扩展为更广义的知识模型，如专家经验规则等。

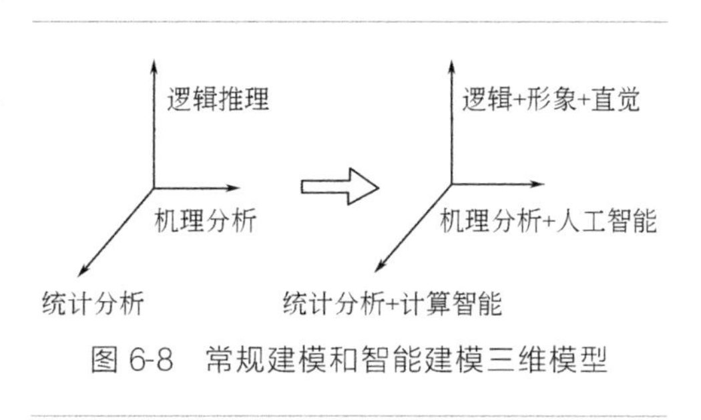

图 6-8 常规建模和智能建模三维模型

智能建模的统计分析法，用以解决系统内部工作机制虽有所了解，但不足以用机理分析法描述各相关变量间的关系，甚至对系统内部机理完全不清楚的系统建模问题。在智能建模中，统计分析法扩展为更广义的基于数据的模型，采用计算智能，如 ANN 等，将其扩展为非线性、结构不确定等复杂问题的建模。

常规建模通常基于思维中的逻辑推理，如机理分析法基于演绎推理，统计分析法基于归纳推理。在智能建模中，除逻辑推理外，还要综合应用形象思维、直觉等多种思维方式，以期克服逻辑推理的局限性。

图 6-8 只是为了说明建模方法的演变，并不能反映建模过程的全貌。事实上，对于一个具体的系统建模问题，还要考虑反映建模的目的性和成本约束，只有把图中 3 个维数有机结合起来，才能选择最合适的模型表达方法和建模方法[9]。

对于一般的过程模型，考虑一个非线性动力学系统，可以定义为开发一个联想记忆（Asso-ciative Memory），用于揭示在控制变量 $u(k)$ 作用下实时状态 $y(k)$ 的变化，并使其与估计状态 $y'(k)$ 之间的误差 $e(k)$ 最小。当系统在一个变化环境下工作时，可以采用图 6-9 给出的广义动态建模结构进行智能建模，从而打破常规对于数学模型的依赖。

(3) 动态控制

对于不同用途的智能控制系统，其结构和功能可能存在较大的差异，Saridis 提出了图 6-10 所示的智能控制系统的分级递阶结构形式，把智能控制系统分为组织级、协调级和执行级，按照 IPDI（增加精度、减少智能）原理，指导智能控制系统的设计[7]。

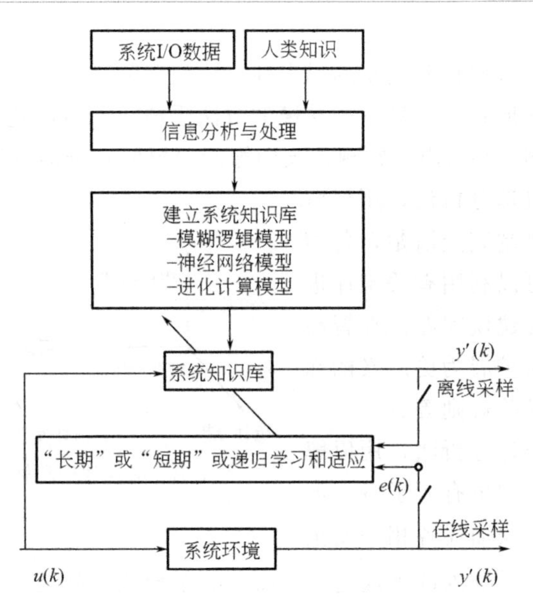

图 6-9 基于智能技术的广义动态建模结构[15]

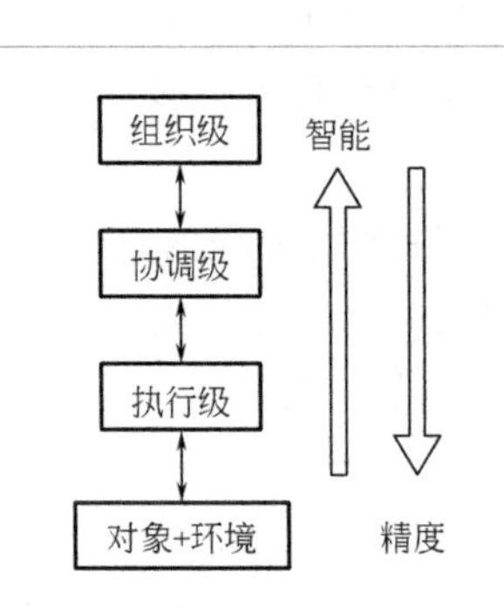

图 6-10 智能控制系统的分级递阶结构

组织级是系统智能水平的最高层，是一个基于知识的智能信息处理系统，在系统运行过程中，进行一般的知识信息的处理，而在分析精度上要求较低。主要功能是将人的自然语言翻译成机器语言，组织决策，规划任务，干预底层操作，主要应用人工智能和计算智能进行。

协调级起着承上启下的作用，主要功能是接受上一级的模糊指令和符号语言，并协调执行级的动作，不需要精确模型，但需要学习功能，以便改善环境适应能力。协调级由一个通信协调器和几个专门的协调器组成，通信协调器实现组织级和各个协调器之间的信息调度，以及各个协调器之间的在线数据交换。协调级的信息处理，主要是用人工智能和运筹学相结合的方法进行，其智能水平和精度要求处于中等层次。执行级的主要功能，是实现协调级的各个协调器所发布的各种具有一定精度要求的控制任务，需要比较准确的模型。执行级的分析和综合，都是以常规的控制理论为基础的。

6.2 流程工业环境中的智能制造系统

6.2.1 流程制造

流程工业是指通过分离、混合、成型或化学反应，使生产原材料增值的行业，其生产过程一般是连续的或成批的，需要严格的过程控制和安全性措施，具有工艺过程相对固定、生产周期短、产品规格少，但批量大等特点，主要包括化工、冶金、石油、电力、橡胶、制药、食品、造纸、塑料、陶瓷等行业。

流程工业由于连续长时间的生产，对设备管理、降低成本、配方及主副产品管理应给予足够重视，又由于流程工业工艺过程比较固定，所以生产是以工艺为主线。

流程工业是制造业的重要组成部分，以资源和可回收资源为原料，通过包含物理化学反应的气液固多相共存的连续化复杂生产过程，为制造业提供原材料的工业，包括石化、化工、钢铁、有色、建材等高耗能行业，是国民经济和社会发展的重要支柱产业，是我国经济持续增长的重要支撑力量。近十年来，我国制造业持续快速发展，总体规模大幅提升，综合实力不断增强，不仅对国内经济和社会发展做出了重要贡献，而且成为支撑世界经济的重要力量[4]。

经过数十年的发展，我国流程工业的生产工艺、生产装备和生产自动化水平都得到了大幅度提升，目前我国已成为世界上门类齐全、规模庞大的流程制造业大国。但是我国流程工业的发展正受到资源紧缺、能源消耗大、环境污染严重的制约。流程工业是高能耗、高污染行业，我国石油、化工、钢铁、有色、电力等流程工业的能源消耗、CO_2 排放量以及 SO_2 排放量，均占全国工业的 70%以上。我国流程工业原料的对外依存度不断上升；资源和能源利用率低，是造成资源紧缺和能耗高的一个重要原因。为解决资源、能源与环保的问题，我国流程工业正从局部、粗放生产的传统流程工业，向全流程、精细化生产的现代流程工业发展，以达到大幅提高资源与能源的利用率、有效减少污染的目的，高效化和绿色化是我国流程工业发展的必然方向。高效化和绿色化生产是指在市场和原料变化的情况下，实现产品质量、产量、成本和消耗等生产指标的优化控制，实现全流程安全生产和可靠运行，产品具有高性能、高附加值的特点，能源与资源高效利用，污染物近零排放和环境绿色化。

当前，发达国家纷纷实施“再工业化”战略，强化制造业创新，重塑制造业竞争新优势；一些发展中国家也在加快谋划和布局，积极参与全球产业再分工，谋求新一轮竞争的有利位置。从全球产业发展大趋势来看，发达国家正利用在信息技术领域的领先优势，加快制造工业智能化的进程。美国智能制造领导联盟提出了实施 21 世纪“智能过程制造”的技术框架和路线，拟通过融合知识的生产过程优化，实现工业的升级转型，即集成知识和大量模型，采用主动响应和预防策略，进行优化决策和生产制造。德国针对离散制造业提出了以智能制造为主导的第四次工业革命发展战略 ，即“工业 4.0”计划，将信息和通信技术（ICT）与生产制造技术深度融合，通过信息物理系统（CPS，现代计算机技术、通信技术、控制技术与物理制造实体的有机融合）技术、物联网和服务互联网，实现产品、设备、人和组织之间无缝集成及合作，“智慧工厂”和“智能生产”是“工业 4.0”的两大主题。“工业 4.0”通过价值链及信息物理网络，实现企业间的横向集成，支持新的商业策略和模式的发展；贯穿价值链的端对端集成，实现从产品开发到制造过程、产品生产和服务的全生命周期管理；根据个性化需求，自动构建资源配置（机器、工作和物流等），实现纵向集成、灵活且可重新组合的网络化制造。此外，英国宣布“英国工业 2050 战略”，日本和韩国先后提出“I-Japan 战略”和“制造业创新 3.0 战略”。面对第四次工业革命带来的全球产业竞争格局的新调整和抢占未来产业竞争制高点的新挑战，我国宣布实施“中国制造 2025”和“互联网＋协同制造”，是主动应对新一轮科技革命和产业变革的重大战略选择，是我国制造强国建设的宏伟蓝图[16]。

“中国制造 2025”的总体思路是坚持走中国特色新型工业化道路，以促进制造业创新发展为主题，以加快新一代信息技术与制造业深度融合为主线，以推进智能制造为主攻方向，强化工业基础能力，提高综合集成水平，完善多层次人才体系，实现制造业由大变强的历史跨越。未来十年，我国制造业发展要按照“创新驱动、质量为先、绿色发展、结构优化、人才为本”的总体要求，着力提升发展的质量和效益。“中国制造 2025”明确了新一代信息技术产业、新材料、高档数控机床和机器人等十大重点领域，以及国家制造业创新中心建设、智能制造、工业强基、绿色制造和高端装备创新等五大重大工程。

6.2.2 流程制造中的控制系统

近年来，国内外日趋激烈的市场竞争，使得工业生产制造企业对其能耗水平、生产效率、产品质量和生产成本等综合生产指标，提出了更高的要求。我国制造业还面临着复杂多变的原料供应、日新月异的技术创新、瞬息万变的市场需求，处于更加激烈的国际竞争之中，工业企业已经由过去的单纯追求大型化、高速化、连续化，转向注重提高产品质量、降低生产成本、减少资源消耗和环境污染、可持续发展的轨道上来。

工业过程综合自动化技术，是信息化与工业化融合的关键，其内涵是采用信息技术，围绕生产过程的知识与信息进行重组，通过生产过程控制与运行管理的智能化和集成优化，提高企业的知识生产力，实现与产品质量、产量、成本、消耗等密切相关的综合生产指标的优化控制和实现企业管理的扁平化，综合自动化技术受到国际学术界和工业界的广泛关注。

综合自动化的前沿核心技术是生产制造全流程优化控制技术，其内涵是在市场需求、节能降耗、环保等约束条件下，通过优化决策，产生实现企业综合生产指标（反映企业最终产品的质量、产量、成本、消耗等相关的生产指标）优化的生产制造全流程的运行指标（反映整条生产线的中间产品在运行周期内的质量、效率、能耗、物耗等相关的生产指标）和过程运行控制指标［反映产品在生产设备（或过程）加工过程中的质量、效率与消耗等相关的变量］，通过生产制造全流程运行优化和过程运行控制，实现运行指标的优化控制，进而实现企业综合生产指标优化。

目前，我国生产制造全流程的运行控制，采用金字塔式的人工操作方式，因此难以实现综合生产指标的优化控制，造成能耗高、产品质量差、生产成本高、资源消耗大等问题。为了适应变化的经济环境，节能降耗，提高产品质量和生产效率，降低成本，提高运行安全性，减少环境污染和资源消耗，必须实现生产制造全流程优化控制，因此，研究和开发符合国情的生产制造全流程优化控制系统势在必行。

由于全流程优化控制系统的被控对象由生产设备（或过程）变为整条生产线，其被控对象特性、控制目标、约束、涉及范围和系统的实现结构，远远超出已有的控制理论和控制系统设计方法的适用范围，对工业过程控制与优化提出了新的挑战。

工业过程的生产工序由一个或多个工业装备组成，其功能是将进入的原料加工为下道工序所需要的半成品材料，多个生产工序构成全流程生产线。因此，过程工业控制系统的功能，不仅要求回路控制层的输出很好地跟踪控制回路设定值，而且反映该加工过程的运行指标（即表征加工半成品材料质量和效率、资源消耗和加工成本的工艺参数）在目标值范围内，反映加工半成品材料质量和效率的运行指标尽可能高，反映资源消耗和加工成本的运行指标尽可能低，而且与其他工序的过程控制系统实现协同优化，从而实现全流程生产线的综合生产指标（产品质量、产量、消耗、成本、排放）的优化控制。因此，工业过程控制系统的最终目标，是实现全流程生产线综合生产指标的优化。

从全流程生产线的角度考虑过程控制系统设计，其被控过程是多尺度、多变量、强非线性、不确定性、难以建立数学模型的复杂过程，因此，难以采用已有的控制与优化理论和技术。目前工业过程控制与优化算法的研究是分别进行的。工业过程控制的研究，主要集中在工业过程回路控制和运行优化与控制两方面。

如图 6-11 所示的生产制造全流程的控制与运行管理流程，生产计划部门和调度部门采用人工方式将企业的综合生产指标从空间和时间两个尺度转化为生产制造全流程的运行指标；工艺部门的工程师将生产制造全流程的运行指标转化为过程运行控制指标；作业班的运行工程师将运行控制指标转化为过程控制系统的设定值。当市场需求和生产工况发生变化时，上述部门根据生产实际数据，自动调整相应指标，通过控制系统跟踪调整后的设定值，实现对生产线全流程的控制与管理，从而将企业的综合生产指标控制在目标范围内。

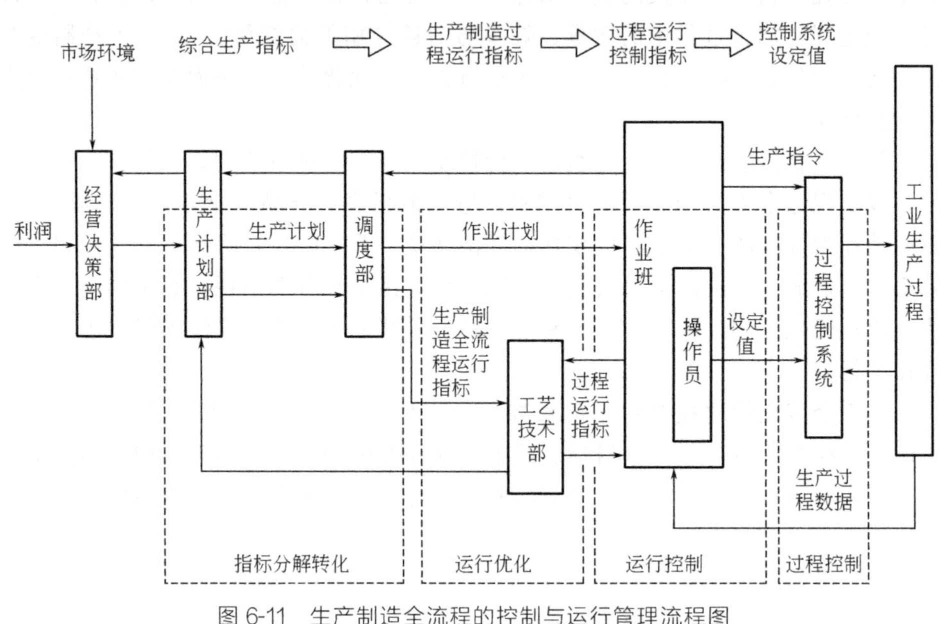

图 6-11 生产制造全流程的控制与运行管理流程图

工业过程回路控制所涉及的控制理论和控制器设计方法的研究，集中在保证控制回路闭环系统稳定的条件下，使控制回路的输出尽可能好地跟踪控制回路的设定值。由于工业过程回路控制的被控对象模型参数未知或时变，或受到未知的随机干扰，或存在未建模动态等不确定性，自适应控制、鲁棒控制、模型预测控制等先进控制方法的研究受到广泛关注。

虽然回路控制的被控对象往往具有非线性、多变量、强耦合、不确定性、机理模型复杂、难以建立精确的数学模型等动态特性，但由于其运行在工作点附近，因此在工作点附近可以用线性模型和高阶非线性项来表示，其高阶非线性项的稳态大都是常数。由于 PID 控制器的积分作用，可以消除高阶非线性项的影响，加上可以方便地使用工业过程中输入、输出与跟踪误差等数据，以及以DCS为代表的控制系统实现技术的出现，使基于跟踪误差的PID控制技术得以广泛应用。但当被控对象受到未知与频繁的随机干扰时，系统始终处于动态，从而使积分器失效，难以获得好的控制性能，因此，基于数据的控制方法，如无模型控制、学习控制、模糊控制、专家控制（规则控制）、神经网络控制、仿人行为的智能控制等，和数据与模型相结合的先进控制方法，如基于智能特征模型的智能控制和基于多模型切换的智能解耦控制，受到控制工程界的广泛关注[7]。

复杂工业过程回路控制的被控对象，往往是受到未知与频繁的随机干扰的强非线性串级过程，如赤铁矿再磨过程、混合选别过程和工业换热过程。由于强耦合或频繁的随机干扰，使得高阶非线性项处于动态变化之中，使PID的积分作用失效，从而使被控对象的输出频繁波动，甚至谐振。针对被控对象的线性模型，采用常规控制技术如PID设计控制器，建立控制器驱动模型，以控制器输出的控制信号作用于控制器驱动模型，可以得到控制器驱动模型的输出与被控对象的实际输出之差，即虚拟未建模动态，提出了虚拟未建模动态补偿驱动的设定值跟踪智能切换控制方法。该方法结合赤铁矿再磨过程和混合选别过程的特点，提出了区间智能切换控制，并成功应用于工业界。目前还缺乏使PID积分作用失效的复杂工业环境下改善动态性能，具有自适应、鲁棒功能的新的控制器设计方法的研究。

工业过程的运行动态模型，由回路控制的被控对象模型和其被控变量与反映产品在该装置加工过程中质量、效率与能耗物耗等运行指标的动态模型组成。其运行动态模型与领域知识密切相关，虽然近年来工业过程的运行优化与控制吸引了学术界和工业界的很多研究者进行研究，但至今没有形成适合各种工业过程统一的过程运行优化与控制方法。目前的过程运行优化与控制，均是结合具体工业过程开展研究的。

为了便于工程实现，运行优化与控制采用回路控制层和控制回路设定两层结构。大多数工业过程的回路控制层为快过程，而控制回路设定层为慢过程，当进行控制回路设定时，回路控制层已处于稳态并使回路输出跟踪设定值，因此，运行优化与控制的研究集中在控制回路设定层。

可以建立数学模型的工业过程，如石化过程，采用实时优化（Real time optimization，RTO）进行控制回路设定值优化。由于RTO采用静态模型，是一种静态开环优化方法，而工况变化和干扰使工业过程处于动态运行，只有工业过程处于新的稳态时才能采用RTO，从而优化滞后[19]。

RTO的一般结构由数据调和、模型更新、稳态优化与校验四部分组成（图6-12）。数据调和是在过程处于稳态时，利用物料和能量平衡来消除测量误差。调和后的数据用来更新模型的参数，更新后的模型更加精确地表示当前的工作点。稳态优化以经济效益函数为目标，以设备、产品规格、安全和环境、生产管理系统给出的经济指标等为约束，优化求取新的过程稳态变量。优化结果经过监督系统（包括操作员）进行校验，校验后的结果送给过程控制系统，作为控制回路的设定值。

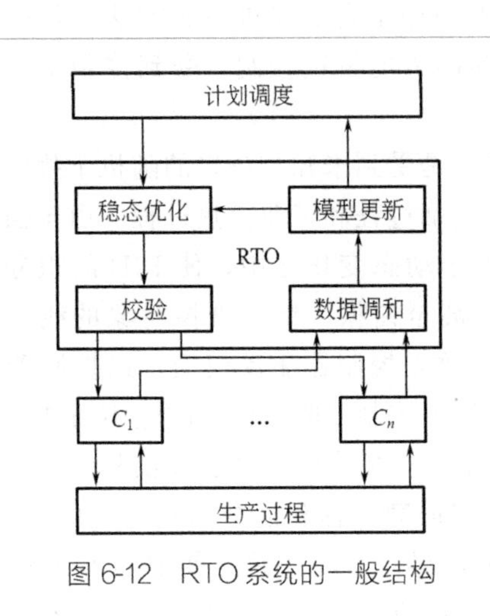

图 6-12 RTO 系统的一般结构

由于 RTO 采用静态模型，当出现工况变化和系统干扰时，只能等到被控过程达到新的稳态时才能进行优化，从而优化滞后[18]。优化周期与控制周期不一致，因此采用模型预测控制。模型预测控制将控制器的设定值作为决策变量，建立设定值与输出之间的动态模型。在此基础上，利用多步预测、滚动优化，实现控制器设定值的在线调整，通过单变量控制器跟踪调整后的设定值，实现生产设备（或过程）的运行优化。

对于难以建立数学模型的工业过程，如钢铁、有色金属等的运行优化与控制，是结合具体的工业过程开展研究。针对钢铁等工业过程，采用预处理手段，使原材料成分稳定、生产工况平稳，研发将运行指标转化为控制回路设定值的工艺模型或经验模型，进行开环设定控制。

工业过程的运行控制，采用设备网和控制网双网结构。特别是随着互联网技术的工业应用，运行优化与控制可以在工业云上实现。通过网络传输回路设定值和回路输出，可能产生丢包、延时等传输特性，影响运行动态特性，可能造成运行反馈控制的性能变坏。对不同网络环境下的运行控制进行了研究探索，目前还缺乏在工业互联网和工业云环境下工业过程运行优化控制方法的研究。

运行工程师靠观测运行工况和相关的运行数据，凭经验判断与处理异常工况。虽然基于 DCS 的工业过程控制系统具有异常工况报警功能，但该报警功能只是根据输入输出数据是否超过限制值，瞬间的超限因控制系统的作用而消失，因此误报现象常常发生。当生产条件与运行工况发生变化时，工业过程控制系统中采用的运行优化与控制算法，没有识别生产条件和运行工况变化的功能，也没有自适应、自学习、自动调整控制结构和控制参数的功能，不能适应工业过程的这种动态变化，导致控制性能变坏，使工业过程处于异常工况。对于复杂工业过程，如处理低品位、成分波动的赤铁矿选矿过程，以及广泛应用于有色冶金过程的重大耗能设备，由知识工作者凭经验知识决策回路设定值和运行指标目标值范围。当生产条件和运行工况发生变化时，往往出现决策错误，导致工业过程出现异常工况。异常工况的判断和预测的关键，是建立异常工况的数学模型。早期的工业过程故障诊断研究，集中于执行器、传感器和控制系统部件的故障诊断，采用基于模型的故障诊断方法。由于异常工况机理不清，难以采用基于模型的故障诊断方法。数据驱动的故障诊断方法的研究，正得到学术界和工业界的广泛关注。结合电熔镁炉提出了数据驱动的电熔镁炉异常工况诊断和自愈控制，并成功应用于实际工业过程。结合冷轧连退工业过程提出了断带与打滑故障的诊断方法。由于异常工况的复杂性，运行工程师可以通过运行工况的观测、工业装备运转的声音和运行数据，凭经验知识诊断异常工况。目前还缺乏基于运行工况图像、设备运转的声音和运行数据与知识相结合的工业大数据运行故障智能诊断方法的研究。研究了由于控制回路设定值不合适而导致的运行故障诊断和通过改变控制回路设定值排除运行故障的自愈控制方法，目前还缺乏通过改变控制结构和控制参数消除运行故障的自愈控制方法的研究。将工业过程建模、控制和优化相集成，实现智慧优化控制系统愿景功能的新算法，将是工业过程建模、控制与优化算法研究的发展趋势。

从对工业过程建模、控制与优化算法的研究现状与发展趋势的分析可以看出，工业过程智慧优化控制系统所需要研究的运行优化与控制和故障诊断与自愈控制算法，难以采用控制与优化理论所提供的解析工具进行算法的性能研究，因此，需通过实验手段来研究算法的性能。由于工业过程千差万别，生产过程高耗能并产生污染，操作不当易产生危及生命安全的故障，因此难以作为实验装置采用仿真技术建立虚拟的工业过程，采用工业环境中运行的控制系统，研制运行优化控制和故障诊断与自愈控制半实物仿真实验系统，是研究工业过程智慧优化控制系统理论和技术必不可少的工具。结合赤铁矿磨矿过程研制的运行优化反馈控制半实物仿真实验系统，为磨矿过程的运行优化控制算法研究和工业应用发挥了重要作用。建立模拟工业过程运行动态特性的虚拟工业过程的关键，是建立工业过程运行的动态模型。由于采用已有的建模技术难以建立复杂工业过程运行动态模型，因此制约了工业过程运行优化与控制和故障诊断与自愈控制的半实物仿真实验系统的研制，也制约了高效的建模、控制、优化算法应用于工业过程控制系统。将数据、知识、虚拟现实技术和仿真技术相结合，开展复杂工业过程运行动态建模与可视化技术研究，有助于研制工业过程建模、控制与优化半实物仿真实验系统，也有助于工业过程的可视化监控的实现。

目前在工业环境中运行的过程计算机控制系统主要采用 DCS。基于 DCS 的工业过程控制系统的主要功能，是实现工业过程的多个回路控制、设备的逻辑与顺序控制和过程监控。实现工业过程运行优化与控制和运行故障工况诊断与自愈控制，还需要其他计算机系统。嵌入式控制系统已经应用于高速铁路、汽车电子、数控机床等。为了使嵌入式系统具有更多的功能，多核嵌入式系统的研究越来越受到学术界与产业界的重视。多核嵌入式系统的发展，必将促进嵌入式控制系统的发展，将工业过程回路控制、设备的逻辑与顺序控制和过程监控、运行优化与控制、故障诊断与自愈控制，集成于多核嵌入式控制系统一体化实现成为可能。

工业过程智慧优化协同控制系统，是工业过程控制系统未来的发展方向。

基于数学模型的控制器设计方法，是根据对象模型设计控制器结构，然后选择参数。为了便于工程实现，智慧优化协同控制采用回路控制层和控制回路设定控制两层结构。回路控制层采用已有的控制器设计方法来设计。由于上述工业过程的被控对象特性难以用数学模型来描述，只能依靠过程数据和知识，因此大数据和知识驱动的控制器设计思想，首先研究智慧优化协同控制结构，然后采用过程数据设计结构中的各部分。由于工业装置运行过程的动态特性难以用数学模型来描述，常常运行在动态之中，受到不确定性的未知干扰，因此要求运行优化控制具有鲁棒性，采用动态闭环优化的方式，因此采用优化与反馈相结合的策略。由于控制回路设定值的优化决策只能采用近似模型，或者在运行专家经验与知识的基础上采用案例推理或专家规则等智能方法，决策的设定值往往偏离优化设定值，因此采用运行指标预测与校正策略。为了避免因决策出的控制回路设定值不适合而造成的故障工况，采用故障工况预测与改变设定，使工业装置运行远离故障的自愈控制思想，来研究大数据和知识驱动的智慧优化协同控制系统结构和设计方法。

作为流程工业智能优化制造核心的智能协同控制系统，面临着两个根本挑战：

① 流程工业企业目标、资源计划、调度、运行指标、生产指令与控制指令的决策处于人工状态，以及产品生产过程难以建立数学模型，难以数字化，并且决策过程受知识和数据不完备与滞后的制约，无法实现全流程的集成优化，因此，如何将数据、知识、工业物联网、智能协同控制技术与流程工业实体相结合，实现多尺度、多目标优化决策、优化运行和控制的一体化，是流程工业智能协同控制的一个挑战；

② 现有的工业计算机网络系统与软件平台严重制约着流程工业智能协同控制系统的发展，因此，如何基于移动通信与移动计算实现远程监控、全面感知、协同分析、综合判断、移动决策和自主执行的系统，成为流程工业控制智能系统面临的另一个挑战[13]。

工业环境智能感知技术与信息服务节点（可软件定义的传感器设计、业务感知技术、智能信息服务终端、多终端协同感知技术等） 工业智造中所有的末梢节点，通过泛在网络实现智能感知，将各种物理设备实现虚拟节点分离和抽取，构建可控制和可管理的信息服务节点。所有信息服务节点能够实现可寻址、可通信、可感知、可控制。“设备/原材料=信息”是实现智能制造的关键，这依赖于智能化的无线传感技术。因此，拟研究高效传感技术、具备嵌入式处理能力（即软件定义功能）的传感器设计、传感信号的分析与处理技术等；研究业务感知技术，感知用户（包括生产者和消费者）需求，如用户喜好、用户对设备的操作习惯等；针对典型制造生产线柔性控制目标，研制具有自主感知、自适应能力的机械控制与操作设备。在此基础上，研究多终端协同感知技术，以及终端设备的虚拟重构技术，实现智能信息服务终端。

泛在接入技术与虚拟生产服务环境（终端设备的智能寻址与虚拟重构、传感节点的智能组网、网络资源的协同共享与优化配置）　虚拟现实，构建虚拟的服务环境，将各种网络通过泛在接入以及异构融合，实现智能制造及智慧企业的虚拟服务环境。原料、设备入网的首要条件是可寻址能力。鉴于未来无线网络是基于IP的接入网，首先需要研究基于IP的终端设备（包括传感器）的寻址技术；随后研究具备智能传感能力的设备、原材料（即网络节点）的智能组网技术，包括工业物联网的网络拓扑、网络的分层模型、网络的动态重构技术等；最后研究工业物联网的协同传输机理，包括数据与信令分离技术、中继传输技术、节点的协同传输技术等，探索网络资源的优化调度机理。

软件定义服务技术与协同制造控制平台（虚拟现实技术、面向用户个性化需求的生产流程定制机理、智慧生产服务平台构建）　智能制造的终极目标，是实现面向个性化定制生产服务。为此，拟研究工业物联网的体系架构，构建统一的泛在服务平台，包括用户终端控制系统、泛在网络控制系统、数据处理控制系统、综合服务控制系统；基于该系统研究生产资源优化管理机制，探索用户需求驱动的生产流程定制模式；研究虚拟现实技术，探索用户与生产流程的高效交互模式，构建高效的人机物交互环境。

调度优化、运行指标优化与网络资源优化的动态协同控制　开展数据与知识相结合的具有综合复杂性的工业过程运行动态智能建模与动态特性可视化技术研究，为运行指标预测、工业过程可视化监控、运行优化控制和故障诊断与自愈控制半实物仿真实验系统的研制提供支持；开展工业过程回路控制与设定值优化一体化控制系统理论与技术研究，包括数据与知识相结合的设定值多目标动态优化决策、回路控制闭环系统动态特性影响下的运行优化与控制、基于工业云和无线网络的运行优化控制、积分作用失效的复杂工业环境下改善动态性能的具有自适应和鲁棒功能的工业过程回路控制算法；开展基于系统报警、运行数据与知识相结合的工业过程故障智能诊断、预测与自愈控制技术的研究，为研制预测运行异常工况，通过改变控制结构与控制参数排除运行故障的智能自愈控制系统提供支持；开展工业过程安全可靠的智能化控制系统实现技术，包括研究工业过程建模、控制、优化新算法的半实物仿真实验系统的研制；开展一体化实现控制与运行优化、故障诊断与自愈控制的软件平台的研制；开展结合具体工业过程的智能化控制系统实验平台的研制；开展具有无线通信功能的工业过程嵌入式智能化控制系统研究，建模、控制、优化算法和智能化控制系统在真实工业环境中的应用验证研究；开展基于大数据和知识驱动的智慧优化协同控制理论与关键技术，以及工业过程安全可靠的智能化控制系统实现技术的研究。

6.3 新一代物联网化工业环境控制平台

(1)“感知-控制-传输”一体化的嵌入式控制器

控制器主要完成资源的动态自主接入和局部的智能控制，实现在控制器本地的感知、控制与传输一体化的智能运行。为此，嵌入式控制器重点发展以下三方面功能：首先是与数据相关的功能，包括本地数据存储、访问；其次是与分析计算相关的功能，包括传感器数据融合、“端”分析计算；最后是与网络相关的功能，包括设备接入、设备管理和配置、数据传输、网络协议转换等[20]。

(2) 基于工业 SDN 的高效传输和广域互联网络

针对工厂管控网络局域封闭，骨干网、控制网、现场网异构分层的现状，借鉴软件定义网络、互联网广域互联网络体系和 Web Service 开放服务架构，研究新一代全互联制造网络架构，支持低成本广域覆盖、管控一体化、服务化信息集成。具体的研究内容包括以下内容。

① 支持跨层、跨域智能优化的工业软件云平台。搭建软件开放平台，确保满足不同需求的应用业务都能够在该平台上快速、简单、低成本地开发和部署，与客户进行互联互通，如获取客户订单需求、客户服务需求、客户营销需求、客户订单需求等，以及上述软件对工业制造网络系统各种资源的调度和使用。

② 流程工业大数据管理和分析平台。大数据是实现流程工业数字化、智能化制造的基础，因此，大数据平台需要整合现场传感网、物联网、工业控制以太网、内部外部互联网、社会无线通信网，构成流程工业数字化智能化制造的工业互联网，实现多来源、多模态大数据的获取、存储、管理与分析，以及在不同业务间的互操作集成和共享。在此基础上，实现多源异构数据融合，包括物联网和工业互联网构建、不同业务数据互操作集成、多源异构大数据的融合分析[21]。进而实现数据智能分析处理，包括多业务数据仓库、多源数据可视化、数据挖掘和知识发现等。

③ 支持流程制造异构设备、资源统一语义描述的服务化适配技术。网络化管控平台面对海量、异构制造服务，这些制造服务来自多个层次、多种领域，具有不同的语义体系，因此要研究海量、异构制造服务语义化建模，实现制造服务的语义级互操作。研究制造服务原子属性划分方法，寻找异构语义属性的关键共性和特殊性，基于此构建制造服务多层级语义描述框架。此外，还要研究制造服务的可组合性，即服务之间拆分/聚合机理，并据此设计制造服务之间语义互操作接口，具体包括基于元模型的制造服务原子属性划分、制造服务多层级语义描述框架、制造服务语义拆分/聚合模型、制造服务语义关联与互操作接口。

④ 支持流程制造服务动态发现、组合、重构的智能服务总线技术。传统MES系统消息总线作为生产调度信息交互的主要方法，存在集中式消息处理负载压力大的不足，并且无法针对不同类型的消息进行分布式传输调度。针对上述问题，拟提出基于分布式服务总线的实时服务管理技术，采用Paxos分布式队列的思路，达到对服务进行跨生产区域的实时管理与一致性维护的效果。分布式服务总线接收到各条生产线上的Web服务适配器发布的设备原子服务后，分布式总线调度器按照Paxos算法，对总线上的服务信息进行一致性维护。此时服务监听器收到总线发布的服务请求后，通过带有时间戳的Fair Scheduler算法，对服务的优先级与资源进行综合权重排名，形成实时、准实时与非实时队列。然后由服务注册管理模块，对不同队列的服务分别进行状态、时序以及资源需求的注册管理[22]。

⑤ 多源异构、多尺度信息高效传输机制与动态优化技术。流程工业生产过程中，物理数据、管理数据和控制数据种类多，数据异构，各类长短包信息、流媒体信息、响应时间跨度大的信息，需要高效可靠地传输和动态优化。通过提高带宽的无线数据链路和设计灵活的网络拓扑结构，从移动通信高速发展中汲取经验，通过物理层设计、多流传输、新型空中接口、动态组合网络等方案的设计，在一些特殊环境下，有效地弥补有线网络的不足，进一步完善工业互联网络的信息及时传输和性能优化。工业信息的高效可靠传输机制与动态优化技术，包括复杂工业环境下信息毫秒级别传输；数据采集后预处理与有效回传；海量工业数据中心处理与挖掘；控制信息的实时可靠回传；物理信息系统一体化安全防护与可信。

⑥ 复杂工业环境下多源异构现场信息的实时、高效融合技术。流程工业控制与监测对通信的确定性和实时性具有很高的要求，如用于现场设备要求延迟不大于10ms；用于运动控制不大于1ms；对于周期性的控制通信，使延迟时间的波动减至最小，也是很重要的指标。此外，在流程工业应用场合，还必须保证通信的确定性，即安全关键（safety-critical）和时间关键（time-critical）的周期性

实时数据，需要在特定的时间限内传输到达目的节点[23]。随着大量感知设备接入网络，各类感知数据信息数量庞大，信息容量巨大，信息关系复杂，怎样对大量多源异构信息进行协同与融合，是一个重要目标；如何通过认知学习，使物理世界采集到的信息之间以及与信息世界的知识能够有效融合，更好地估计和理解周围环境及事物发展态势；加快融合处理，极大降低时延，满足其时空敏感性和时效性；提高信息和资源的利用率，支持更有效的推理与决策，改善系统整体性能[24]。

⑦ 流程工业多种类型设备的动态、自主接入技术。流程工业多个工艺环节都需要接入到工业认知网络中，具有高并发接入的特点，这使得传统接入机制面临着通信资源利用率低的问题。由于网络中接入数据既有周期性监测数据，又有告警等突发非周期性数据，基于竞争和基于分配的接入机制都是必需的。但传统面向 WLAN 等的基于竞争的接入机制，面对工业认知网络的大规模并发接入特征时，存在严重的隐藏终端问题；传统面向蜂窝网、传感网等将资源分配到节点的方案，资源分配开销大，资源浪费严重，不适合工业认知网络短数据量频发特征。为此，需要研究接入机制，使得这些数据实时、可靠地传输，实现通信资源的最大化利用，包括基于竞争的高可靠接入机制和基于分配的高效接入机制。

⑧ 流程工业大数据管理技术。实现流程工业大数据的高效管理和挖掘，其主要功能包含如下。

• 数据采集功能。包括具有标准通信协议的系统过程数据采集、对各类使用关系数据库的生产管理系统的数据采集。对于各类非标数据，现在市场上成熟的工业数据库产品大都提供方便的数据采集方式，如在某 Excel 表格中手工录入，或者导入到指定格式的文本文件等。

• 数据存储、集成功能。分布在厂区的各生产单元或多套生产单元，使用一个接口工作站从控制系统（或其他数据源系统）采集数据，这些接口工作站将数据通过局域网发送给厂级实时/历史数据库，然后上层的各类数据分析系统、数据查询分析客户端，都从厂级中心数据存储服务器读取数据。

⑨ 流程工业大数据分析技术。流程工业大数据分析是工业大数据计算的重点，是能否体现工业大数据价值的关键所在，既要研究和开发适应各类工业大数据分析的通用方法，也应研究和开发面向具体工业领域数据分析的专用方法。批量分析是工业大数据分析需要解决的首要问题。批量分析能够增加产品的整体质量和稳定性，并能使制造商更好地理解控制在相关生产环境中的差异。对比不同批量的周转时间、参数和变量，收集归纳批量数据，支持自主改进；跟踪不同批量间的相关参数，理解并控制流程差异；通过标准接口整合新系统与现有批量系统；将质量、生产跟踪和其他核心生产功能同批量生产流程相联系，提供工厂生

产流程的全貌。面向具体优化目标的工业大数据应用分析，是进一步要考虑的问题。面向流程优化分析、质量优化分析、运行效率分析、批次性能分析、节能降耗分析等具体优化目标，其分析方法各有不同，而且与具体产业类别、企业结构等要素密切相关。

⑩ 流程工业大数据可视化技术。流程工业大数据的可视化，是通过把复杂的流程工业大数据转化为可以交互的图形，帮助流程工业企业用户更好地理解分析数据对象，发现、洞察其内在规律。为降低流程工业企业用户进行大数据分析的门槛，需要研究提供图形化的 UI 系统，使得企业用户可以快速简便地使用大数据分析系统进行数据挖掘。数据分析可视化系统分为分析流程构建子系统和运行时监控子系统，前者负责提供图形化交互，快速构建分析流程并提交执行，后者实时显示各模块的执行状态与执行结果。

(3) 软件平台

软件平台层包括业务层、逻辑层、平台层、抽象层，分别提供相应的技术。具体而言，业务层提供用户向平台提交业务需求的高层次描述，同时存储大量的知识自动化算法库，保存经验的知识自动化算法。逻辑层将业务描述自动分解到逻辑级别，形成可以完成应用业务的可执行工作流。平台层提供面向不同硬件平台的操作系统，即将硬件的异构性抽象掉，提供关键的应用程序编程接口(API)，确保应用程序在跨平台上的通用性。抽象层基于透明的统一抽象接口，将工业认知网络的计算资源、存储资源和通信资源的功能抽象为虚拟的服务，将底层资源的异构性完全屏蔽掉，确保在抽象层对异构的资源进行统一的功能定义和操作，使资源层对优化层和应用层完全透明。

(4) 大数据管理系统和算法库

流程工业大数据管理系统和算法库，以工业云的形式为流程工业的各个部分提供数据、算法等方面支持，流程工业系统对计算高实时性、高准确率的要求，对云服务提出了“实时”“快速”“准确”的要求，为此，实时云服务需要提供以下几方面技术：

① 高度灵活的云计算框架　因为流程工业系统中不同任务对实时性、准确性的要求不同，且流程工业大数据模态多样，因而需要有高度灵活的云计算框架，以满足高度多样化的要求；

② 高可靠性云平台　由于流程工业系统对云服务可靠性要求高，因而需要面向流程工业设计高可靠性云平台；

③ 流程工业云安全防护　构建工业云安全防护体系，完善工业云安全防护技术标准，规范工业云的数据中心基础设施安全和数据资产安全等方面的保障技术措施。

参考文献

[1] 刘长鑫，丁进良，柴天佑. 工业生产全流程运行性能监控评价指标设计与应用[A]. 中国自动化学会过程控制专业委员会. 第 28 届中国过程控制会议（CPCC 2017）暨纪念中国过程控制会议 30 周年摘要集[C]. 中国自动化学会过程控制专业委员会，2017：1.

[2] 柴天佑. 制造流程智能化[N]. 中国信息化周报，2017-11-27（007）.

[3] 徐彬梓，王艳，纪志成. 基于实例的离散制造系统能耗知识建模与预测[J/OL]. 控制与决策：2019(01).

[4] 刘桐杰，李昱，张树强. 流程工业智能设备互联互通关键技术的研究及应用[J]. 中国仪器仪表，2017（08）：31-35.

[5] 徐宏斌. 面向知识重用的集成化管理信息系统企业建模研究[D]. 南京：南京理工大学，2007.

[6] 赵向海. 石化企业综合自动化信息集成平台及应用研究[D]. 杭州：浙江大学，2004.

[7] 王伟，张晶涛，柴天佑. PID 参数先进整定方法综述[J]. 自动化学报. 2000（03）.

[8] 柴天佑，金以慧，任德祥，邵惠鹤，钱积新，李平，桂卫华，郑秉霖. 基于三层结构的流程工业现代集成制造系统[J]. 控制工程. 2002（03）.

[9] 王永富，柴天佑. 自适应模糊控制理论的研究综述[J]. 控制工程. 2006（03）.

[10] 柴天佑，郑秉霖，胡毅，黄肖玲. 制造执行系统的研究现状和发展趋势[J]. 控制工程. 2005（06）.

[11] 柴天佑，张贵军. 基于给定的相角裕度和幅值裕度的 PID 参数自整定新方法[J]. 自动化学报. 1997（02）.

[12] 柴天佑. 生产制造全流程优化控制对控制与优化理论方法的挑战[J]. 自动化学报. 2009（06）.

[13] 刘强，柴天佑，秦泗钊，赵立杰. 基于数据和知识的工业过程监视及故障诊断综述[J]. 控制与决策. 2010（06）.

[14] 柴天佑，王中杰，王伟. 加热炉控制技术的回顾与展望[J]. 冶金自动化. 1998（05）107.

[15] 柴天佑，金以慧，任德祥，邵惠鹤，钱积新，李平，桂卫华，郑秉霖. 基于三层结构的流程工业现代集成制造系统[J]. 控制工程，2002（03）：1-6.

[16] 胡春，李平. 连续工业生产与离散工业生产 MES 的比较[J]. 化工自动化及仪表，2003（05）：1-4.

[17] Nonlinear Partial Least Squares Modeling：II Spline Inner Relation，Chemometrics Intell. Wold，S. Lab. Syst. 1992.

[18] Dynamic PLS modeling for process control，Chem. Kaspar，M. H. and Ray，W. H. Engineering and Science. 1993.

[19] Base control for the Tennessee Eastman problem. McAvoy，T. J. and Ye，N. Computers and Chemistry. 1994.

[20] 朱广宇，秦媛媛，陈波，张宏斌. 面向工业互联网环境的模糊测试系统设计研究与实现[J]. 信息通信技术. 2017（03）.

[21] 周侃恒，吴清，谢新勤，曹波，夏春

明. 便携式化工生产流程控制信息安全测试平台[J]. 工业控制计算机. 2015（10）.

[22] 黄慧萍，肖世德，孟祥印. SCADA系统信息安全测试床研究进展[J]. 计算机应用研究. 2015（07）.

[23] 万明. 工业控制系统信息安全测试与防护技术趋势[J]. 自动化博览. 2014（09）.

[24] 卢坦，林涛，梁颂. 美国工控安全保障体系研究及启示[J]. 保密科学技术. 2014（04）.

索　引

H

J

L

M

P

Q

R

S